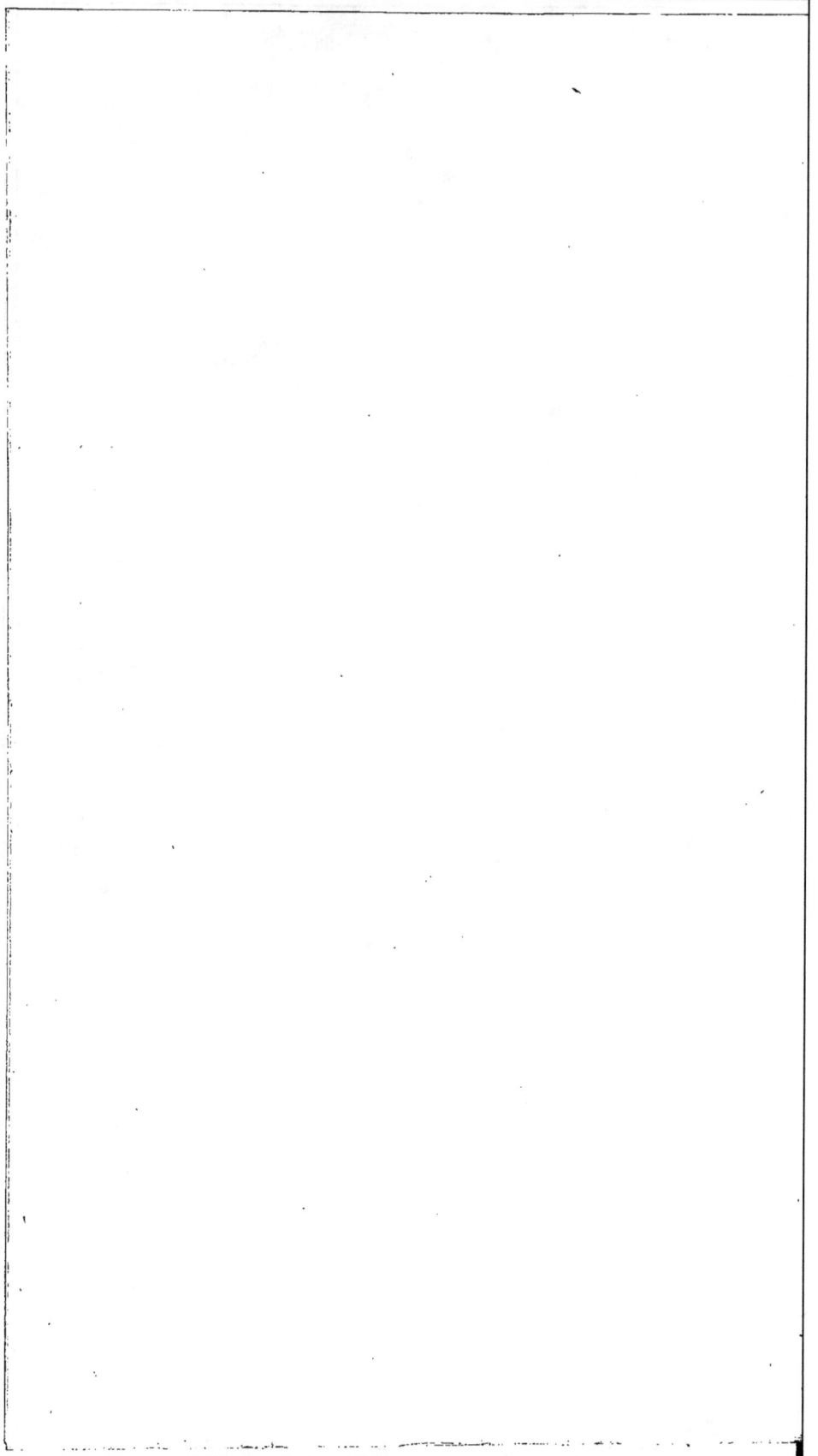

# TRAITÉ

DE

# MÉCANIQUE GÉNÉRALE.

ΑΕΙ Ο ΘΕΟΣ ΓΕΩΜΕΤΡΕΙ

C

# TRAITÉ

DE

# MÉCANIQUE GÉNÉRALE

COMPRENANT

LES LEÇONS PROFESSÉES A L'ÉCOLE POLYTECHNIQUE,

PAR H. RESAL,

MEMBRE DE L'INSTITUT,

INGÉNIEUR DES MINES,

ADJOINT AU COMITÉ D'ARTILLERIE POUR LES ÉTUDES SCIENTIFIQUES.

TOME TROISIÈME.

Des machines considérées au point de vue des transformations de mouvement et de la transformation du travail des forces.

Application de la Mécanique à l'Horlogerie.



PARIS,

GAUTHIER-VILLARS, IMPRIMEUR-LIBRAIRE

DU BUREAU DES LONGITUDES, DE L'ÉCOLE POLYTECHNIQUE,

SUCCESSEUR DE MALLET-BACHELIER,

Quai des Augustins, 55.

1875

# TABLE DES MATIÈRES.

## QUATRIÈME PARTIE.

### PREMIÈRE SECTION.

DES MACHINES CONSIDÉRÉES AU POINT DE VUE DES TRANSFORMATIONS DE MOUVEMENT.

#### CHAPITRE I.

GÉNÉRALITÉS.



#### CHAPITRE II.

TRANSFORMATION DU MOUVEMENT RECTILIGNE CONTINU EN RECTILIGNE CONTINU.



#### CHAPITRE III.

TRANSFORMATION DU MOUVEMENT CIRCULAIRE CONTINU EN CIRCULAIRE CONTINU.

§ 1. — *Les axes de rotation sont parallèles.*

§ II. — *Les axes de rotation sont concourants.*



§ III. — *Les axes de rotation ne se rencontrent pas.*



## CHAPITRE IV.

TRANSFORMATION D'UN MOUVEMENT DE ROTATION CONTINU EN UN MOUVEMENT RECTILIGNE CONTINU ET VICE VERSA.



## CHAPITRE V.

TRANSFORMATION D'UN MOUVEMENT CIRCULAIRE CONTINU EN RECTILIGNE ALTERNATIF ET VICE VERSA.

## CHAPITRE VI.

### TRANSFORMATION D'UN MOUVEMENT CIRCULAIRE CONTINU EN UN MOUVEMENT RECTILIGNE INTERMITTENT DONT ON PEUT, DANS CERTAINES LIMITES, FAIRE VARIER LA LOI A VOLONTÉ OU AUTOMATIQUEMENT.

#### § I. — *Coulisse de Stephenson.*



#### § II. — *Coulisse renversée ou de Gooch.*



#### § III. — *De quelques autres coulisses.*



#### § IV. — *Coulisses des machines des bâtiments à vapeur.*



## CHAPITRE VII.

### TRANSFORMATION D'UN MOUVEMENT RECTILIGNE ALTERNATIF EN CIRCULAIRE ALTERNATIF.

## CHAPITRE VIII.

### TRANSFORMATION D'UN MOUVEMENT CIRCULAIRE ALTERNATIF EN CIRCULAIRE CONTINU.



# DEUXIÈME SECTION.

### DES MACHINES CONSIDÉRÉES AU POINT DE VUE DE LA TRANSFORMATION DU TRAVAIL DES FORCES.

## CHAPITRE I.

### GÉNÉRALITÉS.



## CHAPITRE II.

### DES VOLANTS.

## CHAPITRE III.

### DES RÉGULATEURS.



## CHAPITRE IV.

### DU CALCUL DES RÉSISTANCES PASSIVES DANS LES MACHINES OU LE MOUVEMENT EST UNIFORME.



#### § I. — *Frottement de glissement.*

## CHAPITRE V.

### STABILITÉ DES MACHINES.

### § I. — *Généralités.*



### § II. — *De la stabilité d'un véhicule de chemin de fer à quatre roues en voie courbe horizontale.*



### § III. — *Stabilité des locomotives.*



## CHAPITRE VI.

### DE LA MESURE DU TRAVAIL DÉVELOPPÉ PAR LES MOTEURS OU TRANSMIS AUX MACHINES.



# TROISIÈME SECTION.

## APPLICATION DE LA MÉCANIQUE A L'HORLOGERIE.

## CHAPITRE I.

### GÉNÉRALITÉS.

## CHAPITRE II.

### DU MOTEUR.



## CHAPITRE III.

### DU MÉCANISME DE TRANSMISSION.



## CHAPITRE IV.

### DES RÉGULATEURS.



## CHAPITRE V.

### DU RESSORT SPIRAL.

## CHAPITRE VI.

### DES ÉCHAPPEMENTS.

#### § I. — *Généralités.*



#### § II. — *Échappement à ancre.*



#### § III. — *Échappement à cylindre.*



#### § IV. — *Échappements à détente.*

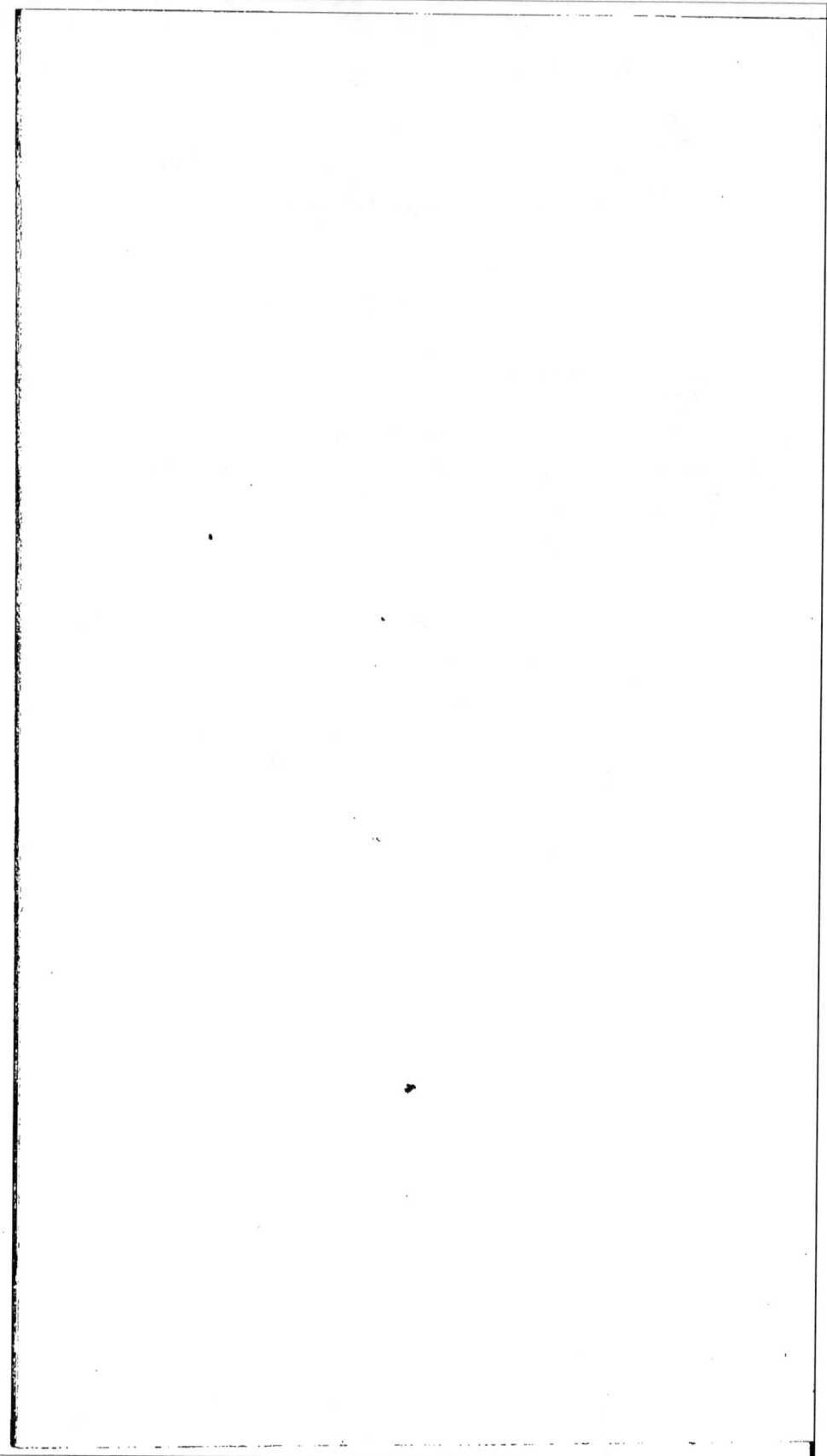

# TRAITÉ
## DE
# MÉCANIQUE GÉNÉRALE.

## QUATRIÈME PARTIE.

## PREMIÈRE SECTION.

### DES MACHINES CONSIDÉRÉES AU POINT DE VUE DES TRANSFORMATIONS DE MOUVEMENT.

## CHAPITRE PREMIER.

### GÉNÉRALITÉS.

1. « Travailler mécaniquement, c'est vaincre ou détruire, pour le besoin des arts, des résistances telles que la cohésion, la pesanteur, l'inertie de la matière, etc. Le travail mécanique ne suppose pas seulement une résistance vaincue une fois pour toutes, mais *une résistance constamment détruite le long d'un chemin parcouru par le point où elle s'exerce et dans la direction propre de ce chemin.* » (Poncelet, *Introduction à la Mécanique industrielle.*)

Supposons d'abord que la résistance R soit constante : il est clair que l'ouvrage produit ou le travail effectué sera proportionnel au chemin parcouru $s$; d'autre part, il sera d'autant plus grand que la résistance sera elle-même plus grande, de sorte que l'on peut prendre pour mesure du travail le produit

$$Rs.$$

Si la résistance est variable, comme elle peut être considérée comme constante pendant le parcours d'un élément de chemin $ds$, le travail correspondant sera $R\,ds$; la somme des travaux analogues pour tous les éléments de $s$, ou le travail total, sera

$$\int_0^s R\,ds.$$

Soit F l'effort qui détruit à chaque instant la résistance R et qui produit le travail : on a pour l'équilibre

$$F\cos(F, ds) = R,$$

et le travail ci-dessus devient

$$\int_0^s F\cos(F, ds)\,ds.$$

Ainsi se trouvent justifiées les dénominations de *travail élémentaire* et de *travail total* d'une force F, que nous avons adoptées au début de la deuxième Partie de cet Ouvrage [1].

La force F, dont la composante $F\cos(F, ds)$ est dirigée dans le sens du mouvement, avec laquelle elle fait un angle aigu, est une *force motrice*, et son travail un *travail moteur*.

Il peut arriver qu'une force variable puisse être alternativement motrice ou résistante; l'angle $(F, ds)$ devenant, dans ce dernier cas, plus grand que 90 degrés, le travail élémentaire correspondant sera négatif ou *résistant*.

Le travail total sera donc moteur ou résistant, selon que la valeur de l'intégrale ci-dessus sera positive ou négative.

Nous rappellerons que l'unité de travail adoptée est le kilogrammètre, dont nous avons donné la définition au n° 11 de la deuxième Partie.

2. Une *machine* est un assemblage de différentes pièces (*organes*) dont les déplacements ou mouvements, par suite de

---

[1] La composante normale $F\sin(F, ds)$ donnera lieu à une pression sur les appuis, qui déterminera un frottement dont nous n'avons pas à nous occuper actuellement.

leur mode de liaison, dépendent les uns des autres suivant des lois purement géométriques, et qui ont pour objet de transformer en *travail mécanique* le résultat de l'activité des forces motrices.

Les parties de la machine sur lesquelles s'exercent respectivement les *forces motrices* et les *résistances utiles* qu'il faut vaincre pour produire le travail portent les noms de *récepteur* et d'*outil* ou *opérateur*. L'ensemble des organes, ou le mécanisme qui établit la dépendance entre le récepteur et l'outil, est ce que l'on appelle la *transmission*.

Dans le jeu d'une machine il se développe, entre le récepteur et l'opérateur, des *résistances secondaires* ou *passives*, telles que le frottement, la résistance de l'air, etc.

Le mouvement d'un organe d'une machine est déterminé par celui d'un autre organe qui se trouve immédiatement en relation avec lui. Que les deux mouvements soient ou non identiques, il y a en cela ce que l'on appelle *transformation de mouvement*.

Il nous a paru logique de faire précéder l'étude des machines, considérées au point de vue mécanique, de celle des transformations de mouvement, qui fera l'objet de cette Section.

Les organes des machines n'étant généralement animés que de mouvements rectilignes ou circulaires, continus ou alternatifs, nous devrions étudier dix transformations de mouvement; mais, comme un certain nombre d'entre elles ne sont pas ou sont peu employées, nous ne considérerons que les principales.

3. *Des guides*. — Les corps solides qui assujettissent un organe à avoir un mouvement géométrique déterminé portent le nom de *guides*.

Avant de passer en revue les principaux guides employés dans les machines, nous croyons devoir définir quelques pièces qui entrent dans la constitution de plusieurs de ces guides.

*Vis*. — Concevons que l'on ait tracé une hélice sur un cylindre droit à base circulaire, puis dans un plan méridien un contour extérieur limité en deux points A, B de la génératrice correspondante; que ce plan tourne autour de l'axe du cylindre et glisse le long de cet axe, de manière que l'un des points A, B se trouve constamment sur l'hélice : le profil engendrera le filet de la *vis* considérée au point de vue le plus général, et dont le cylindre est le *noyau.*

Dans les applications, le profil est ou un rectangle ou un triangle généralement équilatéral.

*Écrou.* — Le profil générateur du filet de la vis déterminera dans une pièce prismatique, dont les deux bases sont perpendiculaires à l'axe et dans laquelle le noyau pénétrerait normalement aux bases, une rayure hélicoïdale de même forme que le filet. Cette pièce, qui est limitée latéralement par quatre, cinq ou six pans égaux, est ce que l'on appelle un *écrou.* On voit que la vis peut se déplacer dans l'écrou supposé fixe en éprouvant un double mouvement, l'un de translation parallèle à l'axe, l'autre de rotation autour de cet axe, et *vice versâ.*

*Boulon.* — Un boulon est une tige cylindrique, presque toujours en fer, terminée normalement, d'une part par une tête de forme carrée, et de l'autre par un pas de vis (1).

Pour rendre solidaires deux ou plusieurs pièces terminées par des faces parallèles, on pratique normalement à ces faces des trous cylindriques dans lesquels on introduit des boulons d'un diamètre légèrement inférieur à celui des trous. On amène au contact, avec la face correspondante, l'écrou de chaque boulon, de manière à obtenir un serrage suffisant (2).

Revenons maintenant aux guides.

*Guides du mouvement rectiligne.* — Dans ce mouvement,

---

(1) On dit que la partie filetée d'une tige cylindrique est *taraudée,* du nom de l'outil, appelé *taraud,* qui sert à faire le filet.

(2) On serre l'écrou au moyen d'une *clef,* levier terminé à une de ses extrémités par une sorte de fourchette qui s'adapte exactement sur au moins deux pans de l'écrou. On agit à la main sur l'autre extrémité de la fourchette, pour faire tourner l'écrou du plus grand arc de cercle compatible avec la condition que l'on ne soit pas obligé de se déplacer; puis on adapte la clef sur un groupe suivant de pans de l'écrou, et ainsi de suite jusqu'au moment où l'écrou est serré à *fond,* c'est-à-dire où l'on ne peut plus le déplacer.

le guide est généralement formé : 1° ou de deux tiges prismatiques A, A parallèles (*fig.* 1), suivant lesquelles se meuvent

Fig. 1.

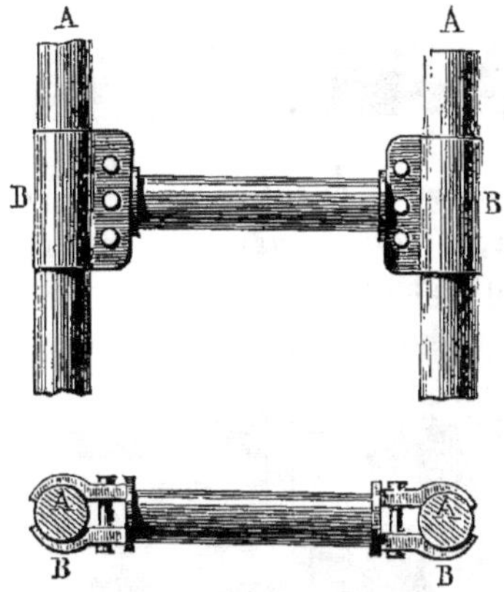


deux œillets B, B de même forme, et qui font corps avec l'organe; 2° ou d'une pièce appelée *glissière*, dans laquelle se trouve ménagée une rainure prismatique dont la section, légèrement trapézoïdale, a sa petite base à l'extérieur; dans cette rainure glisse à frottement doux une pièce de même forme (*patin*) reliée invariablement à l'organe; 3° ou enfin (*fig.* 2),

Fig. 2.

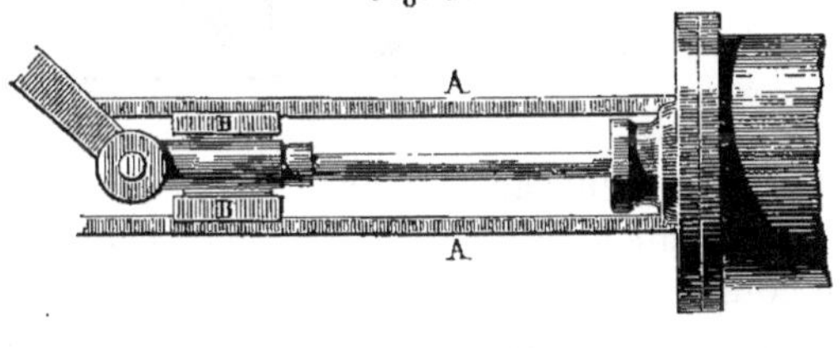


comme dans les locomotives, de deux barres A, A parallèles à la direction du mouvement, entre lesquelles circule un double patin B, B qui les embrasse par les rebords dont il est muni.

*Guides du mouvement de rotation.* — Pour déterminer un mouvement de rotation, on emploie une pièce cylindrique ou prismatique (*arbre*), ou dont la surface est de révolution.

Chacune des *fig.* 3 et 3 *bis* représente l'une des extrémités d'un arbre en fer; la *fig.* 4 celle d'un arbre en bois dont la

Fig. 3.

Fig. 3 *bis*.

section est un polygone régulier [1]. L'arbre est terminé par deux cylindres A, A (*tourillons*) de même axe que lui, et dont les diamètres sont égaux.

Fig. 4.

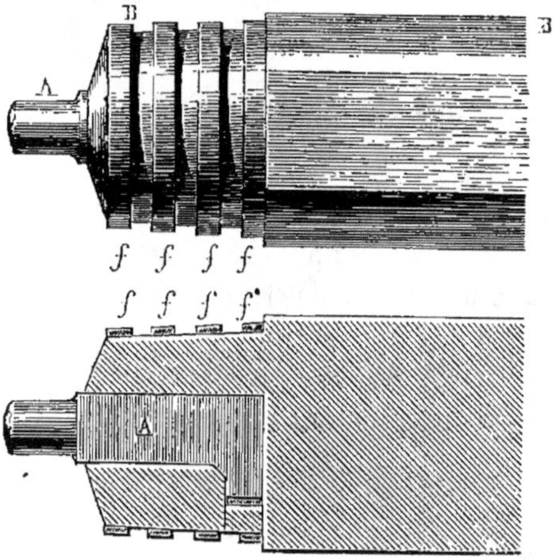


Chaque tourillon s'engage dans une pièce creuse MM′ (*fig.* 5) (*coussinet*) de même forme ou d'un diamètre légèrement supérieur; le coussinet, formé de deux parties, la *coquille inférieure* M′ et la *coquille supérieure* M, est maintenu dans une pièce H appelée *palier*, dont la base (*semelle*) est boulonnée dans la fondation. Le palier est surmonté d'un *chapeau* L boulonné sur la semelle, et qui exerce sur le tourillon la pression

(1) La pièce en bois est entourée à ses extrémités de cercles en fer *f*, *f*,... (*frettes*), placés à chaud et serrés par suite du refroidissement. Ces cercles ont pour objet de maintenir dans l'arbre le tourillon en fer A, qui est rapporté.

voulue (pression que l'on peut maintenir sensiblement constante malgré l'usure) pour que les choses se passent de la

Fig. 5.

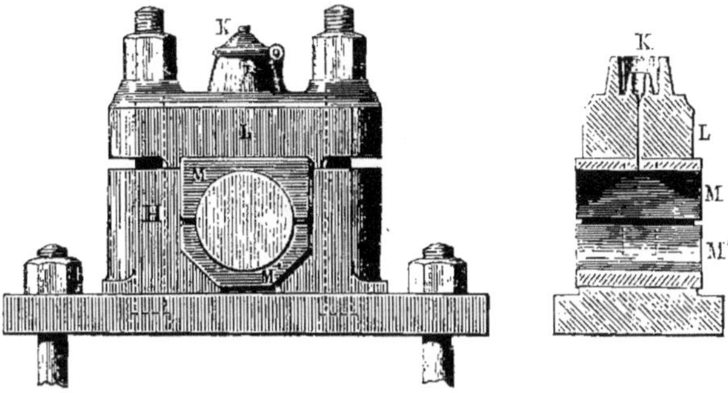


même manière que si le coussinet était formé d'une seule pièce; sur le chapeau se trouve le *godet de graissage* K, communiquant à des rainures hélicoïdales pratiquées dans la coquille supérieure, et qui conduisent l'huile sur le tourillon.

La partie B de l'arbre (*fig.* 3 et 4), à la jonction du tourillon qui, dans le cas d'efforts longitudinaux, vient s'appuyer contre le coussinet, ce qui permet de restreindre dans certaines limites les déplacements parallèles à l'axe de rotation, est un *épaulement*. Quelquefois, pour le même objet, on termine le tourillon par une saillie annulaire C ou *collet* (*fig.* 3 *bis*).

Fig. 6.

Fig. 7.

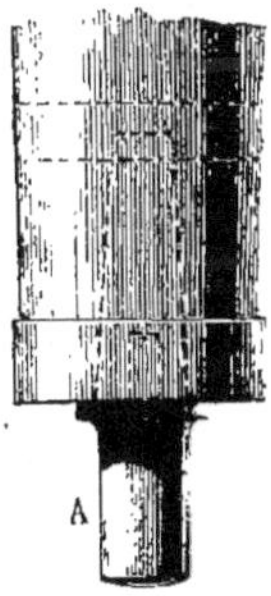


Fig. 8.

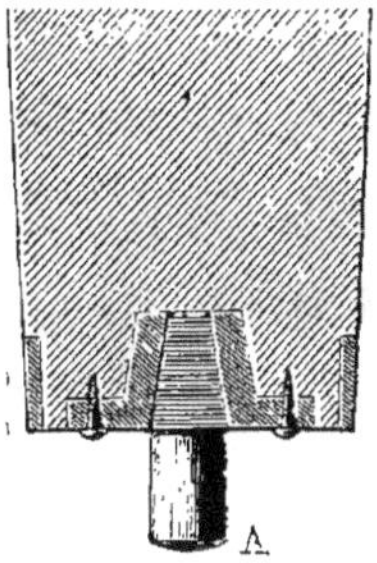


Lorsque l'arbre est vertical, le tourillon inférieur A, qui prend le nom de *pivot* (*fig.* 6, arbre en fonte coulé d'une seule pièce avec le pivot; *fig.* 7 et 8, arbres en bois avec pivot rapporté), au lieu d'être engagé dans un coussinet, repose par son extrémité dans une *crapaudine*. La *fig.* 9 représente une *crapaudine simple;* A est le *culot* ou *grain*, et est

Fig. 9.

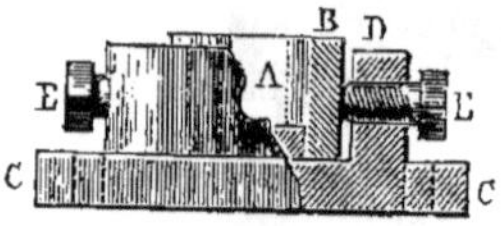


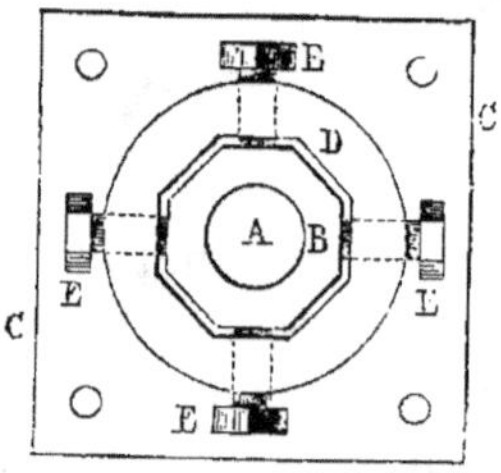


en acier; B le *collet*, qui est en bronze; C une boîte en fonte, dans laquelle est maintenue, au moyen des *vis butantes* E, la crapaudine AB; entre la boîte et la crapaudine existe un certain intervalle D.

La *fig.* 10 représente une *crapaudine avec soulèvement du pivot*, qui ne diffère de la précédente qu'en ce que : 1° la crapaudine est renfermée dans une première boîte en fonte;

Fig. 10.

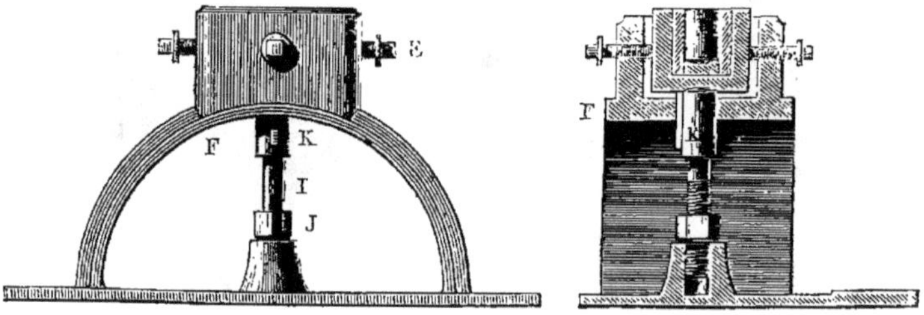


2° la boîte principale, au lieu d'être fixée directement sur le sol, fait corps avec un arceau F dont la semelle est boulonnée à la fondation. Sous l'arceau se trouve une vis I à deux filets, dont l'un, muni d'un écrou J, s'engage dans la semelle, et l'autre dans un cylindre; ce cylindre, par suite d'une saillie prismatique ou languette K (*prisonnier*), qu'il porte à sa surface extérieure et qui s'engage dans une rainure pratiquée dans F, ne peut éprouver qu'un déplacement vertical lorsque l'on fait tourner l'écrou J. Son extrémité peut être mise en contact avec la base de la boîte intérieure. En agissant sur l'écrou, après avoir desserré les vis E, on peut faire subir un déplacement vertical à la crapaudine, ce qui est très-utile dans certaines circonstances, dont nous n'avons pas à nous occuper maintenant.

Nous n'insisterons pas davantage sur la description des guides, et nous renverrons, pour plus de détails sur ce sujet, aux traités spéciaux de construction.

4. *Des embrayages.* — Il arrive souvent que l'on soit obligé, dans un moment donné, de relier un arbre en mouvement avec un autre arbre de même axe et d'abord en repos, pour qu'on puisse le faire participer au mouvement du premier, ou de supprimer cette liaison si elle existe; l'une ou l'autre de ces opérations s'effectue au moyen de dispositifs connus sous le nom d'*embrayage*. A cet effet, on monte respectivement sur les extrémités en regard des deux arbres deux pièces ou *manchons d'embrayage;* l'une de ces pièces est fixe sur son arbre; l'autre peut être déplacée le long du sien, qui est terminé par une partie cylindrique s'il n'affecte pas cette forme sur toute sa longueur, tout en étant assujetti à tourner avec lui au moyen d'un prisonnier fixé à l'arbre, et pénétrant dans une cavité de même forme pratiquée dans le manchon.

Fig. 11.

La solidarité s'établit entre le manchon fixe et le manchon mobile au moyen de griffes droites (*fig.* 11) ou obliques (*fig.* 12), s'engageant les unes dans les autres, ou encore en

Fig. 12.

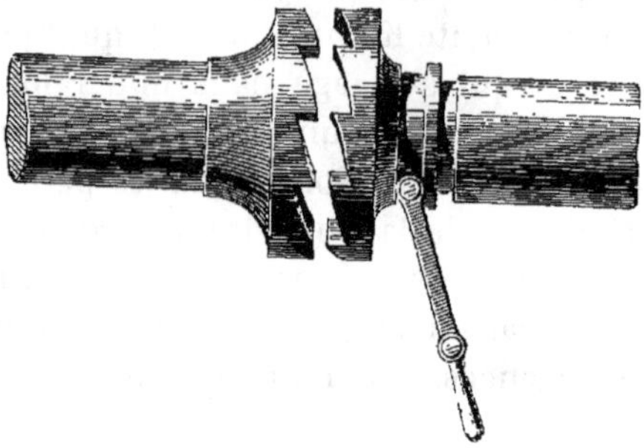

donnant respectivement (*fig.* 13) aux deux manchons les formes de cônes creux et pleins de même ouverture pou-

Fig. 13.

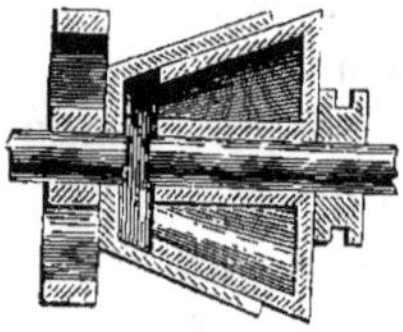

vant s'emboîter l'un dans l'autre et s'entraîner par suite de l'adhérence.

Le déplacement du manchon mobile se produit en agissant sur l'une des extrémités d'un levier dont l'autre se termine par une fourche; la fourche est munie de deux appendices qui s'engagent dans une rainure circulaire pratiquée dans le manchon.

Nous indiquerons plus loin en quoi consiste l'embrayage par courroies.

# CHAPITRE II.

## TRANSFORMATION DU MOUVEMENT RECTILIGNE CONTINU EN RECTILIGNE CONTINU.

5. *Poulie fixe.* — Lorsque l'on ne veut transformer que la direction du mouvement et non sa vitesse, on emploie la *poulie fixe* (*fig.* 14), qui consiste en une roue mobile dans une chape autour d'un axe fixé, tantôt à la roue, tantôt à la chape qui est accrochée en un point fixe.

Fig. 14.

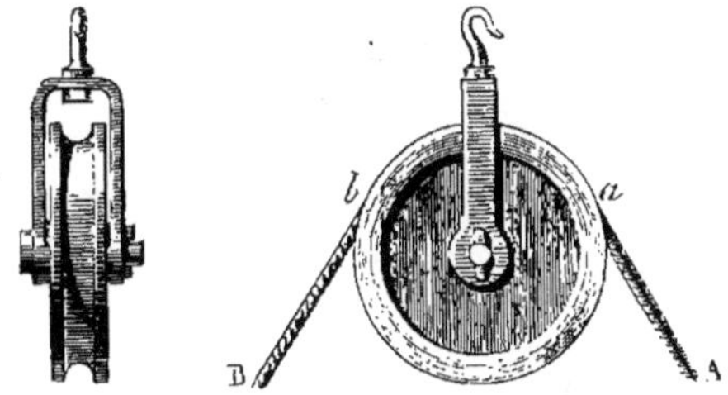


La jante de la roue est creusée en gorge pour recevoir une corde A$ab$B qui embrasse un certain arc $ab$. Si l'extrémité A de la corde s'éloigne de $a$ d'une certaine longueur dans la direction de A$a$, B se rapproche de $b$ de la même longueur, de sorte que la direction seule du mouvement est changée.

Si P et Q sont les efforts moteur et résistant, dirigés suivant $a$A, $b$B, il faut pour l'équilibre, en vertu soit du principe du travail virtuel appliqué à la corde, soit du théorème des moments appliqué à l'axe, que l'on ait $P = Q$, en négligeant toutefois le frottement de la poulie sur son axe.

Cette égalité n'est d'ailleurs qu'une vérification d'un théorème plus général relatif à l'équilibre d'un fil en contact avec une courbe fixe (deuxième Partie, n° 86).

Lorsque les deux cordons A*a*, B*b* sont parallèles, la corde embrasse la moitié de la circonférence, et les mouvements des deux cordons sont parallèles et de sens contraires.

On peut transformer l'un dans l'autre deux mouvements rectilignes ayant la même vitesse, dont les directions AB, CD ne sont pas comprises dans le même plan de la manière suivante : on joindra deux points B et C de ces directions, on disposera ensuite deux poulies dont les gorges seront respectivement tangentes à AB et BC, BC et CD ; on fera enfin passer sur ces deux poulies une corde dont les deux cordons extrêmes seront dirigés suivant AB et CD, et il est clair que la transformation sera opérée.

6. Lorsque l'on veut modifier à la fois la direction et la vitesse du mouvement, on emploie la *poulie mobile* ou *les moufles*.

Dans la poulie mobile (*fig.* 15) une des extrémités A de la

Fig. 15.

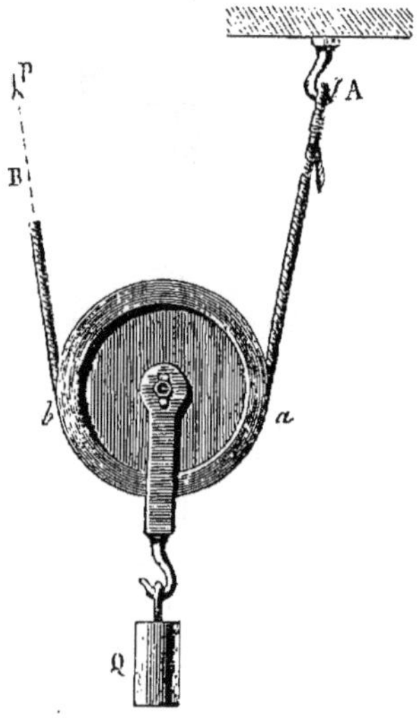


corde est attachée à un crochet ; la poulie repose sur la corde et à sa chape se trouve ordinairement suspendu un poids Q, qu'il s'agit d'élever en exerçant suivant *b*B un certain effort P.

Pour qu'il y ait équilibre de la corde sur la poulie, il faut que la tension T de A$a$ soit égale à P ; et enfin, en négligeant les résistances passives, il faut, pour que la poulie soit en équilibre, que Q soit égal et opposé à la résultante de ces deux forces, et, par suite, que la bissectrice de l'angle formé par les deux cordons, ou de celui $2\alpha$ formé par les rayons O$a$, O$b$, soit verticale. On a ainsi la relation

$$Q = 2P \sin\alpha. \tag{1}$$

Soit $\delta Y$ le déplacement élémentaire que subit Q lorsque B$b$ s'allonge de $\delta\sigma$ ; le principe du travail virtuel donne

$$Q\delta Y + P\delta\sigma = 0,$$

d'où, en vertu de la relation précédente,

$$\delta Y = -\frac{\delta\sigma}{2\sin\alpha} \ (^1); \tag{2}$$

mais $\delta Y$ ne peut s'exprimer en fonction de $\alpha$ et de sa variation que si le cordon B$b$ est assujetti à certaines conditions,

---

(1) On éprouve généralement quelques difficultés à établir directement cette relation, et par suite à vérifier le principe du travail virtuel sur la poulie mobile. Ces difficultés ne sont qu'apparentes, comme nous allons le voir.

Soient (*fig.* 16)

Fig. 16.

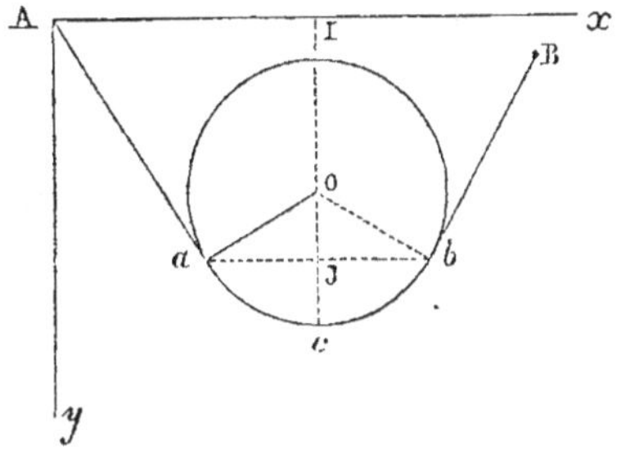


B un point déterminé de la corde, correspondant à la longueur $S = AabB$ mesurée à partir du point fixe A. Nous supposerons la force P appliquée au point $b$ ;

A$x$, A$y$ l'horizontale et la verticale du point A ;

$x, y$ les coordonnées de B par rapport à ces axes ;

$Y = OI$ l'ordonnée verticale du centre O de la poulie ;

par exemple, comme celle de passer par un point fixe ou sur une poulie fixe.

Lorsque les cordons sont parallèles ou que $\alpha = 90$, on a

$$\delta Y = -\frac{\delta\sigma}{2},$$

ce qui est visible *a priori*.

7. Une *moufle* se compose de deux systèmes, formés chacun de poulies réunies dans une même chape : la chape de l'un des systèmes est fixe; à celle de l'autre est accroché un poids Q qu'il s'agit d'élever au moyen d'une corde dont le

---

J et $c$ les milieux de la corde et de l'arc $ab$;
R le rayon de la poulie;
$u = \mathrm{A}a$, $u' = \mathrm{B}b$.

On a

$$a\mathrm{O}c = c\mathrm{O}b = x\mathrm{A}a = \alpha.$$

L'angle aigu formé par $\mathrm{A}x$ et $\mathrm{B}b$ est aussi égal à $\alpha$.

La figure donne

$$(1) \qquad y = (u - u')\sin\alpha.$$

$$(2) \qquad x = (u + u')\cos\alpha + 2\mathrm{R}\sin\alpha.$$

$$(3) \qquad \mathrm{S} = u + u' + 2\mathrm{R}\alpha.$$

$$(4) \qquad \mathrm{Y} + \mathrm{R}\cos\alpha = u\sin\alpha$$

Pour un déplacement infiniment petit du cordon, on a les variations

$$\delta y = (\delta u - \delta u')\sin\alpha + (u - u')\cos\alpha\,\delta\alpha,$$

$$\delta x = (\delta u + \delta u')\cos\alpha - (u + u')\sin\alpha\,\delta\alpha + 2\mathrm{R}\cos\alpha\,\delta\alpha.$$

Le déplacement de B, suivant $b\mathrm{B}$, a par suite pour expression

$$\delta\sigma = \delta x\cos\alpha - \delta y\sin\alpha - \delta u(\cos^2\alpha - \sin^2\alpha)$$
$$+ \delta u' - 2u\sin\alpha\cos\alpha\,\delta\alpha + 2\mathrm{R}\cos^2\alpha\,\delta\alpha;$$

mais, S restant constant, l'équation (3) donne

$$\delta u' = -\delta u - 2\mathrm{R}\,\delta\alpha.$$

Portant cette valeur dans l'expression de $\delta\sigma$, on trouve

$$\delta\sigma = -2\sin\alpha(\delta u\sin\alpha + u\cos\alpha\,\delta\alpha + \mathrm{R}\sin\alpha\,\delta\alpha),$$
$$= -2\sin\alpha.\delta(u\sin\alpha - \mathrm{R}\cos\alpha),$$

ou, en vertu de l'équation (4),

$$\delta\sigma = -2\sin\alpha\,\delta\mathrm{Y},$$

ce qui n'est autre chose que l'équation (2) du texte.

brin libre, suivant lequel s'exerce l'effort P, correspond à une des poulies de la chape supérieure, passe de là sur une poulie de la chape inférieure, puis sur une poulie de la chape supérieure et ainsi de suite, et vient finalement se fixer en un point de la chape supérieure.

Lorsque les poulies de chaque système sont montées sur le même axe (*fig.* 17), comme dans le *palan*, elles sont toutes de même diamètre, et les cordons intermédiaires sont tous parallèles.

Fig. 17.

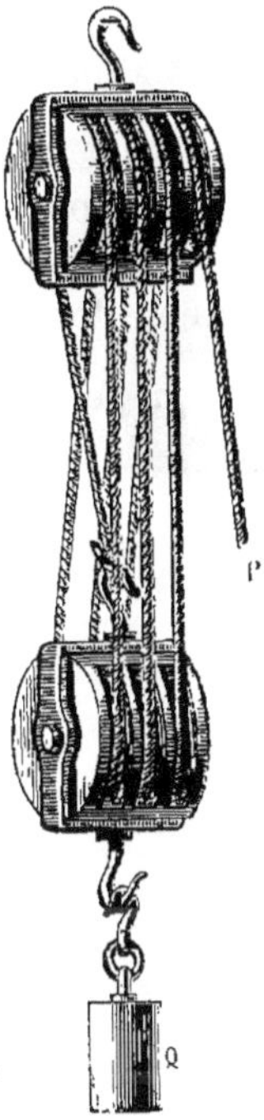


Fig. 18.

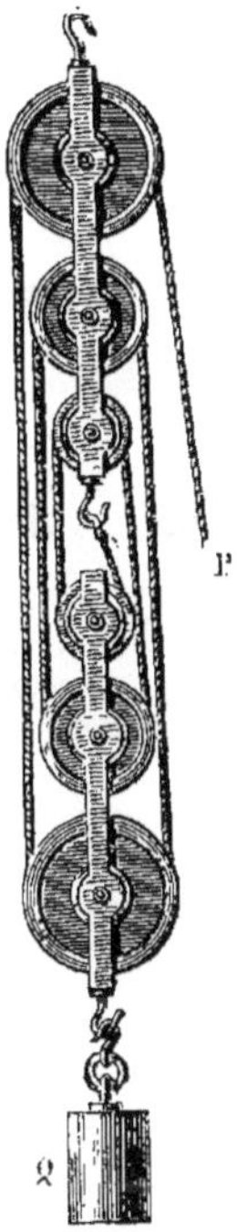


Dans le cas contraire (*fig.* 18), le parallélisme n'existe plus; mais comme, en général, les chapes sont éloignées l'une de l'autre, par rapport à la différence de diamètre de deux poulies correspondantes de l'un et de l'autre système, on peut encore sans grande erreur supposer que les cordons sont parallèles.

Soit $n$ le nombre des poulies de chaque système; si l'on remarque que la tension du premier cordon intermédiaire est égale à P, pour qu'il y ait équilibre sur la première poulie supérieure, on voit qu'il en est de même de la tension de tous les autres cordons, de sorte que le poids Q fait équilibre à $2n$ forces égales à P dirigées suivant les cordons qui soutiennent la chape inférieure; on a donc

$$Q = 2nP,$$

et, par conséquent, en vertu du principe du travail virtuel, la hauteur dont s'élève le poids Q est la fraction $\frac{1}{2n}$ de l'accroissement correspondant de la longueur du cordon libre, ce qu'il est facile de voir *à priori;* car, si le cordon libre s'allonge d'une certaine longueur $s$, le restant de la corde, composé de $2n$ cordons, se raccourcit de la même longueur; chacun des cordons se raccourcit donc de $\frac{s}{n}$, qui représente la hauteur dont la chape inférieure s'est élevée.

# CHAPITRE III.

## TRANSFORMATION DU MOUVEMENT CIRCULAIRE CONTINU EN CIRCULAIRE CONTINU.

### § I. — *Les axes de rotation sont parallèles.*

8. *Courroies sans fin.* — Lorsque l'effort à transmettre d'un axe à un autre ne dépasse pas certaines limites, on peut réaliser cette transformation en employant deux poulies montées respectivement sur les deux axes, de manière que leur plan moyen soit le même. Sur les poulies passe une courroie dont les deux bouts sont cousus solidement (sans augmentation d'épaisseur) et qui, à l'état de repos, est plus ou moins tendue. Pour empêcher la courroie de se dégager, on a soin de bomber ou d'échancrer sur les deux bords la jante de chacune des poulies; à l'inspection des *fig.* 19 et 20, on com-

Fig. 19.

Fig. 20.

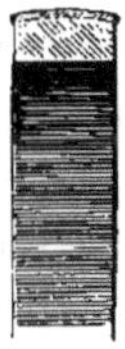

prend que l'une ou l'autre de ces dispositions tend à prévenir, dans certaines limites, tout déplacement latéral de la courroie.

Si les mouvements de rotation doivent être de même sens, on dispose la courroie suivant les tangentes extérieures aux profils des poulies (*fig.* 21); dans le cas contraire, la courroie

Fig. 21.

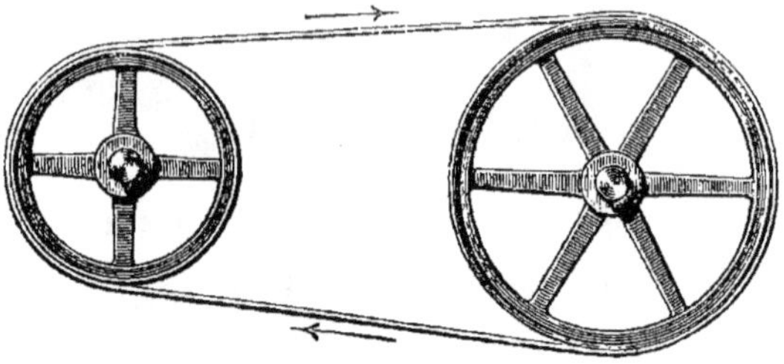

est dirigée suivant les tangentes intérieures (*fig.* 22). Dans l'un et l'autre cas, l'une des poulies en tournant entraîne la

Fig. 22.

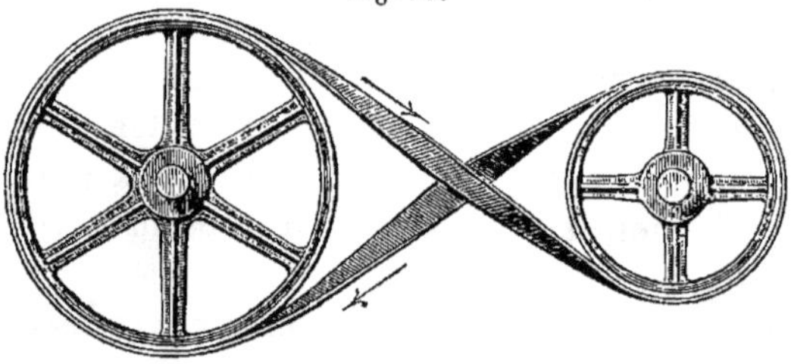

courroie qui, à son tour, met en mouvement l'autre poulie. En admettant qu'il n'y ait pas glissement de la courroie sur chacune des poulies, ce qui n'est pas tout à fait exact, comme nous le ferons voir plus loin, les vitesses des deux poulies à leurs circonférences sont égales, et, par suite, les vitesses angulaires sont en raison inverse des rayons.

Lorsque, par l'usage, une courroie s'est trop allongée pour qu'à l'état de repos elle n'ait plus la tension voulue, le plus ordinairement on remplace la couture par une autre après avoir raccourci la courroie en conséquence, afin que pendant le mouvement elle puisse transmettre l'effort de l'une à l'autre poulie. Dans d'autres cas, on exerce sur l'un des brins une compression par un rouleau tournant autour d'un axe faisant corps avec un levier mobile autour d'un axe fixe, ces deux axes étant parallèles à ceux des poulies; un poids, auquel on peut faire occuper différentes positions entre l'axe fixe et le rouleau, permet de produire l'effort voulu de compression. Cette disposition, qui a reçu le nom de *rouleau tenseur*, est représentée par la *fig.* 23.

Fig. 23.

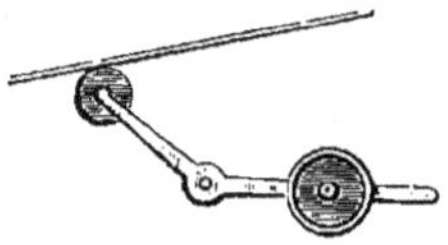

9. *Chaînes et câbles.* — Quelquefois, dans le cas de la *fig.* 21, on remplace la courroie par une chaîne; si l'adhérence de la chaîne sur les poulies n'est pas suffisante, en raison de l'effort que l'on a à transmettre, on arme leurs jantes de saillies qui servent de points d'appui aux maillons.

On emploie avec succès, dans certaines circonstances, pour transmettre le mouvement à de grandes distances, des câbles en fil de fer passant sur des poulies à gorge. On a reconnu par expérience que, pour se trouver dans de bonnes conditions, on doit donner au câble une vitesse de 25 à 30 mètres par seconde et prendre le diamètre des poulies égal à 200 fois environ celui du câble.

10. *Courroies d'embrayage.* — On peut transporter le mouvement d'une poulie sur une autre de même axe, à l'aide d'une fourche d'embrayage, entre les branches de laquelle s'engage

Fig. 24.

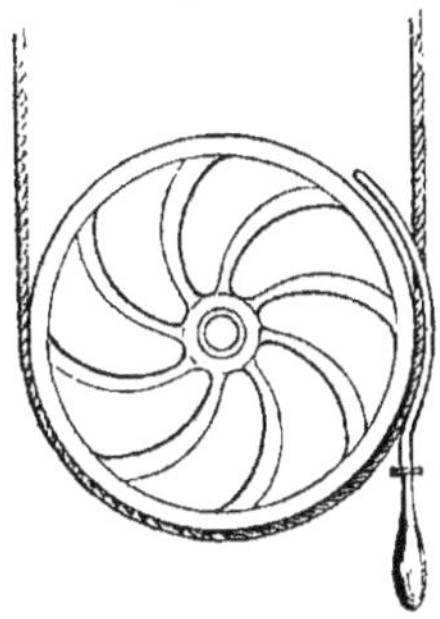

le brin arrivant de la courroie, et que l'on peut à volonté déplacer autour d'un axe fixe (*fig.* 24).

**11.** *Transformation de mouvements de rotation par le contact.* — Lorsque l'effort à transmettre est faible, on peut employer, comme dans les tire-sacs de quelques moulins, deux plateaux ou poulies sans gorge, à axes parallèles, dont les plans moyens coïncident et dont les jantes sont recouvertes de buffle. Les garnitures de buffle sont en contact et exercent l'une sur l'autre une pression qu'on règle en conséquence et d'où résulte une adhérence qui permet de réaliser la transformation.

Lorsque l'effort à transmettre est supérieur au maximum de l'adhérence que l'on peut produire, on a recours aux engrenages, dont l'étude exige la connaissance de quelques propriétés des enveloppes des courbes planes, et que nous établirons préalablement.

**12.** *Digression sur les enveloppes des courbes planes.* — Soient, à un instant donné,

AB l'élément commun à deux courbes (S'), (S), comprises dans un même plan, la seconde roulant sur la première supposée fixe;

BC', BC les éléments de (S'), (S), qui doivent venir en contact au bout du temps $dt$;

$\Omega$ la vitesse angulaire instantanée de rotation de (S);

R, R' les rayons de courbure des courbes mobile et fixe;

$ds$ la longueur commune des éléments BC, B'C;

$dt$ le temps employé pour que ces deux éléments viennent en contact.

Il est clair que $\Omega dt$ est égal à l'angle CBC', ou à la somme, ou à la différence des angles de contingence des deux courbes au point de contact, selon qu'elles opposent ou non leurs convexités. Si nous convenons de considérer R comme positif avec $R' < R$, dans le premier cas, et comme négatif dans le second, nous pourrons écrire d'une manière générale

$$\Omega dt = \left(\frac{1}{R} + \frac{1}{R'}\right) ds. \tag{1}$$

Supposons que la courbe mobile (S), en contact en A (*fig.* 25) avec la courbe fixe (S'), entraîne, dans son roulement sur cette dernière, une autre courbe *ma* de forme invariable, et proposons-nous de déterminer l'*enveloppe* des positions de *ma* ou la courbe fixe *ma'* à laquelle elle reste constamment tangente.

Fig. 25.

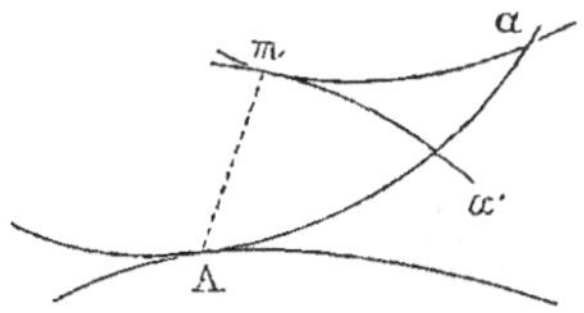


La rotation Ω autour du point A peut être considérée comme se composant d'une rotation égale et de même sens autour du point de contact *m* de *ma* et *ma'*, et d'une translation $\Omega.\mathrm{A}m$ perpendiculaire à $m\mathrm{A}$; mais, comme *ma* ne peut éprouver de déplacement que suivant la tangente en *m*, il s'ensuit que *la normale au point de contact de l'enveloppe et de l'enveloppée passe par le point de contact des courbes* (S) *et* (S').

En appelant *p* la normale A*m*, la translation ci-dessus donne lieu, dans le temps *dt*, au déplacement

$$\Omega.m\mathrm{A}.dt = p\left(\frac{1}{\mathrm{R}}+\frac{1}{\mathrm{R}'}\right)d\mathrm{S} \tag{2}$$

suivant la tangente en *m*, qui mesure le *glissement élémentaire* de *ma* sur *ma'*.

Poncelet a déduit du théorème précédent un tracé très-

Fig. 26.

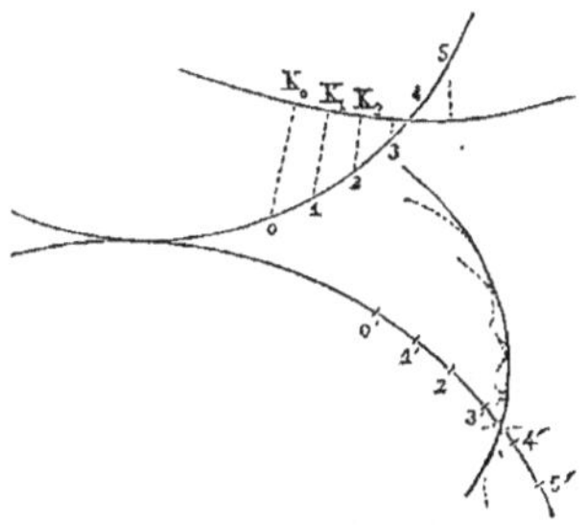

simple de l'enveloppe; à cet effet, marquons sur (S) (*fig.* 26) les points équidistants 0, 1, 2,..., dont l'équidistance soit assez petite pour que l'on puisse considérer l'arc correspondant comme rectiligne ou égal à sa corde, ce qui peut se faire avec un compas dont l'ouverture reste constante. Abaissons de ces points les normales o.$K_0$, 1.$K_1$, 2.$K_2$,... sur A$m$; des points équidistants o', 1', 2',..., marqués sur (S'), et dont l'équidistance est la même que pour (S), pris comme centres et avec des rayons respectivement égaux à o.$K_0$, 1.$K_1$,..., décrivons des arcs de cercle; ces arcs de cercle se couperont successivement et seront tangents à l'enveloppe que l'on déterminera ensuite par le tracé d'une courbe continue menée tangentiellement aux mêmes arcs. Il est évident d'ailleurs que cette méthode est générale, c'est-à-dire que les courbes (S) et (S') opposent ou non leurs convexités, et la figure montre que, dans tous les cas, *le contact aura toujours lieu entre la partie de l'enveloppée extérieure à* (S') *et la partie de l'enveloppe intérieure à* (S), *et inversement.*

Lorsque l'enveloppée est un point $m$, les normales se réduisent aux distances de $m$ aux points o, 1, 2,..., et l'on peut tracer ainsi très-facilement l'enveloppe qui est une épicycloïde.

Proposons-nous maintenant de construire le rayon de courbure de l'enveloppe d'une courbe.

Soient (*fig.* 27), pour le point de contact A,

Fig. 27.

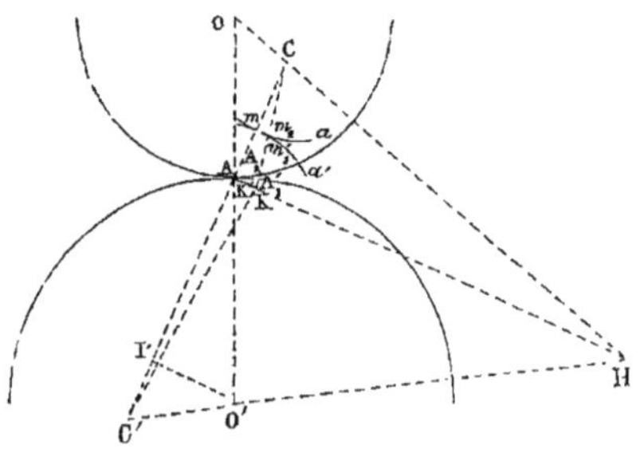

O, O' les centres de courbure de (S) et (S');

C, C' les centres de courbure de l'enveloppée et de l'enveloppe;

$\rho, \rho'$ les rayons de courbure correspondants;

$A_1, A'_1$ les points de (S) et (S′) qui viennent en contact au bout du temps $dt$;

$m_1, m'_1$ les points correspondants de l'enveloppée et de l'enveloppe : les points $m_1$, $A_1$, C sont en ligne droite, ainsi que $m'_1, A'_1, C'$;

K, K′ les points d'intersection de la perpendiculaire en A à la normale CC′ avec les droites $A_1C$ et $A'_1C'$;

$\varphi$ l'angle formé par la normale A$m$ avec OO′.

On a

$$AA'_1 = AA_1 = ds,$$

et évidemment

$$mm'_1 = AK'\frac{C'm}{AC'} = ds\cos\varphi\,\frac{\rho'}{\rho'-p},$$

$$mm_1 = AK\,\frac{Cm}{AC} = ds\cos\varphi\,\frac{\rho}{\rho+p}.$$

La différence de ces deux éléments ou le glissement élémentaire a donc pour valeur

$$(3)\qquad ds\cos\varphi\left(\frac{\rho'}{\rho'-p}-\frac{\rho}{\rho+p}\right)=p\,ds\cos\varphi\left(\frac{1}{\rho'-p}+\frac{1}{\rho+p}\right),$$

et, en identifiant cette expression à celle que donne la formule (2), on obtient

$$(4)\qquad \left(\frac{1}{\rho'-p}+\frac{1}{\rho+p}\right)\cos\varphi=\frac{1}{R}+\frac{1}{R'},$$

relation au moyen de laquelle Savary a donné la construction suivante, pour trouver le centre de courbure de l'enveloppe, connaissant celui de l'enveloppée.

Soient H′ l'intersection de la droite AK′K avec la direction de O′C′, I′ le pied de la perpendiculaire abaissée de O′ sur CC′; on a

$$AH' = O'I'\,\frac{AC'}{C'I'} = R'\sin\varphi\,\frac{\rho'-p}{\rho'-p-R'\cos\varphi} = \frac{\sin\varphi}{\dfrac{1}{R'}-\dfrac{1}{\rho'-p}\cos\varphi}.$$

Si H est pour la courbe $ma$ le point analogue à H′ pour

la courbe $ma'$, on trouve de la même manière

$$\mathrm{AH} = \frac{\sin\varphi}{\frac{1}{\mathrm{R}} - \frac{1}{\rho + p}\cos\varphi},$$

et d'après la relation (4) les points H et H′ coïncident.

Donc, *pour trouver le centre de courbure de l'enveloppe, on joindra les points* O *et* C *par une droite jusqu'à sa rencontre* H *avec la perpendiculaire en* A *à la normale en* $m$, *et l'intersection de cette normale avec la droite qui joint les points* H *et* O′ *sera le centre de courbure cherché.*

Ce théorème permet de construire l'enveloppe par une succession d'arcs de cercle osculateurs; à cet effet, à partir de A portons des divisions équidistantes, suffisamment rapprochées, 1, 2, 3,... sur (S), et 1′, 2′, 3′,... sur (S′); déterminons les centres de courbure $C_1$, $C_2$,..., correspondant aux divisions ci-dessus (S) et aux points $m_1$, $m_2$,... de $am$; la position du point $m$ étant supposée connue, on construira C′ et l'on décrira l'arc de cercle osculateur $mm'_1$, limité à la normale C′1′; sur le prolongement de cette droite, et à partir de $m'_1$, on portera une longueur $m'_1 D_1 = 1.C_1$ et le point $D_1$ permettra, de même que C pour C′, de trouver le centre de courbure $C'_1$ de l'enveloppe correspondant à $m'_1$, d'où un second arc de cercle osculateur qu'on limitera comme $mm'_1$ et ainsi de suite; mais cette construction, quoique basée sur un principe éminemment rationnel, est assez compliquée, et dans la pratique celle de Poncelet est bien préférable.

La construction du centre de courbure donnée ci-dessus s'applique à tous les cas, que les courbes (S) et (S′) opposent leurs convexités, comme le suppose la figure, ou que le contraire ait lieu; mais, si l'on veut faire une application numérique de la formule (4), il faudra, dans ce dernier cas, considérer R comme négatif; et si le sens de la courbure de $ma$ change, par rapport à celle de (S′), il faudra également remplacer $\rho$ par $-\rho$ dans la même formule, et le signe de $\rho'$ donnera le sens de la courbure de l'enveloppe; enfin si le point $m$, au lieu de se trouver à l'extérieur de (S′), est à l'intérieur, il faudra changer le signe de $p$.

Nous allons étudier quelques cas particuliers lorsque les courbes (S), (S′) sont des circonférences.

(*a*). *Enveloppe d'un point.* — Nous considérerons d'abord le cas où les circonférences sont extérieures l'une à l'autre, et nous supposerons que le point générateur *m* se trouve sur la circonférence (S); nous construirons l'enveloppe comme nous l'avons indiqué plus haut. L'épicycloïde se composera d'arceaux successifs identiques, en nombre fini ou infini, selon que le rapport $\frac{R}{R'}$ sera commensurable ou non. Chaque arceau sera aplati ou allongé, selon que R sera plus petit ou plus grand que R′, correspondra à une révolution complète de la circonférence (S), et son sommet à une demi-révolution. Deux arceaux consécutifs se rencontreront sur la circonférence (S′) et y formeront un point de rebroussement où la tangente sera le rayon correspondant de cette circonférence.

Soient (*fig.* 28) L, H les secondes extrémités des diamètres

Fig. 28.

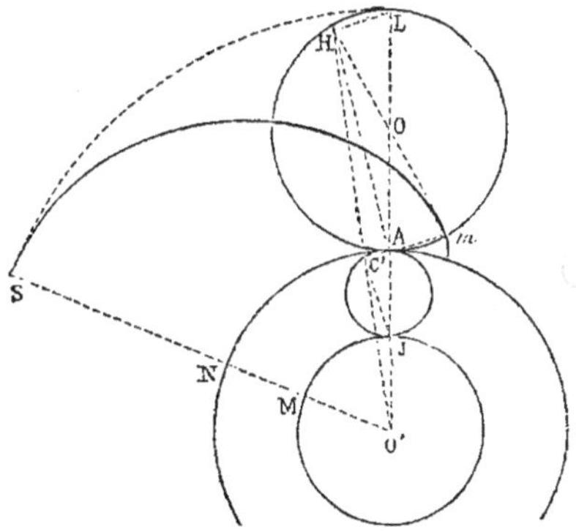


de la circonférence (S) partant des points A et *m*; menons les droites HL, HO′; cette dernière rencontrera la direction de A*m* en un point C′ qui, d'après le théorème de Savary, sera le centre de courbure au point *m* de l'épicycloïde. Si J est le point de rencontre avec OO′ de la parallèle à AH menée par le point C′, on a, d'après la figure,

$$\frac{AJ}{AL} = \frac{AC'}{HL} = \frac{AO'}{O'L},$$

d'où

$$AJ = \frac{2RR'}{2R + R'} \quad \text{et} \quad O'J = R' - AJ = \frac{R'^2}{2R + R'}.$$

Ainsi le point J reste à une distance constante du centre O′, et, pour l'obtenir, il suffit de projeter sur OO′ le point d'intersection de la circonférence (S′) avec une demi-circonférence décrite sur O′L comme diamètre.

Soient S le sommet de l'arceau considéré; M, N les points de rencontre des circonférences de centre O′ et de rayons O′J, O′A avec la droite O′S. Décrivons sur AJ comme diamètre une circonférence qui évidemment passera par le point C′; on a

$$\text{arc}\,C'J = AJ \times \widehat{C'AJ} = \frac{2RR'}{2R + R'}\left(\frac{\pi}{2} - \frac{\widehat{AOm}}{2}\right) = \frac{R'}{2R + R'}\,\text{arc}\,NA,$$

$$\text{arc}\,MJ = O'J \times \widehat{MO'J} = \frac{R'^2\widehat{MO'J}}{2R + R'} = \frac{R'}{2R + R'}\,\text{arc}\,NA,$$

d'où

$$\text{arc}\,C'J = \text{arc}\,MJ.$$

Il suit de là que le lieu des points C′ ou la développée de l'épicycloïde est elle-même une épicycloïde résultant du roulement de la circonférence AJ sur la circonférence O′J, et dont les sommets et les points de rebroussement correspondent respectivement aux points de rebroussement et aux sommets de l'épicycloïde proposée.

Lorsque la circonférence mobile est intérieure à la circonférence fixe, l'enveloppe est une épicycloïde intérieure ou *hypocycloïde* qui jouit des mêmes propriétés que la courbe que nous venons d'étudier.

L'enveloppe devient une cycloïde si R′ est infini, c'est-à-dire si la circonférence (S′) est remplacée par une ligne droite.

(*b*). *Enveloppe d'une épicycloïde.* — Soient (*fig.* 29)

P le centre d'une circonférence tangente en A extérieurement à (S′) et intérieurement à (S);

$mA_1$, $mA'_1$ l'hypocycloïde et l'épicycloïde décrites par un point $m$ de cette circonférence roulant respectivement sur (S) et (S');

Fig. 29.

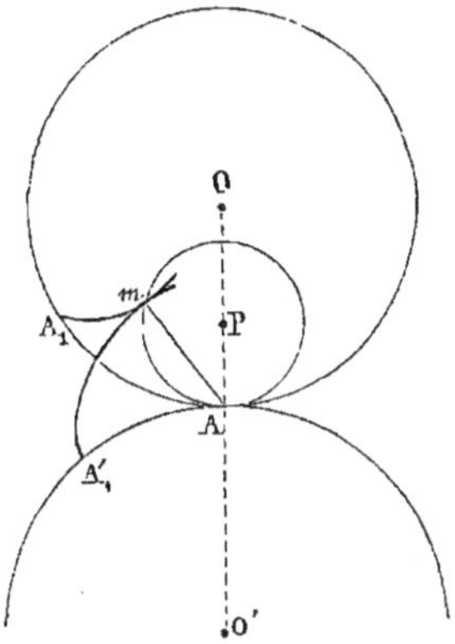


$A_1$, $A'_1$ les positions correspondantes du point décrivant sur les deux circonférences.

Il est clair que

$$\text{arc}\,AA_1 = \text{arc}\,Am = \text{arc}\,AA'_1,$$

et, comme la normale en $m$ passe par le point A, on a ce théorème :

*L'enveloppe d'une épicycloïde est l'hypocycloïde décrite par un point du même cercle générateur roulant dans l'intérieur de la circonférence mobile, et inversement.*

(*c*). *Enveloppe d'un rayon.* — Soient (*fig.* 30)

$OA_1$, dans une position quelconque, le rayon dont on veut terminer l'enveloppe;

$A'_1$ le point de la circonférence (S') correspondant au point $A_1$ de S;

A le point de contact actuel des deux circonférences;

$m$ le pied de la perpendiculaire abaissée de A sur $OA_1$, et qui est le point de l'enveloppe correspondant à la disposition de la figure.

Le point $m$ se trouve sur la circonférence décrite sur OA

comme diamètre ayant son centre en P; mais on a

$$\widehat{APm} = 2\widehat{AOm}, \quad \text{d'où} \quad \widehat{APm}.Pm = \widehat{AOm}.2Pm = \widehat{AOm}.OA.$$

Il suit de là que l'arc $Am$ est égal à l'arc $AA_1$ et, par suite, à

Fig. 30.

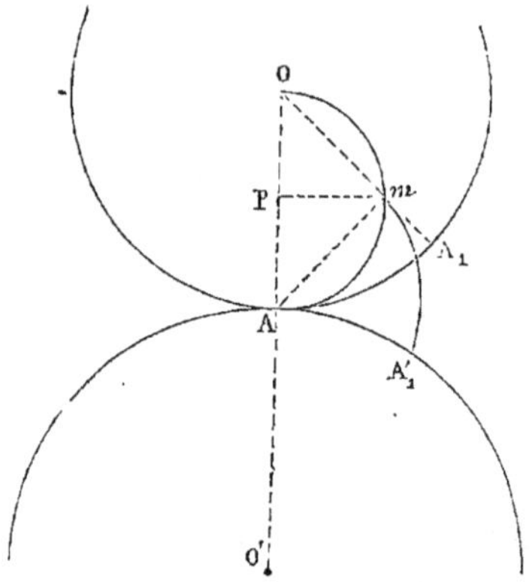


l'arc $AA'_1$ : donc *le lieu cherché est l'épicycloïde engendrée par un point d'une circonférence décrite sur un rayon de la circonférence mobile.*

On déduit de là et du théorème énoncé à l'article précédent que *l'hypocycloïde décrite par un point de la circonférence d'un diamètre moitié de celui de la circonférence mobile est un rayon de cette dernière;* car le rayon $OA_1$, enveloppe des positions de l'épicycloïde $A'_1 m$, n'est autre chose que l'hypocycloïde engendrée par le point $m$ de la circonférence P roulant dans l'intérieur de (S). Il est facile d'ailleurs de démontrer directement cette propriété [1].

Si le rayon OA est infini ou si la circonférence O devient une droite, la normale $Am$ est tangente en A à (S'), et, comme

[1] C'est sur cette même propriété qu'est basé le mécanisme connu sous le nom d'*engrenage de Delahire*, qui a pour objet de transformer un mouvement de rotation continu en mouvement rectiligne alternatif. Les deux circonférences correspondant à deux roues dentées engrènent l'une dans l'autre, dont l'une est fixe et l'autre mobile. L'axe de cette dernière est maintenue dans un coussinet engagé dans une manivelle tournant autour de l'axe de figure de la roue

elle est égale à $AA'_1$, l'enveloppe est la développante de la circonférence O'.

(*d*). *Enveloppe d'une circonférence.* — Proposons-nous de déterminer l'enveloppe d'une circonférence ayant son centre $A_1$ (*fig.* 31) sur le périmètre de (S), que nous suppose-

Fig. 31.

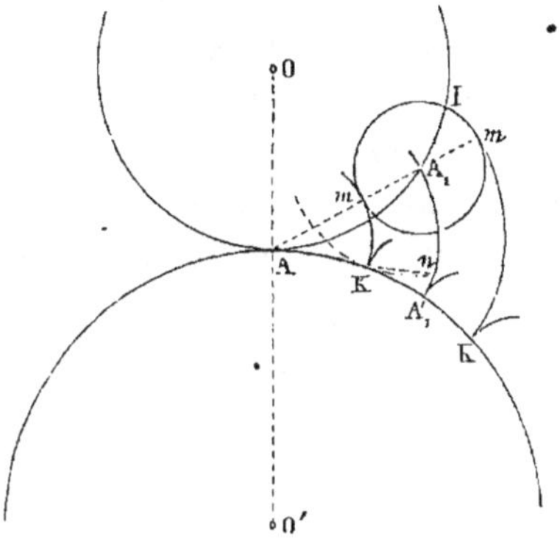


rons extérieur à (S'), comme l'indique la figure; on verra sans peine que les raisonnements qui suivent et les conséquences qu'on en déduit s'appliquent sans aucune restriction au cas où l'inverse aurait lieu. On obtiendra deux points *m* de l'enveloppe par l'intersection de la droite $AA_1$ avec la circonférence enveloppe, et, par suite, on construira cette enveloppe, en augmentant ou diminuant du rayon de la circonférence génératrice la normale de l'épicycloïde décrite par son centre, et dont $A'_1$ est un point de rebroussement.

L'enveloppe se composera ainsi de deux courbes, l'une intérieure, qui seule nous servira plus loin, et l'autre extérieure. Ces courbes, étant toutes deux parallèles à l'épicycloïde $A_1A'_1$, auront la même développée que cette dernière.

---

fixe, et au moyen de laquelle on produit le mouvement. Si une tige verticale est articulée en un point de la circonférence de la roue mobile, elle obéira à un mouvement oscillatoire dont l'amplitude sera le diamètre de la circonférence fixe, et pourra être utilisée par exemple pour faire fonctionner des pompes.

Ces deux courbes auront chacune un point de rebroussement K situé sur la circonférence (S′), et qui sera déterminé par la condition que la normale $Kn$, abaissée de ce point sur l'épicycloïde, soit égale à $A_1m$. En supposant que la circonférence mobile O se trouve en contact avec l'un des points K de la circonférence fixe O′, on voit que la corde de l'arc $Kn$ de la première circonférence est égale à $A_1m$, et que par suite l'arc $KA'_1$ est égal à l'arc $A_1I$ de O, dont la corde est égale au rayon $A_1m$; de sorte que les deux points de rebroussement s'obtiendront en portant de part et d'autre de $A'_1$, sur la circonférence O′, des arcs égaux à l'arc $A_1I$.

(*e*). *Enveloppe d'une développante de cercle.* — Soit $mK$ (*fig.* 32) la développante d'un cercle OIK concentrique

Fig. 32.

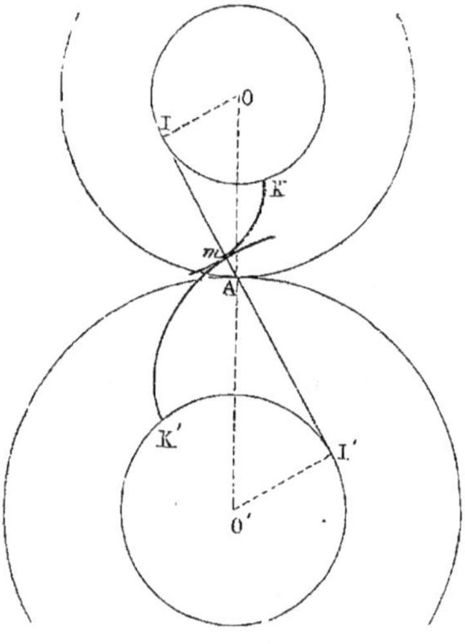


avec (S), et dont on se propose de trouver l'enveloppe. Le point de cette enveloppe est l'intersection $m$ de la développée avec la tangente AI menée du point A à sa circonférence génératrice; mais cette droite est aussi tangente à une circonférence de centre O′, et dont le rayon a pour valeur

$$O'I' = \frac{OI.O'A}{OA};$$

par suite, l'enveloppe cherchée n'est autre chose que la développée de cette même circonférence.

Il est facile de voir que l'on arriverait à un pareil résultat si, au lieu de se placer dans le cas de la figure, on supposait que les circonférences (S) et (S') fussent intérieures l'une à l'autre.

On sait d'ailleurs que, pour construire une développante de cercle, il suffit de tracer sur la circonférence des points équidistants o, 1, 2, 3,..., assez rapprochés pour que l'on puisse considérer les arcs interceptés comme rectilignes, puis des points 1, 2, 3,... avec des rayons égaux à une fois, deux fois, trois fois,... l'équidistance, de décrire des arcs de cercle tangentiellement auxquels on tracera une courbe continue passant par le point o, et qui sera la courbe cherchée.

13. *Généralités sur les engrenages.* — Pour transformer un mouvement de rotation qui a lieu autour d'un axe en un autre autour d'un autre axe parallèle au premier, on s'arrange de manière que les deux corps (S) et (S'), qui tournent respectivement autour de ces axes, soient munis de *saillies* ou *dents* agissant de l'un de ces corps sur l'autre. Pour obtenir une stabilité convenable dans le mode d'action de (S) sur (S'), on donne à ces saillies une forme cylindrique dont les génératrices sont parallèles à la direction des axes, et l'on réalise ainsi ce qu'on appelle un *engrenage cylindrique*, qui n'est autre chose qu'un couple de roues dentées.

Nous pourrons substituer, dans le raisonnement, aux corps (S) et (S') leurs sections faites par le plan de la figure, censé perpendiculaire aux axes, et considérées comme tournant autour des traces O, O' de ces axes.

On exige qu'un engrenage soit construit de telle manière que le rapport des vitesses angulaires $\omega$, $\omega'$ autour des points O, O' reste constant, et, pour qu'il en soit ainsi, il est évident qu'il doit exister entre les profils de deux dents correspondantes une relation que nous déterminerons un peu plus loin.

La *roue menante* est celle qui reçoit directement ou indirectement l'action de la force motrice, et qui engendre le mouvement de la *roue menée*, laquelle correspond à la résistance utile à vaincre.

*Du profil des dents.* — Les *fig.* 33 et 34 sont respectivement relatives aux cas où les vitesses angulaires $\omega$, $\omega'$ sont de sens

Fig. 33.

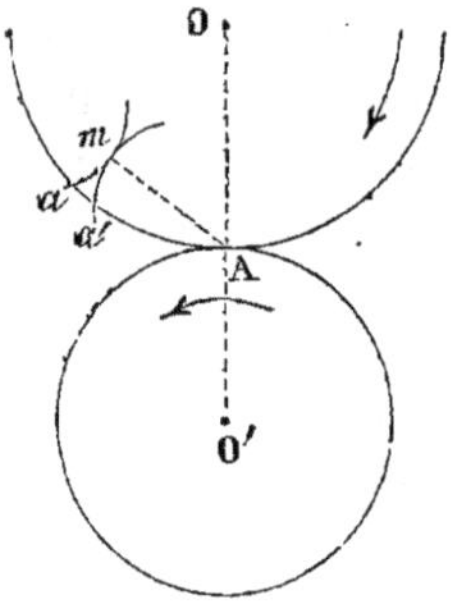


Fig. 34.

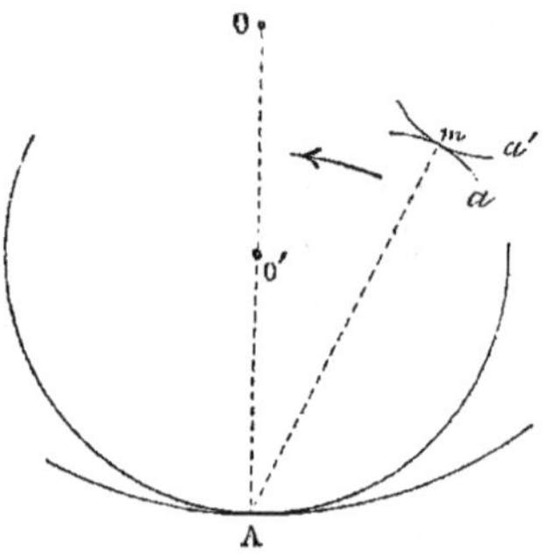


contraire ou de même sens, en supposant, par exemple, que $\omega$ ait lieu de la droite vers la gauche.

Le raisonnement suivant s'appliquera simultanément aux deux figures, dont les points correspondants sont représentés par les mêmes lettres.

Soient, à un instant quelconque, *ma*, *ma'* les profils des dents de (S), (S') en contact au point *m*; concevons que l'on imprime à ces deux figures invariables et autour de O' une rotation égale et contraire à $\omega'$, de manière à ramener (S') au repos; le centre instantané de (S) dans le mouvement résultant se trouvera en un point A de la direction de la ligne des centres déterminée par la relation

$$(1) \qquad \frac{OA}{O'A} = \frac{\omega'}{\omega}, \quad \text{d'où} \quad OA.\omega = O'A.\omega',$$

et comme $\frac{\omega'}{\omega}$ est constant par hypothèse, il en est de même de OA et O'A; d'où il suit que le lieu géométrique du centre instantané de (S) sera la circonférence de centre O et de rayon OA = R sur le plan mobile de cette figure, et la circonférence de centre O' et de rayon O'A = R' sur le plan fixe de

(S′), et le mouvement relatif de (S) par rapport à (S′) sera défini par le roulement de la circonférence OA sur la circonférence O′A.

Ces deux circonférences, appelées *circonférences primitives* de l'engrenage. sont extérieures ou intérieures l'une à l'autre selon que $\omega$, $\omega'$ sont de sens contraire ou de même sens, d'où le nom d'*engrenage extérieur* dans le premier cas et d'*engrenage intérieur* dans le second,

Comme, dans le mouvement relatif ci-dessus de (S), la courbe mobile *am* ne cesse pas d'être tangente à la courbe fixe *a′ m*, on a ce théorème : *Dans un engrenage cylindrique, le profil des dents de l'une des roues est l'enveloppe des positions que prend le profil des dents de l'autre roue lorsque sa circonférence primitive roule sur celle de la première.*

Si donc on se donne le profil de l'une des roues, on en déduira le tracé de l'autre profil par les méthodes indiquées au numéro précédent, et l'on voit que, dans le mouvement réel de l'engrenage, la normale au point de contact des deux dents en prise passe par le point de contact des circonférences primitives.

La portion du profil des dents extérieure à la circonférence primitive s'appelle la *tête* de la dent, pour la distinguer de l'autre qui en est le *flanc*, et, d'après une remarque faite plus haut, *le contact ne peut avoir lieu qu'entre un flanc et une tête.*

*Des pleins et des creux.* — Pour maintenir constant, autant que possible dans la pratique, le rapport des vitesses angulaires, on s'arrange de manière que les dents de chacune des roues soient toutes identiques et également espacées. Les portions de la circonférence primitive déterminées par une dent et un vide portent respectivement les noms de *base* des dents et d'*intervalle;* l'arc de cette circonférence compris entre les milieux de deux bases ou de deux intervalles consécutifs, que l'on appelle le *pas*, doit être une partie aliquote de la circonférence entière.

Le pas doit nécessairement être de même pour les deux roues, et par suite une commune mesure entre les deux circonférences primitives; car, pour que le contact d'un couple de dents vienne à succéder à celui du couple précédent, il faut que les circonférences primitives aient tourné du même arc.

Si l'exécution des roues était parfaite, il suffirait que les bases fussent égales aux intervalles; mais, comme il est impossible d'arriver à cette perfection, on a soin de donner aux vides sur les pleins un excédant de largeur qui est généralement compris entre $\frac{1}{10}$ ou $\frac{1}{20}$ du pas, et qui est le *jeu* de l'engrenage. Après avoir tracé sur les circonférences primitives les divisions correspondant au pas, on détermine les pleins et les vides en tenant compte du jeu fixé d'avance, d'après le degré de précision que doit comporter l'exécution de l'engrenage; puis on trace le profil des dents de l'une des roues en se donnant celui des dents de l'autre roue; le rapport du nombre des dents des deux roues est par suite égal à celui des circonférences primitives, c'est-à-dire à celui de leurs rayons.

Généralement on forme chaque dent de deux parties symétriques par rapport au rayon qui passe par leur milieu; de sorte que, si la largeur des dents était égale à celle de leurs intervalles ou s'il n'y avait pas de jeu, le contact aurait lieu en même temps des deux côtés de chaque dent, ce qui est irréalisable dans la pratique, car les moindres irrégularités arrêteraient le mouvement de l'engrenage.

Pour limiter l'influence du frottement, comme nous le verrons dans un autre Chapitre, il convient de faire en sorte que le contact n'ait lieu que sur une petite étendue de part et d'autre de la ligne des centres, ou que les arcs correspondants des circonférences primitives, par suite le pas, soient relativement petits.

*Du choix des profils.* — Pour que la construction du n° **12** puisse conduire à un résultat pratique, il faut choisir l'enveloppée de manière qu'il n'en résulte pas de pénétration avec la partie utile de l'enveloppe. Ainsi, par exemple, si les centres des cercles tangents de la tête et de la face de l'enveloppée se trouvaient d'un même côté de son point d'intersection avec la circonférence primitive (S), les deux parties correspondantes de l'autre profil se trouveraient aussi du même côté de leur point commun; et comme elles se pénétreraient, elles ne seraient pas susceptibles d'une exécution matérielle; il faudrait donc opter entre l'une ou l'autre de ces parties et renoncer à faire conduire les roues avant et après la ligne des centres, ce qui peut offrir des inconvénients.

On doit autant que possible rejeter également tout système de courbes dont l'une serait complétement ou partiellement concave, parce que cette forme peut donner lieu à des arcs-boutements que nous définirons plus loin, qu'elle présente des difficultés d'exécution, et enfin que les dents qui en résultent ont une plus grande tendance à retenir les corps étrangers quipeuvent s'introduire entre elles.

C'est pourquoi, dans la pratique, on n'emploie que quelques formes d'enveloppées à l'abri des inconvénients précités, qui offrent une facilité convenable d'exécution, et qui sont comprises dans les cas spéciaux dont nous nous sommes occupé à la fin du numéro précédent. Nous aurons donc à examiner plus loin les différentes solutions pratiques du problème des engrenages.

*De la continuité du mouvement.* — Il est nécessaire et il suffit, pour qu'il y ait continuité dans le mouvement, qu'il y ait toujours deux dents en prise; on satisfait généralement à cette condition en disposant l'engrenage de manière que chaque dent cesse d'agir lorsque la suivante arrive à la ligne des centres. Il faut donc limiter les dents dans le sens de leur longueur, par la circonférence de même centre que la circonférence primitive correspondante, passant par le point de contact du couple de dents qui suit celui qui se trouve sur la ligne des centres, en ayant soin d'adoucir les arêtes vives résultant de cette troncature.

Les creux de chaque roue sont définis par une circonférence semblable, d'un rayon un peu inférieur à la distance du centre à l'extrémité d'une dent de l'autre roue amenée suivant la ligne des centres, de manière à laisser entre cette dent et le fond du creux un espace suffisant (que l'on prend généralement égal au $\frac{1}{10}$ du pas) pour éviter des rencontres dans le cas d'un jeu dans les coussinets produit par l'usure.

*Des arcs-boutements.* — On sait que tous les corps présentent à leur surface des aspérités plus ou moins saillantes, selon le degré du poli. Si, sur une surface plane d'un solide, on fait mouvoir sous un certain angle le tranchant d'un ciseau, on n'éprouvera que la résistance due au frottement de glissement, si le déplacement a lieu du côté de l'angle aigu d'inclinaison; dans le cas contraire, le ciseau butera ou aura une grande tendance à buter contre les aspérités de la surface, en produisant des *arrêts* ou *arcs-boutements* suivis de pénétration dans la matière si l'action exercée sur le ciseau est suffisante.

Une pareille tendance aux arcs-boutements aura lieu entre les dents de la roue menante et celles de la roue menée, l'arête qui termine les premières jouant le rôle de ciseau, si le contact commence avant la ligne des centres, ce qui n'aura pas lieu au delà de cette même ligne.

On devra donc chercher à éviter que le contact commence avant la ligne des centres, et, lorsque les circonstances ne le permettront pas, on réduira autant que possible l'arc *d'approche* (ou de contact en deçà de la ligne des centres) pour diminuer les tendances aux arcs-boutants [1]. Par opposition, on désigne sous le nom *d'arc de retraite* celui qui correspond au contact au delà de la ligne des centres.

*Engrenages réciproques.* — On dit qu'un engrenage est *réciproque* lorsque chaque roue peut être menante ou menée dans les deux sens. On voit facilement que dans ces sortes d'engrenages, lorsque le contact a lieu sur la ligne des centres, les deux couples de dents adjacents, correspondant respectivement à la menée dans l'un ou l'autre sens, se touchent à la

---

(1) Lorsque l'arc d'approche est considérable et que les dents ne sont pas ou ne peuvent pas être souvent lubrifiées, les arcs-boutements développent une résistance qui surpasse celle qui résulte du frottement de glissement d'une quantité dépendante de la nature des matières en contact, de l'action mutuelle qu'elles exercent entre elles, de la masse des particules enlevées, de la profondeur du cisaillement, etc. Cette résistance est celle que les horlogers appellent le frottement *rentrant* en opposition de l'expression de frottement *sortant* qu'ils appliquent au contact au delà de la ligne des centres. Ces deux dénominations doivent être rejetées et il serait préférable d'introduire dans le langage technique l'expression de *cisaillement* pour désigner la résistance qui vient s'ajouter au frottement lorsque le contact a lieu avant la ligne des centres.

limite du contact. Il y aura donc toujours deux couples de dents en contact, l'un avant et l'autre après la ligne des centres.

Il arrive souvent que, par de simples variations de vitesse, les roues, tout en continuant à marcher dans le même sens, sont alternativement menante et menée; pour atténuer autant que possible les chocs résultant de ces changements, il ne faut donner au jeu que strictement ce qui est nécessaire pour parer aux imperfections de l'exécution de l'engrenage.

14. *Relation entre les vitesses angulaires de deux roues extrêmes d'un système de roues dentées engrenant successivement l'une avec l'autre.* — Soient $\omega$, $\omega'$, ..., $\omega^{(n)}$ les vitesses angulaires de ces roues, R, R', ..., $R^{(n)}$ les rayons de leurs circonférences primitives; on a, d'après la condition fondamentale à laquelle doit satisfaire tout engrenage

$$\omega R = \omega' R' \ldots = \omega^{(n)} R^{(n)},$$

d'où

$$\frac{\omega}{\omega^{(n)}} = \frac{R^{(n)}}{R};$$

en d'autres termes, le rapport des vitesses angulaires des roues extrêmes est le même que si elles agissaient directement l'une sur l'autre; d'où le nom de *parasites* donné aux roues intermédiaires qui ne modifient en rien le mouvement transmis.

Il faut remarquer que les rotations de la première et de la dernière roue seront de même sens ou de sens contraires pour des engrenages extérieurs, selon que le nombre des roues parasites sera impair ou pair : ainsi on pourra éviter la construction d'un engrenage intérieur, en se servant d'une roue parasite intermédiaire entre les roues extrêmes, dont les diamètres seront dans le rapport inverse de celui des vitesses angulaires.

15. *Engrenages à flancs rectilignes.* — L'engrenage le plus généralement employé est celui dans lequel le flanc des dents de l'une des roues est le rayon de la circonférence primitive;

es têtes des dents de l'autre roue sont par suite des épicycloïdes, que l'on tracera d'après la méthode indiquée au nº 12.

(*a*). *Engrenage extérieur* (*fig.* 35). — Si l'une des roues doit

Fig. 35.

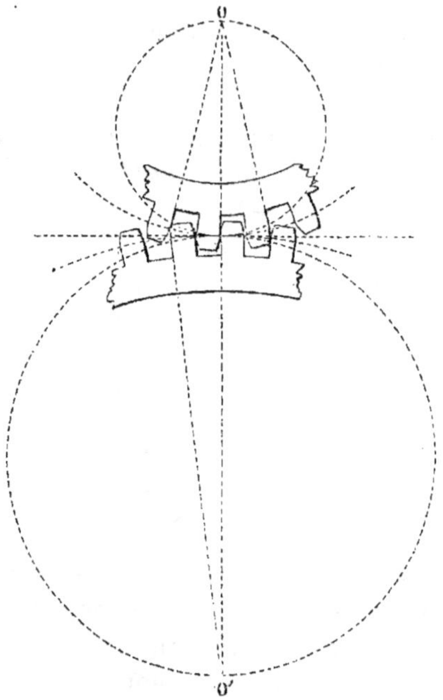


toujours conduire l'autre dans le même sens, en s'imposant la condition que la prise ne commence qu'à partir de la ligne des centres, il suffit de limiter les dents de la roue menée par des flancs rectilignes, et celle de l'autre roue par des faces épicycloïdales. L'engrenage ainsi construit pourra également fonctionner dans l'autre sens, la première roue conduisant toujours la seconde; mais le contact n'aura lieu qu'avant la ligne des centres, ce qui est un inconvénient, comme nous l'avons dit plus haut. Pour rendre cet engrenage réciproque, il suffira de former chaque dent d'un flanc rectiligne et d'une face épicycloïdale, correspondant respectivement à la face épicycloïdale et au flanc rectiligne des dents de l'autre roue, ce qui est toujours possible géométriquement et matériellement. D'après le mode de tracé du profil épicycloïdal, on sait que le contact d'un flanc a lieu sur la circonférence décrite sur le rayon de la circonférence primitive comme diamètre, ce qui permet de limiter facilement les dents.

(*b*). *Engrenage intérieur.* — Si la grande roue doit conduire le pignon, on formera chaque dent (*fig.* 36) d'une face épicy-

Fig. 36.

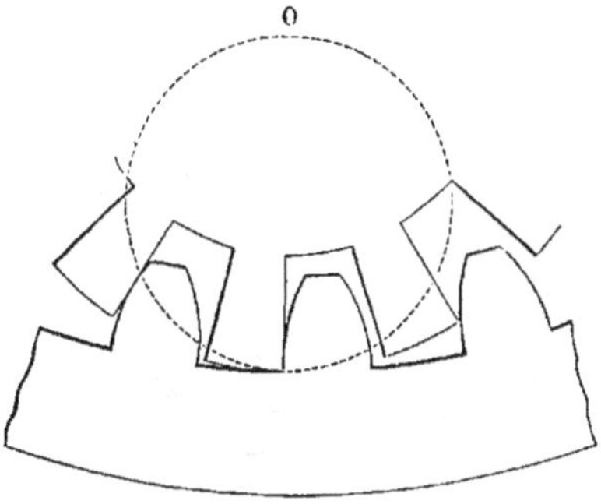


cloïdale, engendrée par le roulement sur la circonférence primitive d'une circonférence ayant R pour diamètre, et le contact avec les plans du pignon n'aura lieu qu'à partir et au delà de la ligne des centres.

Fig. 37.

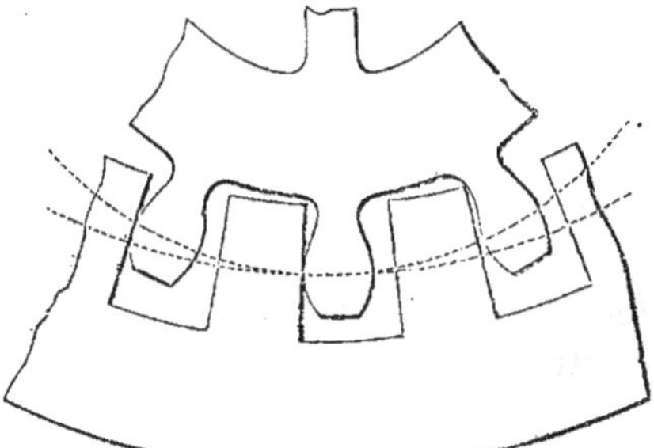

Si, au contraire, le pignon doit conduire, il devra être armé de faces épicycloïdales qui agiront sur la portion des flancs de la roue extérieure à sa circonférence primitive; mais il faudra entailler en conséquence les jantes des deux roues pour laisser passer les dents de l'autre (*fig.* 37).

Cet engrenage ne peut pas être réciproque, car on voit que dans la *fig.* 37 on est obligé d'entailler les flancs rectilignes du pignon pour que, à l'approche, les dents de la roue puissent se loger dans les intervalles du pignon. En se reportant à la *fig.* 36, on reconnaît sans peine qu'une difficulté analogue se présenterait si l'on voulait munir de têtes les dents du pignon.

(*c*). L'*engrenage à crémaillère* (*fig.* 38), qui sert à transformer un mouvement circulaire continu en rectiligne continu,

Fig. 38.

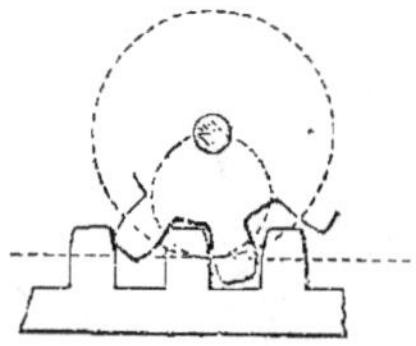

n'est qu'un cas particulier du précédent, en supposant que le rayon $R'$ de l'une de ces roues devient infini, ce qui la transforme en une tige rectiligne dentée. La relation $\omega' R' = \omega R$ se trouve remplacée par la suivante :

$$V' = \omega R,$$

dans laquelle $V'$ désigne la vitesse de la crémaillère. Le profil de la tête des dents de la crémaillère est évidemment la cycloïde décrite par un point de la circonférence de diamètre R, roulant sur la *droite primitive de la crémaillère*.

Le profil de tête de la roue est l'enveloppe d'une perpendiculaire à la droite ci-dessus roulant sur la circonférence primitive de la voie, enveloppe qui n'est autre chose que la développante de cette circonférence.

(*d*). *Tracé approximatif des flancs.* — Les constructeurs, dans les cas ordinaires, remplacent l'épicycloïde de l'engrenage par un arc de cercle décrit de la naissance correspondante de la dent suivante, avec un rayon égal au pas ou plutôt à la corde qui le sous-tend. Cet arc se confond très-sensiblement avec l'épicycloïde, lorsque le pas est très-petit et que les dents ont peu de longueur. S'il s'agit de pignons très-petits à dents très-épaisses pour résister à des efforts considérables, on peut déterminer le centre et, par suite, le rayon de l'arc de cercle que l'on doit substituer à l'épicycloïde, par la condition qu'il passe par la naissance de la face et son dernier point de contact, et qu'il soit tangent au rayon mené au premier de ces points.

(*e*). *Inconvénients de l'engrenage à flancs rectilignes. — Engrenage à flancs épicycloïdaux.* — Les inconvénients de l'engrenage à flancs sont les suivants : 1° le tracé des dents de l'une des roues dépendant de la circonférence primitive de l'autre, on ne peut lui faire conduire à la fois plusieurs roues de diamètres différents; 2° si les axes des roues éprouvent le moindre déplacement tout en restant parallèles, l'engrenage n'est plus exact; 3° l'intensité de la pression exercée entre deux dents augmente à mesure que l'on s'éloigne des points de contact, ce qui tend à les faire user inégalement, en raison de l'inclinaison variable que prend la normale au point de contact; mais cet effet est presque annulé lorsque, comme cela a lieu généralement dans la pratique, le pas est très-petit.

On peut éviter le premier inconvénient que nous avons signalé, lorsque la roue O doit faire mouvoir à la fois plusieurs roues extérieures, en donnant à ses dents pour profil de face l'épicycloïde décrite par un point de la circonférence P (*fig.* 29) roulant sur sa circonférence primitive et en prenant pour profil de face l'hypocycloïde engendrée par le même point de la circonférence P, roulant sur la circonférence O′. Le flanc et la face de la roue O′ s'obtiendront de la même manière, en faisant à l'inverse rouler la circonférence P à l'intérieur et à l'extérieur des circonférences O et O′. Le cercle générateur est tout à fait arbitraire, pourvu qu'il soit le même pour toutes les roues qui doivent engrener ensemble; toutefois il faut que son diamètre soit au plus égal au rayon des cercles primitifs, afin que le flanc ne soit jamais convexe, ce qui aurait pour effet de donner à la naissance des dents une épaisseur moindre qu'à la circonférence primitive, condition mauvaise au point de vue de la solidité.

Lorsque le contact est peu étendu de part et d'autre de la ligne des centres, on peut remplacer approximativement les arcs d'épicycloïde par les arcs de cercle osculateurs correspondant à leur partie moyenne, ce qui a conduit M. Willis à un tracé auquel nous ne croyons pas devoir nous arrêter.

(*f*). *Minimum du nombre des dents d'un engrenage extérieur.* — Pour qu'il y ait compatibilité entre les conditions, que les dents aient une forme symétrique, et que le contact ait encore lieu entre un couple de dents lorsque celui du couple précédent commence, il faut que le nombre des dents de chaque roue ne descende pas au-dessous d'une certaine limite, au delà de laquelle les vides qui les séparent ne seraient plus suffisants pour recevoir les dents de l'autre roue, et c'est cette limite que nous nous proposons maintenant d'établir.

Nous restreindrons d'abord la question au cas où, la prise ayant lieu sur la ligne des centres, le contact cesse entre le couple de dents suivant.

Soient

$n, n'$ le nombre des dents du pignon O et de la roue O′;

$\mu = \frac{R}{R'} = \frac{n}{n'} < 1$;

$i$, $i'$ les rapports, au pas, des intervalles des dents des roues O, O′;

$a = \frac{2\pi R}{n} = \frac{2\pi R'}{n'}$ le pas;

$\varphi = \frac{2\pi}{n}$ l'angle au centre de la circonférence O correspondant au pas.

1° *La roue conduit le pignon.* — Les dents du pignon sont formées de flancs rectilignes, et celles de la roue de faces épicycloïdales; si $m$ (*fig.* 39) est le dernier point de contact entre deux dents, on a

$$\widehat{AOm} = \varphi.$$

Il faut d'abord, pour qu'une dent de chaque roue puisse être contenue dans le vide de l'autre, que

$$a(1-i')\leqq ai, \quad a(1-i)\leqq ai',$$

d'où

$$(1) \qquad i+i'\geqq 1,$$

condition que nous supposerons remplie.

Fig. 39.

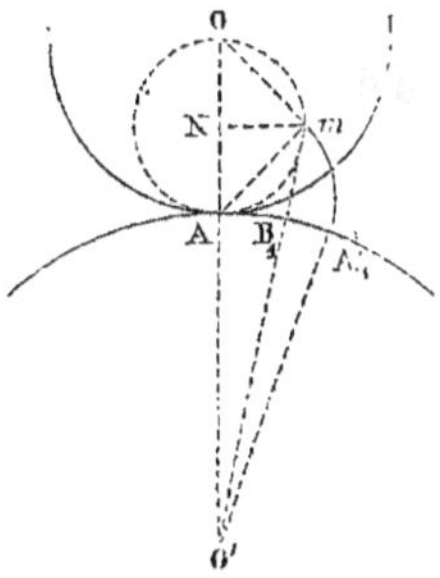


L'angle $mO'A$ doit être au moins égal à l'angle formé avec $OO'$ par le rayon mené au milieu de la dent de la roue en contact au point $m$, ou à

$$\frac{ai'+\frac{a}{2}(1-i')}{R'}=\frac{\varphi}{2}(1+i')\mu,$$

et l'on doit avoir

$$\operatorname{tang} mO'A \geqq \operatorname{tang}\frac{\varphi}{2}(1+i')\mu.$$

Si $mN$ est la perpendiculaire abaissée du point $m$ sur $OO'$, on a

$$mN = Om\cos\varphi=\frac{R}{2}\sin 2\varphi,$$

$$O'N=R'+AN=R'+R\sin^2\varphi,$$

$$\operatorname{tang} mO'A=\frac{mN}{O'N}=\frac{\mu}{2}\frac{\sin 2\varphi}{1+\mu\sin^2\varphi}.$$

L'inégalité ci-dessus devient par suite

(1) $$\frac{\frac{\mu}{2}\sin 2\varphi}{1+\frac{\mu}{2}-\frac{\mu}{2}\cos 2\varphi} \geqq \operatorname{tang}\mu\,\frac{(1+i')}{4}\,2\varphi.$$

En général, comme nous l'avons vu plus haut, $i'$ est égal à $\frac{1}{2}$ augmenté du jeu, que nous supposerons d'abord nul.

Il nous reste, par suite, à satisfaire à l'inégalité

(2) $$\frac{\mu\sin 2\varphi}{2+\mu-2\mu\cos 2\varphi} \geqq \operatorname{tang}\left(\tfrac{3}{8}\mu.2\right),$$

qui devient, dans le cas de $\mu = 0$,

$$\frac{\sin 2\varphi}{2\varphi} \geqq \frac{3}{4}$$

ou, en évaluant $\varphi$ en degrés,

(3) $$\frac{\sin 2\varphi}{2\varphi} \geqq 0{,}0131.$$

Si l'on remarque que le minimum de $n$ est donné par

$$n = \frac{180^\circ}{\varphi},$$

$\varphi$ étant la valeur en degrés donnée de la formule (2) transformée en équation, on trouve, en résolvant cette équation :

| | | | |
|---|---|---|---|
| Pour $\mu = 0$ ........ | $\varphi = 37^\circ,0$, | d'où | $n = 10$, |
| Pour $\mu = \frac{1}{5}$ ........ | $\varphi = 33^\circ,5$, | | $n = 11$, |
| Pour $\mu = \frac{2}{5}$ ........ | $\varphi = 30^\circ,5$, | | $n = 12$, |
| Pour $\mu = \frac{3}{5}$ ........ | $\varphi = 28^\circ,5$, | | $n = 13$, |
| Pour $\mu = \frac{4}{5}$ ........ | $\varphi = 26^\circ,4$, | | $n = 14$, |
| Pour $\mu = 1$ ........ | $\varphi = 23^\circ,6$, | | $n = 15$, |

ou très-exactement

(4) $$n = 10 + 5\mu \text{ [1]}.$$

---

[1] Au lieu de cette formule, Savary est arrivé à la suivante :

$$n = 10\,(1+\mu)$$

qui donne des résultats plus forts lorsque $\mu$ atteint une valeur appréciable.

Supposons maintenant que l'on veuille tenir compte du jeu, que nous représenterons par $\delta i'$, cette quantité, ainsi que la variation correspondante $\delta\varphi$ de $\varphi$, étant supposée assez petite pour que l'on puisse en négliger les puissances supérieures à la première.

En différentiant la formule (1), considérée comme équation, par rapport à la caractéristique $\delta$, on trouve

$$\frac{\delta\varphi}{\varphi} = \frac{\delta i'}{\cos^2\frac{3}{4}\mu\varphi\left[\frac{2\cos 2\varphi}{1+\frac{\mu}{2}-\mu\frac{\cos 2\varphi}{2}} - \frac{\mu \sin 2\varphi}{\left(1+\frac{\mu}{2}-\frac{\mu}{2}\cos 2\varphi\right)^2}\right] - \frac{3}{2}},$$

quantité qui est évidemment égale à $-\frac{\delta n}{n}$. En ayant égard aux valeurs de $\varphi$ données plus haut, on trouve :

Pour $\mu = 0$ ............... $\frac{\delta n}{n} = 1,05\,\delta i'$,

Pour $\mu = \frac{1}{5}$ ............... $\frac{\delta n}{n} = 1,08\,\delta i'$,

Pour $\mu = \frac{2}{5}$ ............... $\frac{\delta n}{n} = 1,11\,\delta i'$,

Pour $\mu = \frac{3}{5}$ ............... $\frac{\delta n}{n} = 1,11\,\delta i'$,

Pour $\mu = \frac{4}{5}$ ............... $\frac{\delta n}{n} = 1,11\,\delta i'$,

Pour $\mu = 1$ ............... $\frac{\delta n}{n} = 1,08\,\delta i'$,

de sorte que, en prenant pour $n$ le nombre entier immédiatement supérieur à la valeur de

(5) $$n = (10 + 5\mu)(1 + 1,11\,\delta i'),$$

on sera certain que l'engrenage sera possible, au moins en dehors des conditions de résistance qu'il doit remplir, et qui ne le seront pas, notamment dans le cas de dents trop pointues et d'efforts moteurs et résistants trop considérables.

2° *Le pignon conduit la roue.* — Au lieu de la formule (2)

on obtiendra la suivante :

$$(6) \qquad \frac{\sin 2\varphi'}{2\mu + 1 - \cos 2\varphi'} \geqq \tang \frac{(1+i)}{4\mu} 2\varphi',$$

qui s'en déduit par analogie, en y remplaçant $\mu$ par $\frac{1}{\mu}$ et $\varphi$ par $\varphi' = \frac{2\pi}{n'}$.

De la limite de $\varphi'$ tirée de cette inégalité, on déduira celle qui résulte de la condition relative à un engrenage réciproque, et qui sera la seule à laquelle on aura à satisfaire. Il suffit, pour s'en convaincre, de remarquer que les faces des dents de la roue sont des épicycloïdes aplaties, et que celles du pignon sont des épicycloïdes allongées, de sorte que, pour un contact d'une même étendue, l'arc de la circonférence primitive correspondant à la naissance et à l'extrémité d'un arc de face sera moindre pour le pignon que pour la roue.

Si l'on n'exige pas que le contact cesse pour un couple de dents, lorsque la nouvelle prise commence à la ligne des centres, ou que l'on admette qu'elle puisse se produire avant cette ligne, la limite inférieure du nombre des dents du pignon peut être plus grande que celle que donne la formule (5); il faut alors faire intervenir les arcs d'approche et de retraite, que nous représenterons par $a\alpha$, $a\iota$, $\alpha$ et $\iota$ étant des fractions du pas dont la somme est égale à une ou deux unités, selon que, lorsque le contact est sur le point de cesser entre un couple de dents, il commence entre le couple précédent de l'autre côté de la ligne des centres, ou qu'il y a déjà une prise sur la ligne des centres et une autre qui commence immédiatement en deçà de cette ligne; $\varphi$ continuant à désigner l'angle $\frac{2\pi}{n}$, nous devrons avoir

$$\widehat{m_1 O' m} \geqq \left(\frac{1+i'}{2}\right) \mu\varphi;$$

mais on a

$$\widehat{m_1 O' m} = \widehat{m_1 O' A} + \widehat{A O' m}, \quad \widehat{m_1 O' A} = \frac{a\alpha}{R'} = \mu\varphi\alpha,$$

d'où

$$\widehat{A O' m} \geqq \mu\varphi\left(\frac{1+i'}{2} - \alpha\right).$$

D'autre part, on trouverait comme plus haut, en remarquant que l'angle $AOm$ est égal à $\iota\varphi$,

$$\tang \widehat{AO'm} = \frac{\mu}{2} \frac{\sin 2\iota\varphi}{1 + \frac{\mu}{2} - \frac{\mu}{2}\cos 2\iota\varphi}.$$

Il faudra donc satisfaire à l'inégalité

$$(7) \qquad \frac{\mu \sin 2\iota\varphi}{2 + \mu - \mu\cos 2\iota\varphi} \geqq \tang \mu\varphi\left(\frac{1+i'}{2} - \alpha\right),$$

qui permettra de déterminer le maximum de $\varphi$ et le minimum de $n$ pour des valeurs attribuées à $\mu$, $\alpha$ et $\iota$.

On déduira facilement de la formule (7) celle qui serait relative au cas où la roue serait conduite par le pignon.

(*g*). *Limite du nombre des dents dans l'engrenage à flancs intérieurs.* — Il est facile de s'assurer que les formules relatives à cette question se déduiront des équations (1), (6), (7), en y changeant le signe du cosinus qui entre dans la dénomination du premier membre; mais, comme l'engrenage intérieur est peu employé, nous n'avons pas cru devoir faire l'application de ces formules.

(*h*). *Relations entre le pas, la saillie et l'épaisseur des dents dans l'engrenage extérieur.* — Soient

$a$, $a\alpha$, $a\iota$ le pas, les arcs d'approche et de retraite;
$e$, $e'$ et $e_1$, $e'_1$ les épaisseurs du pignon et de la roue à la circonférence primitive et à l'extrémité;
$l_1$, $l'_1$ les saillies de ces dents.

Occupons-nous d'abord de la roue O′ (*fig.* 39). On a

$$\frac{2\pi R}{n} = \frac{2\pi R'}{n'} = a, \quad \text{d'où} \quad R = \frac{na}{2\pi}, \quad R' = \frac{n'a}{2\pi};$$

puis

$$\widehat{AOm} = \frac{2\pi\iota}{n}, \quad \widehat{AOA'_1} = \frac{2\pi\iota}{n'},$$

$$l'_1 = O'm - R' = O'm - \frac{n'a}{2\pi},$$

$$e' - e'_1 = 2B'_1A'_1 = \frac{n'a}{\pi}\widehat{B'_1O'A'_1}.$$

Mais on voit facilement que

$$O'm = \sqrt{R'^2 + Am^2 + 2R'Am\sin\widehat{AOm}}$$
$$= \frac{a}{2n}\sqrt{n'^2 + n(n+2n')\sin^2\frac{2\pi\iota}{n}},$$

et, comme plus haut,

$$\operatorname{tang} OO'm = \frac{\mu\sin 2\widehat{AOm}}{2+\mu-\mu\cos 2\widehat{AOm}} = \frac{n\sin\frac{4\pi\iota}{n}}{2n'+n-n\cos\frac{4\pi\iota}{n}},$$

d'où, en remarquant que l'angle $\widehat{B'_1O'A'_1}$ est généralement assez petit pour que l'on puisse le considérer comme égal à sa tangente,

$$\widehat{B'_1O'A'_1} = \operatorname{tang}\widehat{B'_1O'A'_1} = \operatorname{tang}(\widehat{AOA'_1} - \widehat{OO'm})$$
$$= \frac{\left(2n'+n-n\cos\frac{4\pi\iota}{n}\right)\operatorname{tang}\frac{2\pi\iota}{n'} - n\sin\frac{4\pi\iota}{n}}{2n'+n-n\cos\frac{4\pi\iota}{n} + n\sin\frac{4\pi\iota}{n}\operatorname{tang}\frac{2\pi\iota}{n}};$$

par suite

$$(1)\quad \begin{cases} l'_1 = \dfrac{a}{2\pi}\left[\sqrt{n'^2+n(n+2n')\sin^2\dfrac{2\pi\iota}{n}} - n'\right], \\[2ex] \pi\dfrac{e'-e'_1}{n'a} = \dfrac{\left(2n'+n-n\cos\frac{4\pi\iota}{n}\right)\operatorname{tang}\frac{2\pi\iota}{n'} - n\sin\frac{4\pi\iota}{n'}}{2n'+n-n\cos\frac{4\pi\iota}{n} + n\sin\frac{4\pi\iota}{n}\operatorname{tang}\frac{2\pi\iota}{n'}}. \end{cases}$$

On obtiendra des formules semblables pour le pignon en changeant dans ces dernières $\iota$ en $\alpha$ et $n$ en $n'$, et inversement.

Ces formules sont trop compliquées pour qu'on puisse les discuter facilement; mais dans les cas ordinaires de la pratique, que nous allons maintenant examiner, on peut leur faire subir sans erreur appréciable des simplifications importantes.

1° *Cas des petits arcs d'approche et de retraite.* — Supposons que $n$, $n'$ soient assez grands pour qu'on puisse négliger les puissances supérieures à la seconde des angles $\frac{4\pi}{n}$, $\frac{4\pi}{n'}$. La première des formules (1) donne, en conservant seulement les termes du second ordre,

$$l'_1 = a\pi \frac{n + 2n'}{nn'} \iota^2. \tag{2}$$

On trouverait de même

$$l_1 = a\pi \frac{n' + 2n}{nn'} \alpha^2. \tag{2'}$$

En admettant un jeu de $\frac{1}{10}$ du pas pour le creux, ou à très-peu près $\frac{\pi}{30}$, on a, pour la longueur totale des dents des deux roues,

$$l = l_1 + l'_1 = \pi a \left[ \frac{(n + 2n')\iota^2 + (n' + 2n)\alpha^2}{nn'} + \frac{1}{30} \right].$$

La seconde des formules (1) donne, en continuant l'approximation adoptée,

$$(3) \quad \begin{cases} \dfrac{e' - e'_1}{a} = \dfrac{2\pi\iota^2}{n'}, \\ \text{d'où} \\ e' - e'_1 = 2l'_1 \dfrac{\mu}{2 + \mu}. \end{cases}$$

On trouverait de même

$$(3') \quad \begin{cases} \dfrac{e - e_1}{a} = \dfrac{2\pi\alpha^2}{n}, \\ e - e_1 = \dfrac{2l_1}{2\mu + 1}. \end{cases}$$

Nous remarquerons que, dans les cas ordinaires où $\alpha = \iota = 1$, on a

$$l = \pi a \left( 3 \frac{n + n'}{nn'} + \frac{1}{30} \right).$$

2° *Cas d'un pignon d'un petit diamètre.* — Lorsque le rapport $\mu = \frac{n}{n'}$ est petit et descend au-dessous de $\frac{1}{5}$ par exemple, on peut, sans grande erreur, négliger le carré de $\mu$.

devant l'unité, et la première des formules (1) donne

$$(8)\quad \left\{\begin{array}{l} l'_1 = \dfrac{a}{2\pi} n'\mu \dfrac{\mu+2}{2} \sin^2 \dfrac{2\pi\tau}{n} \\ \text{ou} \\ l'_1 = \dfrac{\dfrac{a}{2\pi}}{n} \left(1+\dfrac{\mu}{2}\right) \sin^2 \dfrac{2\pi\tau}{n}. \end{array}\right.$$

On peut aussi écrire

$$\operatorname{tang}\widehat{OO'm} = \frac{\mu \sin \dfrac{4\pi\tau}{n}}{2+\mu-\mu\cos\dfrac{4\pi\tau}{n}} = \mu \sin\frac{4\pi\tau}{n}\left(2-\mu+\mu\cos\frac{4\pi\tau}{n}\right),$$

$$\begin{aligned} OO'm &= \operatorname{tang}\widehat{OO'm} - \operatorname{tang}^2 \frac{\widehat{OO'm}}{2} \\ &= \frac{\mu}{4}\sin\frac{4\pi\tau}{n}\left[2-\mu\left(2-\cos\frac{4\pi\tau}{n}+\frac{1}{2}\sin\frac{2\pi\tau}{n}\right)\right], \end{aligned}$$

et enfin

$$(9)\quad \frac{e'-e'_1}{a} = 2\tau - \frac{\sin\dfrac{4\pi\tau}{n}}{\dfrac{4\pi\tau}{n}}\left[2-\mu\left(1-\cos\frac{4\pi\tau}{4}-\sin\frac{2\pi\tau}{n}\right)\right].$$

Comme généralement, dans le cas qui nous occupe, on s'arrange de manière que l'arc d'approche soit toujours très-petit, il suffira d'appliquer les formules (3′) pour les dimensions des dents du pignon.

**16.** *Engrenage à développante de cercle.* — D'après ce que nous avons vu (**12**), si le profil de l'une des dents de l'une des roues est la développante d'un cercle qui lui est concentrique, le profil des dents de l'autre roue sera également la développante d'un cercle qui lui sera concentrique, et dont on effectuera facilement le tracé.

Pour rendre l'engrenage réciproque, on forme chaque dent de deux parties symétriques, et on limite les faces de manière que, lorsqu'un couple de dents est en prise sur la ligne des centres, le contact cesse pour le couple suivant en même temps qu'il commence pour le couple précédent. Si le cercle qui limite les extrémités des dents de l'une des roues coupe le cercle enveloppe du profil des dents de l'autre roue, on complète les dents et les creux de cette dernière par deux rayons et une circonférence qui lui soit concentrique (*fig.* 40).

Fig. 40.

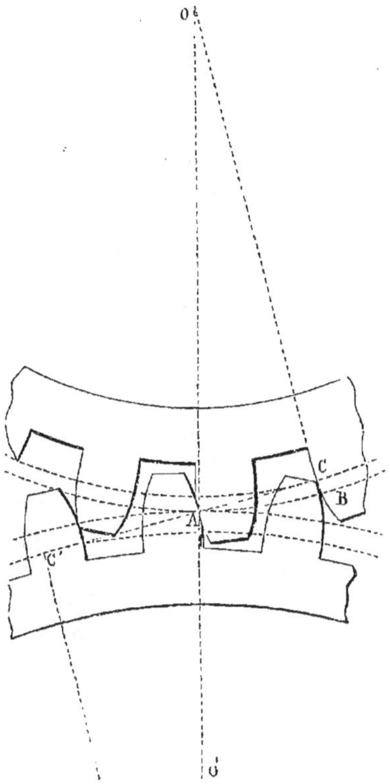


Pour éviter que les dents ne soient trop affaiblies à leurs extrémités par suite du rapprochement des développantes, on donne à la normale commune au point de contact la plus grande inclinaison possible sur la ligne des centres. Considérons, par exemple, le cas de l'engrenage extérieur, le même raisonnement s'appliquant à l'engrenage intérieur, et abaissons du point de contact A des circonférences primitives la

4.

perpendiculaire AC sur le rayon du pignon limitant l'arc AB pris égal au pas. Soit C′ le pied de la perpendiculaire abaissée du point O′ sur la direction de la droite qui joint les points A et C; on satisfera à la condition que l'on s'est imposée en prenant pour circonférences enveloppantes celles qui ont pour rayons OC, O′C′. Il est clair, en effet, qu'une dent du pignon parvenue à une distance égale au pas du point A sera poussée par son premier élément, et qu'elle ne pourra plus l'être au delà. Toutefois il faudra prendre l'inclinaison CC′ sur OO′ un peu au-dessous de la limite précédente, pour faire la part de légers défauts de pose.

L'engrenage intérieur est réciproque, mais il offre l'inconvénient de conduire à des dents concaves pour la roue, inconvénient que l'on ne peut atténuer qu'en multipliant suffisamment le nombre des dents.

Si, par un défaut de pose ou l'usure des coussinets, la distance des axes vient à varier, les dents continueront à agir suivant une normale commune, mais différente de celle qui avait été fixée, et les efforts transmis continueront à rester dans le même rapport qu'auparavant, puisque le rapport des rayons des circonférences primitives est égal dans tous les cas à celui des rayons des circonférences enveloppées; de sorte que l'usure des dents sera beaucoup plus régulière que dans tout autre système d'engrenage.

Le tracé du profil des dents du pignon ne dépendant que de son rayon et de l'inclinaison de la normale sur la ligne des centres, on voit qu'une même roue pourra conduire à la fois des pignons de diamètres différents. On déterminera le profil relatif à la roue pour le plus petit pignon et l'on en déduira ensuite les profils des autres pignons.

Malgré cet avantage, l'engrenage à développante est peu employé, en raison de la convergence des profils qui affaiblit beaucoup les dents, surtout pour les pignons d'un faible diamètre par rapport à celui de la roue.

(*a*). *Tracé par un arc de cercle.* — Si le contact est peu étendu de part et d'autre de la ligne des centres, on peut remplacer approximativement les deux développantes par deux arcs de cercle de centres C, C′ et de rayons AC, AC′.

(*b*). *Minimum du nombre des dents dans l'engrenage extérieur à développante de cercle.* — Comme au n° 15, dont nous conserverons les notations, nous nous imposerons d'abord la condition que le contact commence à la ligne des centres.

Soient (*fig.* 41) $E'_0$, $E'_1$ la naissance de la développante relative à la roue O′, lorsque le contact a lieu en A et en $m$;

Fig. 41.

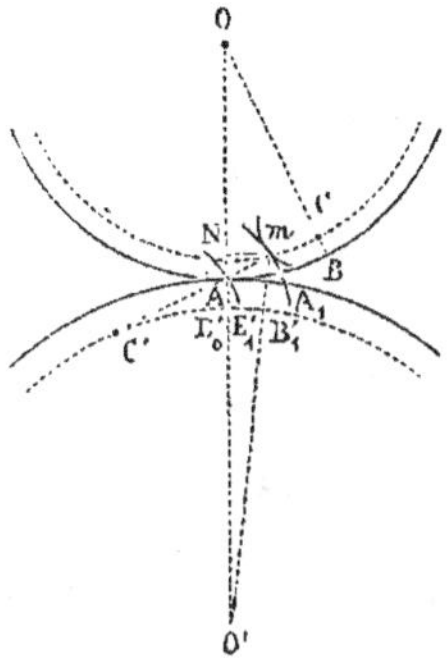


$\gamma$ l'angle formé par la normale CC′ en A avec la tangente au même point menée aux circonférences primitives. On a

$$Am = E'_0 E'_1 = OC'.\widehat{AOA'_1} = \mu\varphi R' \cos\gamma = \varphi R \cos\gamma,$$

$$mN = Am.\cos\gamma = \varphi R \cos^2\gamma = \varphi R \frac{1 + \cos 2\gamma}{2},$$

$$\operatorname{tang}\widehat{mO'A} = \frac{\mu\varphi(1 + \cos 2\gamma)}{2 + \mu\varphi \sin 2\gamma},$$

et, comme on doit avoir

$$\widehat{mO'A} \geqq \mu\varphi \frac{1 + i'}{2},$$

il faut satisfaire à l'inégalité

$$(1) \qquad \frac{\mu\varphi(1 + \cos 2\gamma)}{2 + \mu\varphi \sin 2\gamma} \geqq \operatorname{tang} \mu\varphi \frac{1 + i'}{2};$$

mais nous avons vu plus haut qu'il y avait avantage à prendre $\varphi = \gamma$ ou à supposer que les points $m$ et C coïncident, ce qui donne

$$(2) \qquad \frac{\mu\varphi(1 + \cos 2\varphi)}{2 + \mu\varphi \sin 2\varphi} \geqq \operatorname{tang} \mu\varphi \frac{1 + i'}{2}.$$

Si l'on néglige d'abord le jeu sur lequel nous reviendrons plus loin, on a $i' = \frac{1}{2}$, et

$$(3) \qquad \frac{\mu\varphi(1+\cos 2\varphi)}{2+\mu\varphi\sin 2\varphi} \geqq \operatorname{tang}\tfrac{3}{4}\varphi,$$

formule qui, considérée comme équation, donne les résultats suivants :

| | | | |
|---|---|---|---|
| Pour $\mu = 0$......... | $\varphi = 30°,0$ | d'où | $n = 12$, |
| Pour $\mu = \frac{1}{5}$......... | $\varphi = 28,0$ | | $n = 12$, |
| Pour $\mu = \frac{2}{5}$......... | $\varphi = 26,5$ | | $n = 14$, |
| Pour $\mu = \frac{3}{5}$......... | $\varphi = 25,0$ | | $n = 15$, |
| Pour $\mu = \frac{4}{5}$......... | $\varphi = 23,5$ | | $u = 16$, |
| Pour $\mu = 1$......... | $\varphi = 22,5$ | | $n = 16$; |

on peut donc employer la formule

$$(4) \qquad n = 12 + 5\mu \quad (^1)$$

pour représenter le minimum du nombre des dents du pignon.

Pour voir maintenant quelle peut être l'influence du jeu, il suffit de différentier, en $\varphi$ et $i$, la formule (2), considérée comme équation, par rapport à la caractéristique $\delta$, de supposer ensuite $i' = \frac{i}{2}$, ce qui donne, en posant $2\varphi = x$ et multipliant les termes linéaires en $x$ par le coefficient numérique déterminé ci-dessus pour pouvoir évaluer cet arc en degrés,

$$\frac{\delta x}{x} = -\frac{\delta n}{n} = \frac{\delta i'}{\left(\mu + \cos\frac{3}{4}\mu x\right)\left\{\begin{array}{l}\dfrac{1+\cos x - 0,01745\,x\sin x}{2+0,00873\,\mu x\sin x}\\[2mm] -\dfrac{0,00873\,\mu x(1+\cos x)\sin x}{(2+0,00873\,\mu x\sin x)^2}\\[2mm] +\dfrac{0,01745\cos x}{(2+0,00873\,\mu x\sin x)^3}\end{array}\right\} - \dfrac{3}{2}},$$

formule que l'on applique facilement aux cas examinés plus haut, surtout en conservant les détails des calculs déjà effec-

(1) Savary a trouvé

$$n = 16 + 2\mu.$$

tués; on trouve ainsi

Pour $\mu = 0$ .............. $\frac{\delta n}{n} = 1,11\,\delta i'$,

Pour $\mu = \frac{1}{5}$ .............. $\frac{\delta n}{n} = 1,14\,\delta i'$,

Pour $\mu = \frac{2}{5}$ .............. $\frac{\delta n}{n} = 1,13\,\delta i'$,

Pour $\mu = \frac{3}{5}$ .............. $\frac{\delta n}{n} = 1,18\,\delta i'$,

Pour $\mu = \frac{4}{5}$ .............. $\frac{\delta n}{n} = 1,19\,\delta i'$,

Pour $\mu = 1$ .............. $\frac{\delta n}{n} = 1,11\,\delta i'$.

On peut donc poser

(5) $$n = (12 + 5\mu)(1 + 1,2\,\delta i').$$

L'engrenage intérieur n'étant presque jamais employé, il serait sans intérêt de rechercher les limites du nombre des dents qu'il doit comporter.

(*c*). *Relations entre le pas, la saillie et l'épaisseur des dents de l'engrenage extérieur à développante de cercle.* — Pour des motifs que nous avons exposés plus haut, on emploie peu l'engrenage à développante de cercle, et les rares applications que l'on en fait se rapportent à l'engrenage extérieur réciproque, dans lequel les arcs d'approche sont par suite égaux au pas, qui est pris assez petit pour que l'on puisse négliger les puissances supérieures à la seconde des angles au centre correspondant dans les deux circonférences primitives. Nous ne considérerons donc que le cas particulier que nous venons de définir; nous conserverons d'ailleurs : 1° les notations ci-dessus, en supposant l'angle $\gamma$ du même ordre de grandeur que les angles d'approche et de retraite; 2° celles du n° 15, où nous avons traité la même question pour les engrenages à flancs. La *fig.* 40 donne

$$\begin{aligned} O'm = \sqrt{\overline{Am}^2 + R'^2 + 2\,\overline{Am}\,R'\sin\gamma} &= \sqrt{R'^2 + 4R^2\frac{4\pi^2}{n^2} + 2RR'\frac{2\pi}{n}\gamma} \\ &= R'\left(1 + 8\mu^2\frac{\pi^2}{n^2} + 2\mu\frac{\pi}{n}\gamma\right), \end{aligned}$$

d'où, pour la saillie $B'_1 m$ de la dent $A_1 m$,

$$(a) \qquad l'_1 = a\left(\frac{4\pi}{n'} + \gamma\right);$$

mais nous avons vu qu'il était avantageux de prendre $\gamma = \frac{2\pi}{n}$; nous aurons par suite

$$(1) \qquad l'_1 = 2\pi a\left(\frac{2}{n'} + \frac{1}{n}\right).$$

On trouvera de même

$$(1') \qquad l_1 = a\left(\frac{4\pi}{n} + \gamma\right) = \frac{6\pi a}{n}.$$

On a $AO'A' = \mu\varphi$; l'angle $mO'A$ peut être considéré comme égal à sa tangente, c'est-à-dire, d'après l'article précédent, à $\frac{\mu\varphi \cos 2\gamma}{1 + \mu\varphi \sin 2\gamma}$; on a donc, en ne conservant que les termes du troisième ordre,

$$mO'A'_1 = \mu\varphi - \frac{\mu\varphi \cos 2\gamma}{1 + \mu\varphi\gamma} = \mu\varphi(\gamma^2 + \mu\varphi\gamma),$$

d'où

$$(b) \qquad e' - e'_1 = 2R'\mu\varphi(\gamma^2 + \mu\varphi\gamma) = 2a(\gamma^2 + \mu\varphi\gamma),$$

ou, en supposant $\varphi = \gamma = \frac{2\pi}{n}$,

$$(2) \qquad e' = e'_1 = \frac{8\pi^2 a}{n^2}(1 + \mu).$$

On trouverait de même

$$e - e_1 = 2a\left(\gamma^2 + \frac{\mu\varphi\gamma}{\mu}\right) = 2a(\gamma^2 + \mu\varphi)$$

ou

$$(2') \qquad (e - e_1) = \frac{16\pi^2 a}{n^2}.$$

Si maintenant, en négligeant le jeu latéral, on suppose $a = 2e = 2e'$, et que l'on admette pour les creux un jeu de $\frac{1}{10}$, soit à peu près $\frac{\pi}{30}$, on a

$$(3)\quad \begin{cases} l' = 4\pi e\left(\frac{2}{n'} + \frac{1}{n}\right), \\ l_1 = \frac{12\pi e}{n}, \\ l = 8\pi e\left(\frac{2}{n} + \frac{1}{n'} + \frac{1}{120}\right); \end{cases}$$

$$(3')\quad \begin{cases} \frac{e'_1}{e} = \frac{16\pi^2}{n^2}\left(1 + \frac{n}{n'}\right), \\ \frac{e_1}{e} = \frac{32\pi^2}{n^2}, \\ \frac{e'_1}{e} = \frac{e}{e'}\,\frac{n'+n}{2n}. \end{cases}$$

**17.** *Engrenage à lanterne.* — Dans cet engrenage, le pignon qui porte le nom de lanterne est formé de deux plateaux circulaires ou tourteaux réunis près de leurs circonférences par une série de cylindres circulaires (*fuseaux*) équidistants, parallèles à l'axe de rotation, et dont les axes sont à une distance constante de ce dernier. Les dents de la roue (*rouet*), qui portent le nom d'*alluchon*, sont implantées dans la roue et sont ordinairement en bois, tandis que les fuseaux, qui s'usent plus facilement, sont en fonte ou en fer et rarement en bois.

Considérons d'abord l'engrenage extérieur : l'enveloppée étant une circonférence, on exécutera le tracé du profil des alluchons, d'après la méthode indiquée au n° **12**, en remarquant que l'on ne devra prendre que la portion de l'enveloppe extérieure à la circonférence O pour éviter une forme concave pour les dents. On s'assurera facilement que le contact a lieu exclusivement après ou avant la ligne des centres, selon que le rouet conduira ou sera conduit; mais, dans les deux cas, les rotations seront nécessairement de sens contraire.

Cet engrenage n'étant pas réciproque et nécessitant pour les fuseaux des diamètres relativement grands, ce qui donne lieu, par suite, à des frottements considérables, est peu employé.

Dans l'engrenage intérieur, on tracera l'épicycloïde engendrée par un point de la circonférence primitive du pignon dans celle de la roue, puis la courbe obtenue en diminuant ses normales d'une longueur égale au rayon du fuseau. Les dents du rouet ainsi déterminées seront concaves, inconvénient à ajouter à ceux qu'on a signalés plus haut. On remarquera que, si le rayon de la grande circonférence est double de celui de la petite, l'enveloppe des fuseaux se réduit à une droite, ce qui permet d'établir le rapport $\frac{1}{2}$ entre les vitesses angulaires au moyen de la disposition suivante, qui est assez curieuse. La roue porte six flancs en ligne droite formant rainures dans autant de bras de la roue; le pignon est muni du trois galets représentant les fuseaux glissant dans les rainures, et dont deux sont toujours en prise.

Une semblable disposition est également applicable à un nombre de galets supérieur à trois, mais la solution pratique devient moins simple.

(*a*). *Minimum du nombre des fuseaux*. — Supposons, comme cela a lieu habituellement, que la lanterne soit le pignon, et proposons-nous de déterminer le minimum du nombre des fuseaux qu'elle peut porter pour que l'engrenage soit possible.

Conservons les notations des n$^{os}$ **15** et **16**, $\varphi = \frac{2\pi}{n}$ étant l'angle au centre de la lanterne correspondant au pas $a$, $ia$, $i'a$

Fig. 42.

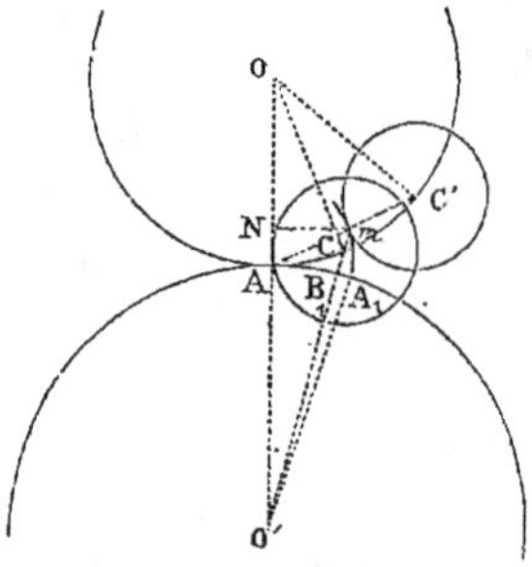


les vides respectifs de la lanterne et du rouet. Soient (*fig.* 42) C, C' les centres d'un fuseau dans les positions respectives où la menée a lieu à la ligne des centres, et où elle finit au point $m$.

La condition de continuité du mouvement exige que l'angle C′OC soit au plus égal à $\varphi$, et, en admettant l'égalité, on a

$$\widehat{\text{AOC}'} = \varphi + \frac{1-i'}{2}\varphi = \frac{\varphi}{2}(3-i').$$

Pour qu'une dent du rouet puisse pénétrer dans l'intervalle des fuseaux C et C′, il faut (15) que

$$\text{tang}\, m\text{O}'\text{A} \geqq \text{tang}\frac{\varphi}{2}(1+i')\mu.$$

Or le rayon des fuseaux a évidemment pour expression

$$m\text{C}' = 2\text{R}\sin\varphi\left(\frac{1-i}{2}\right),$$

et, si $m$N est la perpendiculaire abaissée du point $m$ sur OO′, on a

$$\begin{aligned} m\text{N} &= \text{R}\sin\text{AOC}' - m\text{C}'\cos\frac{\text{AOC}'}{2} \\ &= \text{R}\sin(3-i)\frac{\varphi}{2} - 2\text{R}\sin\frac{1-i}{2}\varphi\cos(3-i)\frac{\varphi}{4} \\ &= 4\text{R}\cos(3-i)\frac{\varphi}{4}\cos(5-3i)\frac{\varphi}{4}\sin\left(\frac{1+i}{4}\right)\varphi; \end{aligned}$$

et comme

$$\text{AN} = m\text{N}\,\text{tang}\frac{\text{AOC}}{2},$$

$$\text{tang}\, m\text{O}'\text{A} = \frac{m\text{N}}{\text{R}'+\text{AN}},$$

l'inégalité ci-dessus devient

$$(1)\quad \frac{4\mu\cos(3-i)\frac{\varphi}{4}\cos(5-3i)\frac{\varphi}{4}\sin(1+i)\frac{\varphi}{4}}{1+4\mu\sin(3-i)\frac{\varphi}{4}\cos(5-3i)\frac{\varphi}{4}\sin(1+i)\frac{\varphi}{4}} \geqq \text{tang}\,\mu\frac{1+i}{2}\varphi.$$

Pour donner aux fuseaux une résistance suffisante, on fait en sorte qu'ils correspondent au moins à la moitié du pas; nous supposerons $i = \frac{1}{2}$, et, en négligeant d'abord le jeu, nous aurons $i' = \frac{1}{2}$.

Si donc on pose

$$\frac{\varphi}{8} = x,$$

la formule (1) devient

$$(2) \qquad \frac{4\mu \cos 5x \cos 7x \sin 3x}{1 + 4\mu \sin 5x \cos 7x \sin 3x} \geqq \operatorname{tang} 6\mu x.$$

Pour $\mu = 0$, on aura

$$\cos 5x \cos 7x \sin 3x \geqq \tfrac{3}{2} x$$

ou, en évaluant $x$ en degrés,

$$\cos 5x \cos 7x \sin 3x \geqq 0{,}02617 x$$

et, de la même manière,

$$(3) \qquad n = \frac{45^{\circ}}{x}.$$

On trouve, après quelques tâtonnements :

| | | | |
|---|---|---|---|
| Pour $\mu = 0$ ....... | $x = 7{,}21^{\circ}$, | d'où | $n = 7$, |
| Pour $\mu = \frac{1}{3}$ ....... | $x = 6{,}43$, | | $n = 7$, |
| Pour $\mu = \frac{2}{3}$ ....... | $x = 5{,}70$, | | $n = 8$, |
| Pour $\mu = 1$ ....... | $x = 4{,}86$, | | $n = 10$, |

ce qui conduit à poser

$$(4) \qquad n = 7 + 3\mu \text{ [1]}.$$

Si maintenant on veut tenir compte du jeu latéral $\delta i'$, en supposant qu'il soit supporté seulement par les alluchons, on trouve que $\frac{\delta n}{n}$ va en croissant de $0{,}40\,\delta i'$ à $0{,}72\,\delta i'$ pour les valeurs respectives de $\mu = 0$, $\mu = 1$, de sorte que la formule (4) corrigée peut être représentée par

$$(5) \qquad n = (7 + 3\mu)(1 + 0{,}8\,\delta i').$$

(*e*). *Relations entre le pas et les dimensions des alluchons.* — En conservant les notations du numéro précédent et celle

---

(1) Savary a trouvé

$$n = 7 + 4\mu.$$

des nos 15 et 16, on a

$$O'm = \sqrt{\overline{Am}^2 + R'^2 + 2\overline{Am}.R'\cos AOC'},$$

$$AC' = 2R\sin\frac{\widehat{AOC'}}{2} = 2R\sin(3-i)\frac{\varphi}{4},$$

$$mC' = 2R\sin(1-i)\frac{\varphi}{2},$$

$$(a)\qquad Am = AC' - mC' = 4R\sin(1+i)\frac{\varphi}{4}\cos(5-3i)\frac{\varphi}{4},$$

$$(b)\qquad \cos OAC' = \sin(3-i)\frac{\varphi}{4};$$

par suite, en supposant $i = \frac{1}{2}$, $\varphi = \frac{2\pi}{n}$,

$$O'm = R'\sqrt{1 + 16\mu^2\sin^2\frac{3}{4}\frac{\pi}{n}\cos^2\frac{7}{4}\frac{\pi}{n} + 8\mu\sin\frac{3}{4}\frac{\pi}{n}\cos\frac{7}{4}\frac{\pi}{n}\sin\frac{5}{4}\frac{\pi}{n}}.$$

Si nous supposons maintenant que, par suite des valeurs attribuées à $n$ et $\mu$, les derniers termes sous le radical soient assez petits pour que l'on puisse négliger les puissances supérieures à la première, et si nous remarquons que $l'_1 = O'm - R'$, $R' = \frac{n'a}{2\pi}$, nous aurons

$$(1)\qquad l'_1 = \frac{2na}{\pi}\left(2\mu\sin^2\frac{3}{4}\frac{\pi}{n}\cos^2\frac{7}{4}\frac{\pi}{n} + \sin\frac{3}{4}\frac{\pi}{n}\cos\frac{7}{4}\frac{\pi}{n}\sin\frac{5}{4}\frac{\pi}{n}\right).$$

Remarquons également que l'on a

$$e' - e'_1 = 2R'(\widehat{AOA'_1} - \widehat{mO'A}) = 2a - \frac{n'a}{\pi}\widehat{mO'A}$$

ou, d'après la formule (1) de l'article précédent, en supposant que l'angle $mO'A$ soit assez petit pour qu'on puisse le remplacer par sa tangente,

$$(2)\qquad e' - e'_1 = 2a\,\frac{\left(1 - \frac{2n}{\pi}\cos\frac{5}{4}\frac{\pi}{n}\cos\frac{7}{4}\frac{\pi}{n}\sin\frac{3}{4}\frac{\pi}{n}\right)}{1 + 4\mu\sin\frac{5}{4}\frac{\pi}{n}\cos\frac{7}{4}\frac{\pi}{n}\sin\frac{3}{4}\frac{\pi}{n}},$$

formule dans laquelle on devra supposer $2e = a$.

**18.** *Des trains ou équipages d'engrenages.* — Nous avons vu que le rapport du diamètre d'un pignon, rapporté à celui de la roue avec laquelle il engrène, ne devait pas dépasser une certaine limite, qui est $\frac{1}{5}$ pour les machines industrielles, et $\frac{1}{10}$ pour les chronomètres, limite que nous représentons par $\nu$.

Supposons que l'on veuille transformer une rotation $\omega_1$ autour de $O_1$ en une autre plus grande $\omega_s$ autour de $O_s$, telle que le rapport

$$\frac{\omega_1}{\omega_s} = \varepsilon \tag{1}$$

soit inférieur à $\nu$ : pour y arriver, on montera sur l'axe $O_1$ une roue que l'on fera engrener avec un pignon tournant autour d'un axe intermédiaire $O_2$ et faisant corps avec une roue; on fera engrener cette dernière roue avec un pignon monté sur un second axe intermédiaire $O_3$, et ainsi de suite jusqu'à ce que l'on arrive au dernier pignon tournant autour de $O_s$. Le nombre $s-2$ des axes intermédiaires, les rayons des pignons et des roues ou leurs nombres de dents devront être choisis de manière à satisfaire à la condition (1) et à celle qui résulte de la limite inférieure $\nu$ pour le rapport du diamètre d'un pignon à celui de la roue correspondante. Soient, à cet effet,

$R_1, \ldots, R_{s-1}$ les rayons des roues successives, montées sur les axes $O_1, \ldots, O_{s-1}$;

$N_1, \ldots, N_{s-1}$ les nombres des dents de ces roues;

$r_1, r_2, \ldots, r_{s-1}$ les rayons des pignons tournant autour des axes $O_2, O_3, \ldots, O_s$;

$n_1, n_2, \ldots, n_{s-1}$ les rayons et les nombres des dents de ces pignons;

$\omega_1, \ldots, \omega_s$ les vitesses angulaires de $O_1, \ldots, O_s$.

On a

$$\begin{aligned} \omega_s r_{s-1} &= \omega_{s-1} R_{s-1}, \\ \omega_{s-1} r_{s-2} &= \omega_{s-2} R_{s-2}, \\ &\ldots\ldots\ldots\ldots\ldots\ldots, \\ \omega_2 r_1 &= \omega_1 R_1, \end{aligned}$$

d'où

$$\varepsilon = \frac{\omega_1}{\omega_s} = \frac{r_1 r_2 \ldots r_{s-1}}{R_1 R_2 \ldots R_{s-1}} = \frac{n_1 n_2 \ldots n_{s-1}}{N_1 N_2 \ldots N_{s-1}}. \tag{2}$$

On voit ainsi que le rapport des vitesses angulaires extrêmes, ou la *raison* de l'engrenage, est égal au rapport du produit des rayons ou du nombre des dents des pignons à celui des rayons ou des nombres des dents des roues.

Dans de semblables mécanismes, il arrive quelquefois, comme dans la minuterie des chronomètres, que deux arbres soient concentriques, l'un creux, appelé *canon*, tournant à frottement doux sur l'autre.

Les vitesses extrêmes (en employant uniquement des engrenages extérieurs, comme nous le supposerons toujours dans ce qui suit) seront de même sens ou de sens contraire, selon que le nombre des axes intermédiaires sera impair ou pair. Pour établir une distinction entre ces deux cas, nous affecterons $\varepsilon$ du signe + dans la première, et du signe — dans le second, ce qui revient à poser

$$\varepsilon = (-1)^{s-1} \frac{n_1 \ldots n_{s-1}}{N_1 \ldots N_{s-1}}. \tag{3}$$

On représente généralement un équipage d'engrenages de la manière suivante, en plaçant sur la même ligne horizontale les nombres des dents des organes qui engrènent ensemble, et sur la même verticale ceux qui correspondent à un axe commun

$$\begin{cases} N_1 - n_1, \\ \quad N_2 - n_2, \\ \quad\quad N_3 - n_3, \ldots, \\ \quad\quad \ldots\ldots\ldots\ldots, \\ \quad\quad\quad N_{s-1} - n_{s-1}. \end{cases} \tag{4}$$

*Exemple :*

Une horloge à seconde peut être représentée par le diagramme suivant :

| | | |
|---|---|---|
| Roue d'échappement... | 30 — 6......... | Aiguille des secondes, |
| Roue moyenne........ | 45 — 6 | |
| Roue motrice......... | 48 — 25 — 6 | |
| | 25 | Aiguille des minutes, |
| | 72 | » des heures, |

le mouvement étant communiqué de la roue motrice à la

roue d'échappement par deux pignons de 6 dents et deux roues, dont l'une a 45 et l'autre 48 dents. L'aiguille des secondes est adaptée à la roue d'échappement, qui est réglée en raison d'un tour par minute, et l'on voit, d'après le tableau précédent, que la roue motrice fera un tour par heure; car on a pour la raison

$$\varepsilon = \frac{6 \times 6}{45 \times 48} = \frac{1}{60}.$$

Si l'on voulait employer des pignons de 8 ou de 14 dents ou *ailes* au lieu de pignons de six ailes, qui sont assez défectueux, on remplacerait la partie du diagramme ci-dessus, relative à ces organes, par le suivant

| | | | |
|---|---|---|---|
| 30 — 8 | | ou 30 — 12 | |
| | 60 — 8 | | 96 — 14 |
| | 64 | | 105 |

Il résulte de ce qui précède que l'on obtiendra facilement la raison d'un train donné; mais le problème inverse, consistant à déterminer un équipage, correspondant à une raison donnée, exige quelques développements, dans lesquels nous allons entrer après avoir traité le cas particulier suivant.

**19.** *Problème de Young.* — Cette question, qui a plutôt un caractère de curiosité que d'utilité, a pour objet de déterminer les éléments de l'équipage qui, pour une raison donnée $\varepsilon$, correspond à un minimum du total des dents lorsque les pignons sont tous identiques entre eux ainsi que les roues.

Si l'on pose

$$s - 1 = k, \quad \frac{n}{N} = x,$$

on a

$$\varepsilon = x^k,$$

d'où, en prenant les logarithmes hyperboliques,

$$k = \frac{\mathrm{l}.\varepsilon}{\mathrm{l}.x}.$$

Ce qu'il faut rendre minimum, c'est l'expression

$$k(n + \mathrm{N}) = \mathrm{N}\,\mathrm{l}.\varepsilon\,\frac{1 + x}{\mathrm{l}.x},$$

dont la dérivée, égalée à zéro, donne l'équation

$$\mathrm{l}.x = 1 + \frac{1}{x},$$

d'où, par approximation,

$$x = 3{,}59.$$

Si l'on prend $x = 3{,}60$, cette valeur s'exprime par le rapport de 18 à 5 ou de 36 à 10, nombres qui sont très-convenables comme modules d'une roue et d'un pignon.

On trouve, en faisant varier $k$,

| | | | | |
|---|---|---|---|---|
| Pour $k = 1$...... | 2 | 3 | 4 | 5 |
| $\varepsilon = 3{,}60$... | 12,96 | 46,66 | 167,98 | 604,73 |

Si donc le rapport proposé est une de ces valeurs, on pourra employer l'équipage de Young, composé d'un nombre de pignons de 36 dents et de pignons de 10 dents déterminé par la valeur correspondante de $k$.

20. *Méthode générale pour fixer les éléments d'un train dont la raison est donnée.* — Pour établir un système de rouages, on voit qu'il est indispensable de mettre $\varepsilon$ sous la forme du quotient de deux produits de même nombre de facteurs que l'on puisse grouper deux à deux, du numérateur au dénominateur, de manière que le rapport de ce couple ne descende jamais au-dessous de $\nu$.

Pour faire cette décomposition d'une manière simple et suffisamment approximative, lorsque les deux termes de la raison sont très-grands, on réduit $\varepsilon$ en fraction continue et l'on cherche parmi les réduites successives celle qui convient le mieux au but que l'on se propose.

On sait que deux réduites consécutives sont l'une plus grande, l'autre plus petite que la fraction génératrice, que leur différence est égale à l'unité divisée par le produit de leurs dénominateurs, et enfin qu'une réduite jouit de la propriété d'exprimer une approximation par le quotient des plus petits nombres entiers; mais il est moins important d'avoir de petits nombres pour les deux termes de la fraction qui représente approximativement $\varepsilon$ que d'obtenir des nombres décomposables en facteurs. Aussi, lorsqu'on ne trouve pas parmi les réduites une fraction satisfaisante, il faut avoir recours à des fractions moins simples, parmi lesquelles on en trouvera souvent de plus avantageuses pour l'objet que l'on se propose.

Soit, à cet effet, $\frac{x}{y}$ une fraction, dont les termes sont indéterminés, supposée très-peu différente d'une autre fraction $\frac{a}{b}$ dont $\frac{p}{q}$ est l'avant-dernière réduite; on a

$$aq - bp = 1,$$

et, en posant

$$ay - bx = k,$$

$k$ devra être très-petit par rapport à $by$, par l'hypothèse que la différence $\frac{a}{b} - \frac{x}{y} = \frac{k}{by}$ doit être très-petite. Cette dernière équation, en vertu de la formule précédente, aura pour solution en nombres entiers

$$y = kq, \quad x = kp;$$

par conséquent sa solution la plus générale en nombres entiers sera

$$(5) \qquad y = kq + \mathrm{M}a, \quad x = kp + \mathrm{M}\bar{a},$$

M étant un entier quelconque positif ou négatif.

On donnera à M et à $k$ des valeurs croissantes positives ou négatives, et l'on s'arrêtera à celles qui fourniront pour $x$ et $y$ des nombres dont la décomposition en facteurs permettra de satisfaire à la question proposée, après s'être assuré que l'erreur commise est admissible.

**21.** *Applications : 1° Horloge à secondes.* — On suppose que la roue d'échappement fait un tour par minute, que le nombre des axes est réduit à trois, ce qui est un minimum, et enfin que chaque pignon ne possède que six ailes, ce qui est encore un minimum. On a

$$\varepsilon = \frac{1}{60} = \frac{r_1 r_2}{\mathrm{RR}_1} = \frac{6.6}{2160} = \frac{6.6}{45.48},$$

et l'on retombe sur la combinaison indiquée au n° 18, et qui est la plus avantageuse parmi toutes celles qu'on peut déduire de la décomposition en facteurs de la raison, à cause de la presque égalité des nombres des dents des deux roues.

On trouvera de la même manière la combinaison relative à l'emploi des pignons de huit ailes.

2° *Horloge lunaire.* — L'une des aiguilles marque les heures sur un cadran, et l'autre fait une révolution dans la durée $29^j 12^h 44^m$ d'une lunaison : on a

$$\varepsilon = \frac{720}{42524} = \frac{180}{10631}.$$

Mais 10631 étant un nombre premier, nous prendrons la valeur approximative

$$\varepsilon = \frac{720}{45525} = \frac{8.8}{54.70},$$

correspondant à un train facilement réalisable, et qui ne donne lieu qu'à une erreur d'une minute par lunaison.

3° *Horloge de huit jours.* — Pour que la longueur de la corde du poids moteur ne devienne pas un inconvénient, il ne faut pas qu'elle fasse plus de seize tours, et il est nécessaire, par suite, que chaque tour corresponde à douze heures; toute paire de roues ayant pour raison $\frac{1}{12}$ suffit pour atteindre ce but, et l'on prend généralement 8 et 96 pour les deux termes du rapport, ce qui donne pour diagramme :

| | |
|---|---|
| 96........................... | 12 heures |
| 8 — 105.................. | 1 heure |
| 14 — 96.............. | |
| 12 — 30......... | 1 minute |

4° *Horloge d'un mois.* — En admettant toujours seize tours de corde, chaque tour devra suffire pour quarante-huit heures; la raison $\frac{1}{48}$ serait trop petite pour une seule paire de roues, mais elle peut être obtenue avec deux.

En employant, par exemple, des pignons de douze et de

seize ailes, on obtient le diagramme suivant :

| | |
|---|---|
| 96........................... | 48 heures |
| 16 — 96..................... | 1 heure |
| 12 — 105................ | |
| 14 — 76........... | |
| 12 — 3....... | 1 minute |

5° *Horloge sidérale.* — Pour obtenir une horloge qui donne à la fois le temps sidéral et le temps moyen, on peut placer derrière l'aiguille des heures un cadran mobile plus petit que le cadran ordinaire et concentrique avec lui ; l'aiguille, faisant une révolution en vingt-quatre heures solaires, marquera le temps moyen et indiquera en même temps l'heure sidérale sur le cadran mobile. Si on lui donne un mouvement rétrograde de $3^m 55^s,555 = 236^s,555$ par jour moyen, le rapport de la vitesse de l'aiguille à celle du cadran est

$$\frac{86400000}{236555} = 60\frac{288000}{47311}.$$

La fraction $\frac{288000}{47311}$, réduite en fraction continue, donne pour réduites successives

$$\frac{6}{1},\quad \frac{67}{19},\quad \frac{140}{23},\quad \frac{487}{80},\quad \frac{627}{103},\ \ldots,$$

et l'on peut prendre avec une grande approximation la réduite

$$\frac{627}{103} = \frac{66.76}{103.8}.$$

On peut employer une autre disposition, dans laquelle une seconde aiguille accomplira une révolution dans un jour sidéral, en remarquant que vingt-quatre heures de temps sidéral équivalent à $24^h 56^m 4^s \times 0,906 = 86164^s$ de temps moyen. La raison relative à l'aiguille du temps sidéral et à celle du temps moyen est par suite

$$\frac{86164}{86400} = \frac{21540}{21600},$$

et en opérant comme on l'a indiqué plus haut sur cette fraction, qui est irréductible, on arrive à l'expression

$$\frac{36651k + 21541M}{36661k + 21600M},$$

ce qui donne, dans l'hypothèse de $k = -4$, $M = 7$,

$$\frac{1096}{1099} = \frac{8.137}{7.157},$$

rapport qui ne conduit qu'à une erreur annuelle de $21^s,5$.

22. *Méthode de M. Brocot.* — Si deux fractions quelconques $\frac{a}{b}$, $\frac{c}{d}$ satisfont à la relation

$$\frac{a}{b} - \frac{c}{d} = \pm \frac{1}{bd},$$

à laquelle les réduites doivent leur propriété fondamentale, toute fraction comprise entre elles aura nécessairement des termes plus considérables; mais, comme $\frac{a+c}{b+d}$ jouit, par rapport à $\frac{a}{b}$, $\frac{c}{d}$, de la propriété exprimée par l'équation précédente, elle est la plus simple des fractions comprises entre ces dernières. En partant de là, M. Brocot a donné une Table où figurent toutes les fractions dont les termes sont inférieurs à 100, avec leurs valeurs en décimales, classées par ordre de grandeur. Un rapport quelconque tombe nécessairement entre deux fractions contenues dans la Table, et qui sont les plus simples parmi celles entre lesquelles le rapport est compris. En ajoutant ces fractions terme à terme, on en aura une moins simple, mais plus approchée du même rapport, et l'on continuera ainsi de proche en proche, jusqu'à ce qu'on ait obtenu une fraction satisfaisante.

Lorsqu'on veut arriver à une exactitude rigoureuse, il faut renoncer aux équipages de roues tournant autour d'axes fixes, et avoir recours aux équipages épicycloïdaux, dont nous allons nous occuper.

23. *Des trains épicycloïdaux.* — Un train épicycloïdal se compose : 1° d'une roue dentée A fixe ou mobile autour de

son axe; 2° d'une pièce B (levier ou châssis, suivant les cas), mobile autour de cet axe, et qui porte un équipage d'engrenages dont la première roue engrène avec A, et dont nous désignerons la dernière par la lettre C.

Soient, en grandeur et en signe, $a$, $b$, $c$ les vitesses angulaires de A, B, C, le sens positif des rotations étant défini à l'avance; si nous concevons qu'on imprime à tout le système une rotation égale et contraire à celle de B, qui se trouve ainsi ramené au repos, nous rentrerons dans le cas d'un équipage ordinaire d'engrenages, dont on déterminera en conséquence la raison $\varepsilon$ en grandeur et en signe; mais les vitesses angulaires de A et C sont devenues $a - b$, $c - b$; on a donc pour la raison

$$\varepsilon = \frac{c-b}{a-b}. \tag{1}$$

Dans cette formule on peut considérer $a$, $b$, $c$ comme étant les rapports des vitesses angulaires de A, B, C à celle $\omega$ de l'arbre qui communique le mouvement au train, et la même formule permettra de déterminer l'un de ces rapports, connaissant les deux autres.

La *fig.* 43 représente un premier spécimen de trains épicy-

Fig. 43.

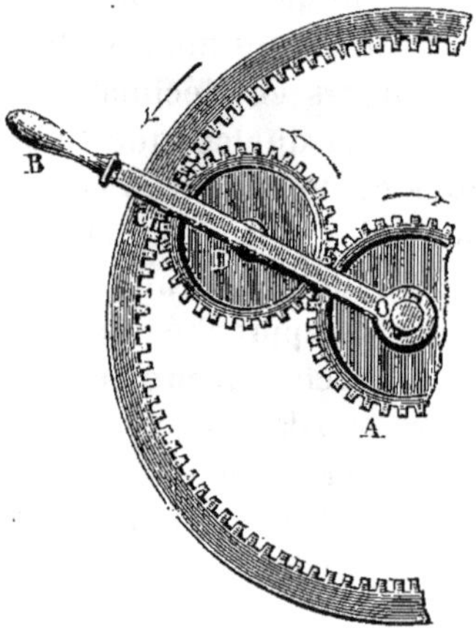


cloïdaux; la roue dentée extérieure A, la roue intérieure C et le levier B peuvent se mouvoir autour du même axe O; la roue D montée sur le levier établit la communication entre les roues A et C. Si A est fixe, on a $a=0$; par suite

$$c = b(1-\varepsilon) \tag{2}$$

et D est animé d'un mouvement épicycloïdal.

Dans le train de Fergusson (*fig.* 44), la roue A est fixe, ou $a=0$, de sorte qu'on a encore la relation (2); mais, au

Fig. 44.

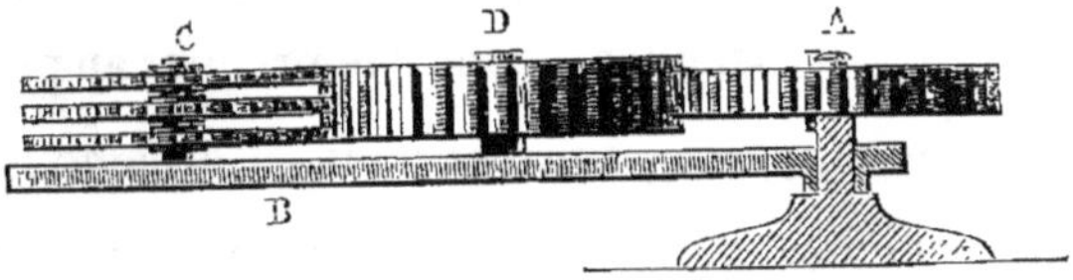


lieu d'une roue C, on a trois roues indépendantes, de même diamètre, montées sur le même axe, engrenant avec la roue intermédiaire D; ainsi les $\varepsilon$, pour ces trois roues, sont proportionnels aux nombres de dents correspondants. Si pour la première roue C on a $\varepsilon > 1$, pour la deuxième $\varepsilon = 1$, pour la troisième $\varepsilon < 1$, en faisant tourner le levier B, les deux rouages extrêmes tourneront en sens contraires, tandis que l'intermédiaire ne sera animé que d'un mouvement de translation.

Dans le train représenté par la *fig.* 45, A est fixe et est

Fig. 45.

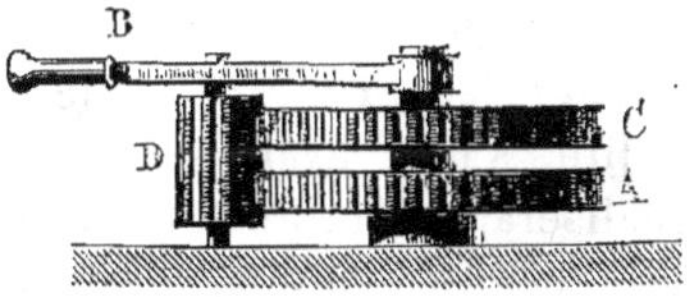


monté sur le même axe que B et C, qui ont le même diamètre; un pignon D établit la communication entre A et C. Supposons que C et A aient respectivement $n-1$ et $n$ dents; nous aurons

$$\varepsilon = 1 - \frac{1}{n} \quad \text{et} \quad \frac{a}{c} = \frac{1}{n}.$$

Si $n = 100$, le rapport des vitesses angulaires est $\frac{1}{100}$; on voit ainsi comment les trains épicycloïdaux se prêtent à la réalisation des rapports très-petits entre deux vitesses angulaires.

Nous donnerons plus loin d'autres applications des trains épicycloïdaux.

## § II. — *Les axes de rotation sont concourants.*

24. *Engrenages coniques.* — Proposons-nous de transformer une rotation $\omega'$ autour d'un axe $Ox'$ en une autre $\omega$ autour d'un autre axe $Ox$, qui rencontre le premier au point O, de manière que le rapport $\frac{\omega'}{\omega}$ soit constant, et désignons par (S') et (S) les systèmes matériels qui tournent respectivement autour des deux axes ci-dessus.

Considérons deux portions correspondantes de ces axes pour lesquelles les rotations $\omega'$, $\omega$ sont de sens contraire pour l'observateur couché successivement suivant $Ox'$, $Ox$, en ayant les pieds en O, et concevons que l'on imprime au système des deux corps (S') et (S) une rotation égale et contraire à celle du premier, qui se trouve ainsi ramené au repos; (S) sera animé d'une rotation $\Omega$ autour d'un axe $Oy$, dont l'inclinaison sur $Ox'$ et $Ox$ est constante et est celle de la diagonale du parallélogramme, construit sur des longueurs proportionnelles à $\omega'$, $\omega$, portées à partir du point O sur les deux axes.

Concevons deux cônes circulaires $(\sigma')$, $(\sigma)$, engendrés par la droite $Oy$, tournant autour de $Ox'$, $Ox$; le second cône, dans son mouvement relatif, roulera sur le premier; mais en revenant à la réalité, s'il y avait entre eux suffisamment d'adhérence, ils réaliseraient la transformation de mouvement dont il s'agit, et c'est ce qui leur a fait donner le nom de *cônes primitifs*.

Comme, en général, l'adhérence est insuffisante pour obtenir l'effet voulu, on munit chaque cône de saillies ou dents, ayant une forme conique dont le sommet est en O, séparées par des intervalles ou *creux :* dans chaque creux pénètre, dans une certaine région, une dent de l'autre cône, qui pousse une dent de la seconde roue de manière à établir la continuité du mouvement.

Une sphère d'un rayon quelconque R ayant pour centre le point O déterminera : 1° dans les deux cônes ($\sigma'$), ($\sigma$) deux cercles ($s'$), ($s$) roulant l'un sur l'autre; 2° dans deux dents en contact de (S'), (S) deux courbes ($a'$), ($a$), dont la première sera l'enveloppe des positions de la seconde.

En faisant sur la sphère le même raisonnement qu'au n° **12**, sur le plan, on reconnaît que l'arc de grand cercle normal au point de contact $m$ de ($a'$) et ($a$) passe par le point de contact A des deux cercles ($s'$), ($s$), que ($a$) étant donné, on déterminera ($a'$) par la construction du numéro précité, en substituant aux expressions de centre et de rayon celles de pôle et d'ouverture de compas sphérique.

Mais comme le contact, en vue de réduire l'influence du frottement, est toujours peu étendu de part et d'autre de la génératrice de contact des cônes, on peut substituer approximativement à la construction précédente, qui présente des difficultés pratiques, celle qui suit.

Soient (*fig.* 46) OA = R le rayon de la sphère déterminé

Fig. 46.

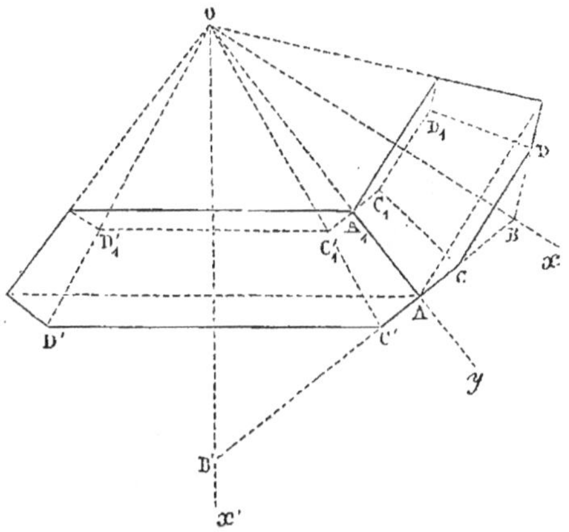


par la direction de O$y$; B, B' les intersections de la perpendiculaire en A à OA avec O$x$, O$x'$.

Concevons deux cônes, engendrés par la révolution de BA, BA′ autour de $Ox$, $Ox'$ ; ces deux cônes, que nous supposerons matérialisés, seront tangents à la sphère en A, et détermineront, dans les dents, des courbes que l'on peut considérer comme se confondant avec les profils sphériques dans l'étendue du contact à partir du point A.

Soient $\omega_1$, $\omega_2$ les composantes de $\omega$ suivant BB′ et sa perpendiculaire dans le plan des axes; $\omega'_1$, $\omega'_2$ les composantes semblables de $\omega'$. Des rotations $\omega_1$, $\omega'_1$ ne résultent, aux environs du point de contact, que des vitesses de l'ordre de l'étendue du contact et qui peuvent, par suite, être négligées. Les rotations $\omega_2$, $\omega'_2$ donnent lieu au déplacement des profils dans le plan tangent dans lequel on peut supposer que les deux cônes ont été développés; on obtient ainsi deux secteurs dentés engrenant l'un dans l'autre à une faible distance de la ligne des centres et dont les vitesses angulaires sont respectivement $\omega_2$, $\omega'_2$. Or on a

$$\omega_2 = \omega \cos(x, y),$$

$$\omega'_2 = \omega' \cos(x', y),$$

$$\frac{\omega}{\omega'} = \frac{\sin(x', y)}{\sin(x, y)}$$

d'où

$$\frac{\omega_2}{\omega'_2} = \frac{\operatorname{tang}(x', y)}{\operatorname{tang}(x, y)} = \frac{AB'}{AB}.$$

Il suit de là que les dents des secteurs doivent être tracées comme celles d'un engrenage cylindrique dont les rayons des circonférences primitives seraient AB, AB′.

L'épure, faite et découpée en patron, sera appliquée sur le double cône (B, B′) sur lequel on tracera le profil des dents.

En nous plaçant maintenant au point de vue pratique, le double cône sur lequel s'effectue le tracé est celui qui termine l'engrenage dans la région la plus éloignée du point O; les dents tracées, on coupe les cônes B, B′ par des plans CD, C′D′, perpendiculaires aux axes $Ox$, $Ox'$, de manière à ne laisser subsister que les zones correspondant à l'épaisseur transversale des deux roues, qui sont limitées à l'intérieur par les cônes de sommet O, ayant pour bases les cercles déterminés par les plans CD, C′D′. Soient $AA_1$ l'épaisseur que l'on veut donner à l'engrenage dans la direction de OA; $C_1$, $C'_1$ les intersections de la perpendiculaire en $A_1$ à AO avec OC, OC′; on termine l'engrenage dans la région la plus rapprochée du sommet par les troncs de cône engendrés par les droites $A_1C_1$, $A'_1C'_1$, tournant respectivement autour de $Ox$, $Ox'$ (*fig.* 47).

Fig. 47.

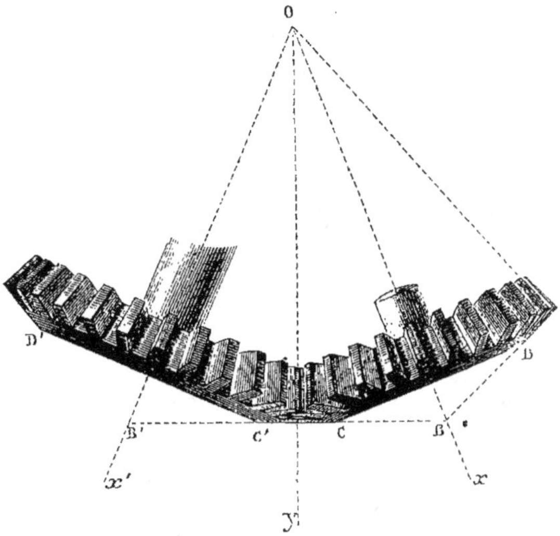


Les profils sphériques des dents des engrenages coniques jouissent de propriétés géométriques intéressantes, pour l'étude desquelles je renverrai à mon *Traité de Cinématique pure*.

25. *Trains épicycloïdaux.* — La *fig.* 48 représente un train épicycloïdal à engrenages coniques. La roue A fait corps avec son arbre; la roue C est mobile sur l'arbre qui la traverse et dont l'axe se trouve sur le prolongement de celui du précédent; l'arbre de C est relié à angle droit au levier B, autour duquel tourne le pignon B, qui met en rapport A et C.

La formule (1) du n° 23, qui peut se mettre sous la forme

$$(1)\qquad b = \frac{a\varepsilon}{\varepsilon - 1} + \frac{c}{1 - \varepsilon},$$

s'applique au cas actuel, $a$, $b$, $c$ étant les rapports des vitesses angulaires de **A**, **B**, **C** à celle de l'arbre qui produit le mouvement, et $\varepsilon$ la raison des engrenages C et A, supposés développés dans un plan (**24**). Si les roues A et C sont identiques, on a

Fig. 48.

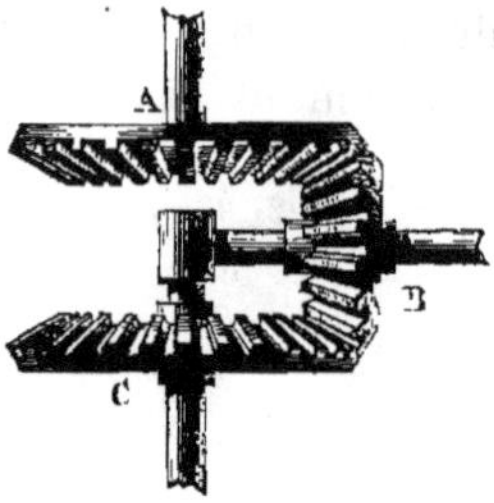


$$\varepsilon = -1$$

et

$$(2) \qquad b = \tfrac{1}{2}(a + c).$$

Cette disposition permet d'établir entre les vitesses angulaires de deux arbres un rapport $\frac{P}{Q}$, dont l'un des termes au moins renferme des facteurs premiers trop considérables pour que les équipages ordinaires soient suffisants.

En multipliant, si cela est nécessaire, les deux termes de cette fraction par un nombre choisi convenablement, on peut toujours la mettre sous la forme $\frac{P}{\alpha\beta\gamma}$, $\alpha$, $\beta$, $\gamma$ étant trois facteurs dont deux au moins, $\alpha$, $\beta$ par exemple, sont premiers entre eux.

L'équation

$$\alpha x + \beta y = P$$

admet une infinité de solutions entières, positives ou négatives. Supposons que l'on ait trouvé des valeurs convenables pour $x$ et $y$; nous pourrons identifier l'équation (2) à la suivante :

$$\frac{P}{\alpha\beta\gamma} = \frac{x}{\beta\gamma} + \frac{y}{\alpha\gamma}$$

ou poser

$$b = \frac{P}{\alpha\beta\gamma},$$

$$a = \frac{x}{\beta\gamma}, \quad b = \frac{y}{\alpha\gamma}.$$

On est donc ramené, au moyen d'engrenages, à transformer la rotation $c$ dans la rotation $a$ autour de l'arbre A, situé dans le prolongement de celui autour duquel la transformation doit être opérée.

26. *Joint universel.* — Pour transformer l'un dans l'autre deux mouvements de rotation autour d'axes concourants, dont il est nécessaire de faire varier l'angle à volonté, pourvu qu'il n'atteigne pas 90 degrés, on emploie le joint universel, qui consiste dans la disposition suivante.

Les arbres se terminent chacun vers le point de concours de leurs axes par une fourche (*fig.* 49) dont les branches sont

Fig. 49.

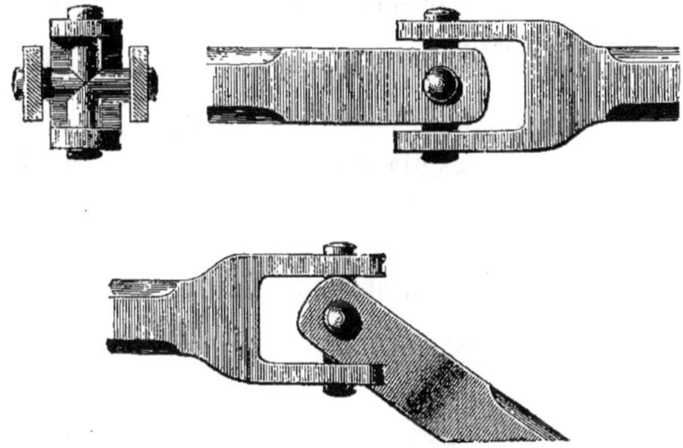

percées d'ouvertures circulaires; l'axe de ces yeux rencontre celui de l'arbre auquel il est perpendiculaire. Dans les yeux des deux fourches pénètrent les extrémités des branches d'un croisillon formant, d'une seule pièce, deux tourillons rectangulaires. Le centre du croisillon coïncide avec le point de concours des axes de rotation.

Il est visible que les axes de figure des croisillons sont constamment compris dans deux plans perpendiculaires à l'axe de rotation passant par le centre du croisillon, et dont la direction de l'intersection est complétement déterminée.

Soient (*fig.* 50).

Fig. 50.

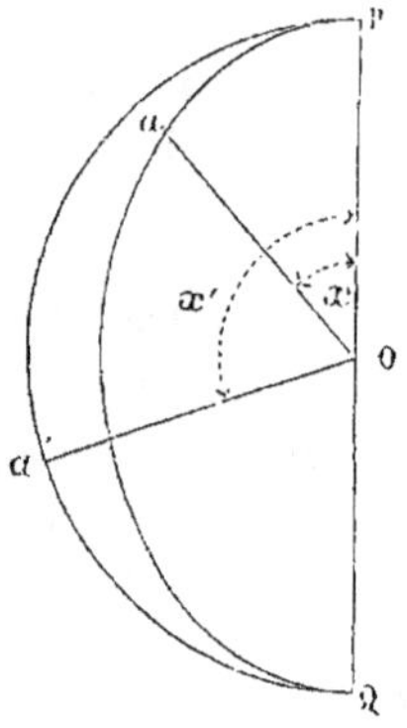


PQ l'intersection de ces deux plans;

A l'angle aigu qu'ils comprennent;

O le centre du croisillon;

O$a$, O$a'$ les positions, à un instant quelconque, des portions de l'un et l'autre axe du croisillon, situées respectivement dans deux régions des plans faisant entre elles l'angle A;

$x$, $x'$ les angles formés par O$a$, O$a'$ avec OQ.

Le triangle sphérique déterminé par les droites OP, O$a$, O$a'$ donne, en se rappelant que l'angle $a$O$a'$ est droit,

$$\cos x \cos x' + \sin x \sin x' \cos A = 0,$$

d'où

$$\tang x = -\frac{1}{\cos A} \cot x'.$$

Les vitesses angulaires $\omega$, $\omega'$ de O$a$, O$a'$ ou des deux arbres étant respectivement égales à $\frac{dx}{dt}$, $\frac{dx'}{dt}$, on déduit par la différentiation de l'équation précédente

$$\frac{\omega}{\omega'} = \frac{1}{\cos A} \frac{\cos^2 x}{\sin^2 x'};$$

d'où, par l'élimination de $x'$, au moyen de la même équation,

$$\frac{\omega'}{\omega} = \frac{\cos A}{1 - \sin^2 x \sin^2 A}\cdot$$

Le rapport des deux vitesses angulaires varie ainsi entre les limites $\frac{1}{\cos A}$ et $\cos A$; ces limites diffèrent d'autant moins l'une de l'autre, ou la transformation est d'autant plus régulière que l'angle A est plus petit. On voit aussi que la transformation est impossible lorsque $A = 90°$ ou que les axes sont à angle droit, ce qui est visible *a priori*.

## § III. — *Les axes de rotation ne se rencontrent pas.*

27. *Emploi des engrenages et des courroies.* — Nous avons ici à transformer une rotation $\omega$ en une autre $\omega'$ dont l'axe n'est pas compris dans le même plan que celui de la première, de manière que le rapport $\frac{\omega}{\omega_1}$ reste constant.

Fig. 51.

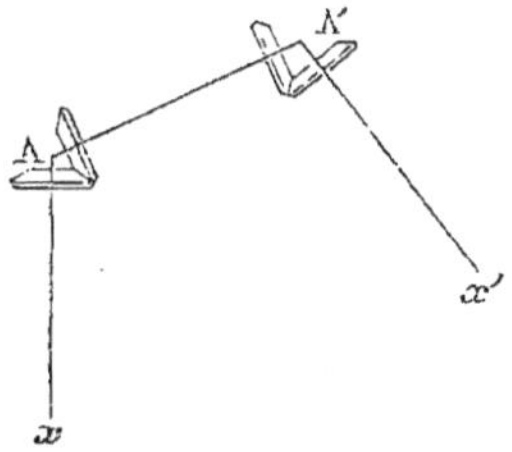


Soient (*fig.* 51)

A, A' deux points respectivement pris sur les deux axes;

A$x$, A'$x'$ deux portions de ces axes pour lesquelles les rotations sont de sens contraire pour l'observateur couché successivement suivant ces deux droites en ayant les pieds en A, A'.

Considérons la droite AA' comme l'axe d'un arbre intermédiaire et établissons dans l'angle $x$AA' un engrenage conique donnant lieu autour de AA′ à la vitesse angulaire $\omega_1$, définie par la relation

$$\frac{\omega}{\omega_1} = h_1,$$

$h_1$ étant une constante ; les rotations $\omega$ et $\omega_1$ seront de sens contraire, la première de la gauche vers la droite, la seconde

Fig. 52.

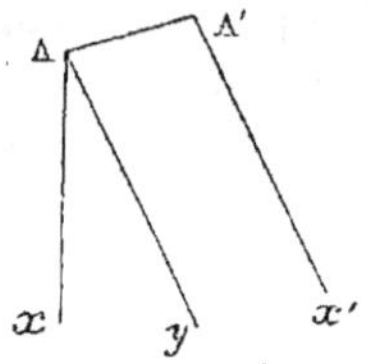


de la droite vers la gauche, pour l'observateur couché suivant A$x$, AA′, en ayant les pieds en A ; mais $\omega_1$ aura lieu de la gauche vers la droite si l'observateur a les pieds en A′.

Montons également en A′ un engrenage conique qui puisse transformer $\omega_1$ dans la vitesse angulaire $\omega'$, dont le sens aura lieu de la droite vers la gauche. Si $h_2$ est la raison de ce dernier engrenage, on a

$$\frac{\omega_1}{\omega'} = h_2.$$

En multipliant cette relation par la précédente, on trouve

$$\frac{\omega}{\omega'} = h_1 h_2,$$

et par suite

$$\varepsilon = h_1 h_2.$$

On peut se donner arbitrairement l'une des deux raisons $h_1$ et $h_2$, de sorte que la transformation peut se réaliser d'une infinité de manières pour un même arbre intermédiaire.

Lorsque les circonstances le permettent, il est avantageux de prendre pour AA′ la perpendiculaire commune aux deux axes pour réduire à son minimum la longueur de l'arbre intermédiaire.

La transformation peut encore s'effectuer (*fig.* 52) en prenant pour intermédiaire une parallèle $Ay$ à $A'x'$, menée en un point A de $Ax$; un engrenage conique permettra de transformer $\omega$ en une rotation $\omega_1$ que l'on peut se donner arbitrairement, et l'on est ramené à transformer les rotations $\omega_1, \omega'$ dont les axes sont parallèles, ce que l'on sait réaliser.

On peut employer encore d'autres dispositifs, auxquels nous ne nous arrêterons pas, pour produire la transformation proposée, à l'aide d'engrenages coniques et cylindriques et de courroies.

28. *Vis sans fin.* — Ce mécanisme a pour objet de transformer l'un dans l'autre deux mouvements de rotation autour d'axes perpendiculaires non concourants, de manière que le rapport des vitesses angulaires reste constant.

La vis sans fin se compose : 1° d'une vis à filet rectangulaire qui reçoit un mouvement de rotation autour de son axe; 2° d'une roue dentée montée sur un axe perpendiculaire au précédent; le filet déplace successivement les dents de la roue, dont il détermine le mouvement de rotation, et la transformation est opérée.

Soient (*fig.* 53 et 54)

$r$ le rayon du noyau de la vis;
$i$ l'inclinaison de l'hélice sur l'axe du noyau;
$z$ la distance d'un point $a$ de l'hélice à une section droite déterminée du cylindre;
$\theta$ l'angle compris entre les plans méridiens passant par $a$ et le point $a_0$ de l'hélice compris dans le plan de la section ci-dessus;
$h$ le pas de l'hélice.

On a la relation connue

$$z = \theta r \cot i = \frac{h}{2\pi}\theta. \tag{1}$$

Supposons d'abord que la roue soit réduite à son plan moyen (P) mené par l'axe OO de la vis perpendiculairement à l'axe O'O' de la roue, et soient $ma'$ la section déterminée dans l'une des dents en contact avec le filet; $ma$ la génératrice correspondante de la surface hélicoïde, $a$ le point de l'hélice situé sur la génératrice du cylindre.

Fig. 53.

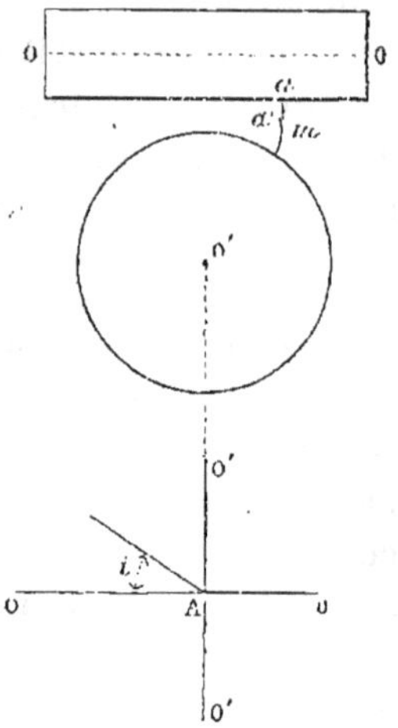

Si l'angle $\theta$ qui se rapporte au point $a$ est celui dont a tourné la vis, à partir du moment où $a$ se trouvait dans le plan (P), la génératrice $am$ sera remplacée, au bout du temps $dt$, par une autre $a_1m_1$; mais on voit que l'on est ramené à considérer le mouvement d'une droite $am$ dont la vitesse de translation parallèle à OO est

$$V = \frac{dz}{dt} = \frac{h}{2\pi}\frac{d\theta}{dt} = \omega\frac{h}{2\pi},$$

$\omega$ étant la vitesse angulaire de la vis.

Si l'on désigne par $\omega'$ la vitesse angulaire de la roue, la condition que doit remplir l'engrenage est que le rapport $\frac{\omega'}{\omega}$ reste constant, et par suite qu'il en soit de même de $\frac{\omega'}{V}$; mais on voit alors que l'on est ramené au problème que nous avons résolu pour la crémaillère, et que le profil des dents doit être la développante de la circonférence primitive de la roue.

Dans la réalité, les dents sont des cylindres dont les génératrices font avec l'angle O′O′ l'angle 90° — $i$. Le contact entre la vis et une dent n'a lieu rigoureusement dans le plan (P) qu'au point A situé dans le plan mené par OO perpendiculairement à O′O′.

Fig. 54.

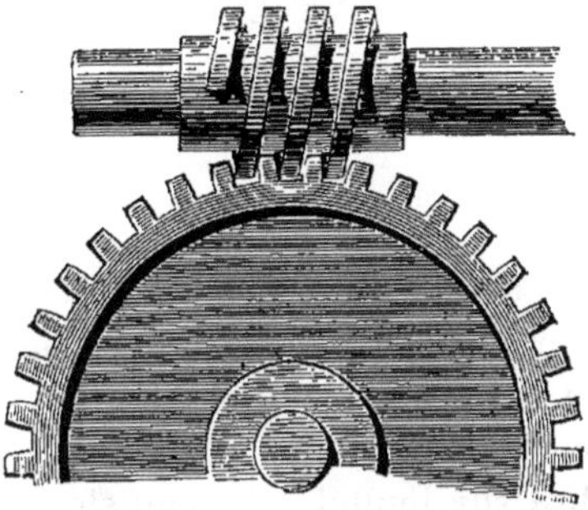

La vis sans fin n'est donc pas un engrenage mathématiquement exact; mais elle donne une approximation d'autant plus grande que l'étendue du contact, à partir de A, est plus petite.

Cet engrenage, comme la crémaillère, peut être rendu réciproque en terminant le profil du filet par une tête cycloïdale.

# CHAPITRE IV.

## TRANSFORMATION D'UN MOUVEMENT DE ROTATION CONTINU EN UN MOUVEMENT RECTILIGNE CONTINU, ET VICE VERSA.

29. *Du treuil et de ses principaux dérivés.* — Le treuil se compose (*fig.* 55) d'un arbre cylindrique T (*tour*) dont la section est circulaire et l'axe horizontal, et qui ne peut se mouvoir qu'autour de cet axe. Une corde est fixée par une de ses extrémités à l'arbre sur lequel elle peut s'enrouler; à l'autre extrémité est accrochée la charge qu'il s'agit d'élever. A cet effet on adapte à l'un des tourillons, au delà du palier, une

Fig. 55.

*manivelle* M qui se termine par un cylindre horizontal (*manette*) d'un diamètre convenable pour recevoir la main de l'homme employé comme moteur. Il est aisé de voir que le rapport des vitesses de la charge et de l'extrémité de la manivelle est égal au rapport du rayon du tour à celui de la manivelle.

Lorsqu'il s'agit d'élever des fardeaux d'un poids considérable, on ajuste une manivelle à chaque tourillon, de manière à permettre de faire agir simultanément deux hommes et parfois deux couples d'hommes. Pour des motifs que nous ferons connaître plus tard, on s'arrange ordinairement de manière que les deux manivelles, qui sont d'ailleurs identiques, soient à angle droit, c'est-à-dire que les perpendiculaires abaissées de l'axe du treuil sur les axes des manettes comprennent un angle de 90 degrés.

La *roue à chevilles* (*fig.* 56) des carriers n'est autre chose qu'un treuil dans lequel la manivelle est remplacée par une

Fig. 56.

roue montée sur l'arbre, de même axe que lui, et traversée par des chevilles horizontales équidistantes. L'homme détermine par son poids l'ascension de la charge, en agissant successivement sur les chevilles avec les pieds et les mains, comme s'il montait sur une échelle verticale.

Dans la *chèvre ordinaire* (*fig.* 57) dont le bâti est soutenu par le hauban *c*, la corde partant de l'arbre passe sur une poulie avant de se terminer par la charge.

Fig. 57.

Le cabestan (*fig.* 58) est un treuil à axe vertical qui est em-

Fig. 58.

ployé, principalement dans les ports de mer, pour exercer de grands efforts dans une direction horizontale ou presque horizontale. La manivelle est remplacée par un levier traversant le tourillon supérieur prolongé en conséquence, sur lequel l'homme ou les hommes exercent leur action.

30. *Du treuil à engrenages et de ses principales applications.* — *Encliquetage.* — Lorsque l'on a à élever des charges considérables, on substitue avec avantage au treuil ordinaire ci-dessus décrit le treuil à engrenages, dans lequel les manivelles sont montées sur un arbre spécial parallèle au tour. Un train d'engrenages, commençant par un pignon monté sur l'arbre des manivelles et se terminant par une roue ajustée sur le tour, réunit les deux arbres. Le treuil dont nous nous occupons est ordinairement muni d'un *encliquetage* (*fig.* 59),

Fig. 59.

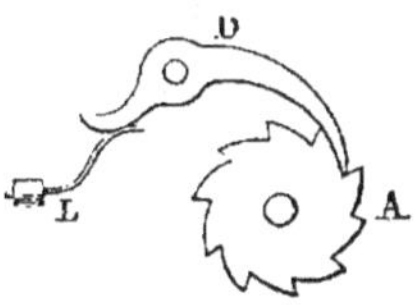


organe qui se compose : 1° d'une roue dentée A (dite *à rochet*) montée sur l'arbre de la manivelle; le profil de chaque dent est formé d'un arc de courbe peu incliné et d'une droite très-inclinée sur la circonférence; 2° d'un *cliquet* ou tige mobile autour d'un axe parallèle à celui du tour, pressée par une lame de ressort L. Le cliquet peut glisser sur la partie courbe des dents et non sur l'autre, et ne permet ainsi le mouvement de rotation que dans un seul sens, celui qui se rapporte à l'élévation de la charge. Si, par une circonstance quelconque, l'action du moteur vient à cesser, l'encliquetage fonctionne, la charge se trouve arrêtée au lieu de descendre avec une vitesse croissante, de sorte que le travail employé dans l'élévation n'est pas perdu, et l'on n'a pas à redouter d'accident [1].

---

[1] L'encliquetage dont il s'agit, et qui est employé dans un grand nombre de machines-outils, offre le double inconvénient de donner lieu à des chocs

La chèvre représentée par la *fig.* 61 se compose d'un tour à engrenage dont la corde passe sur trois poulies fixes et sup-

Fig. 61.

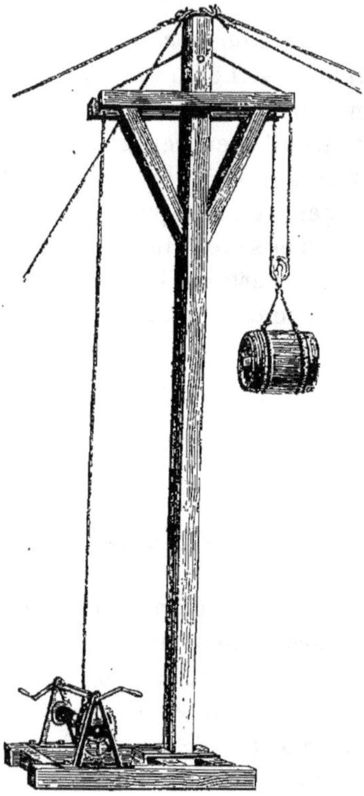

porte finalement une poulie mobile à la chape de laquelle est accrochée la charge.

La *grue* fixe (*fig.* 62) ne diffère en principe de la machine

bruyants entre le cliquet et la roue et à des pertes de temps résultant de ce que le cliquet n'est presque jamais exactement en prise à la position du repos.

L'encliquetage de Dobo, dont nous allons dire quelques mots, est exempt de ces inconvénients. La roue à rochet est remplacée par une roue folle A (*fig.* 60) recevant directement le mouvement pour le transmettre à un arbre qui porte quatre ailes, dont une seule B est indiquée sur la figure ; cette aile est articulée en C à une pièce reliée invariablement à l'arbre dont l'axe est projeté

précédente qu'en ce que la corde ne passe que sur une poulie fixe et que le support, au lieu d'être fixe, peut tourner autour

Fig. 62.

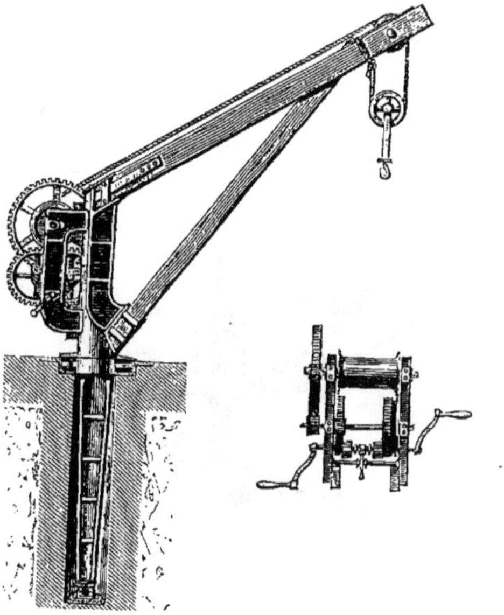

d'un axe vertical, ce qui permet de pouvoir accrocher et éle-

---

en O; sous l'action du ressort R, l'aile s'appuie en $m$, vers l'extrémité de la courbe $mn$ qui la termine, contre la circonférence intérieure de la roue A.

Fig. 60.

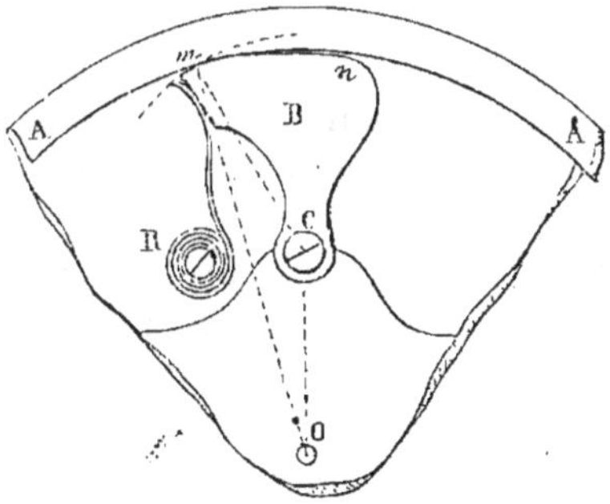


Si cette roue tourne de la droite vers la gauche, elle glissera sur la courbe $mn$, puisque l'élément de cercle que pourrait décrire le point $m$ autour de C est intérieur à la circonférence de A; par suite l'arbre ne sera pas entraîné dans le mouvement; mais si la rotation de A a lieu de la gauche vers la droite le glissement est impossible, puisque le point $m$ en tournant autour de C tendrait à pénétrer dans la roue. Il se produit donc un arc-boutement qui détermine la solidarité entre la roue et l'arbre dans le mouvement de gauche à droite.

ver des fardeaux dans toutes les directions, en déplaçant en conséquence le support.

La *fig.* 63 représente une *grue mobile*, dont le bâti est

Fig. 63.

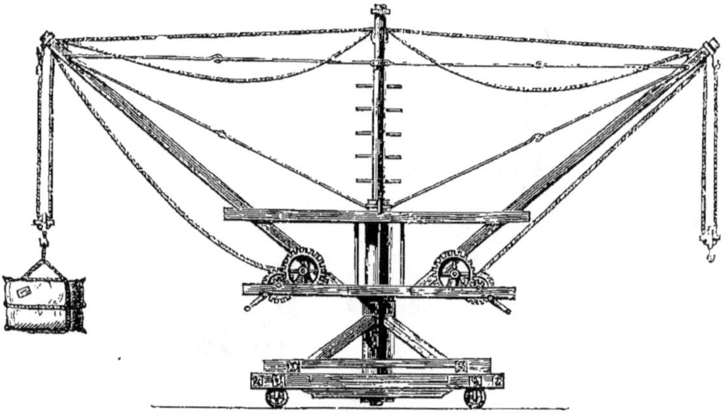

supporté par des roulettes qui permettent de transporter la machine à l'endroit où l'on doit s'en servir. Elle porte deux treuils, mais sur la figure celui de droite seul est censé fonctionner : la corde de ce treuil passe successivement sur une poulie fixe à droite, puis sur une poulie fixe à gauche où se trouve la charge à élever.

31. *Crémaillère.* — L'engrenage à crémaillère, dont nous avons donné le tracé au n° 15, permet de transformer un mouvement circulaire continu en rectiligne continu et inversement.

Le *cric*, qui sert à soulever à une faible hauteur des corps très-pesants (*fig.* 64), réalise l'emploi de la crémaillère pour effectuer la première de ces transformations. La crémaillère engrène avec un pignon monté sur le même axe qu'une roue dentée engrenant elle-même avec un second pignon qui fait corps avec une manivelle. L'axe de la manivelle est muni d'un encliquetage. En agissant dans le sens voulu on augmente la longueur de la partie extérieure de la crémaillère, dont l'extrémité placée sous le corps a pour effet de le soulever.

Fig. 64.

32. *Vis.* — Considérons une vis, dont le noyau est maintenu de manière (*fig.* 65) qu'il ne puisse se déplacer qu'autour de son axe, terminée à l'une de ses extrémités par une roue, une manivelle ou un levier qui traverse la tête de l'axe. Si

Fig. 65.

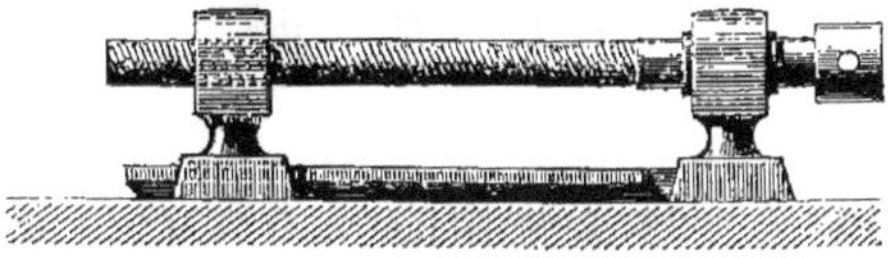

l'écrou est guidé parallèlement à l'axe de la vis, en faisant tourner cette dernière, l'écrou se déplace parallèlement à cet axe. Soient R la longueur de la manivelle ou le rayon de la roue; $h$ le pas de l'hélice; pour un tour de vis, l'écrou se déplace de $h$; le rapport de la vitesse de l'écrou à celle de l'extrémité de la manivelle ou de la circonférence de la roue est par suite égal à $\frac{h}{2\pi R}$.

33. *Mouvements différentiels.* — 1° *Treuil différentiel.* — Cette machine (*fig.* 66) diffère du treuil simple en ce que le tour est formé de deux parties T, T′ de diamètres différents, auxquelles viennent se fixer les deux extrémités de la corde; cette corde, qui s'enroule en sens opposés sur les deux parties du tour, supporte une poulie mobile P à la chape de laquelle est accrochée la charge à soulever.

Fig. 66.

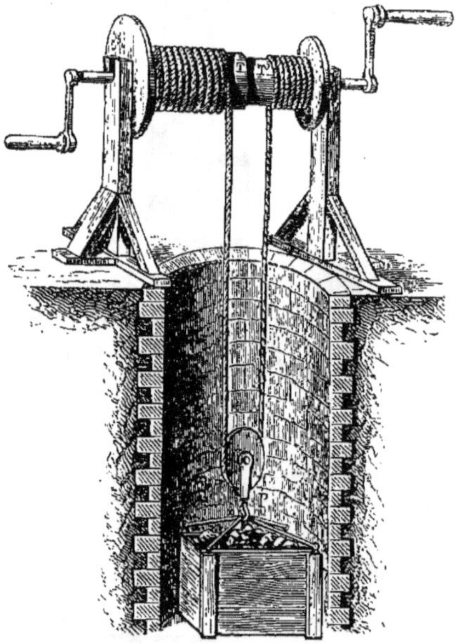

Soient R le rayon de la manivelle; $r$, $r'$ le plus grand et le plus petit rayon de l'arbre. A un tour de la manivelle, déplacée dans un sens convenable, correspondra l'enroulement de la longueur $2\pi r$ de corde sur le cylindre de rayon $r$ et le déroulement de $2\pi r'$ sur l'autre cylindre. Si les cordons de la poulie mobile sont parallèles dès l'origine et s'ils restent suffisamment longs pour qu'on puisse les considérer encore comme tels à un instant quelconque, la charge se sera élevée de $2\pi(r-r')$; le rapport des vitesses de la charge et de l'extrémité de la manivelle, $\frac{2\pi(r-r')}{2\pi R}=\frac{r-r'}{R}$, peut être rendu aussi petit que l'on voudra par une valeur déterminée de R, en donnant une valeur convenable à la différence $r-r'$.

2° *Vis différentielle.* — Cet organe (*fig.* 67) se compose d'un arbre portant vers ses extrémités deux pas de vis identiques A, A' traversant deux supports qui forment écrous fixes.

Fig. 67.

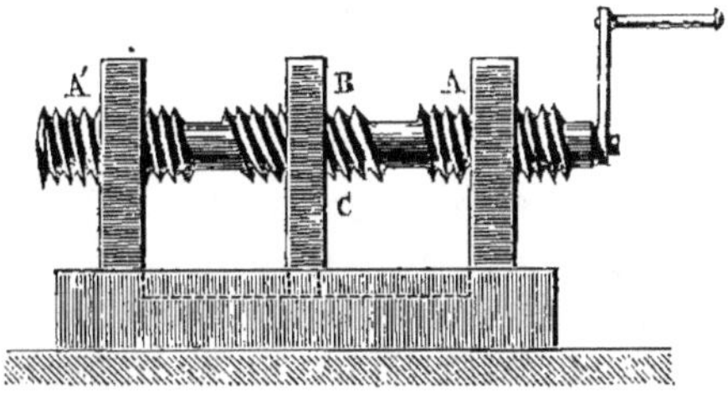


Le milieu de l'arbre est muni d'une vis B, d'un pas $h'$ différent de celui $h$ des précédentes, et porte un écrou C qu'un guide empêche de tourner. Les trois vis sont de même sens.

Pour un tour, l'écrou s'avancerait de $h'$ si la vis était fixée dans des collets; mais elle s'avance elle-même de $h$ : le déplacement absolu de l'écrou est donc $h'-h$, quantité que l'on peut rendre aussi petite que l'on voudra tout en conservant aux deux filets de vis la solidité voulue.

# CHAPITRE V.

## TRANSFORMATION D'UN MOUVEMENT CIRCULAIRE CONTINU EN RECTILIGNE ALTERNATIF, ET VICE VERSA.

34. Dans les machines, la transformation immédiate, l'un dans l'autre, des mouvements de rotation continu et rectiligne alternatif a toujours lieu dans des conditions telles, que la direction du second mouvement est toujours perpendiculaire à l'axe du premier, et c'est ce que tout ce qui suit suppose implicitement.

35. *Bielle et manivelle.* — Lorsque l'on a la latitude de pouvoir terminer l'arbre par le plan perpendiculaire à son axe O passant par le centre de gravité de la pièce à mouvement alternatif, on cale sur son extrémité une manivelle OA (*fig.* 68)

Fig. 68.

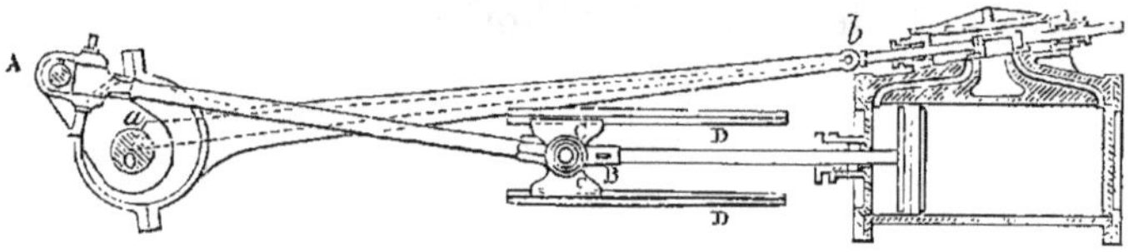


qui se termine par un cylindre (*bouton* ou *maneton*) ayant son axe A parallèle à celui de l'arbre. Le maneton s'engage dans un coussinet adapté, comme nous l'indiquerons plus loin, à l'une des extrémités (*grosse tête*) d'une pièce appelée *bielle*. L'autre extrémité de la bielle (*petite tête*), également munie d'un coussinet, reçoit un cylindre B (*boulon d'attache*) qui traverse l'extrémité libre (*crosse* ou *coquille*) d'une tige fixée d'autre part à la pièce à mouvement alternatif.

La direction du mouvement est d'ailleurs complétement assurée par des patins CC dont la coquille est munie, maintenus par des glissières DD. On s'arrange d'ailleurs de manière que le plan, passant par les axes de l'arbre et du boulon d'attache, soit parallèle à la direction du mouvement de translation.

Lorsque l'arbre ne peut pas être interrompu à l'endroit voulu, on le coude (*fig.* 69), et le coussinet de la bielle est

Fig. 69.

placé sur la partie moyenne du coude, ou sur une portion de cette partie, limitée par deux saillies circulaires (*congés*); mais on voit qu'au point de vue géométrique les choses se passent de la même manière dans les deux cas.

Dans le premier cas, la grosse tête (*fig.* 70) est d'une seule

Fig. 70.

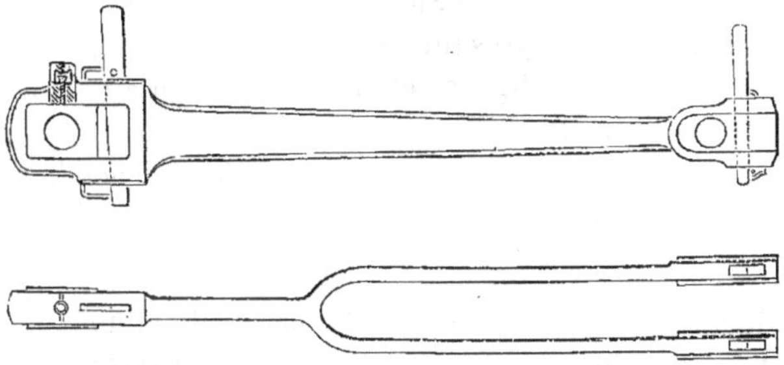

pièce avec le reste de la bielle, et présente une cavité rectangulaire qui reçoit les deux parties du coussinet. On fixe ces deux pièces au moyen de deux coins (*clavette* et *contre-clavette*), que l'on serre contre le corps de la bielle et que l'on fixe par des goupilles pour empêcher le desserrage de se produire. Dans le cas d'un arbre coudé, l'emplacement du coussinet est déterminé par une pièce rapportée (*chape*) au moyen de deux boulons (*fig.* 71) ou d'écrous (*fig.* 72).

Fig. 71.

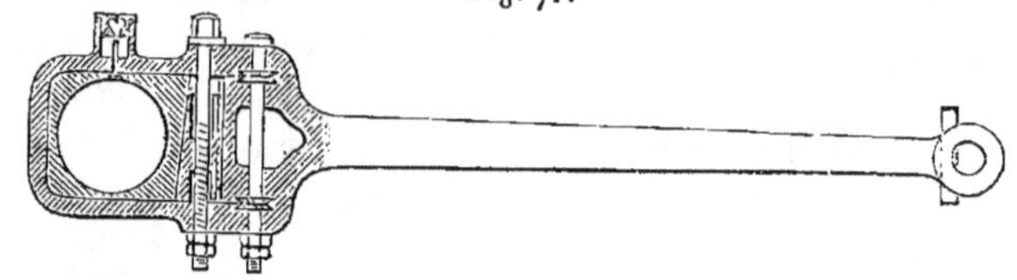

Fig. 72.

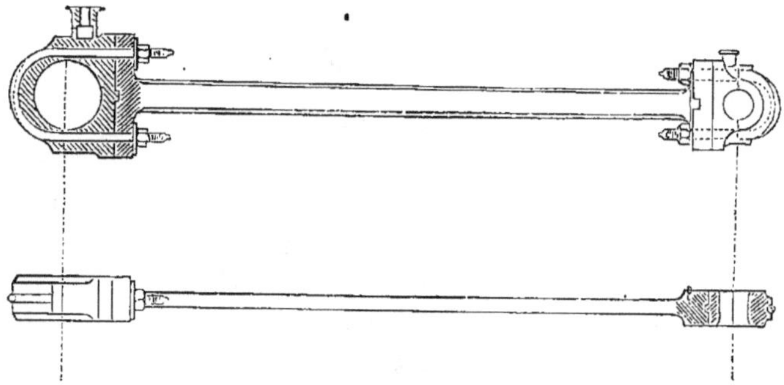

*Théorie géométrique.* — Supposons que toutes les pièces considérées quant à présent comme invariables soient réduites à leurs axes de figures et que la rotation ait lieu de la gauche vers la droite.

Soient (*fig.* 73), en projection sur un plan perpendiculaire à l'axe de la rotation,

O cet axe;
$OA = R$, $AB = L$ les longueurs de la manivelle et de la bielle;
$Bb$ la direction du mouvement alternatif de la tige;
$\theta$ l'angle formé par OA avec le prolongement de OB;
$\omega = \frac{d\theta}{dt}$ la vitesse angulaire de la manivelle;
$i = \widehat{ABO}$ l'inclinaison de la bielle sur $Ox$;
$\varepsilon = \frac{R}{L}$ le rapport des longueurs de la manivelle et de la bielle.

Nous appellerons points *morts intérieur* et *extérieur* les positions de A sur OB et sur son prolongement.

Fig. 73.

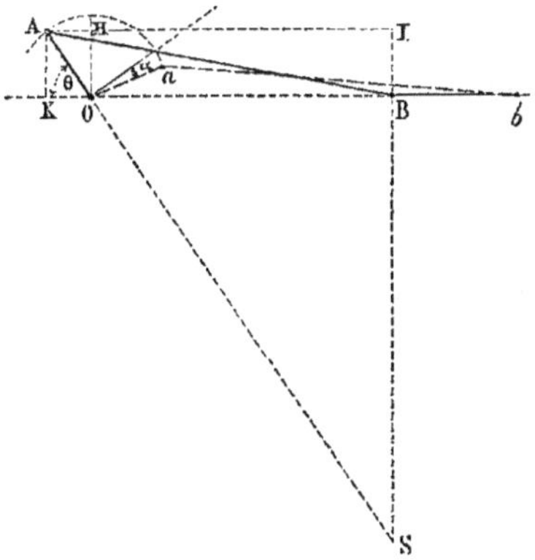


Le centre instantané de rotation de AB se trouve évidemment au point de rencontre S de OA prolongé avec la perpendiculaire élevée en B sur O*b*. La vitesse du point A étant $\omega R$, la vitesse angulaire instantanée autour de S est

$$\frac{\omega R}{SA},$$

et la vitesse V du point B

$$V = \omega R \frac{SB}{SA}.$$

Si H est le point de rencontre de AB avec la perpendiculaire en O sur OB, cette expression devient, par la similitude des triangles AOH et OSB,

$$V = \omega OH.$$

On voit que la vitesse V, nulle aux points morts, est égale à celle du bouton de la manivelle, lorsque cette dernière est perpendiculaire à la direction du mouvement rectiligne.

*Théorie analytique.* — Soit K la projection de A sur O*b*; on a

$$AK = R \sin\theta = L \sin i,$$

d'où

$$\sin i = \varepsilon \sin\theta, \quad \cos i = \sqrt{1 - \varepsilon^2 \sin^2\theta} = 1 - \frac{\varepsilon^2}{2}\sin^2\theta + \frac{\varepsilon^4}{2.3.4}\sin^4\theta + \ldots.$$

Mais comme dans les applications $\varepsilon$ est égal à $\frac{1}{4}$, nous pourrons, avec une approximation bien suffisante, négliger devant l'unité les puissances de cette quantité supérieures à la troisième et écrire tout simplement

$$\cos i = 1 - \frac{\varepsilon^2}{2}\sin^2\theta.$$

Maintenant nous avons

$$\text{(1)} \qquad OB = L\cos i - R\cos\theta = L - R\left(\cos\theta + \frac{\varepsilon}{2}\sin^2\theta\right),$$

d'où

$$V = \frac{dOB}{dt} = \omega R\left(\sin\theta - \frac{\varepsilon}{2}\sin 2\theta\right).$$

Si le mouvement de rotation est sensiblement uniforme, on a

$$\theta = \omega t$$

et

$$\text{(A)} \qquad V = \omega R\left(\sin\omega t - \frac{\varepsilon}{2}\sin 2\omega t\right).$$

Dans ce cas, la vitesse moyenne est

$$W = \frac{1}{\pi}\int_0^\pi V\,d\theta = \frac{2}{\pi}\omega R = 0,637\,\omega R.$$

35. *Excentrique circulaire.* — Le *noyau* de cet excentrique est un disque circulaire, souvent évidé à l'intérieur pour en diminuer la masse, monté normalement sur l'arbre, mais

Fig. 74.

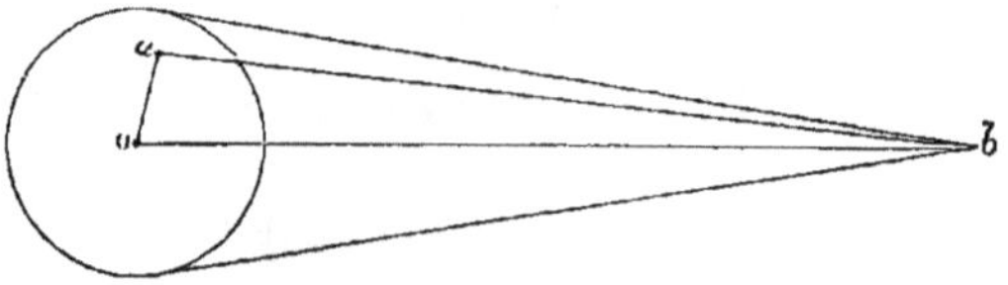


dont le centre $a$ (*fig.* 67 et 73) ne se trouve pas sur l'axe de rotation O. Un anneau (*collier de l'excentrique*) enveloppe à frottement doux le noyau et fait corps avec une tige ou un châssis triangulaire (la *barre de l'excentrique*) dont l'extrémité *b* est articulée à la tige, guidée, en conséquence, de la pièce à mouvement alternatif.

Comme O*a*, *ab* sont des longueurs constantes, on voit que l'excentrique joue le même rôle qu'une manivelle O*a* dont la bielle serait *ab*. On peut dire aussi que l'excentrique circulaire n'est autre chose qu'un système formé d'une bielle et d'une manivelle dans lequel le bouton aurait un diamètre supérieur à celui de l'arbre.

36. *Manivelle et coulisse.* — Lorsque l'on n'a que de faibles efforts à transmettre, on peut supprimer la bielle; le bouton de la manivelle s'engage alors dans une pièce parallélépipédique ou *coulisseau* (*fig.* 75), qui peut se mouvoir dans une

Fig. 75.

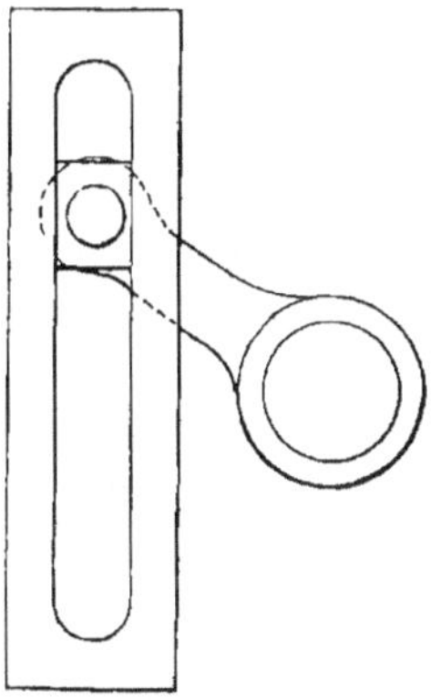

*coulisse* normale à la direction du mouvement rectiligne et faisant corps avec la pièce à mouvement alternatif.

En conservant les notations du n° 34, on voit sans peine que la loi du mouvement rectiligne est donnée par la formule

$$V = \omega R \sin\theta.$$

37. *Des excentriques en général.* — Le système d'une bielle et de sa manivelle, et l'excentrique circulaire transforment un mouvement de rotation en un mouvement alternatif dont le

rapport de la vitesse V à la vitesse angulaire $\omega$ est une fonction déterminée de l'angle $\theta$ que forme, à un instant quelconque, un rayon OA fixe dans l'arbre, avec la position $OA_0$ qu'il occupe dans la direction du mouvement rectiligne, par exemple, de l'autre côté de l'arbre par rapport à la tige.

Mais il arrive souvent que l'on ait à effectuer la transformation de manière que la distance à l'axe de la tête de la tige à mouvement alternatif soit une fonction donnée de l'angle $\theta$: 1° soit pour une oscillation complète; 2° soit seulement pour une partie de l'oscillation, la fonction changeant de forme pour une partie suivante, et ainsi de suite. On monte alors, normalement sur l'arbre, une plaque à laquelle, par une certaine analogie, on a donné le nom d'*excentrique*, dont le pourtour, taillé d'une manière convenable, doit s'appuyer contre la tête de la tige. L'excentrique agit naturellement sur la tige pour l'éloigner de l'axe de rotation, ou pour produire son mouvement *direct;* mais, pour la conduire en sens inverse, il faut que la tige soit ramenée au contact par des ressorts disposés en conséquence. Dans certaines circonstances, on peut munir la tête de la tige d'un châssis enveloppant l'excentrique qui agit pour produire le mouvement rétrograde; nous indiquerons plus loin une disposition de cette nature.

Soit en $\theta$ l'angle que forme un rayon déterminé OA de l'excentrique avec la direction du mouvement rétrograde; $r = f(\theta)$ la loi du mouvement rectiligne entre les valeurs $r_1$, $r_2$ de la distance $r$ de la tête de la tige à l'axe de rotation; pour que le problème soit possible, il faut que les équations $r_1 = f(\theta)$, $r_2 = f(\theta)$ donnent pour $\theta$ des valeurs réelles $\theta_1$, $\theta_2$, ce que nous supposerons. La relation $r = f(\theta)$ sera l'équation polaire de l'arc d'excentrique rapporté à l'axe polaire OA et limité aux rayons vecteurs définis par les angles $\theta_1$ et $\theta_2$.

Supposons, par exemple, $r = a\theta + b$, $a$ et $b$ étant des constantes; la courbe sera une spirale d'Archimède, et le mouvement de translation sera uniforme si la vitesse angulaire $\omega = \frac{d\theta}{dt}$ est constante. On réalise le mouvement uniforme alternatif de la manière suivante.

Soient (*fig.* 76) AB une droite passant par le centre de rotation O; AMB, AM'B deux arcs symétriques par rapport à cette droite, à laquelle sont limitées des spirales représentées par l'équation ci-dessus, OA étant l'origine des angles $\theta$. Il est facile de voir que tous les diamètres, tels que MM', du contour AMBM' sont égaux à AB. Nous prendrons pour profil de

Fig. 76.

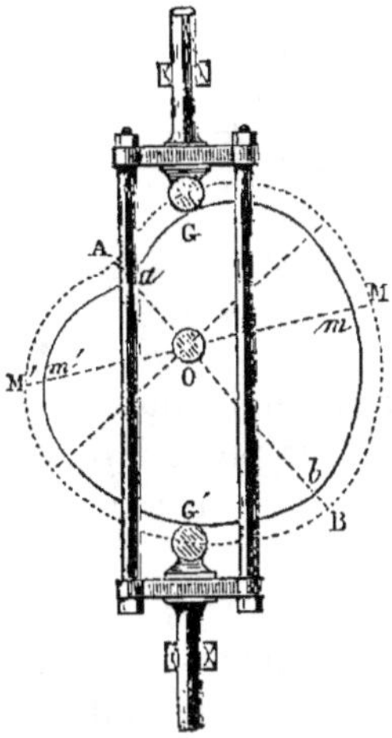


l'excentrique le contour *ambm'* intérieur et parallèle au précédent, tracé à la distance $\varepsilon$. Sa tige à mouvement alternatif est interrompue par un châssis rectangulaire, de manière à pouvoir laisser passer l'arbre O. Les milieux des côtés adjacents à la tige portent des galets G et G' de rayon $\varepsilon$, dont la distance des axes est égale à AB. Il est clair que, lors du mouvement de l'arbre, les galets resteront en contact avec l'excentrique, que leurs centres décriront le contour AMBM', et que, par suite, le mouvement rectiligne sera uniforme.

On construirait un excentrique à mouvement uniformément varié en prenant $r = a\theta^2 + b\theta + c$, $a$, $b$, $c$ étant des constantes.

38. *Des rainures.* — On peut résoudre le même problème que ci-dessus en montant sur l'arbre un plateau dont l'une des faces porte une roulette. Cette roulette pénètre dans une

rainure pratiquée dans la pièce à mouvement alternatif. Les limites de la rainure doivent être évidemment déterminées par deux parallèles à la courbe décrite par le centre de la roulette, tracées à une distance d'une longueur égale au rayon de la roulette.

Soient (*fig.* 77)

Fig. 77.

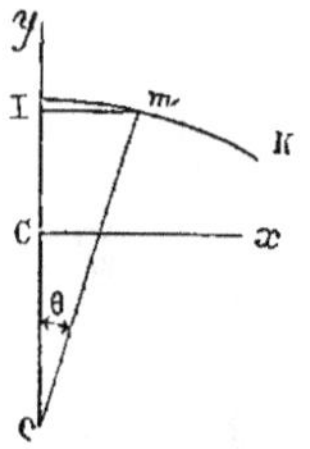


O l'axe de rotation;

R sa distance au centre $m$ de la roulette;

C un point déterminé de la pièce à mouvement alternatif situé sur la parallèle $Oy$ menée par le point O à la direction de ce mouvement;

$Cx$ la perpendiculaire en C à $Oy$;

$y = \mathrm{CI}$, $x = m\mathrm{I}$ les coordonnées du point $m$ de la courbe $m\mathrm{K}$ que doit décrire le centre de la roulette pour que le mouvement de translation satisfasse à la condition donnée, définie par $\mathrm{OC} = f(\theta)$, en désignant par $\theta$ l'angle $m\mathrm{O}y$.

On a

$$(1)\qquad \begin{cases} x = \mathrm{R}\sin\theta, \\ y = \mathrm{R}\cos\theta - \mathrm{OC} = \mathrm{R}\cos\theta - f(\theta). \end{cases}$$

L'élimination de $\theta$, entre ces deux équations, fera connaître la relation qui doit exister entre $y$ et $x$, c'est-à-dire l'équation cherchée de la courbe $m\mathrm{K}$.

Supposons maintenant que l'on connaisse la forme de la courbe définie par l'équation

$$(2)\qquad y = \mathrm{F}(x),$$

et que l'on veuille trouver la loi du mouvement ou $f(\theta)$. L'élimination de $x$ et $y$ entre les équations (1) et (2) donne

$$f(\theta) = \mathrm{R}\cos\theta - \mathrm{F}(\mathrm{R}\sin\theta).$$

En supposant $x =$ const., on retombe sur la transformation du n° 36.

39. *Excentrique triangulaire.* — L'organe dont nous allons indiquer le tracé a pour objet de transformer un mouvement de rotation continu en rectiligne alternatif intermittent.

La *fig.* 78 représente une coupe faite dans le mécanisme par un plan perpendiculaire à l'axe.

Fig. 78.

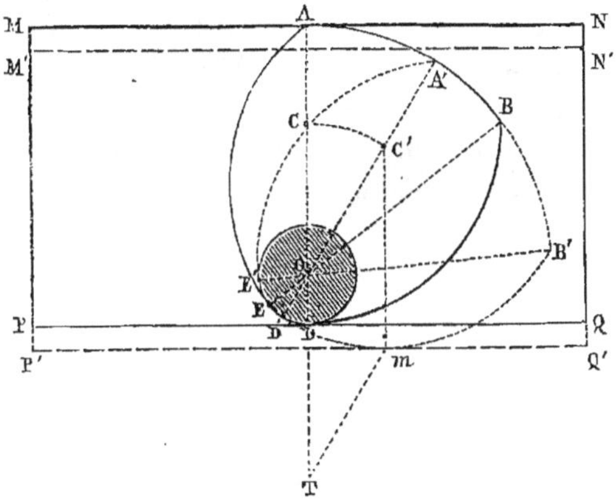


Soient

O la trace de cet axe;

DOA la direction du mouvement rectiligne;

ODE la trace de l'arbre;

MNPQ un châssis rectangulaire dont deux côtés opposés MP et NQ sont parallèles à OA; ce châssis, qui est censé réduit à son périmètre intérieur, laisse passer l'arbre et est fixé aux milieux A, D des côtés MN et PQ, aux deux parties de la tige à mouvement alternatif qui sont guidées en conséquence : sur la figure on suppose que le châssis a été amené tangentiellement au cercle ODE;

AOB = EOD l'angle dont l'arbre doit tourner pendant l'intermittence.

Décrivons du point O comme centre, avec un rayon égal à OA, l'arc de cercle AB limité à OA et OB.

De l'intersection C de OA avec la perpendiculaire menée au milieu de la droite qui joint les points D et B nous décrirons un arc de cercle limité en D et B. Nous tracerons de la même manière, de l'autre côté de AD, l'arc de cercle AE qui complète le profil de l'excentrique.

La rotation étant censée avoir lieu de la gauche vers la droite, supposons que l'excentrique soit arrivé en A'B'D'E', le point C étant venu se placer en C' et le châssis en M'N'P'Q'. Soient *m* le pied de la perpendiculaire abaissée de C' sur P'Q'; T l'intersection de la direction de OA avec la parallèle en *m* à OC'; *m* sera le point de contact de P'Q' avec le côté B'D' de l'excentrique. Mais comme on a OT = C'*m*, *m*T = OC', le point T est fixe et est le centre d'une circonférence sur laquelle reste constamment le point de contact *m*, dont la vitesse est par suite la même que celle de C'; le mouvement oscillatoire du châssis pendant toute la durée de l'action de B'D' n'est donc autre chose que celui de la projection

Fig. 79.

d'un mouvement circulaire sur un diamètre. L'intermittence commence au moment où B vient en contact avec PQ, et se termine à l'instant où A touche le même côté; puis la seconde oscillation a lieu par suite de la pression exercée par AE sur MN.

La *fig.* 79 représente la réalisation du tracé précédent.

Les cames et pilons, dont nous parlerons dans une autre Chapitre, donnent un autre exemple de la transformation dont nous venons de nous occuper.

**40.** *Machines oscillantes.* — Certains bateaux sont munis de machines à *cylindre oscillant*, disposition qui n'est justifiée que par l'exiguïté de l'emplacement dont on dispose.

Le cylindre est supporté par deux tourillons horizontaux de même axe (*fig.* 80) s'engageant dans des coussinets. La tige du piston s'articule directement avec la manivelle, dont l'axe horizontal de rotation est compris dans le même plan vertical que celui des tourillons. On voit immédiatement que

Fig. 80.

Fig. 81.

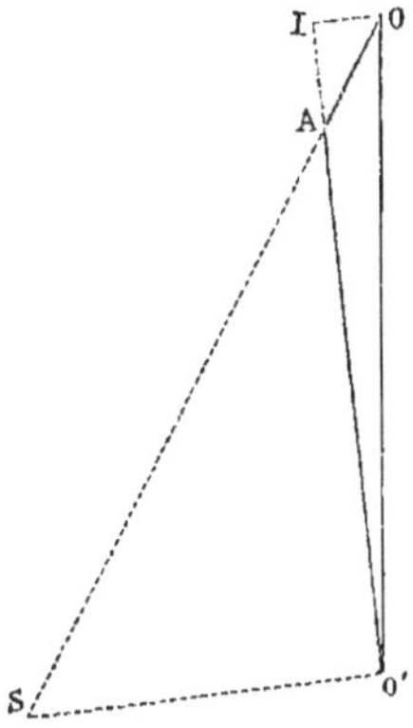


le cylindre doit être animé d'un mouvement circulaire alternatif, et qu'une oscillation complète correspond à une révolution de l'arbre.

Soient (*fig.* 81), en projection sur un plan perpendiculaire aux deux axes, en réduisant les pièces à leurs lignes de symétrie,

O, O′ les axes de rotation de l'arbre et du cylindre ;
OA = R le rayon de la manivelle ;
$\theta$ l'angle qu'il forme avec OO′ ;
$\omega = \frac{d\theta}{dt}$ la vitesse angulaire de l'arbre ;
$a$ la distance OO′ ;
$x$ la longueur variable AO′ ;
$V = \frac{dx}{dt}$ la vitesse relative du piston dans le cylindre.

*Théorie géométrique.* — La tige du piston étant assujettie à passer constamment par le point O′, son centre instantané se trouve à l'intersection S de OA prolongé avec la perpendiculaire en O′ à O′A. Si donc on appelle $\omega'$ la vitesse angulaire de O′A autour de S, on a

$$\omega' \times \text{SA} = \omega \times \text{OA};$$

d'où, en abaissant la perpendiculaire OI sur O′A,

$$\omega' = \omega \frac{\text{OI}}{\text{SO}'}.$$

Cette rotation peut être considérée comme résultant d'une rotation égale autour de O′, qui sera la vitesse angulaire du cylindre, et d'une translation

$$\omega' \times \text{SO}' \quad \text{ou} \quad V = \omega \times \text{OI},$$

qui sera la vitesse relative du piston dans le cylindre.

*Théorie analytique.* — Le triangle AOA′ donne

$$x = \sqrt{a^2 + R^2 - 2aR\cos\theta},$$

d'où, en développant en série,

$$x = \sqrt{a^2 + R^2}\left[1 - \frac{aR\cos\theta}{a^2 + R^2} - \frac{a^2R^2}{(a^2 + R^2)^2}\frac{\cos^2\theta}{2} - \frac{a^3R^3}{(a^2 + R^2)^3}\frac{\cos^3\theta}{2} - \ldots\right];$$

mais, comme on prend toujours R au-dessous de $\frac{a}{4}$, on peut s'en tenir aux trois premiers termes du développement et écrire

$$x = \sqrt{a^2 + R^2}\left[1 - \frac{aR}{a^2 + R^2}\cos\theta - \frac{a^2R^2}{(a^2 + R^2)^2}\,\frac{\cos^2\theta}{2}\right];$$

d'où

$$V = \frac{dx}{dt} = \omega\,\frac{aR}{\sqrt{a^2 + R^2}}\left[\sin\theta + \frac{aR}{(a^2 + R^2)}\,\frac{\sin^2\theta}{2}\right].$$

En négligeant le carré de $\frac{R}{a}$, on a tout simplement

$$V = \omega R\left(\sin\theta - \frac{R}{a}\,\frac{\sin^2\theta}{2}\right).$$

Si l'on désigne par $\beta$ l'angle AO'O ou l'obliquité de la tige du piston, on a

$$R\sin\theta = x\sin\beta,$$

d'où

$$\sin\beta = \frac{R\sin\theta}{\sqrt{a^2 + R^2}}\left(1 + \frac{aR}{a^2 + R^2}\cos\theta\right).$$

Le rapport $\frac{R}{\sqrt{a^2 + R^2}}$ est généralement assez petit pour qu'on puisse prendre

$$\cos\beta = 1 - \frac{R^2\sin^2\theta}{2(a^2 + R^2)}.$$

# CHAPITRE VI.

## TRANSFORMATION D'UN MOUVEMENT CIRCULAIRE CONTINU EN UN MOUVEMENT RECTILIGNE INTERMITTENT DONT ON PEUT, DANS CERTAINES LIMITES, FAIRE VARIER LA LOI A VOLONTÉ OU AUTOMATIQUEMENT.

### § I. — *Coulisse Stephenson.*

**41.** *Description.* — La disposition dont il s'agit, et dont nous allons donner la description, est représentée en projection

Fig. 82.

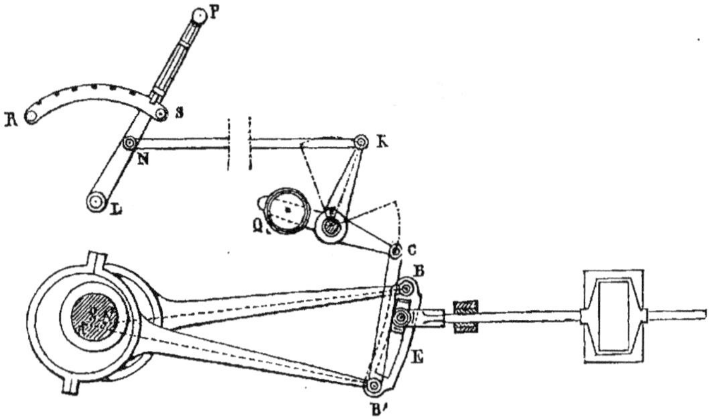


Fig. 83.

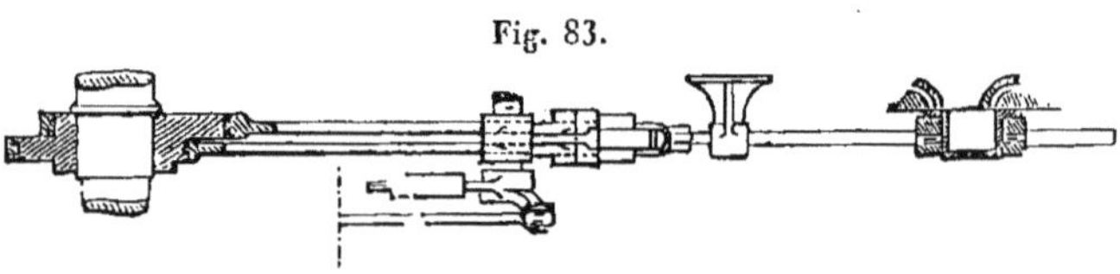

verticale et en plan par les *fig.* 82 et 83. La *fig.* 84 est l'équivalent de la première de ces figures; seulement les organes n'y sont indiqués que par leurs axes de symétrie.

Soient

O la trace verticale de l'axe de rotation de la machine, avec laquelle coïncident les centres de deux excentriques circulaires identiques, dont les excentricités sont OA et OA';

Fig. 84.

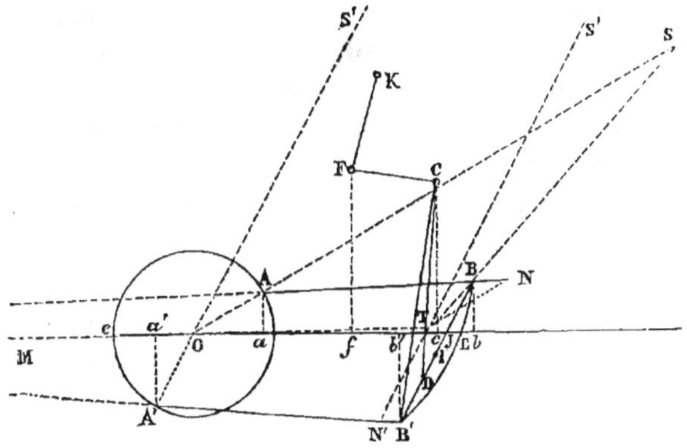


AB, A'B' les barres, égales entre elles, de ces deux excentriques;

BB' une coulisse circulaire articulée par ses extrémités B et B' à celles des barres ci-dessus;

OE la direction du mouvement rectiligne que l'on veut obtenir et dont la direction passe par O.

La tête E de la tige est articulée à un coulisseau qui s'engage dans la coulisse.

Au point D de la coulisse est articulée une bielle CD dite *de relevage* ou *de suspension*, articulée elle-même en C au levier coudé CFA, dont l'axe est F; KN est une tringle articulée à l'extrémité K de ce levier et en un point N d'un levier droit LP, dit *de commande*, ayant son axe en L et terminé par une manette en P; ce levier est à la disposition du mécanicien pour faire varier, selon les circonstances, la position de la coulisse; ce même levier est muni d'un verrou longitudinal maintenu par deux guides, terminé vers P par une manette, qui tend à s'éloigner de ce point par l'action d'une lame de ressort. En rapprochant à la main les deux manettes, on peut déplacer à volonté le levier de commande et le fixer en lâchant la main, de manière à laisser pénétrer le verrou dans l'une des encoches de l'arc RS. Ainsi, pour chaque position de la coulisse, le point C est fixe.

La lettre Q désigne un contre-poids adapté à l'extrémité du prolongement de CEF, et qui équilibre autant que possible, dans chacune des positions de LP, le poids de la coulisse et la composante des poids des barres d'excentrique agissant sur C, de manière à rendre plus facile la manœuvre du levier de commande. On dit que la coulisse est à son *point mort* lorsque son milieu se trouve sur la direction de OH.

Il est clair que, si B ou B′ se trouve sur OE, la tige n'obéira qu'à l'influence de la bielle AB ou A′B′, comme si elle était isolée, et que si E est suffisamment près de B, l'influence de AB sur le mouvement alternatif sera prédominante.

Dans certaines circonstances, au lieu de laisser les deux barres d'excentrique ouvertes comme l'indique la *fig.* 80, on les croise, c'est-à-dire qu'elles sont alors représentées par les droites AB′, A′B. Mais nous ne considérerons que le premier cas, sauf à faire ressortir, quand il y aura lieu, les modifications qu'il faudra faire subir à la théorie pour qu'elle s'applique au second.

42. *Théorie géométrique*. — Le centre instantané de la coulisse, qu'il s'agit de déterminer, se trouve en un certain point T de CD; en le supposant connu, le centre instantané de AB sera déterminé par l'intersection S de OA et BT; celui de A′B′ sera de même au point de rencontre S′ des directions de OA′ et TB′.

Il suit de là que, en désignant par $\omega$ la vitesse angulaire de l'arbre O, la vitesse angulaire autour de S est $\omega \dfrac{OA}{AS}$; la vitesse du point B est $\omega \frac{OA}{AS} SB$; la vitesse angulaire $\omega'$ de la coulisse autour de T est

$$\omega' = \omega \frac{OA}{AS} \frac{SB}{TB}.$$

On a de même

$$\omega' = \omega \frac{OA'}{A'S'} \frac{S'B'}{TB'};$$

par suite,

$$\frac{OA}{AS} \frac{SB}{TB} = \frac{OA'}{A'S'} \frac{S'B'}{TB'},$$

d'où

$$\frac{AS.TB}{SB} : \frac{A'S'.TB'}{S'B'} :: OA : OA'.$$

Soient M, M' les points de rencontre de OT avec les prolongements de AB, A'B'; TN, TN' les parallèles à OA, OA' menées par le point T, limitées respectivement en N et N' aux prolongements de AB, A'B'. Les triangles TNB, ASB donnent

$$TN = \frac{AS.TB}{SB}.$$

On a de même

$$TN' = \frac{A'S'.T'B'}{S'B'},$$

par suite

$$TN : T'N' :: OA : OA',$$

ce qui prouve que les points M et M' se confondent. Donc (théorème de Phillips) : *En joignant le point de rencontre des directions des barres d'excentrique au centre de la rotation continue, on obtient une droite dont l'intersection avec la bielle de suspension détermine le centre instantané de rotation de la coulisse.*

Le point T étant connu, on a, pour la vitesse du point E,

$$\omega'.TE = \omega \frac{OA.TE}{TN},$$

dont la composante V parallèle à OH est la vitesse de la tige.

Si $y$ est la perpendiculaire abaissée du point T sur OE, on a

$$\frac{V}{\omega} = \frac{OA}{TN} y,$$

expression qu'il est facile de construire géométriquement.

43. *Théorie analytique.* — Supposons, pour fixer les idées, que OE soit horizontal. Soient

$a$, $a'$, $b$, $b'$ les projections sur OE des points A, A', B, B';
$r = OA = OA'$ l'excentricité;
$l = OB = OB'$ la longueur des barres d'excentrique;
$2c = BB'$ la longueur de la corde de la coulisse;
$\rho$ le rayon de la coulisse;
$2\alpha$ l'angle de l'excentricité OA' avec le prolongement de OA, $\alpha$ étant l'angle que forme avec la verticale chacune des excentricités lorsqu'elles sont également inclinées sur OE;
$\varepsilon$ l'inclinaison de la corde BB' sur la verticale;
$u$ la distance IJ du milieu I de cette corde à son point d'intersection J avec OE;
$\varphi$ l'angle formé par OA avec le prolongement de EO au delà de O.

Nous supposerons que $l$ est assez grand, ainsi que cela a lieu dans la pratique, pour que l'on puisse négliger les puissances de $\frac{r}{l}$, $\frac{c}{l}$, $\frac{u}{l}$ supérieures à la seconde.

On a évidemment

$$\sin\varepsilon = \frac{bb'}{BB'} = \frac{Ob - Ob'}{2c},$$

$$Ob = Oa + ab = -r\cos\varphi + \sqrt{\overline{AB}^2 - (Aa - Bb)^2}$$
$$= -r\cos\varphi + l\sqrt{1 - \left[\frac{r\sin\varphi - (c-u)\cos\varepsilon}{l}\right]^2};$$

d'où, au degré d'approximation convenu,

$$(1) \qquad Ob = -r\cos\varphi + l\left\{1 - \frac{1}{2}\left[\frac{r\sin\varphi - (c-u)\cos\varepsilon}{l}\right]^2\right\}.$$

Pour obtenir $Ob'$, il suffit de changer dans cette expression $u$ en $-u$ et $\varphi$ en $180^\circ - \varphi + 2\alpha$, ce qui donne

$$(1') \quad Ob' = r\cos(\varphi + 2\alpha) + l\left\{1 - \frac{1}{2}\left[\frac{r\sin(\varphi + 2\alpha) - (c+u)\cos\varepsilon}{l}\right]^2\right\},$$

d'où

$$\begin{aligned}\sin\varepsilon = &-\frac{r}{c}\left(\cos\alpha + \frac{c}{l}\sin\alpha\cos\varepsilon\right)\cos(\varphi+\alpha)\\ &+\frac{u}{l}\left[\cos^2\varepsilon - \frac{r}{c}\cos\varepsilon\cos\alpha\sin(\varphi+\alpha)\right]\\ &+\frac{r^2}{4cl}\left[\sin^2(\varphi+2\alpha) - \sin^2\varphi\right].\end{aligned}$$

Si l'on remarque que le terme prédominant de cette expression est le premier, que, dans la pratique, les trois rapports $\frac{r}{c}$, $\frac{u}{l}$, $\frac{r^2}{4cl}$ sont du même ordre de grandeur, il suffit de supposer

$$(\alpha) \qquad \cos^2\varepsilon = 1 - \frac{r^2}{c^2}\cos^2\alpha\cos^2(\varphi - \alpha)$$

dans le premier terme du coefficient de $u$, et $\cos\varepsilon = 1$ dans les autres termes. On obtient ainsi

$$(2)\quad \left\{\begin{aligned}\sin\varepsilon = &-\frac{r}{c}\left(\cos\alpha + \frac{c}{l}\sin\alpha\right)\cos(\varphi+\alpha)\\ &+\frac{u}{l}\left[1 - \frac{r}{c}\cos\alpha\sin(\varphi+\alpha)\right]\\ &+\frac{r^2}{cl}\left\{\tfrac{1}{4}\left[\sin^2(\varphi+2\alpha) - \sin^2\varphi\right] - \frac{u}{c}\cos^2\alpha\cos^2(\varphi+\alpha)\right\}.\end{aligned}\right.$$

Maintenant nous avons

$$OJ = \frac{Ob + Ob'}{2} + \frac{b'J - bJ}{2}\sin\varepsilon = \frac{Ob + Ob'}{2} + c\sin\varepsilon,$$

ou

$$(3)\quad \left\{\begin{aligned}OJ = &\ r\left(-\sin\alpha + \frac{c^2 - u^2}{cl}\cos\alpha\right)\sin(\varphi+\alpha) - \frac{ru}{l}\cos\alpha\cos(\varphi+\alpha)\\ &-\frac{c^2 - u^2}{2l} + l - \frac{r^2}{4cl}\left[(c+u)\sin^2\varphi + (c-u)\sin^2(\varphi+2\alpha)\right]\\ &+\frac{1}{2}\,\frac{r^2}{c^2 l}(c^2 - u^2)\cos^2\alpha\cos^2(\varphi+\alpha).\end{aligned}\right.$$

La flèche de l'arc BB' étant toujours très-petite par rapport au rayon $\rho$, on peut prendre approximativement (¹)

$$\text{EJ} = \frac{c^2 - u^2}{2\rho}.$$

Il vient par suite

$$\begin{aligned}\text{OE} = l + \frac{c^2 - u^2}{2}\left(\frac{1}{\rho} - \frac{1}{l}\right) + r\left(-\sin\alpha + \frac{c^2 - u^2}{cl}\cos\alpha\right)\sin(\varphi + \alpha) \\ - \frac{ru}{l}\cos\alpha\cos(\varphi + \alpha) \\ - \frac{r^2}{4cl}[(c + u)\sin^2\varphi + (c - u)\sin^2(\varphi + 2\alpha)] \\ + \frac{r^2}{2c^2 l}(c^2 - u^2)\cos^2(\varphi + \alpha)\cos^2\alpha.\end{aligned}$$

La suspension étant, comme nous le verrons tout à l'heure, disposée de telle manière que $u$ varie très-peu avec $\varphi$ pour chaque position de la coulisse, nous considérons cette longueur comme constante. Pour des motifs que nous ferons connaître en temps voulu, il faut que la moyenne des valeurs de OE pour $\varphi = 90^\circ + \alpha$ et $\varphi = 270^\circ + \alpha$ soit indépendante de $u$, ce qui exige que

$$\rho = l.$$

Ainsi donc : *le rayon de la coulisse doit être égal à la longueur de la barre de l'excentrique.*

---

(¹) La flèche étant prise pour axe des $x$, en plaçant l'origine en I, l'équation de l'arc BB' se réduit à

$$y^2 + 2\rho x = c^2;$$

celle de JL est

$$x = x \operatorname{tang}\varepsilon + u;$$

on a donc pour J

$$x = \text{EJ}\cos\varepsilon = \frac{(c^2 - u^2)\cos\varepsilon}{2(u\operatorname{tang}\varepsilon + \rho)},$$

ou, en supposant $\cos\varepsilon = 1$ et négligeant $u\operatorname{tang}\varepsilon$ devant $\rho$,

$$x = \frac{c^2 - u^2}{2\rho}.$$

Cette condition étant supposée remplie, nous aurons simplement

$$(4)\quad \left\{\begin{aligned} \mathrm{OE} = l + r\left(-\sin\alpha + \frac{c^2 - u^2}{cl}\cos\alpha\right)\sin(\varphi+\alpha) - \frac{ru}{l}\cos\alpha\cos(\varphi+\alpha) \\ - \frac{r^2}{4cl}\left[(c+u)\sin^2\varphi + (c-u)\sin^2(\varphi+\alpha)\right] \\ + \frac{r^2}{2c^2}\,\frac{c^2-u^2}{l}\cos^2\alpha\cos^2(\varphi+\alpha), \end{aligned}\right.$$

expression dont la dérivée par rapport au temps est la vitesse de la tige.

On reconnaît sans peine qu'il suffit de changer le signe de $c$ pour que cette formule s'applique au cas où les barres sont croisées.

44. *Disposition la plus convenable pour le système de relevage.* — On devra adopter la disposition qui réduira à son minimum l'influence du relevage sur la valeur de $u$, ou qui limitera autant que possible le mouvement oscillatoire du point E de la coulisse de part et d'autre de l'horizontale, quelle que soit la position du levier de commande.

On arriverait à ce résultat en s'imposant la condition que le point d'articulation de la coulisse et de la bielle de relevage se meuve sur un arc de cercle, dont la corde soit parallèle à OE pour toutes les positions de la coulisse. En nous plaçant à ce point de vue, nous allons étudier successivement les deux modes de suspension qui sont le plus généralement adoptés.

1° *La bielle de relevage est articulée à l'extrémité inférieure de la coulisse.* — Proposons-nous de déterminer la nature du lieu géométrique sur lequel devrait se trouver le point C pour que la bielle de suspension fût verticale dans chacune de ces positions moyennes.

Soient $x$ et $y$ les coordonnées du point C; $l' = \mathrm{CD}$ la longueur de la bielle de suspension; on a

$$x = \mathrm{O}b - bb' = \mathrm{O}b - 2c\sin\varepsilon,$$

$$y = l' - \mathrm{B}'b' = l' - (c+u)\cos\varepsilon,$$

expressions dans lesquelles il faudra remplacer $Ob$, $2c\sin\varepsilon$, $(c+u)\cos\varepsilon$ par les moyennes de leurs valeurs pour $\varphi=90^\circ+\alpha$, $\varphi=270^\circ+\alpha$.

En se reportant aux équations (1) et (2), on trouve facilement

$$x=l\left[1-\frac{1}{2}\frac{r^2}{l^2}\cos^2\alpha-\frac{(c-u)^2}{2l^2}\right],\quad y=l'-(c+u),$$

d'où, par l'élimination de $u$ et en négligeant devant l'unité la petite fraction $\frac{1}{2}\frac{r^2}{l^2}\cos^2\alpha$,

$$2(l-x)l=(l'-2c-y)^2,$$

équation d'une parabole dont l'axe est horizontal et dont les coordonnées du sommet sont $x=l$, $y=l'-2c$, et le paramètre $2l$. Au point de vue pratique, on devrait donc placer le point F au centre de courbure au sommet de la parabole, distant, comme on le sait, de ce sommet de la distance $l$; mais en général on prend FC plus petit que cette longueur, ce qui introduit dans l'expression de OE des termes d'une certaine importance dont on reconnaît l'influence fâcheuse dans certaines distributions de machines à vapeur.

2° *La bielle de relevage est articulée au milieu de la corde à la coulisse.*

Dans ce cas, on a

$$x=Ob-c\sin\varepsilon,\quad y=l'-u\cos\varepsilon,$$

d'où

$$x=l\left(1-\frac{c^2+u^2}{2l}\right),\quad y=l'-u.$$

L'élimination de $u$ donne encore l'équation d'une parabole à axe horizontal dont le paramètre est $2l$, et dont les coordonnées du sommet sont

$$x=l-\frac{c^2}{2l},\quad y=l'.$$

Les observations faites plus haut relativement à la détermination du point F s'appliquent ici.

45. *Du mode de suspension de M. de Landsée.* — Dans cette disposition la bielle de relevage est représentée par un parallélogramme GG′G″G‴ (*fig.* 85 et 86) dont deux côtés

Fig. 85.

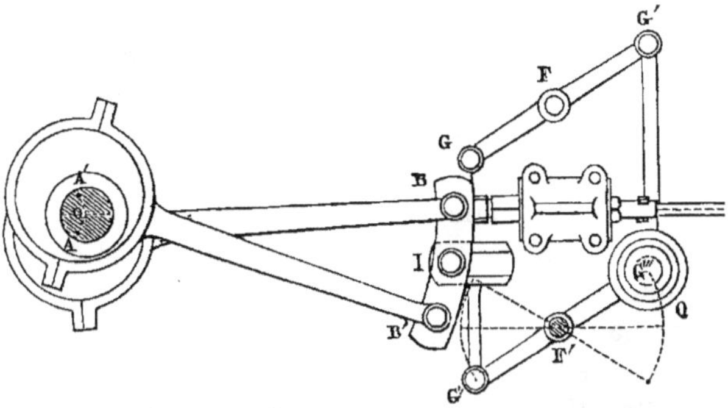


opposés peuvent se déplacer autour de deux axes horizontaux F, F′ compris dans le même plan vertical, et dont les

Fig. 86.

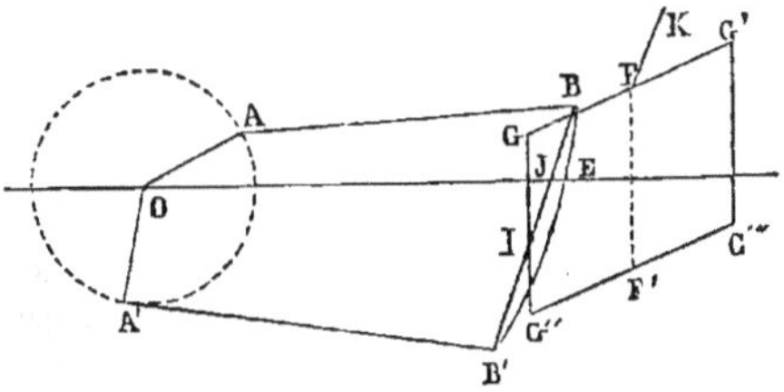


deux autres côtés GG″, G′G‴ restent par suite verticaux. Le levier FK permet d'opérer à volonté la déformation du parallélogramme.

Le milieu I de la coulisse est muni d'un bouton qui s'engage dans une glissière horizontale fixée au côté GG′. En G‴ se trouve un contre-poids Q.

L'ordonnée verticale du point I étant constante, on a, en la désignant par $u_0$,

$$u \cos\varepsilon = u\left[1 - \frac{r^2}{2c^2}\cos^2\alpha\cos^2(\varphi+\alpha)\right] = u_0,$$

d'où

$$u = u_0\left[1 + \frac{r^2}{2c^2}\cos^2\alpha\cos^2(\varphi+\alpha)\right].$$

## § II. — *Coulisse renversée ou de Gooch.*

46. Cette coulisse BB′ (*fig.* 87 et 88) est, comme celle de Stephenson, articulée à deux barres d'excentrique égales AB, A′B′, ouvertes ou croisées, mais elle oppose sa convexité à l'axe de rotation O. Le milieu I de sa corde est articulé à une bielle IL mobile autour de l'axe L, et qui est disposée de telle manière, comme nous le verrons plus loin, que l'arc décrit par le point I pour une révolution puisse être considéré comme se confondant avec la direction OIE du mouvement alternatif.

La tige qui est animée de ce mouvement est articulée en E à une bielle EH, dont l'autre extrémité H est munie d'un cou-

Fig. 87.

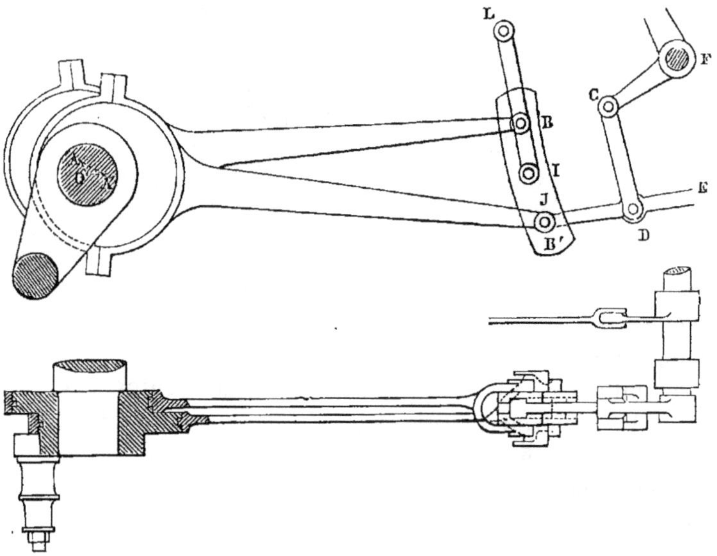


lisseau qui s'engage dans la coulisse. On peut faire varier à volonté sur la coulisse la position du coulisseau H au moyen du levier coudé KFC, mobile autour de F, de la bielle CD articulée en C et D, à KF et HE, et d'un levier de commande ou d'une vis sans fin, comme pour la coulisse Stephenson.

Fig. 88.

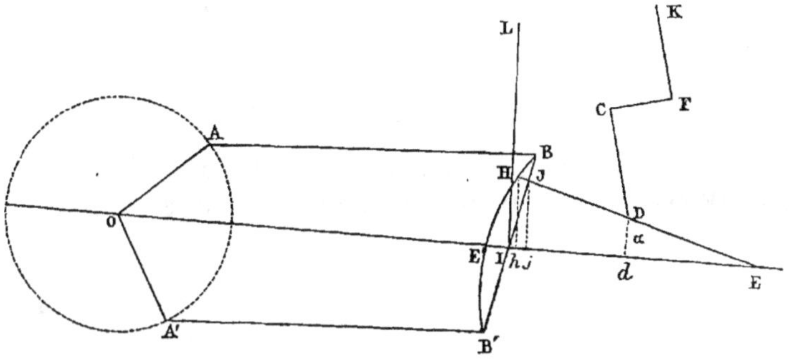


La théorie géométrique de la coulisse renversée est la même que celle de la coulisse droite, et son centre instantané se trouve au point de rencontre de LI avec la droite qui joint le point O à l'intersection des directions de AB, A'B'.

Occupons-nous maintenant de la théorie analytique.

47. Nous ne considérerons que le cas des barres ouvertes, celui des barres croisées s'en déduisant en changeant $c$ en $-c$ dans les formules que nous allons établir.

Pour obtenir la valeur du sinus de l'angle d'inclinaison $\varepsilon$ de la corde BB' sur la verticale et celle de OI, il suffit évidemment de supposer $u = 0$ dans les formules (2) et (3) du n° 43, ce qui donne, en conservant les mêmes notations,

$$(1)\quad \sin\varepsilon = -\frac{r}{c}\left(\cos\alpha + \frac{c}{l}\sin\alpha\right)\cos(\varphi+\alpha) + \frac{r^2}{4cl}[\sin^2(\varphi+\alpha) - \sin^2\varphi],$$

$$(2)\quad \left\{\begin{aligned} \mathrm{OI} &= r\left(-\sin\alpha + \frac{c}{l}\cos\alpha\right)\sin(\varphi+\alpha) \\ &\quad - \frac{c^2}{2l} + l - \frac{r^2}{4l}[\sin^2\varphi + \sin^2(\varphi+2\alpha)] + \frac{1}{2}\frac{r^2}{l}\cos^2\alpha\cos^2(\varphi+\alpha). \end{aligned}\right.$$

Soient maintenant

J l'intersection de la bielle HE avec la corde BB';
$h$, $j$ les projections des points H et J sur OE;
HE $= l'$ la longueur de la bielle de traction HE;
E' l'intersection de la coulisse avec OE;
$u$ la distance IJ.

Nous aurons

$$\mathrm{OE} = \mathrm{OI} + \mathrm{I}h + h\mathrm{E} = \mathrm{OI} + \mathrm{I}j - hj + h\mathrm{E}.$$

Or on a $\mathrm{I}j = u \sin\varepsilon$, et comme l'obliquité de la bielle HE sur OE est toujours très-faible, on peut prendre

$$\mathrm{I}j = \mathrm{HJ} = \frac{c^2 - u^2}{2\rho}$$

et

$$(3) \qquad h\mathrm{E} = \sqrt{\overline{\mathrm{HE}}^2 - \overline{\mathrm{H}h}^2} = l'\left(1 - \frac{1}{2}\frac{\overline{\mathrm{H}h}^2}{l'^2}\right) = l'\left(1 - \frac{u^2}{2l'^2}\right).$$

Il vient par suite

$$(4) \quad \left\{ \begin{aligned} \mathrm{OE} = {} & r\left(-\sin\alpha + \frac{c}{l}\cos\alpha\right)\sin(\varphi + \alpha) \\ & - \frac{ur}{c}\left(\cos\alpha + \frac{c}{l}\sin\alpha\right)\cos(\varphi + \alpha) + l + l' \\ & + \frac{c^2 - u^2}{2}\left(\frac{1}{\rho} - \frac{1}{l'}\right) - \frac{r^2}{4cl}\left[(c+u)\sin^2\varphi + (c-u)\sin^2(\varphi + 2\alpha)\right] \\ & + \frac{1}{2}\frac{r^2}{l}\cos^2\alpha\cos^2(\varphi + \alpha). \end{aligned} \right.$$

Pour que la moyenne des valeurs de OE, pour $\varphi = 90^\circ + \alpha$ et $\varphi = 270^\circ + \alpha$, soit indépendante de la position de la coulisse, comme dans la coulisse de Stephenson, il faut que le coefficient du terme en $u^2$ soit nul ou que

$$\rho = l'.$$

Donc :

*Le rayon de la coulisse doit être égal à la longueur de la bielle de traction.*

La formule (4) se réduit ainsi à la suivante :

$$(5)\quad \left\{ \begin{aligned} \mathrm{OE} = & \; r\left(-\sin\alpha + \frac{c}{l}\cos\alpha\right)\sin(\varphi+\alpha) \\ & - \frac{ur}{c}\left(\cos\alpha + \frac{c}{l}\sin\alpha\right)\cos(\varphi+\alpha) \\ & + l + l' - \frac{r^2}{4cl}\left[(c+u)\sin^2\varphi + (c-u)\sin^2(\varphi+2\alpha)\right] \\ & + \frac{1}{2}\frac{r^2}{l}\cos^2\alpha\cos^2(\varphi+\alpha). \end{aligned} \right.$$

Des essais faits sur des modèles ont prouvé que la disposition la plus convenable consiste à placer le point de suspension comme nous l'avons supposé, c'est-à-dire au milieu I de sa corde, et que, s'il se trouve en avant ou en arrière de ce point, il se produit dans le mouvement de la coulisse des irrégularités déterminant des vibrations assez fortes sur le coulisseau H, irrégularités qui sont presque insensibles quand la suspension est en I.

L'analyse doit pouvoir conduire à ce résultat, mais il faudrait passer par des calculs trop compliqués pour que nous essayions de les aborder.

Pour que l'arc de cercle décrit par le milieu de la coulisse se confonde très-sensiblement avec la direction de OE, il faut que la bielle de suspension LI soit suffisamment longue, et qu'elle soit verticale pour la moyenne position de I ; l'abscisse de L ou la moyenne des valeurs de OI, pour $\varphi = 90^\circ + \alpha$, $\varphi = 270^\circ + \alpha$, est ainsi

$$\mathrm{OI} = l - \frac{c^2}{2l} - \frac{1}{2}\frac{r^2}{l}\cos\alpha,$$

ou approximativement

$$\mathrm{OI} = l - \frac{c^2}{2l},$$

ou encore est égale *à la longueur des barres d'excentrique diminuée de la flèche de la coulisse.*

48. On réduira, autant que possible, l'influence de la suspension sur la valeur de $u$, en s'arrangeant de manière que le

mouvement vertical du point D soit très-faible; on satisfera à cette condition en prenant CF suffisamment grand et en faisant en sorte que la corde de l'arc de cercle décrit par ce point soit horizontale. Soient $i$ le rapport $\frac{\mathrm{DE}}{\mathrm{HE}}$, $l''$ la longueur CD, $d$ la projection du point D sur OE. Nous avons

$$\mathrm{O}d = \mathrm{OE} - \mathrm{E}d$$

et, à très-peu près,

$$\mathrm{D}d = \mathrm{H}h\,\frac{\mathrm{DE}}{\mathrm{HE}} = ui,$$

$$\mathrm{E}d = \sqrt{\overline{\mathrm{DE}}^2 - \overline{\mathrm{D}d}^2} = i\sqrt{l'^2 - u^2} = i\left(l' - \frac{1}{2}\frac{u^2}{l'}\right).$$

Il vient donc pour l'abscisse $x$ du point C, en prenant la moyenne valeur de OE fournie par l'équation (5),

$$x = \mathrm{OE} - \mathrm{E}d = l + l'(1 - i) - \frac{c^2}{2}\left(\frac{1}{l'} + \frac{1}{l}\right) + \frac{iu^2}{l'};$$

l'ordonnée du même point C est approximativement

$$y = l'' + \mathrm{D}d = l'' + iu.$$

En éliminant $u$ entre ces deux équations, on obtient celle d'une parabole du second degré dont le paramètre est $2l'$, parabole qui, dans sa partie utile, devrait être remplacée par un arc de cercle de rayon $l'$, tandis que dans la pratique on donne à CF une longueur inférieure à celle de ce rayon.

## § III. — *De quelques autres coulisses.*

**49.** *Coulisse d'Allan.* — Supprimons tout le dispositif relatif à la suspension de la coulisse de Gooch, que nous supposerons droite; nous obtiendrons la coulisse d'Allan (*fig.* 89 et 90), en supposant que son milieu I soit articulé à une tige LI articulée, d'autre part, en L au prolongement FL du levier FC de la tige de suspension de la bielle de traction HE.

Au moyen du levier CL on pourra à volonté, dans certaines

limites, faire varier simultanément les positions de la coulisse et de la barre de traction.

Fig. 89.

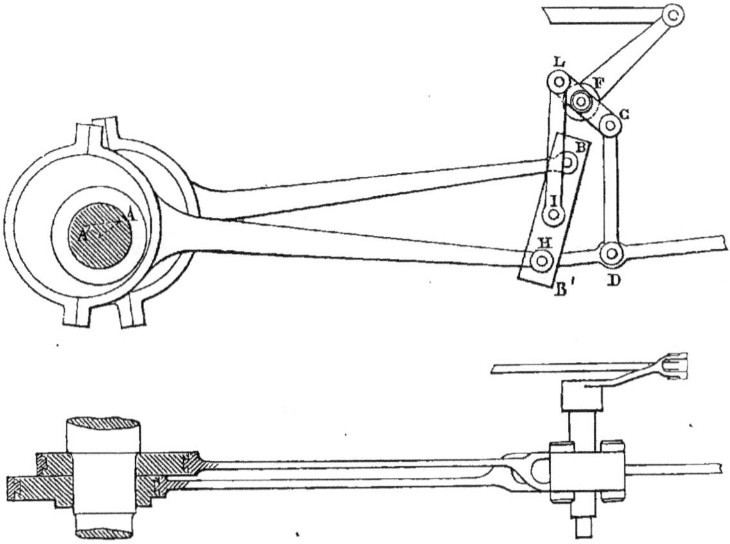


La théorie géométrique de cette coulisse est la même que pour les deux précédentes.

Fig. 90.

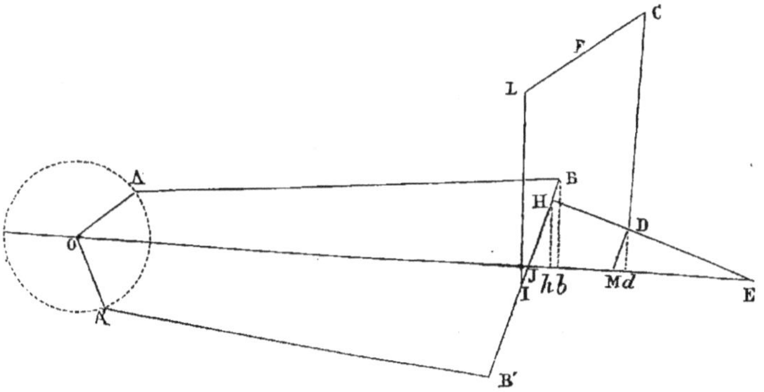


50. Occupons-nous maintenant de sa théorie analytique en

laissant de côté la suspension et conservant autant que possible les notations adoptées jusqu'à présent.

Soient

J l'intersection de la coulisse avec l'horizontale OE;
$b$, $h$, $d$ les projections horizontales de B, H, D;
$u = \mathrm{HI}$, $u' = \mathrm{IJ}$, $u'' = \mathrm{HJ}$.

On a

$$(1) \qquad u = u' + u''.$$

La distance OJ sera donnée par la formule (3) du n° 43, en y remplaçant $u$ par $u'$, ce qui donne

$$\begin{aligned} \mathrm{OJ} = r\left[-\sin\alpha + \frac{c^2 - u'^2}{cl}\cos\alpha\right]\sin(\varphi+\alpha) - \frac{ru'}{l}\cos\alpha\cos(\varphi+\alpha) \\ - \frac{c^2 - u'^2}{2l} + l - \frac{r^2}{4cl}\left[(c+u')\sin^2\varphi + (c-u')\sin^2(\varphi+2\alpha)\right] \\ + \frac{1}{2}\frac{r^2}{c^2 l}(c^2 - u'^2)\cos^2\alpha\cos^2(\varphi+\alpha); \end{aligned}$$

nous avons, d'autre part, d'après la figure et la formule (2) du numéro précité, en y remplaçant $u$ par $u'$,

$$\begin{aligned} \mathrm{J}h &= u''\sin\varepsilon \\ &= -\frac{ru''}{c}\left(\cos\alpha + \frac{c}{l}\sin\alpha\right)\cos(\varphi+\alpha) + \frac{u'u''}{l}\left[1 - \frac{r}{c}\cos\alpha\sin(\varphi+\alpha)\right] \\ &\quad + \frac{r^2u''}{cl}\left\{\frac{1}{4}\left[\sin^2(\varphi+2\alpha) - \sin^2\varphi\right] - \frac{u'}{c}\cos^2\alpha\cos^2(\varphi+\alpha)\right\}; \end{aligned}$$

enfin, d'après la formule (4) du n° 47, en y remplaçant $u$ par $u''$,

$$h\mathrm{E} = l'\left(1 - \frac{u''^2}{2l'^2}\right).$$

On a donc tous les éléments voulus pour obtenir

$$\mathrm{OE} = \mathrm{OJ} + \mathrm{J}h + h\mathrm{E},$$

et l'on trouve, réductions faites, en éliminant de plus $u''$ au moyen de l'équation (1),

$$(2)\quad \begin{cases} OE = r\left(-\sin\alpha + \dfrac{c^2 - uu'}{cl}\cos\alpha\right)\sin(\varphi+\alpha) \\ \quad - \dfrac{ru}{c}\left[\cos\alpha + \dfrac{c(u-u')}{ul}\sin\alpha\right]\cos(\varphi+\alpha) + l + l' \\ \quad - \dfrac{c^2}{2l} - \left[\dfrac{u'^2}{2l} - \dfrac{uu'}{l} + \dfrac{(u-u')^2}{2l'}\right] \\ \quad - \dfrac{r^2}{4cl}\left[(c+u)\sin^2\varphi + (c-u)\sin^2(\varphi+2\alpha)\right] \\ \quad + \dfrac{r^2}{2c^2 l}\left[c^2 - u'(u'+2u)\right]\cos^2\alpha\cos^2(\varphi+\alpha). \end{cases}$$

Pour que la moyenne valeur de OE, pour $\varphi = 90° + \alpha$ et $\varphi = 270° + \alpha$, soit indépendante de $u$ et $u'$, variables qui sont d'ailleurs fonctions l'une de l'autre, il faut que

$$(3)\qquad \frac{u'^2}{2l} - \frac{uu'}{l} + \frac{(u-u')^2}{2l'} = 0.$$

Cherchons maintenant à exprimer $u$ en fonction de $u'$ pour la position moyenne des excentriques.

En menant DM parallèle à BB', on a

$$DM = u'' \frac{DE}{HE} = (u-u')i.$$

Supposons que les tiges de suspension LI et CD soient égales entre elles, et soit $i'$ le rapport des bras de levier LF et FC. Quand I et H coïncident sur OE, le levier LC est horizontal et les tiges de suspension verticales. Si l'on fait tourner le levier LC autour de F, le centre instantané de BB' se trouve sur OE, ceux de LI et CD sont à l'infini et celui de HE est en E; d'où il suit que les déplacements élémentaires de I et L sont égaux et verticaux et qu'il en est de même de ceux de C et D, et enfin que les ordonnées de I et D sont proportionnelles à LF et FC; de sorte que, en prenant $Dd = DM$, on a

$$DM = u' \frac{LF}{FC} = i'u',$$

d'où

$$i(u-u') = u'i',$$

$$(4) \qquad u' = \frac{iu}{i+i'}.$$

Si l'on porte cette valeur dans l'équation de condition (3), on trouve

$$(5) \qquad \frac{i'}{i} = \sqrt{1+\frac{l}{l'}},$$

relation à laquelle on devra satisfaire.

En posant maintenant, pour abréger, $\gamma = \frac{i}{i+i'}$, nous aurons $u' = \gamma u$, et la valeur (2) deviendra

$$(6) \quad \left\{ \begin{aligned} \mathrm{OE} = & \; r\left(-\sin\alpha + \frac{c^2-\gamma u^2}{cl}\cos\alpha\right)\sin(\varphi+\alpha) \\ & - \frac{ru}{c}\left[\cos\alpha + \frac{c(1-\gamma)}{l}\sin\alpha\right]\cos(\varphi+\alpha) + l + l' - \frac{c^2}{2l} \\ & - \frac{r^2}{4cl}\left[(c+u)\sin^2\varphi + (c-u)\sin^2(\varphi+2\alpha)\right] \\ & - \frac{r^2[c^2-\gamma(\gamma+2)u^2]}{2c^2l}\cos^2\alpha\cos^2(\varphi+\alpha). \end{aligned} \right.$$

Quant au système de relevage, on ne peut que recommander de donner aux tiges de suspension d'aussi grandes longueurs que possible.

**51.** *Coulisse de Finck.* — Dans cette disposition (*fig.* 91 et 92), la coulisse circulaire HB est fixée normalement à la barre AB d'un excentrique OA articulé en G à une tige LG mobile autour du point L. La tige oscillante, mobile suivant OE, est articulée en E à une bielle EH dont l'autre extrémité H, munie d'un coulisseau, s'engage dans la coulisse.

On peut faire varier à volonté la position du coulisseau dans la coulisse, au moyen d'un système de relevage FCD dont F est l'axe de rotation, CD une tige articulée à la bielle et au levier CF comme dans les deux coulisses précédentes.

En prenant la tige GL suffisamment longue et déterminant le point L de manière que GL soit vertical pour la moyenne des positions de la barre d'excentrique correspondant à $\varphi = 0$ et $\varphi = 180°$, le point G décrira un arc de cercle qui se con-

Fig. 91.

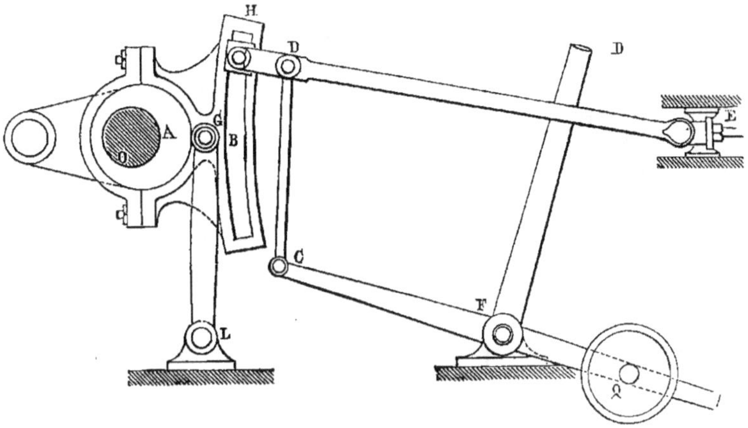


fondra tres-sensiblement avec OE, de la même manière que si G était guidé par une glissière, comme nous le supposerons dans ce qui suit.

Soient

$\beta$ l'inclinaison de AG sur GO;
$h$, $h'$ les projections du point H sur les directions de OE et AB;
$r = \mathrm{OA}$, $a = \mathrm{AG}$, $b = \mathrm{GB}$, $l' = \mathrm{HE}$;
$\rho$ le rayon de la coulisse;
$x = \mathrm{B}h'$, $y = \mathrm{H}h'$, $u = \mathrm{H}h$.

Fig. 92.

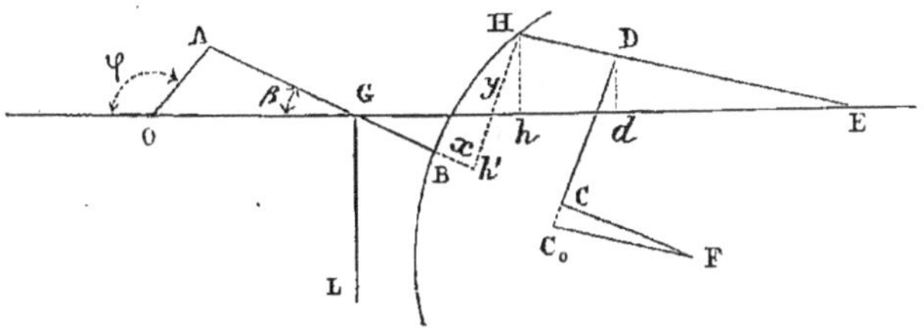


Nous supposerons, sauf à déterminer ultérieurement à

quelle condition il doit satisfaire pour qu'il en soit ainsi, que le mode de suspension est tel que $u$ reste à peu près indépendant de $\varphi$.

Nous aurons d'abord

$$(1) \qquad \sin\beta = \frac{r}{a}\sin\varphi.$$

Nous admettrons que $\frac{r}{a}$ et $\frac{u}{l}$ sont d'assez petites fractions pour que l'on puisse écrire

$$(2) \qquad \begin{cases} \cos\beta = 1 - \dfrac{\sin^2\beta}{2} = 1 - \dfrac{r^2}{2a^2}\sin^2\varphi, \\ \mathrm{E}h = \sqrt{l'^2 - u^2} = l' - \dfrac{u^2}{2l'}. \end{cases}$$

Cela posé, on a évidemment,

$$(3) \qquad \mathrm{OE} = -r\cos\varphi + (a+b+x)\cos\beta + y\sin\beta + l' - \frac{u^2}{2l'}.$$

En projetant la ligne brisée $\mathrm{G}h'\mathrm{H}$ sur la verticale, on trouve

$$u = y\cos\beta - (x+b)\sin\beta$$

ou, comme la flèche de la coulisse est toujours très-petite,

$$(4) \qquad y = \frac{u + b\sin\beta}{\cos\beta}.$$

D'autre part, on a

$$y^2 = x(2\rho - x) = 2\rho x,$$

d'où

$$(5) \qquad x = \frac{y^2}{2\rho} = \frac{(u + b\sin\beta)^2}{2\rho\cos^2\beta}.$$

En portant les valeurs (4) et (5) dans l'équation (3) et ayant égard au degré d'approximation adopté, on trouve, réductions faites,

$$(6) \qquad \begin{cases} \mathrm{OE} = a + b + l' - r\cos\varphi + u\left(1 + \dfrac{b}{\rho}\right)\dfrac{r}{a}\sin\varphi + \dfrac{u^2}{2}\left(\dfrac{1}{\rho} - \dfrac{1}{l'}\right) \\ \qquad + \frac{1}{2}\left(b - a + \dfrac{b^2}{\rho}\right)\dfrac{r^2}{a^2}\sin^2\varphi. \end{cases}$$

Pour que la moyenne valeur de OE, pour $\varphi = 0$ et $\varphi = 180°$, soit indépendante de $u$, il faut que

$$\rho = l',$$

et l'on a par suite

$$(7)\quad \begin{cases} OE = a + b + l' - r\cos\varphi + u\left(1 + \dfrac{b}{\rho}\right)\dfrac{r}{a}\sin\varphi \\ \qquad + \frac{1}{2}\left(b - a + \dfrac{b^2}{\rho}\right)\dfrac{r^2}{a^2}\sin^2\varphi. \end{cases}$$

La longueur $u$ ne variera pas sensiblement avec $\varphi$ pour une position déterminée du point C, si le point D décrit un arc de cercle dont la corde soit horizontale; mais alors C se trouvera sur un lieu géométrique dont il convient de déterminer la nature.

L'abscisse du point D est, en appelant $i$ le rapport $\dfrac{DE}{HE}$,

$$\begin{aligned} Od &= OE - dE = OE - i.hE \\ &= a + b + l' - r\cos\varphi + u\left(1 + \frac{b}{\rho}\right)\frac{r}{a}\sin\varphi \\ &+ \frac{1}{2}\left(b - a + \frac{b^2}{\rho}\right)\frac{r^2}{a^2}\sin^2\varphi - il'\left(1 - \frac{u^2}{2l'^2}\right), \end{aligned}$$

dont la moyenne valeur entre $\varphi = 0$ et $\varphi = 180°$,

$$x = a + b + l'(1 - i) + \frac{iu^2}{2l'},$$

sera l'abscisse du point C. Son ordonnée sera, en posant $CD = l''$,

$$y = l'' - Dd = l'' - iu,$$

d'où, par l'élimination de $u$,

$$x = a + b + l'(1 - i) + \frac{(l'' - y)^2}{2il'},$$

équation d'une parabole dont l'axe est horizontal, dont le paramètre est $2l'i$ et dont les coordonnées du sommet sont

$$x = a + b + l'(1 - i),\quad y = l''.$$

Cette parabole pourrait être remplacée dans sa partie utile

par un arc de cercle de rayon $l'i$; mais, dans la pratique, on prend CF inférieur à la longueur de ce rayon.

52. *Coulisse d'Heusinger de Waldegg.* — Cette coulisse BH (*fig.* 93 et 94), dont la concavité se trouve du côté de l'axe O, est mobile autour de son milieu I, tandis que son extré-

Fig. 93.

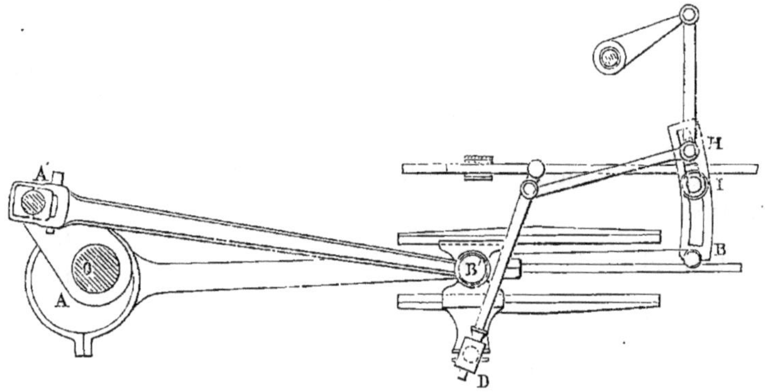


mité inférieure B est articulée à celle de la barre BA d'un excentrique OA; OA' est une manivelle perpendiculaire à OA,

Fig. 94.

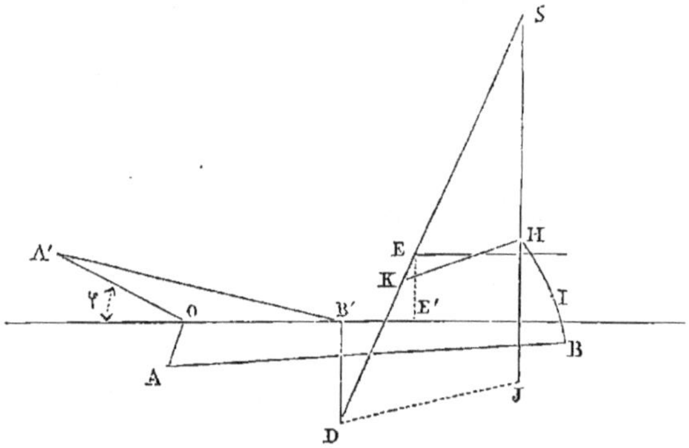


et A' B' sa bielle; l'extrémité B' de cette bielle est assujettie à parcourir une glissière horizontale dont la direction passe par le point O. La tige verticale B′D est fixée invariablement à la petite tête B′ de la bielle A′B′; DK est une autre tige articulée en D à B′D et à une troisième tige KH terminée en H par un coulisseau qui s'engage dans la coulisse. On peut rapprocher ou éloigner à volonté H de I au moyen d'un système de relevage identique à ceux des trois dernières coulisses que nous avons étudiées. Sur le prolongement, au delà de K, de DK, se trouve l'articulation E de la tige oscillante dont le mouvement horizontal est guidé en conséquence.

Si nous supposons que, pour la position moyenne de la coulisse, dont la flèche est d'ailleurs supposée très-faible, la tangente en I soit verticale, toute corde partant du point I s'écartera peu de cette direction, ou la corde de l'arc décrit par un point de la coulisse pendant une révolution de l'arbre sera horizontale et pourra être considérée comme se confondant avec son arc.

L'application de l'analyse à cette coulisse conduisant à des calculs inextricables, nous nous contenterons de l'approximation géométrique suivante, en supposant, pour plus de simplicité, que les tiges AB, A′ B′ soient assez longues pour que l'on puisse en négliger les obliquités.

Soient

$r = \text{OA}$, $\text{R} = \text{OA}'$ les longueurs de l'excentricité et de la manivelle;
$\varphi$ l'angle formé par OA′ avec le prolongement de OB′;
$2c$ la corde de la coulisse;
$u$ la corde IH;
$\omega$ la vitesse angulaire autour du point O.

La vitesse du point B étant

$$-\omega r \cos\varphi,$$

celle de H est

$$\omega r \cos\varphi \frac{u}{c}.$$

Concevons maintenant que l'on imprime à tout le système une vitesse égale et contraire à celle $\omega \text{R} \sin\varphi$ de la tige DB′ :

la vitesse du point H deviendra

$$\omega\left(r\frac{u}{c}\cos\varphi - R\sin\varphi\right).$$

Le point D étant ainsi supposé fixe, le centre instantané de KH se trouvera à l'intersection S de KD prolongé et de la verticale du point H; la vitesse du point K sera par suite

$$\omega\left(\frac{ru}{c}\cos\varphi - R\sin\varphi\right)\frac{SK}{SH};$$

celle du point E

$$\omega\left(\frac{ru}{c}\cos\varphi - R\sin\varphi\right)\frac{SK}{SH}\frac{DE}{DK},$$

et sa composante horizontale

$$\omega\left(\frac{ru}{c}\cos\varphi - R\sin\varphi\right)\frac{SK}{SH}\frac{h}{DK},$$

$h$ étant la hauteur verticale de E au-dessus de D.

Si maintenant nous restituons la vitesse de B'D supprimée par la pensée, la vitesse réelle de la tige oscillante sera

$$\frac{d\text{OE}'}{dt} = \omega\left(\frac{ru}{c}\cos\varphi - R\sin\varphi\right)\frac{SK}{SH}\frac{h}{DK} + \omega R\sin\varphi,$$

E' étant la projection de E sur OB'.

Si J est l'intersection, avec la verticale de H, de la parallèle menée par D à KH et si l'on remarque que $d\varphi = \omega\, dt$, l'équation précédente devient

$$\frac{d\text{OE}'}{d\varphi} = \frac{ru}{c}\frac{h}{\text{HJ}}\cos\varphi + R\left(1 - \frac{h}{\text{HJ}}\right)\sin\varphi.$$

On peut intégrer approximativement cette équation en remplaçant HJ par sa valeur $\lambda$, qui correspond à la position moyenne de la coulisse, ce qui donne

$$(1) \qquad \text{OE}' = \frac{ru}{c}\frac{h}{\lambda}\sin\varphi - R\left(1 - \frac{h}{\lambda}\right)\cos\varphi + \text{const.}$$

Quant au mode de suspension qu'il convient d'adopter, nous nous reporterons aux considérations que nous avons exposées plus haut.

## § IV. — *Coulisse des machines des bâtiments à vapeur.*

53. *De la coulisse ordinaire des machines oscillantes.* — Le mouvement alternatif, et relatif par rapport au cylindre, de la tige destinée à produire la distribution est généralement obtenu en employant la disposition suivante (*fig.* 95) :

Fig. 95.

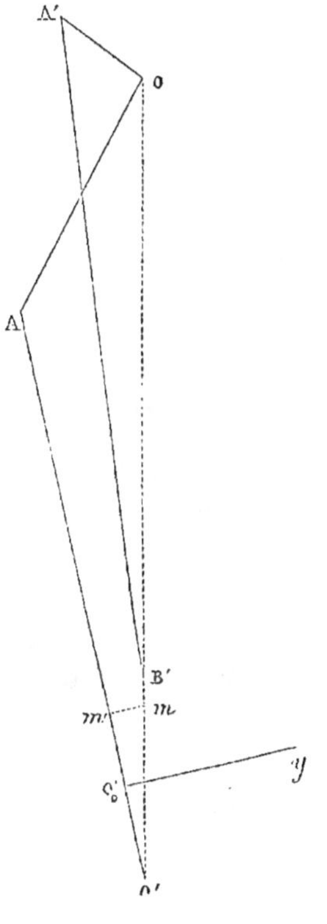


OA′ est un excentrique monté sur l'arbre O, et dont la barre A′B′ imprime un mouvement alternatif vertical translatoire à un châssis guidé en conséquence, et dont le plan est perpendiculaire à l'axe de rotation. Un maneton *m* adapté à ce châssis s'engage dans une coulisse dont le plan est perpendiculaire à l'axe O, et qui ne peut se déplacer que parallèlement à la tige du piston au moyen de guides disposés suivant les génératrices du cylindre, et c'est à cette coulisse qu'est fixée la tige de distribution.

Soient

$OA = R$ la longueur de la manivelle;
$O'$ l'axe de rotation du cylindre;
$a$ la longueur $OO'$;
$\theta$, $\beta$ les angles $\widehat{AOO'}$, $\widehat{AO'O}$;
$O'_0$ le point du plan mobile de la coulisse qui se trouvait en $O'$ lorsque l'on avait $\theta = 0$;
$\alpha$ l'angle dit *d'avance* que forme $OA'$ avec la perpendiculaire en O à OA;
$r = OA'$, $l = A'B'$ les longueurs de l'excentricité et de la barre d'excentrique;
$h$ la distance $mB'$;
$x$, $y$ les coordonnées $O'_0 m$ et $mm'$ du point $m$ par rapport aux axes rectangulaires $O'_0 A$ et $O'_0 y$.

Nous avons établi plus haut (40) les formules suivantes :

$$\sin\beta = \frac{R\sin\theta}{\sqrt{a^2+R^2}}\left(1 + \frac{aR}{a^2+R^2}\cos\theta\right),$$

$$\cos\beta = 1 - \frac{R^2\sin^2\theta}{2(a^2+R^2)}.$$

La relation indépendante de $\theta$, qui existe entre $x$ et $y$, sera l'équation de la courbe qui doit affecter la coulisse pour que la transformation de mouvement proposée soit possible.

On a

$$x = O'm' - O'O'_0 = O'm.\cos\beta - O'O'_0, \quad y = O'm.\sin\beta$$

et, en négligeant l'obliquité de la barre d'excentrique ou les termes de l'ordre $\frac{r^2}{2l^2}$, qui sont toujours très-petits,

$$O'm = O'B' - B'm = a - OB' - h = a - h - l + r\sin(\theta + \alpha).$$

D'autre part, la vitesse du point B' est

$$r\cos(\theta + \alpha)\frac{d\theta}{dt},$$

et celle de $O'_0$, qui en est la composante suivant O'A,

$$r\cos(\theta+\alpha)\cos\beta\frac{d\theta}{dt},$$

de sorte que l'on a

$$(1)\quad \begin{cases} O'O'_0 = r\int_0^\theta \cos(\theta+\alpha)\cos\beta\, d\theta \\ \quad = r\left[\sin(\theta+\alpha)\cos\beta - \sin\alpha + \int_0^\theta \sin(\theta+\alpha)\sin\beta\frac{d\beta}{d\theta}d\theta\right]. \end{cases}$$

Il vient, par suite, en négligeant l'intégrale de cette expression, qui est de l'ordre de $\frac{R^2}{a^2+R^2}$,

$$(2)\quad \begin{cases} x = (a-l-h)\cos\beta + r\sin\alpha, \\ y = (a-l-h)\sin\beta - r\sin(\theta+\alpha)\sin\beta. \end{cases}$$

Si l'on néglige le second terme de $y$, qui est relativement petit, on a

$$x - r\sin\alpha = (a-l-h)\cos\beta, \quad y = (a-l-h)\sin\beta,$$

d'où

$$(3)\quad (x-r\sin\alpha)^2 + y^2 = (a-l-h)^2,$$

équation qui représente un cercle dont le rayon est égal à la distance moyenne du maneton à l'axe O' et dont le centre se trouve situé à la hauteur $r\sin\alpha$ au-dessus de cet axe pour $\theta = 0$.

Si l'on voulait pousser l'approximation plus loin, il faudrait remplacer, dans l'équation

$$\left(\frac{x-r\sin\alpha}{a-l-h}\right)^2 + \frac{y^2}{[a-l-h-r\sin(\theta+\alpha)]^2} = 1,$$

$\theta$ en fonction de $y$ par sa valeur approchée déduite de la relation

$$(4)\quad \frac{y}{a-l-h} = \sin\beta = \frac{R\sin\theta}{\sqrt{R^2+a^2}}.$$

Mais la courbe définie par l'équation finale n'est pas admissible, puisque sa forme dépend de l'angle $\alpha$, tandis que la coulisse doit se prêter à la marche *en arrière*, ce qui exige que l'on déplace l'excentrique de 180 degrés par rapport à la manivelle ou que $\alpha$ soit augmenté de 180 degrés.

Le mode de transformation dont nous nous occupons est donc vicieux en principe, et ce n'est qu'au moyen d'un jeu convenable dans la coulisse et d'une faible amplitude du mouvement oscillatoire qu'il peut recevoir son application.

En laissant de côté cette imperfection, le mouvement alternatif du tiroir sera défini par la formule (1), qui devient, en remplaçant $\beta$ par sa valeur en fonction de $\theta$,

$$(5)\quad \left\{ \begin{aligned} O'O'_0 &= r[\sin(\theta+\alpha)-\sin\alpha] \\ &\quad + \tfrac{1}{4}\frac{R^2 r}{R^2+a^2}[\sin(\theta-\alpha)-2\sin(\theta+\alpha)-\tfrac{1}{3}\sin(3\theta+\alpha)-\tfrac{4}{3}\sin\alpha] \end{aligned} \right.$$

ou encore

$$(6)\quad \left\{ \begin{aligned} O'O'_0 &= r[\sin(\theta+\alpha)-\sin\alpha] \\ &\quad + \tfrac{1}{4}\frac{R^2 r}{R^2+a^2}[\sin\theta\cos\alpha+3\cos\theta\sin\alpha+\tfrac{1}{3}\sin 3\theta\cos\alpha \\ &\qquad + \tfrac{1}{3}\cos 3\theta\sin\alpha-\tfrac{4}{3}\sin\alpha]. \end{aligned} \right.$$

54. *Coulisse des machines oscillantes des bateaux à vapeur des lacs de la Suisse.* — Dans les machines oscillantes de ces bateaux (*fig.* 96), l'admission et l'échappement de la vapeur s'opèrent, respectivement pour l'une et l'autre face du piston, au moyen de deux tiroirs adaptés sur le cylindre, symétriquement situés par rapport au plan, parallèle à l'axe de rotation et passant par la tige du piston.

L'extrémité de la tige de chaque tiroir est articulée à l'une des extrémités d'un levier mobile autour d'un tourillon fixé au cylindre parallèlement à l'arbre moteur; l'autre extrémité est terminée par un coulisseau qui s'engage dans une coulisse perpendiculaire à l'arbre, maintenue latéralement par deux guides verticaux et à laquelle un excentrique, monté sur le même arbre, imprime un mouvement de translation alternatif. Le boulon d'articulation de chaque levier avec la tige du tiroir correspondant est nécessairement parallèle au tourillon du levier, et le bras de levier de cette articulation, ou sa distance au tourillon, est horizontal lorsque le cylindre prend la position verticale.

Pour éviter les flexions de la tige de chaque tiroir dues à la courbure de l'arc décrit par l'extrémité du levier, on emploie une petite bielle intermédiaire, on allonge un peu l'œil de la tige dans le sens de l'axe de la tige; néanmoins il convient de limiter les angles décrits à un nombre restreint de degrés.

Fig. 96.

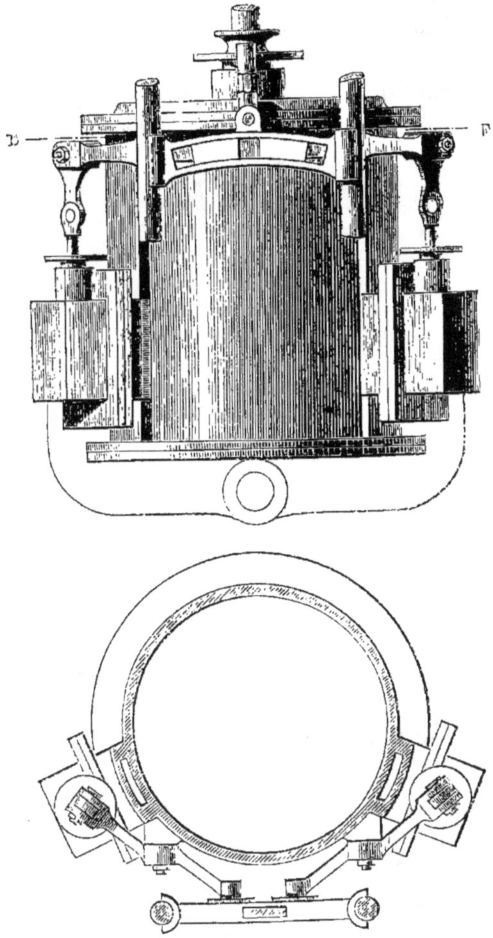

D'après cette description, on voit que tous les organes de la distribution se meuvent parallèlement au plan de la coulisse, soit dans leur mouvement absolu, soit dans leur mouvement relatif par rapport au cylindre.

Soient (*fig.* 97)

$O$ l'axe de l'arbre ;
$O'$ celui du cylindre ;
$a$ la distance de ces axes ;
$R = OA$ le rayon de la manivelle ;
$\theta$ l'angle qu'il forme avec $OO'$ ;
$r$ l'excentricité ;
$\alpha$ l'angle constant qu'elle fait avec la perpendiculaire à $OA$ ;
$\beta$ l'angle variable $AOO'$ ;

Fig. 97.

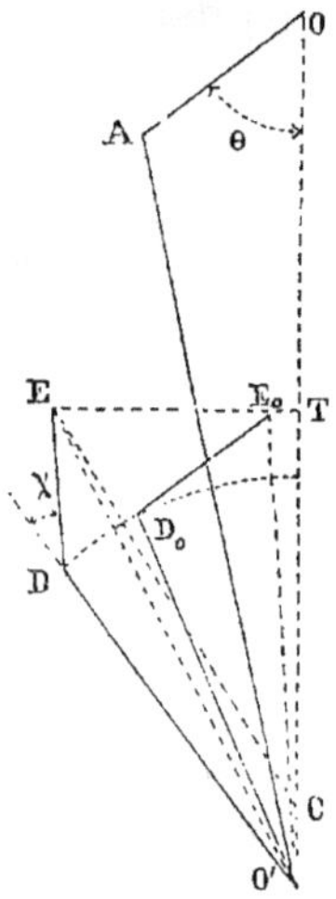


$D$ la position du tourillon de l'un des tiroirs correspondant aux angles $\beta$ et $\theta$ ;
$\Gamma = O'D$ le rayon de l'arc de cercle décrit par ce tourillon autour du point $O$ ;
$E$ la position du coulisseau ;
$T$ sa projection sur $OO'$ ;
$C$ la position du centre de la coulisse ;
$\rho = CE$ le rayon de la coulisse ;
$\chi$ l'angle fermé par $O'E$ avec le prolongement de $O'D$ ;
$l' = DE$ la longueur de la tige qui relie le tourillon du tiroir au coulisseau ;

$D_0$, $E_0$ les positions des points D et E, $\chi_0$ la valeur de $\chi$ correspondant à $\theta = 0$;

$\delta\chi = \chi_0 - \chi$ le déplacement angulaire éprouvé par le levier ED à partir de l'instant où la direction de la tige O'A coïncidait avec celle de OO', et qui a donné lieu au déplacement du tiroir.

En négligeant l'obliquité de la barre de l'excentrique, le chemin décrit par la coulisse à partir de la position correspondant à $\theta = 0$ est

$$r[\sin\alpha - \sin(\theta + \alpha)].$$

Nous supposerons que pour $\theta = 0$ le centre de la coulisse coïncide avec le point O', de telle sorte que l'on ait

$$O'C = r[\sin\alpha - \sin(\theta + \alpha)], \quad \rho = O'E_0.$$

En joignant les points O' et E, la figure donne, en remarquant que l'angle $DO'D_0$ est égal à $\beta$,

$$\overline{O'E}^2 = \Gamma^2 + l'^2 + 2\Gamma l' \cos\chi,$$

$$\overline{O'E}^2 = \rho^2 + \overline{O'C}^2 + 2O'C.CT = \rho^2 + r^2[\sin(\theta + \alpha) - \sin\alpha]^2 + 2r[\sin(\theta + \alpha) - \sin\alpha]\,CT,$$

$$CT = O'T - O'C = r[\sin(\theta + \alpha) - \sin\alpha] + \Gamma\cos(\beta + \Delta) + l'\cos(\chi - \beta - \Delta),$$

d'où, par l'élimination de $\overline{O'E}^2$ et de CT,

$$\rho^2 = \Gamma^2 + l'^2 + 2\Gamma l'\cos\chi + r^2[\sin(\theta + \alpha) - \sin\alpha]^2 + 2r[\sin(\theta + \alpha) - \sin\alpha][\Gamma\cos(\beta + \Delta) + l'\cos(\chi - \beta - \Delta)].$$

D'après ce que nous avons dit plus haut, $\delta\chi$ doit être un petit angle, et nous pourrons en négliger les puissances supérieures à la seconde, en considérant, si l'on veut, cet écart comme étant du même ordre de grandeur que $\frac{r}{l}$ et $\frac{r}{\Gamma}$.

Nous poserons donc

$$\cos\chi = \cos(\chi_0 - \delta\chi) = \cos\chi_0\left(1 - \frac{\delta\chi^2}{2}\right) + \delta\chi\sin\chi_0,$$

$$\cos(\chi - \beta - \Delta) = \cos(\chi_0 - \beta - \Delta)\left(1 - \frac{\delta\chi^2}{2}\right) - \delta\chi\sin\chi_0.$$

L'égalité précédente peut se décomposer dans les deux suivantes :

$$(1)\qquad \rho^2 = \Gamma^2 + l'^2 + 2R'l'\cos\chi_0,$$

$$(2)\quad \left\{\begin{aligned} &+2l'\Gamma\sin\chi_0\,\delta\chi - l'\Gamma\cos\chi_0\,\delta\chi^2 + r^2[\sin(\theta+\alpha)-\sin\alpha]^2 \\ &+2r[\sin(\theta+\alpha)-\sin\alpha][\Gamma(\cos\beta+\Delta)+l'\cos(\chi_0-\beta-\Delta) \\ &\qquad + l'\sin(\chi_0-\beta-\Delta)\delta\chi] = 0. \end{aligned}\right.$$

En ne conservant d'abord que les termes du premier ordre en $r$ et $\delta\chi$, la dernière de ces équations donne

$$(3)\quad \delta\chi = -\frac{r[\sin(\theta+\alpha)-\sin\alpha][\Gamma\cos(\beta+\Delta)+l'\cos(\chi_0-\beta-\Delta)]}{\Gamma' l'\sin\chi_0},$$

et, en portant cette valeur dans les termes du second ordre de la même équation, on trouve

$$(4)\quad \left\{\begin{aligned} 2l'\Gamma\sin\chi_0\,\delta\chi = &-2r[\sin(\theta+\alpha)-\sin\alpha] \\ &\times\frac{[\Gamma\cos(\beta+\Delta)+l'\cos(\chi_0-\beta-\Delta)]^2}{\Gamma l'\sin^2\chi_0} - r^2[\sin(\theta+\alpha)-\sin\alpha]^2 \\ &\times\left\{\frac{1-\cos\chi_0[\Gamma\cos(\beta+\Delta)+l'\cos(\chi_0-\beta-\Delta)]}{\Gamma l'\sin^2\chi_0}\right. \\ &\left.\quad -2\frac{\sin(\chi_0-\beta-\Delta)}{\Gamma\sin\chi_0}[\Gamma\sin(\Delta+\beta)+l'\cos(\chi_0-\beta-\Delta)]\right\}. \end{aligned}\right.$$

Si la valeur (3) était suffisamment approchée, le coefficient $\Gamma\cos(\Delta+\beta)+l'\cos(\chi_0-\beta-\Delta)$ ne variant qu'entre des limites assez rapprochées, la loi du mouvement relatif du tiroir par rapport au cylindre ne serait pas très-différente de celle qui résulte de l'emploi d'un simple excentrique, monté sur l'arbre d'une machine à cylindre fixe. On est donc naturellement conduit à chercher s'il ne serait pas possible de profiter de l'indétermination de quelques-unes des quantités qui entrent dans ce coefficient de $[\sin(\theta+\alpha)-\sin\alpha]^2$ de l'équation (4) pour annuler ce coefficient ou le transformer en un terme du troisième ordre.

Nous poserons donc

$$(5)\quad \left\{\begin{aligned} &1-\cos\chi_0\frac{[\Gamma\cos(\beta+\Delta)+l'\cos(\chi_0-\beta-\Delta)]^2}{\Gamma l'\sin^2\chi_0} \\ &-2\frac{\sin(\chi_0-\beta-\Delta)}{\Gamma\sin\chi_0}[\Gamma\sin(\Delta+\beta)+l'\cos(\chi_0-\beta-\Delta)] = 0. \end{aligned}\right.$$

Avant de faire usage de cette équation, dans laquelle il nous sera permis de négliger les termes du premier ordre en $r$, nous allons déterminer la condition qu'il faut remplir pour que le mouvement des coulisseaux soit possible dans une seule coulisse ou pour qu'ils ne tendent pas à passer l'un devant l'autre.

Si l'on désigne par $y$ l'ordonnée du point E par rapport à OO′, on a

$$y = \Gamma \sin(\beta + \Delta) - l' \sin(\chi_0 - \beta - \Delta).$$

En changeant $\beta$ en $-\beta$, on aura l'ordonnée de l'autre coulisseau changée de signe, puisque son sens positif est l'inverse de celui de $y$. Il faut donc que la somme de ces deux expressions soit positive ou que

$$\Gamma \sin\Delta - l' \sin(\chi_0 - \Delta) > 0$$

ou

$$\Gamma \sin\Delta - l' \sin(\chi_0 - \Delta) + l' \sin(\chi_0 - \Delta) \frac{\delta\chi^2}{2} + l' \cos(\chi_0 - \Delta)\,\delta\chi > 0.$$

On satisfera à cette inégalité en posant

$$(6) \qquad \Gamma \sin\Delta - l' \sin(\chi_0 - \Delta) = l' \cos(\chi_0 - \Delta)\,\mathrm{H},$$

H étant une constante du même ordre de grandeur que $\delta\chi$, et que l'on pourra prendre égale à la valeur absolue du minimum de cette variation ou à une valeur un peu plus grande. La formule (3) se réduit alors à

$$\delta\chi = -\frac{r}{\Gamma l' \sin\chi_0} [\sin(\theta + \alpha) - \sin\alpha] \times \left\{\cos\beta[\Gamma\cos\Delta + l'\cos(\chi_0 - \Delta)] - l' \sin\beta \cos(\chi_0 - \Delta)\mathrm{H}\right\}$$

ou, en éliminant $l'$ au moyen de l'équation (6),

$$(7) \quad \delta\chi = -\frac{r}{\Gamma \sin\Delta}\left[\cos\beta + \frac{\mathrm{H}\cos(\chi_0 - \Delta)\cos(\beta + \Delta)}{\sin\chi_0}\right][\sin(\theta + \alpha) - \sin\alpha].$$

En prenant

$$\mathrm{H} = \frac{r}{\Gamma \sin\Delta}\left[1 + \frac{\mathrm{H}\cos(\chi_0 - \Delta)}{\sin\chi_0}\right](1 + \sin\alpha),$$

on sera sûr que H sera supérieur au maximum $-\delta\chi$, d'où l'on déduit, en ne conservant que les termes du second ordre,

$$(8)\quad \left\{\begin{aligned} H &= \frac{r}{\Gamma \sin\Delta}(1+\sin\alpha)\left[1+\frac{r}{R\sin\Delta}\,\frac{1+\sin\alpha}{\sin\chi_0}\cos(\beta+\Delta)\right] \\ &\quad\times[\sin(\theta+\alpha)-\sin\alpha], \end{aligned}\right.$$

$$(9)\quad \left\{\begin{aligned} \delta\chi &= -\frac{r}{\Gamma \sin\Delta}\left[\cos\beta+\frac{r(1-\sin\alpha)}{\Gamma\sin\Delta\cos\chi_0}\cos(\chi_0-\Delta)\cos(\beta+\Delta)\right] \\ &\quad\times[\sin(\theta+\Delta)-\sin\alpha]. \end{aligned}\right.$$

Si l'on néglige le terme H de l'équation (6), on a

$$\Gamma\sin\Delta = l'\cos(\varphi_0-\Delta),$$

et l'équation (5) donne

$$(10)\quad 1-\frac{\cos\chi_0\cos^2\Delta}{\sin\Delta\sin(\chi_0-\Delta)}-2\cos\beta+2\cot(\varphi_0-\Delta)\sin\beta\cos\beta=0.$$

En supposant $\cos\beta=1$ et $\sin\beta=0$ dans cette dernière, en négligeant ainsi les termes de l'ordre $\frac{\Gamma}{\sqrt{\Gamma^2+a^2}}$, nous avons comme première approximation

$$(11)\quad \frac{\cos\chi_0\cos^2\Delta}{\sin\Delta\sin(\chi_0-\Delta)}=1,$$

d'où

$$\tang\chi_0+\cot\Delta=0$$

et

$$(12)\quad \chi_0=\Delta+90^\circ,$$

de sorte que $D_0E_0$ *doit être perpendiculaire à* OO'.

Le dernier terme de l'équation (10) s'annulant pour $\chi_0=90^\circ+\Delta$, il en résulte, eu égard à l'expression de $\sin\beta$ (40), que cette valeur approchée ne diffère de la véritable valeur de $\chi_0$ que de termes de l'ordre $\frac{R^2}{a^2+R^2}$, et qu'en la substituant dans le terme en $r^2$ de l'équation (9) l'erreur devient de l'ordre $\frac{R^2}{a^2+R^2}\frac{r^2}{\Gamma^2}$ et peut être négligée sans inconvénient.

Il ne nous reste plus qu'à considérer les équations (12)

et (6). Cette dernière devient

$$(13)\quad \begin{cases} \delta\chi = -\dfrac{r}{\Gamma}\dfrac{\cos\beta}{\sin\Delta}[\sin(\theta+\alpha)-\sin\alpha] \\ \quad = -\dfrac{r}{\Gamma\sin\Delta}[\sin(\theta+\alpha)-\sin\alpha]\left(1-\dfrac{1}{2}\dfrac{R^2\sin^2\theta}{a^2+R^2}\right) \end{cases}$$

et la formule (6)

$$(14)\qquad l' = \Gamma\sin\Delta.$$

Ainsi *$l'$ est égal à la perpendiculaire abaissée de* $E_0$ *sur* OO′, ce que l'on ne peut pas réaliser complétement à cause des dimensions que l'on est obligé de donner aux coulisseaux.

Nous avons supposé jusqu'ici que $\delta\chi$ est une quantité assez petite pour que l'on puisse en négliger le cube; on satisfera à cette condition en posant

$$\frac{r}{\Gamma\sin\Delta} = \gamma,$$

$\gamma$ étant une fonction que l'on se donnera *a priori* et qui, par exemple, ne devra pas dépasser $\frac{1}{5}$.

Si $i$ est la longueur du bras de levier qui est articulé à la tige du tiroir, le chemin parcouru par cette tige sera représenté par

$$(15)\qquad \sigma = \frac{ir}{\Gamma\sin\Delta}[\sin(\theta+\alpha)-\sin\alpha]\left(1-\frac{1}{2}\frac{R^2}{R^2+a^2}\sin^2\theta\right),$$

expression plus simple que celle que nous avons obtenue pour la simple coulisse.

# CHAPITRE VII.

## TRANSFORMATION D'UN MOUVEMENT RECTILIGNE ALTERNATIF EN CIRCULAIRE ALTERNATIF.

55. *Système du balancier et du parallélogramme de Watt.* — La disposition dont nous allons nous occuper (*fig.* 98) a pour objet de transmettre au *balancier* le mouvement alter-

Fig. 98.

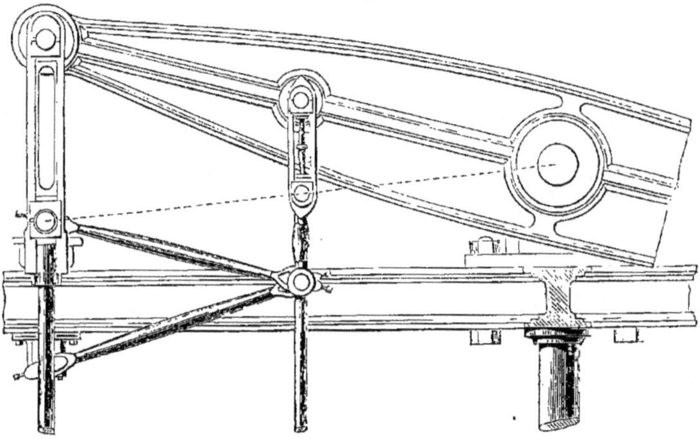

natif du piston dans certaines machines à vapeur, notamment celles dites de *Watt*, de *Cornwal* et de *Woolf*.

Soient (*fig.* 98)

$OA_0$ l'axe de figure du balancier dans sa position horizontale;

O la projection de l'axe horizontal de rotation sur le plan vertical passant par $OA_0$;

$OA_1$, $OA_2$ les positions extrêmes de l'axe du balancier, symétriquement placées par rapport à $O'A_0$;

$yy'$ la verticale suivant laquelle doit se mouvoir la tige du piston.

On s'arrange de manière que la droite $yy'$ passe à égale distance du point $A_0$ et de la corde $A_1A_2$ de l'arc total décrit par l'extrémité du balancier. La tige du piston est reliée, par une articulation, au sommet $B_0$ d'un parallélogramme à sommets articulés, formé par les trois tiges $A_0B_0$, $B_0C_0$, $C_0D_0$ et par l'axe

Fig. 99.

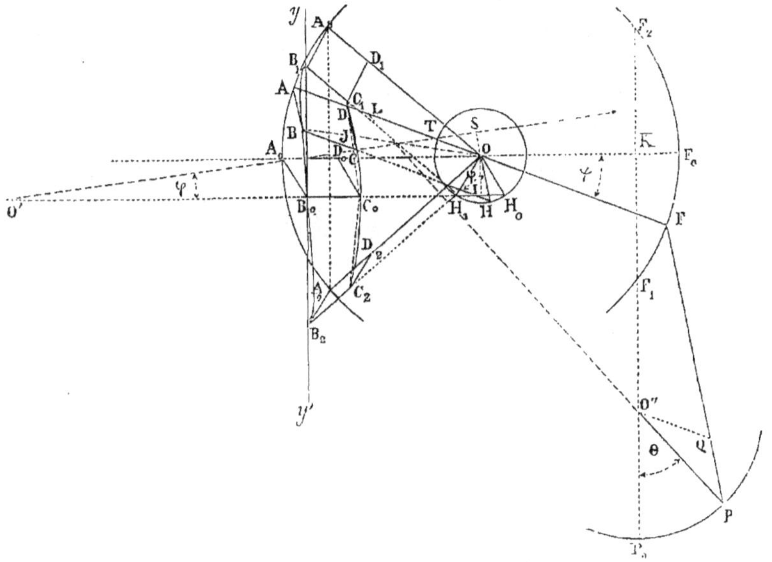


de figure $OA_0$ du balancier, et dont $A_1B_1C_1D_1$, $A_2B_2C_2D_2$ sont les positions extrêmes et ABCD une position quelconque. On voit facilement que $A_1A_2 = B_1B_2$ est la course du piston.

Le sommet B étant assujetti à parcourir la droite $yy'$, la figure du parallélogramme est à chaque instant complétement déterminée, et le point C décrit une courbe qu'il est facile de construire par points. L'épure montre que cette courbe diffère peu d'un cercle passant par les trois points $C_0$, $C_1$, $C_2$ et qui, en vertu de l'égalité des trapèzes $B_0B_1C_1C_0$, $B_0B_2C_2C_0$, a son centre situé à un certain point O′ de l'horizontale $B_0C_0$. Si l'on admet, pour un instant, que ces deux lignes se confondent, il suffira, pour assurer le mouvement rectiligne du point B, d'assujettir le point C à se mouvoir sur le cercle $C_0C_1C_2$, ce qu'on réalisera au moyen d'une tige ou *contre-balancier* O′C, articulée d'une part à ce dernier point et de l'autre au centre O′, supposé fixe, du cercle ci-dessus; mais, comme ce cercle ne se confond pas rigoureusement avec la courbe qui serait tracée par le point C, le point B ne décrit pas exactement la droite $yy'$, mais une courbe très-allongée, dite à *longue inflexion,* qui diffère très-peu de la verticale, comme nous le reconnaîtrons plus loin, ce qui par cela même ne donne lieu à aucun inconvénient sérieux dans la pratique.

*Théorie géométrique.* — On peut construire très-facilement par points la courbe à longue inflexion, en remarquant que, si l'on mène la parallèle OH à CD jusqu'à sa rencontre H avec BC prolongé, le point H, situé à une distance constante de C, se meut constamment sur la circonférence décrite du point O comme centre avec un rayon égal à CD. Les extrémités de l'arc qu'il parcourt sont les points d'intersection $H_0$ et $H_1$ de cette circonférence avec les directions $B_0C_0$ et $B_1C_1$ ou $B_2C_2$, le second de ces points se trouvant évidemment sur la direction de $B_0C_0$. On voit ainsi que *la courbe décrite par le point* B *fait partie du lieu géométrique engendré par un point déterminé d'une droite dont deux autres points* C *et* H *s'appuient constamment sur deux circonférences données.*

On aura donc autant de points que l'on voudra de cette courbe en marquant trois points $b$, $c$, $h$ sur l'arête d'une bande de papier, tels que l'on ait $bc = BC$, $ch = CH$, puis en faisant mouvoir cette bande sur la figure de manière que les points $h$ et $c$ restent constamment sur les arcs respectifs $H_1H_2$, $C_1C_2$; les positions successives que prendra le point $b$ appartiendront à la courbe à longue inflexion.

Le centre instantané S de la droite BH se trouve évidemment au point d'intersection des directions des droites O′C et OH, et l'on obtient géométriquement la normale, au point B, de la courbe à longue inflexion, en menant la droite BS.

Le centre instantané T de CD est, de même, le point de rencontre de O'C et OA.

Cela posé, cherchons à déterminer la vitesse angulaire $\omega$ du balancier, connaissant la vitesse V du piston ou du point B.

La vitesse angulaire instantanée autour du point S étant $\frac{V}{SB}$, la vitesse du point C est $V\frac{SC}{SB}$, et la vitesse angulaire instantanée autour de T, $V\frac{SC}{CT \times SB}$ ou $V\frac{OD}{DT \times SB}$, en raison du parallélisme des droites CD et OS. On déduit de là, pour la vitesse du point D, $V\frac{OD}{SB}$, et pour la vitesse angulaire autour du point O,

$$\omega = \frac{V}{SB}, \quad \text{d'où} \quad V = \omega SB,$$

résultat très-simple qu'il est facile de traduire en langage ordinaire.

La droite qui joint les points O et B rencontre le côté CD en un point J, fixe sur ce côté pour tous les déplacements du balancier, qui décrit une courbe semblable à celle du point B et semblablement placée, et qui par conséquent se confond sensiblement avec la verticale. Cela résulte de ce que, les triangles ABO, DJO étant semblables, DJ est constant, et que OJ est proportionnel à OB. Le parallélogramme permet donc au balancier d'imprimer un mouvement vertical à une tige articulée au point J de CD, dont la vitesse est à V dans le rapport de OJ à OB. Cette tige sert ordinairement à mettre en jeu la pompe du condenseur dite *à air*, dans les machines de Watt, et le piston de la détente des machines de Woolf.

*Théorie analytique.* — Prenons le point $B_0$ pour origine des coordonnées et les directions respectives de $B_0O'$ et de $B_0y$ pour axes des $x$ et $y$.

Soient

$x$ et $y$ les coordonnées du point B;
$L = OA$ la longueur du balancier;
$r = O'C$ celle du contre-balancier;
$r'$, $l$ les longueurs des côtés AB, BC;

$\varphi$, $\psi$, $\varphi'$ les angles qui forment respectivement $O'C$ avec $O'C_0$, $BH$ avec $H_0B_0$, $OH$ avec $H_0H_1$;

I la projection du point O sur la direction de $B_0C_0$;

$b = B_0I$, $c = OI$ les coordonnées de ce point prises en valeur absolue;

$\delta$ l'angle $A_1OA_0$;

$h$ la demi-course du piston ou $\frac{A_1A_2}{2}$.

On a

$$\sin\delta = \frac{h}{L}.$$

En projetant les lignes brisées O'CB, BHOI sur l'horizontale et la verticale, on trouve les relations

$$r - l - x = r\cos\varphi - l\cos\psi, \quad y = r\sin\varphi + l\sin\psi,$$
$$x + b = L\cos\psi - r'\cos\varphi', \quad y = L\sin\psi - r'\sin\varphi' + c;$$

d'où, par l'élimination de $\varphi$ et de $\varphi'$,

$$(\alpha)\quad \begin{cases} y^2 + x^2 - 2ly\sin\psi - 2x(r - l + l\cos\psi) \\ \qquad + (r-l)^2 + l^2 + 2l(r-l)\cos\psi = r^2, \\ y^2 + x^2 - 2y(L\sin\psi + c) + 2x(b - L\cos\psi) \\ \qquad + L^2 - 2Lb\cos\psi - 2Lc\sin\psi + b^2 + c^2 = r'^2. \end{cases}$$

Ces deux équations doivent être satisfaites par $x = 0$, $y = 0$, ce qui a lieu identiquement pour la première; mais, pour qu'il en soit de même pour la seconde, il faut que

$$(1)\quad (L - b)^2 = r'^2 - c^2,$$

ce qui d'ailleurs est visible sur la figure.

Les mêmes équations peuvent se mettre sous la forme

$$y^2 + x^2 - 2ly\sin\psi - 2x\left(r - 2l\sin^2\frac{\psi}{2}\right) - 4(r-l)\,l\sin^2\frac{\psi}{2} = 0,$$

$$y^2 + x^2 - 2y(c + L\sin\psi) + 2Lc\sin\psi + 4Lb\sin^2\frac{\psi}{2} = 0.$$

Pour que ces équations soient vérifiées par $x = 0$, $y = \pm L\sin\delta$, $\psi = \pm\delta$, il faut que l'on ait

$$(2)\quad L(L - 2l)\cos^2\frac{\delta}{2} = r(r - l);$$

d'où

$$(\beta)\qquad r = \frac{l^2 + L(L - 2l)\cos^2\frac{\delta}{2}}{l},$$

et

$$(3)\qquad b = L\cos^2\frac{\delta}{2};$$

d'où, en vertu de la formule (1),

$$(\gamma)\qquad r' = \sqrt{c^2 - L^2\sin^4\frac{\delta}{2}},$$

La figure conduit directement d'ailleurs, sans difficulté, aux valeurs ($\beta$) et ($\gamma$) de $r$ et $r'$.

En portant ces valeurs dans les équations ($\alpha$), on obtient les suivantes :

$$(\delta)\quad \begin{cases} y^2 + x^2 - 2ly\sin\psi - \dfrac{2x}{l}\left[l^2\cos\psi + L(L - 2l)\cos^2\dfrac{\delta}{2}\right] \\ \qquad\qquad - 4L(L - 2l)\cos^2\dfrac{\delta}{2}\sin^2\dfrac{\psi}{2} = 0, \\ y^2 + x^2 + 2Lx\left(\cos^2\dfrac{\delta}{2} - \cos\psi\right) - 2y(c + L\sin\psi) \\ \qquad\qquad + 2Lc\sin\psi + 4L^2\cos^2\dfrac{\delta}{2}\sin^2\dfrac{\psi}{2} = 0, \end{cases}$$

d'où, par soustraction,

$$(\varepsilon)\quad y = \frac{\dfrac{x}{l}(L-l)\left(L\cos^2\dfrac{\delta}{2} - l\cos\psi\right) + Lc\sin\psi + 4L\cos^2\dfrac{\delta}{2}\sin^2\dfrac{\psi}{2}(L-l)}{c + (L - l)\sin\psi}.$$

Nous allons maintenant supposer que $x$ est suffisamment petit pour que l'on puisse en négliger les puissances supérieures à la première ainsi que les produits de cette variable par des termes de l'ordre des angles $\psi$ et $\delta$, qui sont généralement petits.

En mettant en évidence le carré de $y - l\sin\psi$ dans la première des équations ($\delta$), les calculs résultant de la substitution de la valeur ($\varepsilon$) de $y$ ne sont pas très-compliqués et l'on arrive au résultat suivant :

$$x = \frac{2Ll}{c(L-l)^2}\left(\cos^2\frac{\psi}{2} - \cos^2\frac{\delta}{2}\right)[(L-2l)c - 2l(L-l)\sin\psi]\sin^2\frac{\psi}{2}.$$

On voit ainsi que l'écart $x$ est du quatrième ordre, tandis qu'il serait du second ordre si la tige du piston était directement articulée au balancier. Comme $\frac{x}{y}$ est nul pour $\psi = 0$, la courbe à longue inflexion est tangente à $B_0 y$.

L'expression précédente peut approximativement se mettre sous la forme

$$(4) \qquad x = \frac{1}{8}\frac{Ll}{c(L-l)^2}(\delta^2 - \psi^2)\psi^2[(L-2l)c - 2l(L-l)\psi].$$

Son maximum par rapport à $y$ correspond à très-peu près à $\psi^2 = \frac{\delta^2}{2}$ et a pour valeur

$$x' = \frac{1}{32}\frac{Ll\delta^4}{c(L-l)^2}\left[(L-2l)c - l(L-l)\delta\sqrt{2}\right];$$

mais nous prendrons tout simplement

$$x' = \frac{1}{64}\frac{Ll}{(L-l)^2}(L-2l)\delta^4,$$

en nous arrêtant aux termes du quatrième ordre.

Si $l = \frac{L}{2}$, c'est-à-dire *si l'articulation* C *est au milieu du balancier*, le mouvement rectiligne sera assuré aux termes du cinquième ordre près.

Le maximum de $x'$ par rapport à $l$ correspond à $l = \frac{L}{3}$ et a pour valeur

$$x'' = \frac{L\delta^4}{128},$$

et il n'est ainsi que la fraction $\frac{\delta^2}{64}$ de ce qu'il serait si la tige du piston était articulée directement au balancier.

Si, par exemple, $\delta = \frac{1}{4}$, cette fraction est inférieure à $\frac{1}{1000}$.

L'expression ($\varepsilon$) peut maintenant, aux termes du quatrième ordre près, se réduire à la suivante :

$$(5)\quad y = \frac{Lc\sin\psi + 4L(L-l)\sin^2\frac{\psi}{2}}{c+(L-l)\sin\psi} = L\sin\psi\left[1+\left(\frac{L-l}{c}\right)^2\sin^2\psi\right];$$

d'où, pour la vitesse du piston,

$$(6)\qquad V = \frac{dy}{dt} = \pm L\left[1+\frac{3}{2}\left(\frac{L-l}{c}\right)^2\sin\psi\right]\cos\psi\,\frac{d\psi}{dt}.$$

56. *Observation.* — Pour appliquer le système de Watt aux machines des bateaux, il est nécessaire de restreindre autant que possible l'espace occupé par le mécanisme. C'est pourquoi (*fig.* 100) on place le balancier au-dessous de la tige en fixant l'axe de l'articulation du contre-balancier sur le cylindre.

Fig. 100.

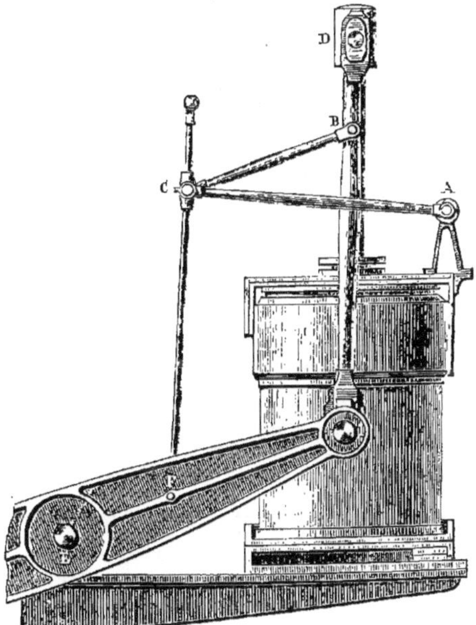


On peut supprimer (*fig.* 101) le parallélogramme, en articulant les extrémités A et C du balancier et du contre-balancier à une tringle, en un point I de laquelle on articule la tige du piston. On reconnaît, en effet, en se reportant à la théorie géométrique donnée plus haut, que la courbe décrite par le point I appartient à la catégorie des courbes à longue inflexion.

Fig. 101.

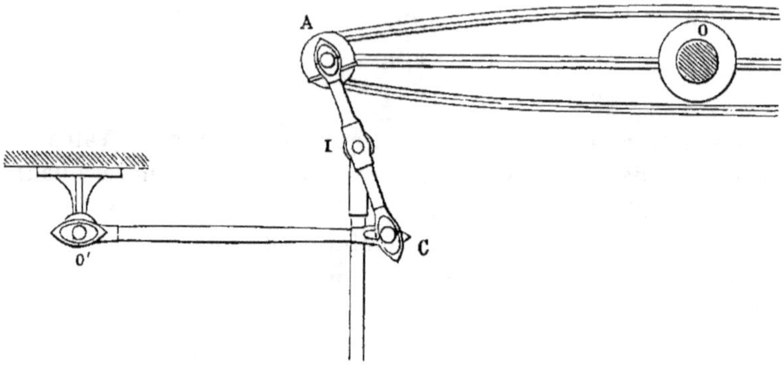


57. *Système articulé de M. Peaucellier.* — La disposition suivante permet d'opérer rigoureusement la transformation dont nous nous occupons.

Fig. 102.

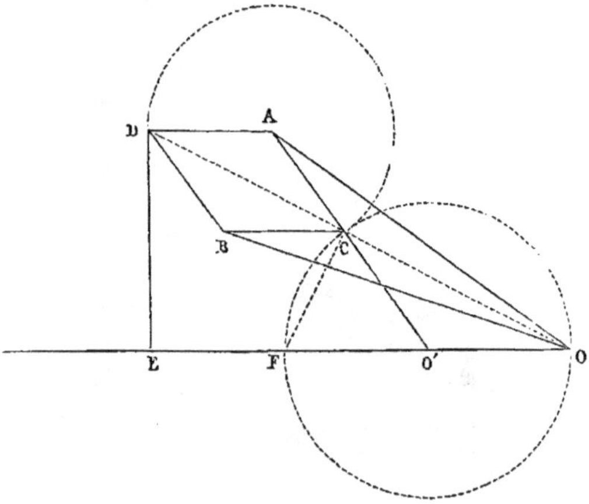


Deux tiges égales (*fig.* 102) OA, OB partent de l'axe de rotation O; une seule, OA par exemple, fait corps avec l'arbre. De chacune de leurs extrémités partent deux tringles égales de manière à former un losange articulé ACBD. Le sommet C le plus voisin du point O est articulé à un contre-balancier O'C qui l'oblige à rester sur un cercle passant par le point O'. Le sommet opposé D, auquel on articule la tige du piston, décrit, lorsque l'arbre tourne, une droite DE perpendiculaire à OO'. En effet, si l'on remarque que les points O, C, D sont en ligne droite, et que C et D se trouvent sur un cercle ayant A pour centre, on a

$$OC.OD = \overline{OA}^2 - \overline{AC}^2.$$

mais, si F est le second point d'intersection de la direction de OO' avec le cercle décrit par le sommet C, les triangles semblables OCF, ODE donnent

$$OC.OD = OF.OE;$$

d'où, en vertu de la relation précédente,

$$OE = \frac{\overline{OA}^2 - \overline{AC}^2}{OF} = \text{const.},$$

ce qu'il fallait démontrer. Il paraît à peu près impossible d'établir explicitement la relation qui existe entre la vitesse de la tige et la vitesse angulaire de OA ou OB.

# CHAPITRE VIII.

## TRANSFORMATION D'UN MOUVEMENT CIRCULAIRE ALTERNATIF EN CIRCULAIRE CONTINU.

58. *Bielle et manivelle de Watt.* — Le mouvement circulaire alternatif du balancier du n° 55, dont nous conserverons les notations, se transforme en circulaire continu autour d'un axe parallèle projeté en O″ au moyen d'une bielle PF (*fig.* 99 et 103), reliant l'extrémité F du balancier, opposée à celle où est adapté le parallélogramme, au bouton P d'une manivelle O″P.

Fig. 103.

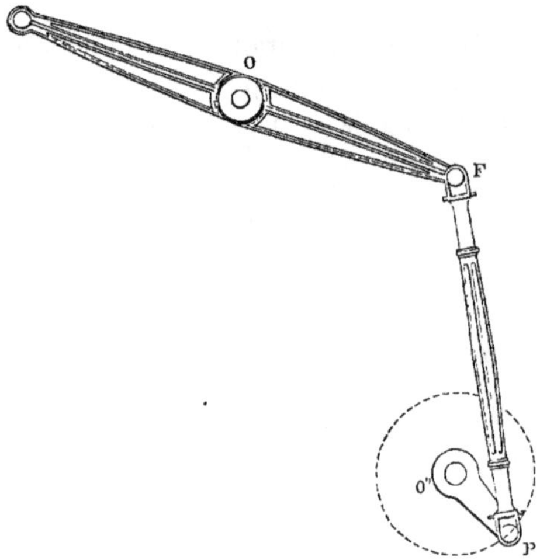


Le centre instantané de la bielle se trouve évidemment au point de rencontre L des axes de figure du balancier et de la manivelle; la vitesse de F étant $\omega.OF$, la vitesse angulaire instantanée de la bielle autour de L est $\omega \frac{OF}{LF}$ et la vitesse du point P

$$\omega \frac{OF}{LF} PL = \omega' O''P,$$

en appelant $\omega'$ la vitesse angulaire de la manivelle autour du centre O″. Si l'on mène la parallèle O″Q à OF jusqu'à sa rencontre avec PF, on a

$$\frac{PL}{LF} = \frac{PO''}{QO''}, \quad \text{d'où} \quad \omega' = \omega \frac{OF}{O''Q}.$$

Cette formule ne s'applique qu'en dehors des points morts qui correspondent aux positions extrêmes du balancier, car le mode de liaison entre le balancier et la manivelle est incompatible avec la transmission de mouvement que l'on a en vue d'établir, et qui serait interrompue sans l'influence de l'inertie des masses animées d'un mouvement de rotation.

Considérant maintenant le système complet de Watt, il nous reste à déterminer la relation qui existe entre la vitesse de la tige oscillante et la vitesse angulaire de l'arbre.

Soient (*fig.* 99) $OF = OF_0 = OF_1 = OF_2 = L'$ la longueur de la portion du balancier opposée au parallélogramme, $F, F_0, F_1, F_2$ étant les positions de son articulation avec la bielle correspondant aux points $A, A_0, A_1, A_2$ de l'articulation de la tige du piston; $l' = FP$ la longueur de la bielle.

On a

$$\widehat{F_1OF_0} = \widehat{F_2OF_0} = \delta, \quad \widehat{FOF_0} = \psi.$$

Les points morts extérieur et intérieur de la bielle FP devant correspondre respectivement à $F_1$ et $F_2$, il faut que la trace O″ de l'axe de rotation se trouve sur la verticale $F_1F_2$ et que $O''P = \frac{F_1F_2}{2} = L' \sin\delta$; on reconnaît facilement, d'ailleurs, que, si K est le milieu de la corde $F_1F_2$, on a $O''K = l'$.

Désignons par $\theta$ l'angle $PO''P_0$ formé par la manivelle, qui est censée se mouvoir de la droite vers la gauche, avec celle $P_0$ de ses positions qui correspond au point mort extérieur, et par $i$ l'inclinaison de la bielle FP sur $O''F_1$.

Si l'on projette la ligne brisée O″PFOK sur la verticale et l'horizontale, on trouve

$$l'\cos i = l' + L'(\sin\delta\cos\theta - \sin\psi),$$
$$l'\sin i = L'(\sin\delta\sin\theta + \cos\delta - \cos\psi);$$

d'où, par l'élimination de $i$,

$$\sin\psi = \sin\delta\sin\theta$$
$$+ \frac{L'}{l'}[1 - \cos\delta\cos\psi + \sin\delta(\sin\theta\cos\delta - \cos\theta\sin\psi - \sin\theta\cos\psi)].$$

On a, aux termes du second ordre près,

$$\sin\psi = \sin\delta\cos\theta$$

et, par suite, en négligeant les termes d'un ordre supérieur au second,

$$\sin\psi = \sin\delta\cos\theta + \frac{L'}{2l'}\sin^2\delta\sin^2\theta.$$

Si l'on porte cette valeur dans l'équation (5) du n° 55, on trouve, aux termes du quatrième ordre près,

$$y = L\sin\delta\cos\theta + \frac{L'L}{2l'}\sin^2\delta\sin^2\theta + L\left(\frac{L-l}{c}\right)^2\sin^3\delta\cos^3\theta;$$

d'où, pour la vitesse du piston, en remarquant que $\omega' = \frac{d\theta}{dt}$,

$$V = \pm\omega' L\sin\delta\left[\sin\theta - \frac{L'}{2l'}\sin\delta\sin\theta + 3\left(\frac{L-l}{c}\right)^2\sin^2\delta\cos^2\theta\sin\theta\right]$$

et, en négligeant le terme du troisième ordre,

$$V = \pm\omega' L\sin\delta\left(\sin\theta - \frac{L'}{2l}\sin\delta\sin 2\theta\right).$$

En comparant cette dernière expression à la formule (A) du n° 34, on voit que le piston se meut suivant la même loi que s'il était conduit directement par une manivelle de rayon $L\sin\delta$ et une bielle dont le rapport à ce rayon serait $\frac{L'\sin\delta}{l}$.

Le système complet de Watt, tel qu'il est représenté par la *fig.* 99 et les figures réunies 98 et 103, a, comme on le voit, pour résultat final de transformer le mouvement alternatif du piston en rotation continue. Le seul avantage que présente cette disposition, sur celle d'une bielle et d'une manivelle, consiste en ce qu'elle est exempte de guides à frottement, dans lesquels il se produit un jeu nuisible au bout d'un temps plus ou moins long, inconvénient que l'on atténue à la vérité en donnant aux glissières une étendue convenable, en vue de réduire à peu de chose le frottement par unité de surface.

Mais le système de Watt présente les inconvénients suivants : 1° il est dispendieux; 2° il exige en hauteur un grand emplacement; 3° il donne lieu à des frottements notables : c'est pourquoi il est maintenant peu employé.

59. *Mouche de Watt.* — Cette disposition diffère de la précédente en ce que : 1° la manivelle est remplacée par une tige O″P folle sur l'axe O″; 2° la communication du mouvement

Fig. 104.

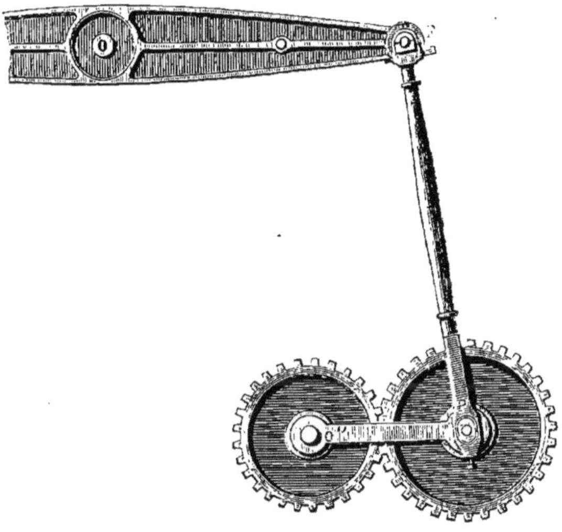


a lieu par l'intermédiaire de deux roues dentées, l'une montée sur l'axe O″, et l'autre dont l'axe est projeté en **P** et qui est solidaire avec la bielle.

Soient R, R′ les rayons des roues O″, P; $a$, $b$ les vitesses angulaires de la roue O″ et de la tige O″P; comme la bielle FP reste sensiblement parallèle à elle-même, le mouvement de la roue P peut être considéré comme se réduisant à une simple translation. La formule (1) du n° 23 donne par suite, en y supposant $c = 0$, pour la raison,

$$\varepsilon = \frac{-b}{a-b} = -\frac{R'}{R}, \quad \text{d'où} \quad \frac{a}{b} = 1 + \frac{R}{R'}.$$

En faisant avec Watt $R = R'$, on a $a = 2b$, c'est-à-dire que l'arbre tourne deux fois plus vite que la tige O″P.

Le marteau de forge, mû par un arbre à cames dont nous parlerons dans un autre Chapitre, offre un exemple de la transformation d'un mouvement circulaire continu en circulaire alternatif.

# DEUXIÈME SECTION.

## DES MACHINES CONSIDÉRÉES AU POINT DE VUE DE LA TRANSFORMATION DU TRAVAIL DES FORCES.

## CHAPITRE PREMIER.

### GÉNÉRALITÉS.

60. *Du mode d'action des moteurs.* — Il est évident qu'il y a tout avantage à faire produire, dans chaque élément du temps, à un moteur quel qu'il soit, animé ou inanimé, la plus grande quantité de travail possible. Soit P l'effort exercé par un moteur sur le récepteur, estimé suivant la direction de la vitesse V de son point d'application. Le travail moteur développé dans le temps $dt$ est $PVdt$. D'après l'observation, la force P atteint son maximum quand $V = 0$, et devient nulle quand V atteint une certaine valeur $V'$, qui dépend de la nature du moteur. Le produit PV s'annulant pour $V = 0$, $V = V'$ doit, pour une valeur $V_1$ de V comprise entre zéro et $V'$, passer par un maximum dont il faut chercher à s'écarter le moins possible en réglant convenablement la vitesse du récepteur.

Pour une même valeur de V le produit PV variera généralement avec le mode d'application de la force motrice; on devra par suite donner au récepteur, ou au moins à très-peu près, la forme pour laquelle ce produit atteindra sa plus grande valeur.

61. *De la forme et de la vitesse de l'outil.* — Comme on le verra dans un autre Chapitre, au moins dans quelques cas particuliers, la forme de l'outil a une influence sur la quantité de travail que l'on peut produire. Il y a, pour chaque catégorie

d'outils, pour une même matière de l'outil et pour une même matière à travailler, une forme plus avantageuse que les autres, et dont il convient de peu s'écarter.

Au point de vue de la conservation de l'outil, de la qualité et de la quantité du travail produit, il résulte de l'observation que la vitesse de l'outil ne doit pas dépasser une certaine limite. On devra donc établir la transmission de telle manière que la vitesse du récepteur et celle de l'outil s'écartent peu de celles qui correspondent respectivement au maximum du travail moteur et du travail utilisé.

62. *Principe des forces vives appliqué aux machines.*— En se reportant au n° 139 de la deuxième Partie, on voit que l'on pourra, sans erreur appréciable, appliquer aux machines l'équation des forces vives, en faisant abstraction des vibrations des molécules, c'est-à-dire en n'ayant égard qu'au mouvement moyen.

Cela convenu, soient

$v_0$ la vitesse que possède un élément matériel $m$ d'une machine, à un instant déterminé, pris si l'on veut comme origine du temps;

$v$ la vitesse de ce même élément au bout du temps $t$.

Soient de plus, au bout du même temps,

$\mathfrak{T}_m$ le travail moteur communiqué au récepteur;

$\mathfrak{T}_u$ le travail utile produit, égal et de signe contraire au travail de la résistance ou des résistances utiles;

$\mathfrak{T}_r$ le travail, pris en valeur absolue, des résistances passives (2).

On a

$$(1) \qquad \tfrac{1}{2}\Sigma mv^2 - \tfrac{1}{2}\Sigma mv_0^2 = \mathfrak{T}_m - \mathfrak{T}_u - \mathfrak{T}_r.$$

Il arrive souvent qu'on ne peut se dispenser de faire intervenir, dans le jeu d'une machine, certaines forces extérieures qui, non-seulement ne jouent aucun rôle dans la production du travail utile, mais encore développent des résistances passives ou augmentent la valeur de $\mathfrak{T}_r$; tel est, par exemple, le poids des équipages à mouvement alternatif (manivelle, bielle, balancier) dont le travail, tantôt positif, tantôt négatif, s'annule dans une période au commencement et à la fin de laquelle les pièces occupent les mêmes positions. Nous conviendrons de comprendre respectivement dans $\mathfrak{T}_m$ et $-\mathfrak{T}_r$ le travail de ces forces, selon qu'il sera positif ou négatif.

Lorsque, par la nature même du travail à effectuer, on ne pourra éviter qu'il se produise des chocs dans une machine, on devra comprendre dans $\mathfrak{T}_r$ la demi-perte de force vive totale éprouvée par les organes dans le temps $t$.

63. *De l'uniformité et de la périodicité du mouvement des machines.* — D'après les considérations exposées aux nos 60 et 61 et l'équation (1), la vitesse de chaque élément matériel d'une machine ne peut croître au delà d'une certaine limite; car, dès que le point d'application de la force motrice aura acquis la vitesse V', le travail $\mathfrak{T}_m$ restera d'abord sensiblement constant, tandis que $\mathfrak{T}_u$ et $\mathfrak{T}_r$ continueront à croître; la force vive acquise $\Sigma mv^2$ décroîtra donc, et l'on voit, par suite, que les vitesses $v$ ne pourront pas dépasser une certaine limite.

Il résulte de là que, dans les machines sans pièces oscillantes, l'uniformité du mouvement finira toujours par s'établir, et cela aura lieu généralement, au bout d'un temps très-court, après la mise en marche; on aura, à partir de cet instant, pour un intervalle de temps quelconque,

$$\mathfrak{T}_u = \mathfrak{T}_m - \mathfrak{T}_r.$$

Dans le cas où des pièces oscillantes entreront dans la composition d'une machine, le mouvement deviendra bientôt périodique, et nous verrons plus loin de quelle manière on peut réduire l'écart maximum relatif des vitesses angulaires des pièces gyratoires pour satisfaire aux conditions énoncées aux nos 60 et 61. Pour une période on aura encore la relation ci-dessus.

Dans l'un et l'autre cas, le rapport

$$\frac{\mathfrak{T}_u}{\mathfrak{T}_m} = 1 - \frac{\mathfrak{T}_r}{\mathfrak{T}_m}$$

du travail utile au travail moteur est ce que l'on appelle le *coefficient d'effet utile* ou le *rendement de la machine.*

**64.** *Discussion de l'équation des forces vives. Influence de l'inertie.* — L'équation (1) peut se mettre sous la forme

$$(2) \qquad \mathfrak{C}_u = \mathfrak{C}_m + \frac{\Sigma mv_0^2}{2} - \left(\mathfrak{C}_r + \frac{\Sigma mv^2}{2}\right).$$

Nous remarquerons d'abord que, si l'on considère la machine à partir de l'instant de sa mise en marche, ou lorsque $v_0 = 0$, on a

$$\frac{\Sigma mv^2}{2} < \mathfrak{C}_m - \mathfrak{C}_u,$$

ce qui exprime que la demi-force vive acquise est inférieure au travail moteur dépensé et non utilisé.

En considérant maintenant la machine à partir d'un instant quelconque de la durée de son fonctionnement, l'équation (2) montre que la demi-force vive initiale vient s'ajouter au travail moteur; mais, d'après l'observation que l'on vient de faire, elle ne fait que restituer une partie du travail employé à la produire; de sorte que le travail produit sera toujours inférieur au travail moteur dépensé.

On voit ainsi tout ce qu'il y a de chimérique dans la recherche du mouvement perpétuel à laquelle se livrent certaines personnes qui, sans s'en rendre compte, voudraient, en définitive, produire un travail utile égal ou supérieur au travail dépensé.

L'équation (2) montre aussi que la demi-force vive acquise s'ajoute au travail des résistances passives et constitue à la fin du fonctionnement de la machine une véritable perte de travail moteur. Cependant on peut, ainsi que cela se fait dans certaines circonstances (¹), utiliser une partie de cette demi-force vive; en effet, après avoir supprimé l'action du moteur, on a, en accentuant les quantités qui se rapportent à une époque quelconque de la nouvelle phase, pour laquelle $\mathfrak{C}'_m = 0$,

$$\mathfrak{C}'_u = \tfrac{1}{2}\Sigma mv^2 - (\mathfrak{C}'_r + \tfrac{1}{2}\Sigma mv'^2),$$

et l'on voit ainsi que $\frac{1}{2}\Sigma mv^2$ joue ici le rôle de travail moteur.

Lorsque le travail doit être longuement continué, la demi-

(¹) Notamment dans le laminage et le cylindrage du fer.

force vive acquise au moment de l'arrêt de la machine devient une fraction insignifiante du travail moteur dépensé.

65. *Des causes d'irrégularité du mouvement d'une machine.* — Nous avons vu, au n° 61, que l'on devait restreindre dans certaines limites les variations de vitesse dans les machines. Les principales causes de ces variations sont les suivantes :

1° La présence dans le mécanisme de pièces à mouvement alternatif, lors même que le mode d'action des forces motrices et résistantes est régulier ;

2° L'intermittence dans le développement de la résistance utile, comme dans les cas où l'outil est un laminoir, un cylindre cingleur, un pilon, un marteau, etc. ;

3° La discontinuité dans le travail résistant utile, comme cela arrive quand on débraye une ou plusieurs machines d'un groupe mis en mouvement par un même moteur.

Dans les deux premiers cas on arrive à régulariser le mouvement en faisant intervenir l'inertie d'une pièce appelée *volant;* mais dans le paragraphe suivant nous ne nous occuperons que du premier, sauf à revenir plus tard sur le deuxième.

Dans le troisième cas, la force motrice se règle automatiquement à l'aide d'un mécanisme appelé *régulateur,* dont nous étudierons ultérieurement les principales dispositions.

# CHAPITRE II.

## DES VOLANTS.

66. *Généralités.* — Lorsque, dans la composition d'une machine, il entre des pièces oscillantes, ces pièces ne correspondent généralement qu'à un ensemble d'organes à rotation continue dont les vitesses angulaires restent dans un rapport constant. Si, par exception, il y a d'autres organes gyratoires, leur force vive est toujours assez faible par rapport à la force vive de l'ensemble ci-dessus pour qu'on puisse en faire abstraction; de sorte que l'on peut considérer une machine à pièces oscillantes comme ne renfermant qu'un seul système d'organes à rotation continue.

On s'arrange toujours de manière à réduire autant que possible la masse et la vitesse des pièces oscillantes, de sorte que leur force vive reste toujours une petite fraction de celle des pièces tournantes.

Pour restreindre dans certaines limites les variations des vitesses angulaires des organes gyratoires, on établit sur l'un des arbres une roue appelée *volant* (*fig.* 105 et 106).

Afin de ne pas donner à un volant, pour un moment d'inertie déterminé, un poids trop considérable, on dispose les éléments de sa masse à la plus grande distance possible de l'axe de rotation, et c'est ainsi que l'on est conduit à donner à la pièce la forme d'une couronne circulaire reliée à l'arbre par des bras dont l'axe de figure est généralement rectiligne.

On monte généralement le volant sur l'arbre animé du mouvement le plus rapide, afin que, pour une valeur donnée de sa force vive, son moment d'inertie et par suite sa masse soient portés à leur plus faible valeur.

Dans son *Cours de Mécanique appliquée aux machines,*

Poncelet fait remarquer que les résistances ont pour effet, en général, de diminuer les plus grands écarts de la vitesse ou la valeur qu'il serait nécessaire de donner au moment d'inertie

Fig. 105.

Fig. 106.

du volant si elles n'existaient pas, et par conséquent, en les négligeant, on doit être certain d'obtenir pour le volant des dimensions plus que suffisantes.

Soient

$\omega_1$, $\omega_2$ les vitesses angulaires minimum et maximum de l'arbre du volant;

$\Omega = \frac{\omega_1 + \omega_2}{2}$ la vitesse angulaire moyenne de cet arbre (*vitesse de régime*), qui est une donnée de la question;

$\frac{1}{n}$ une fraction également donnée, et qui sera d'autant plus petite que l'on voudra obtenir une plus grande régularité dans le mouvement [1].

La condition que l'on se propose de remplir est que l'écart maximum de la vitesse angulaire soit au plus égal à la fraction $\frac{1}{n}$ de la vitesse angulaire moyenne ou que

$$\omega_2 - \omega_1 \leqq \frac{\Omega}{n};$$

d'où, en prenant le signe inférieur,

$$(1) \qquad \omega_2 = \Omega\left(1 + \frac{1}{2n}\right), \quad \omega_1 = \Omega\left(1 - \frac{1}{2n}\right).$$

Soient

$\theta$ l'angle décrit par un rayon de l'arbre à partir d'une position déterminée de ce rayon;

$\omega = \frac{d\theta}{dt}$ la vitesse angulaire correspondante;

$\omega_0$ la valeur de cette vitesse pour $\theta = 0$;

$\mathfrak{T}$ le travail des forces extérieures motrices et résistantes développé à partir de $\theta = 0$;

I le moment d'inertie du volant, qu'il faut déterminer de manière à satisfaire aux conditions (1).

La force vive des pièces tournantes est de la forme $a\omega^2$, $a$ étant une quantité connue, et, en posant

$$I + a = A,$$

---

[1] Les limites entre lesquelles $n$ est généralement compris dans la pratique sont 30 et 80.

la force vive des pièces tournantes et du volant est

$$A\omega^2.$$

On peut maintenant considérer A comme l'inconnue de la question, puisque sa détermination entraîne celle de I.

La force vive des pièces oscillantes sera de la forme $B\varphi(\theta)\omega^2$, B étant l'équivalent d'un moment d'inertie, qui est une quantité connue, et $\varphi(\theta)$ une fonction également connue, ne renfermant que des constantes sans dimension.

Nous supposerons que la force motrice et les résistances utiles, par suite $\mathfrak{T}$, sont des fonctions continues ou discontinues de $\theta$.

On a, d'après le principe des forces vives, en faisant abstraction des résistances passives, comme nous en sommes convenus,

$$(2)\qquad \frac{\omega^2}{2}[A + B\varphi(\theta)] - \frac{\omega_0^2}{2}[A + B\varphi(0)] = \mathfrak{T}.$$

Le mouvement de la machine devant être périodique, il faut qu'au bout d'un nombre déterminé $i$ de tours $\mathfrak{T}$ ait la même valeur pour $\theta = 2\pi i$ et $\theta = 0$, ce qui détermine une certaine relation entre les forces qui agissent sur la machine.

67. *Première approximation du calcul d'un volant.* — Lorsqu'une pièce oscillante, telle qu'un balancier de machine à vapeur, a une masse considérable, on s'arrange de manière que la vitesse maximum de chacun de ses éléments matériels soit relativement faible; de sorte que, dans tous les cas, le maximum de $B\varphi(\theta)$ est toujours une très-petite fraction du moment d'inertie A qu'il s'agit de calculer. On peut donc, dans une première approximation, négliger les termes en B dans l'équation (2), qui devient

$$(2')\qquad \frac{A(\omega^2 - \omega_0^2)}{2} = \mathfrak{T}.$$

Soient $\mathfrak{T}_2$, $\mathfrak{T}_1$ la plus grande et la plus petite valeur de $\mathfrak{T}$ dans la période de $i$ révolutions; $\theta_2$, $\theta_1$ les valeurs correspondantes de $\theta$; nous aurons

$$(3)\quad \begin{cases} \dfrac{A(\omega_2^2-\omega_0^2)}{2} = \mathfrak{T}_2, \\ \dfrac{A(\omega_1^2-\omega_0^2)}{2} = \mathfrak{T}_1, \end{cases}$$

d'où, par soustraction,

$$\tfrac{1}{2}A(\omega_2+\omega_1)(\omega_2-\omega_1) = \mathfrak{T}_2 - \mathfrak{T}_1$$

et, en vertu des relations (1),

$$(4)\quad A = \frac{n}{\Omega^2}(\mathfrak{T}_2 - \mathfrak{T}_1).$$

En substituant cette valeur dans l'une ou l'autre des équations (3), la première par exemple, en ayant égard à la valeur (1) de $\omega_2$, on déterminera la vitesse angulaire $\omega_0$.

Si $\mathfrak{T}$ est une fonction continue de $\theta$, les angles $\theta_2$ et $\theta_1$ seront donnés par l'équation

$$\frac{d\mathfrak{T}}{d\theta} = 0.$$

Supposons que de $\theta = 0$ à $\theta = \alpha$, $\mathfrak{T}$ soit une fonction continue $f(\theta)$, et de $\theta = \alpha$ à $\theta = 2i\pi$ une autre fonction $f_1(\theta)$. Traçons deux courbes O$a$, $cp$, ayant $\theta$ pour abscisse, et respectivement $f(\theta)$, $f_1(\theta)$ pour ordonnées, et soit $m$ leur point

Fig. 107.

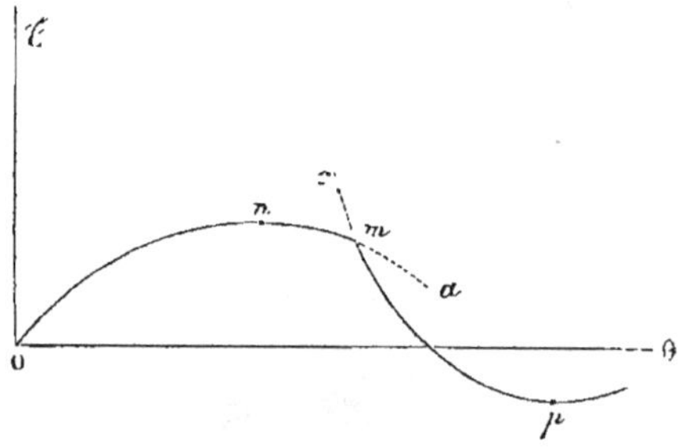


d'intersection qui correspond à l'abscisse $\alpha$. Dans le cas de la *fig.* 107, le point maximum $n$ de O$a$ se trouve en deçà, et le point minimum $p$ de $cp$ au delà de $m$; les valeurs de $\theta_1$ et $\theta_2$ seront, par suite, respectivement données par les équations $f'(\theta)=0$, $f'_1(\theta)=0$.

Dans le cas de la *fig.* 108, où $n$ et $p$ sont au delà de $m$, $\mathfrak{G}_2$ sera

Fig. 108.

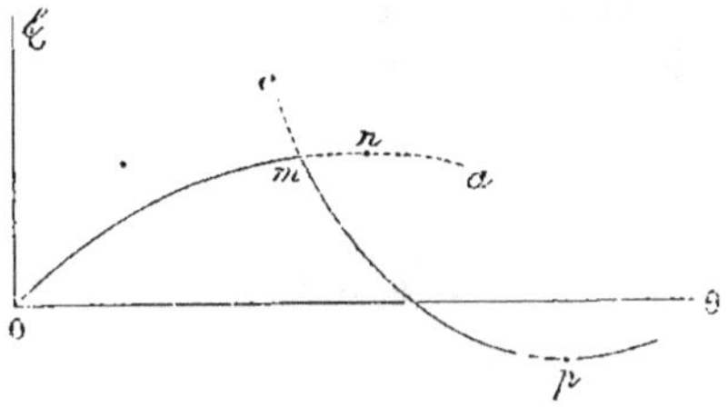


évidemment l'ordonnée de $m$, c'est-à-dire que l'on aura $\theta_2=\alpha$, et $\theta_1$ sera donné par l'équation $f'_1(\theta)=0$.

Si le cas de la *fig.* 109 se présente, on aura $\theta_1=\alpha$ et $f'_1(\theta)=0$ pour déterminer $\theta_2$, etc.

Fig. 109.

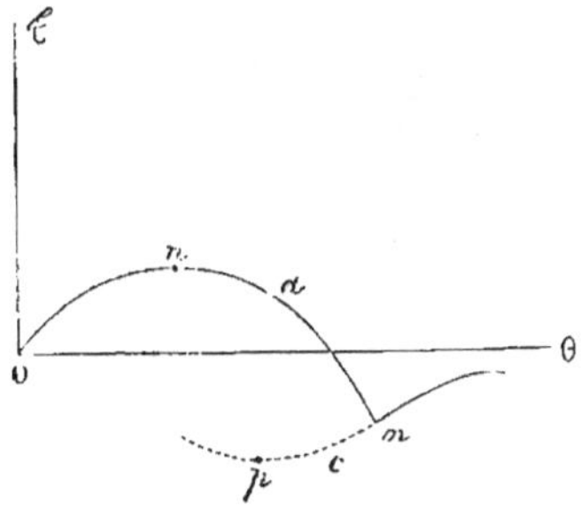


Ainsi donc, lorsque $\mathfrak{G}$ sera une fonction discontinue de $\theta$, il faudra se livrer à une discussion appuyée sur des tracés de courbes pour déterminer les valeurs qu'il faut attribuer à $\theta_2$ et $\theta_1$.

*Remarque.* — Supposons, comme on le fait d'habitude dans cette première approximation, que l'on donne au volant le moment d'inertie A, supérieur à celui I, qui est nécessaire pour assurer le degré de régularité proposé; l'écart relatif $\frac{\omega_2-\omega_1}{\Omega}$

sera réduit à moins de $\frac{1}{n}$, et l'on se trouvera dans des conditions très-favorables. Pour le même motif, nous ferons encore abstraction des bras du volant, de sorte que, si P est le poids de l'anneau, $\rho$ son rayon moyen, et si l'on remarque que l'épaisseur de l'anneau dans le sens du rayon est toujours une petite fraction de $\rho$, on a à très-peu près

$$A = \frac{P}{g}\rho^2.$$

En désignant par V la vitesse $\Omega\rho$ du volant à sa circonférence moyenne, la formule (4) devient

$$PV^2 = ng(\mathfrak{T}_2 - \mathfrak{T}_1). \tag{5}$$

68. *Deuxième approximation.* — Proposons-nous maintenant de calculer le moment d'inertie du volant en tenant compte de la première puissance de B. Supposons que l'on ait obtenu une première valeur approchée de A au moyen de la formule (4); soient $A(1+x)$, $\omega_0^2 + \delta\omega_0^2$ les valeurs corrigées de A et $\omega_0^2$; posons $\gamma = \frac{B}{A}$ et négligeons les termes du second ordre en $x$, $\gamma$ et $\delta\omega_0^2$. Au lieu de l'équation (2), nous aurons la suivante :

$$\frac{A[1+x+\gamma\varphi(\theta)]\omega^2 - A[1+x+\gamma\varphi(0)](\omega_0^2+\delta\omega_0^2)}{2} = \mathfrak{T},$$

d'où

$$\frac{\omega^2 - \omega_0^2 - \delta\omega_0^2}{2} = \frac{\mathfrak{T}}{A}[1 - x - \gamma\varphi(\theta)] - \frac{\omega_0^2}{2}\gamma[\varphi(\theta) - \varphi(0)]. \tag{6}$$

Nous ne considérerons que le cas qui se présente le plus généralement où $\mathfrak{T}_2$ est le maximum d'une fonction de $\theta$, et $\mathfrak{T}_1$ le minimum de la même fonction ou d'une fonction différente, de sorte que nous aurons $\frac{d\mathfrak{T}}{d\theta} = 0$ pour $\theta = \theta_2$, $\theta = \theta_1$.

La valeur de $\theta$ qui rendra minimum $\omega$ sera donnée par l'équation

$$\frac{1}{A}\frac{d\mathfrak{T}}{d\theta}[1 - x - \gamma\varphi(\theta)] - \frac{\mathfrak{T}}{A}\gamma\varphi'(\theta) - \frac{\omega_0^2}{2}\gamma\varphi'(0) = 0,$$

et sera de la forme $\theta = \theta_1 + \delta\theta_1$, $\delta\theta_1$ étant de l'ordre de $\gamma$ et $x$; mais on a

$$\left(\frac{d\mathfrak{C}}{d\theta}\right)_{\theta_1+\delta\theta_1} = \left(\frac{d\mathfrak{C}}{d\theta}\right)_{\theta_1} + \left(\frac{d^2\mathfrak{C}}{d\theta^2}\right)_{\theta_1}\delta\theta_1 = \left(\frac{d^2\mathfrak{C}}{d\theta^2}\right)_{\theta_1}\delta\theta_1;$$

l'équation ci-dessus devient par suite

$$\frac{1}{A}\left(\frac{d^2\mathfrak{C}}{d\theta^2}\right)_{\theta_1}\delta\theta_1 - \frac{\mathfrak{C}}{A}\gamma\varphi'(\theta_1) - \frac{\omega_0^2}{2}\gamma\varphi'(\theta_1) = 0,$$

et permettra de déterminer $\delta\theta_1$; mais il nous est complétement inutile de connaître cette valeur, car le minimum du second membre de l'équation (6) sera le même que pour $\theta = \theta_1$, puisque $\mathfrak{C}$ conserve la même valeur, aux termes du second ordre près. On a donc

$$\frac{\Omega^2\left(1-\frac{1}{2n}\right)^2 - \omega_0^2 - \delta\omega_0^2}{2} = \frac{\mathfrak{C}_1}{A}[1 - x - \gamma\varphi(\theta_1)] - \frac{\omega_0^2}{2}\gamma[\varphi(\theta_1) - \varphi(0)];$$

mais la seconde des équations (3) peut se mettre sous la forme

$$\frac{\Omega^2\left(1-\frac{1}{2n}\right)^2 - \omega_0^2}{2} = \frac{\mathfrak{C}_1}{A},$$

d'où, par soustraction,

$$\frac{\delta\omega_0^2}{2} = \frac{\mathfrak{C}_1}{A}[x + \gamma\varphi(\theta_1)] + \frac{\omega_0^2}{2}\gamma[\varphi(\theta_1) - \varphi(0)];$$

on a de même

$$\frac{\delta\omega_0^2}{2} = \frac{\mathfrak{C}_2}{A}[x + \gamma\varphi(\theta_2)] + \frac{\omega_0^2}{2}\gamma[\varphi(\theta_2) - \varphi(0)];$$

d'où, en égalant ces deux valeurs de $\frac{\delta\omega_0^2}{2}$,

$$x\left(\frac{\mathfrak{C}_2 - \mathfrak{C}_1}{A}\right) + \gamma\left\{\frac{\mathfrak{C}_2.\varphi(\theta_2) - \mathfrak{C}_1.\varphi(\theta_1)}{A} + \frac{\omega_0^2}{2}[\varphi(\theta_2) - \varphi(\theta_1)]\right\} = 0;$$

puis, en substituant à A sa valeur (4),

$$(7) \qquad x = -\gamma\left\{\frac{\mathfrak{C}_2.\varphi(\theta_2) - \mathfrak{C}_1.\varphi(\theta_1)}{\mathfrak{C}_2 - \mathfrak{C}_1} + \frac{n\omega_0^2}{2\Omega^2}[\varphi(\theta_2) - \varphi(\theta_1)]\right\}.$$

Des équations (3) on tire

$$\frac{A(\omega_2^2 + \omega_1^2 - 2\omega_0^2)}{2} = \mathfrak{T}_1 + \mathfrak{T}_2;$$

d'où, en remplaçant $\omega_2$, $\omega_1$ par leurs valeurs (1), négligeant le carré de $\frac{1}{n}$, qui est toujours une petite fraction, et ayant égard à la valeur (4) de A,

$$\omega_0^2 = \Omega^2 \left[1 - \frac{\mathfrak{T}_2 + \mathfrak{T}_1}{n(\mathfrak{T}_2 - \mathfrak{T}_1)}\right];$$

l'équation (7) donne par suite

$$(8)\quad \left\{ \begin{aligned} x = -\frac{\gamma}{\mathfrak{T}_2 - \mathfrak{T}_1} \Big\{ & \mathfrak{T}_2 . \varphi(\theta_2) - \mathfrak{T}_1 . \varphi(\theta_1) \\ & + \tfrac{1}{2}[\mathfrak{T}_2(n-1) - \mathfrak{T}_1(n+1)][\varphi(\theta_2) - \varphi(\theta_1)] \Big\}. \end{aligned} \right.$$

Dans les cas où le système oscillant est une simple bielle ou l'ensemble du balancier, parallélogramme, etc., de Watt, $\varphi(\theta)$, en négligeant l'obliquité de la bielle, est de la forme $\sin^2\theta$, et l'on a alors

$$(9)\quad \left\{ \begin{aligned} x = -\frac{\gamma}{\mathfrak{T}_2 - \mathfrak{T}_1} \Big\{ & \mathfrak{T}_2 \sin^2\theta_2 - \mathfrak{T}_1 \sin^2\theta_1 \\ & + \tfrac{1}{2}[\mathfrak{T}_2(n-1) - \mathfrak{T}_1(n+1)](\sin^2\theta_2 - \sin^2\theta_1) \Big\}. \end{aligned} \right.$$

69. *Application aux manivelles dans l'hypothèse d'une puissance et d'une résistance constantes.* — Nous négligerons l'obliquité de la bielle, qui sera ainsi censée se mouvoir parallèlement à une droite déterminée $Ox$ (*fig.* 110) passant par le centre de rotation O de la manivelle

Fig. 110.

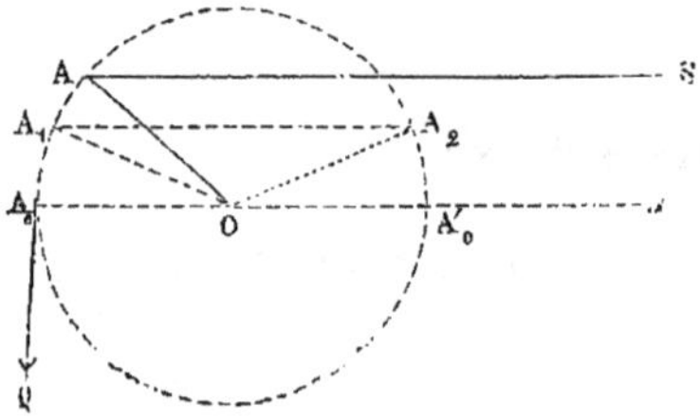

Soient

R le rayon OA de la manivelle;

Q la résistance constante, supposée tangente à la circonférence de rayon OA;

S l'effort moteur, parallèle à $Ox$, agissant en A;

$A_0$, $A'_0$ les points morts extérieur et intérieur;

$\theta$ l'angle $\widehat{AOA_0}$.

1° *Manivelle simple à simple effet.* — Pendant la durée d'une révolution, la force S n'agit que de $A_0$ en $A'_0$, de sorte que, pour exprimer que le mouvement est périodique ou que le travail total est nul dans la période considérée, on a

$$S \times 2R = Q \times 2\pi R, \quad \text{d'où} \quad S = \pi Q.$$

On a évidemment

$$\mathcal{C} = SR(1 - \cos\theta) - QR\theta = QR[\pi(1 - \cos\theta) - \theta].$$

Le maximum et le minimum de $\mathcal{C}$ correspondent aux valeurs de $\theta$ données par l'équation

$$\frac{d\mathcal{C}}{d\theta} = QR(\pi\sin\theta - 1) = 0,$$

d'où

$$\sin\theta = \frac{1}{\pi},$$

$$\theta_1 = \widehat{A_1OA_0} = 18°33'36'', \quad \theta_2 = \widehat{A_2OA_0} = \pi - \theta_1.$$

On déduit de la formule (9) $x = -y$; de sorte que l'on peut s'en tenir à la première approximation, puisqu'elle donne pour A une valeur un peu trop forte, ce qui est avantageux à la régularité en mouvement.

L'équation (5) donne maintenant, en vertu des valeurs ci-dessus,

$$(10) \qquad PV^2 = 17,2802 \times 2\pi RQn.$$

On appelle *cheval-vapeur* un travail de 75 kilogrammètres exécuté dans une seconde. Si N est le nombre de tours de l'arbre par minute, le travail effectué par seconde est, en kilogrammètres,

$$2\pi RQ\frac{N}{60},$$

et en chevaux

$$F=\frac{2\pi RQN}{60\times 75}.$$

En remplaçant, dans l'équation (10), QR par sa valeur tirée de cette relation, on arrive finalement à la formule pratique

$$PV^2=24300\frac{Fn}{N}. \tag{11}$$

2° *Manivelle simple à double effet.* — Lorsque A est arrivé en $A'_0$, S en conservant son intensité change de sens, de manière à rester une force motrice, de sorte que son travail est double de ce qu'il était précédemment pour une révolution entière. On a donc

$$S.4R=Q.2\pi R,\quad \text{d'où}\quad S=\frac{\pi}{2}Q;$$

par suite,

$$\mathfrak{T}=QR\left[\frac{\pi}{2}(1-\cos\theta)-\theta\right].$$

De l'équation $\frac{d\mathfrak{T}}{d\theta}=0$ on tire

$$\sin\theta=\frac{2}{\pi},$$

d'où

$$\theta_1=39°32'24'',\quad \theta_2=\pi-\theta_1.$$

L'équation (9) donne, comme dans le cas précédent, $x=-y$, de sorte qu'il suffit encore de s'en tenir à la première approximation.

En opérant comme plus haut, on trouve

$$PV^2=4645\frac{Fn}{N}. \tag{12}$$

Le moment d'inertie du volant, toutes choses égales d'ailleurs, est ainsi inférieur au $\frac{1}{5}$ de ce qu'il doit être dans le cas du simple effet.

3° *Manivelle double à angle droit et à double effet.* — Supposons que l'angle $\theta$ se rapporte à la manivelle OA ; pour avoir les termes correspondants relatifs à la manivelle OB, il faudra changer $\theta$ en $\theta + 90°$, et l'on a ainsi

$$\mathfrak{T} = S(1 - \cos\theta)R + S(1 + \sin\theta) - QR\theta.$$

Le travail des deux forces S pour une révolution étant $P \times 8R$, on a, pour la condition de périodicité,

$$8RS = 2\pi RQ, \quad \text{d'où} \quad S = \pi\frac{Q}{4},$$

par suite,

$$\mathfrak{T} = \frac{QR}{4}[(2 - \cos\theta + \sin\theta)\pi - 4\theta].$$

L'équation

$$\frac{d\mathfrak{T}}{d\theta} = 0 \quad \text{ou} \quad \sin\theta + \cos\theta = \frac{4}{\pi}$$

donne

$$\theta_1 = 19°12', \quad \theta_2 = 70°48''.$$

En se reportant au n° 67, il est facile de voir que dans le cas actuel

$$\varphi(\theta) = \sin^2\theta + \cos^2\theta = 1,$$

et l'équation (8) donne encore, comme plus haut, $x = -y$, de sorte que l'on n'a pas non plus à se préoccuper de la deuxième approximation, et l'on a

$$PV^2 = 468\frac{Fn}{N}.$$

On pourrait multiplier ces exemples et reprendre notamment les précédents, en supposant que l'on établisse sur le prolongement de chaque manivelle de l'autre côté de l'axe de rotation un contre-poids maintenu à une distance constante de cet axe.

70. *Calcul du volant d'une manivelle à double effet dans un cas particulier où la force motrice est variable.* — Supposons que la force motrice S soit constante à partir de $\theta = 0$ jusqu'à une valeur déterminée $\alpha$ de l'angle $\theta$ ; que de $\theta = \alpha$ à $\theta = \pi$

la force motrice suive la loi exprimée par $S\frac{1-\cos\theta}{1-\cos\alpha}$ et que la même chose se reproduise dans l'oscillation inverse : nous nous trouverons dans les conditions d'une machine à vapeur à détente, en admettant que la détente ait lieu suivant la loi de Mariotte et que l'on néglige la contre-pression, ce qui ne peut être qu'avantageux au point de vue de la régularité du mouvement (65).

Nous aurons

$$\mathfrak{T} = SR(1-\cos\theta) - QR\theta, \quad \text{pour } \theta \leqq \alpha,$$

et, en accentuant $\mathfrak{T}$ pour éviter toute confusion,

$$\begin{aligned}\mathfrak{T}' &= SR(1-\cos\alpha) + SR(1-\cos\alpha)\int_\alpha^\theta \frac{\sin\theta\, d\theta}{1-\cos\theta} - QR\theta \\ &= SR(1-\cos\alpha) + SR\log\frac{1-\cos\theta}{1-\cos\alpha} - QR\theta, \quad \text{pour } \theta \begin{matrix}\geqq \alpha \\ \leqq \pi\end{matrix}.\end{aligned}$$

Pour que le mouvement soit périodique il faut que $\mathfrak{T}' = 0$ pour $\theta = \pi$, ce qui donne

$$S = \frac{\pi Q}{(1-\cos\alpha)\left(1+\log\frac{2}{1-\cos\alpha}\right)}.$$

On a, par suite,

$$(12')\quad \left\{\begin{aligned}\frac{\mathfrak{T}}{2\pi QR} &= \frac{1-\cos\theta}{2(1-\cos\alpha)\left(1+\log\frac{2}{1-\cos\alpha}\right)} - \frac{\theta}{2\pi}, \\ \frac{\mathfrak{T}'}{2\pi QR} &= \frac{(1-\cos\alpha)\left(1+\log\frac{1-\cos\theta}{1-\cos\alpha}\right)}{2(1-\cos\alpha)\left(1+\log\frac{2}{1-\cos\alpha}\right)}.\end{aligned}\right.$$

Le minimum $\mathfrak{T}$ correspondra à la valeur $\varphi$ de $\theta$ donnée par

$$(13)\qquad \sin\varphi = \frac{1}{\pi(1-\cos\alpha)}\left(1+\log\frac{2}{1-\cos\alpha}\right),$$

et son maximum à $\Phi = \pi - \varphi$.

On peut maintenant écrire

$$(14)\qquad \frac{\mathfrak{T}}{2\pi Q} = \frac{1-\cos\theta}{2\pi\sin\varphi} - \frac{\theta}{2\pi}.$$

En désignant, par des indices, les valeurs de $\mathfrak{T}$ correspondant aux valeurs $\varphi$ et $\Phi$ de $\theta$, on a

$$(15)\qquad \begin{cases} \dfrac{1}{2\pi Q}\,\mathfrak{T}_\varphi = \dfrac{1-\cos\varphi}{2\pi\sin\varphi} - \dfrac{\varphi}{2\pi}, \\[2mm] \dfrac{1}{2\pi Q}\,\mathfrak{T}_\Phi = \dfrac{1+\cos\varphi}{2\pi\sin\varphi} - \dfrac{1}{2} + \dfrac{\varphi}{2\pi}. \end{cases}$$

La seconde des équations (1) peut se mettre sous la forme

$$(16)\qquad \frac{1}{2\pi Q}\,\mathfrak{T}' = \frac{1-\cos\varphi}{2\pi\sin\varphi}\left(1+\log\frac{1-\cos\theta}{1-\cos\alpha}\right) - \frac{\theta}{2\pi}.$$

La fonction $\mathfrak{T}'$ n'est susceptible que d'un maximum correspondant à la valeur $\Phi'$ de $\theta$ donnée par

$$(17)\qquad \operatorname{tang}\frac{\Phi'}{2} = \frac{1-\cos\alpha}{\sin\varphi},$$

et, en désignant par $\mathfrak{T}'_{\Phi'}$ ce maximum, on a

$$(18)\qquad \frac{1}{2\pi Q}\,\mathfrak{T}'_{\Phi'} = \frac{1-\cos\alpha}{2\pi\sin\varphi}\left(1+2\log\frac{\sin\dfrac{\Phi'}{2}}{\sin\dfrac{\alpha}{2}}\right) - \frac{\Phi'}{2\pi}.$$

En faisant croître $\alpha$ de 10 en 10 degrés à partir de $\alpha = 10^\circ$ jusqu'à 180 degrés, et dressant un tableau, nous avons reconnu que l'on a constamment $\mathfrak{T}_1 = \mathfrak{T}_\varphi$, et $\mathfrak{T}_2 = \mathfrak{T}_{\Phi'}$ entre $\alpha = 10^\circ$ et $\alpha = 140^\circ$, et $\mathfrak{T}_2 = \mathfrak{T}'_{\Phi'}$ entre $\alpha = 140^\circ$ et $\alpha = 180^\circ$ [1].

En appelant $\Delta$ l'*admission* $\dfrac{1-\cos\alpha}{2}$ et posant $PV^2 = \mu\dfrac{nF}{N}$,

---

[1] *Voir*, pour plus de détails, mon Mémoire sur les volants des machines à vapeur à détente et à condensation, inséré au tome Ier des *Annales des Mines*, 1872.

nous avons formé le tableau suivant :

| | |
|---|---|
| $\Delta = 1,0,$ | $\mu = 4645,$ |
| $0,9,$ | $4705,$ |
| $0,8,$ | $4881,$ |
| $0,7,$ | $5137,$ |
| $0,6,$ | $5354,$ |
| $0,5,$ | $5530,$ |
| $0,4,$ | $5830,$ |
| $0,2,$ | $6095,$ |
| $0,2,$ | $6462,$ |
| $0,1,$ | $7190.$ |

Nous avons reconnu également que le terme correctif $x$, dû à l'influence de l'inertie des pièces oscillantes, est dans tous les cas négatif, de sorte que nous n'avons pas à nous occuper de la seconde approximation dans le calcul du moment d'inertie du volant.

**71.** *De l'influence de l'obliquité des bielles sur la régularité du mouvement.* — Le chemin parcouru par l'extrémité de la bielle à partir du moment où le bouton de la manivelle se trouvait au point mort extérieur étant (34)

$$R\left(1 - \cos\theta - \frac{\varepsilon}{2}\sin^2\theta\right)$$

à la troisième puissance près de l'obliquité $\varepsilon$, on peut poser

$$\mathfrak{T} = F(\theta) + \varepsilon f(\theta),$$

F et $f$ étant des fonctions connues de $\theta$.

Les angles $\theta_1$ et $\theta_2$ seront donnés par l'équation

$$F'(\theta) + \varepsilon f'(\theta) = 0.$$

Soit $\theta'_1$ la valeur qui rend $F(\theta)$ minimum; si nous posons $\theta_1 = \theta'_1 + \delta\theta_1$, nous aurons, en nous arrêtant aux premières puissances de $\varepsilon$ et $\delta\theta_1$, qui sont du même ordre de grandeur,

$$\delta\theta_1 = -\frac{\varepsilon f'(\theta'_1)}{F''(\theta'_1)}.$$

Si l'on porte la valeur de $\theta = \theta'_1 + \delta\theta_1$ dans l'expression de $\mathfrak{T}$, et que l'on appelle $\mathfrak{T}'_1 = F(\theta'_1)$ la valeur de $\mathfrak{T}_1$ résultant d'une première approximation dans laquelle on aurait négligé l'excentricité, il vient, en s'arrêtant aux termes du second ordre,

$$\mathfrak{T}_1 = \mathfrak{T}'_1 + F''(\theta'_1)\frac{\delta\theta_1^2}{2} + \varepsilon[f(\theta'_1) + f'(\theta'_1)\delta\theta_1].$$

En augmentant l'indice d'une unité, on aura une expression semblable pour le maximum $\mathfrak{T}_2$, et il sera facile de trouver la valeur de la correction que l'on doit faire subir à une première valeur approchée du moment d'inertie A du volant, résultant de l'hypothèse de $\varepsilon = 0$, lorsque l'on voudra tenir compte de la seconde puissance de l'obliquité.

Comme exemple, reprenons la question d'une manivelle simple à double effet du n° 68; nous avons, pour la condition de périodicité,

$$4\,SR = 2\pi RQ;$$

par suite

$$\mathfrak{T} = QR\left[\frac{\pi}{2}(1 - \cos\theta) - \theta - \frac{\pi}{4}\varepsilon\sin^2\theta\right],$$

$$\delta\theta_1 = \varepsilon\sin\theta'_1,$$

$$\mathfrak{T}_1 = \mathfrak{T}'_1 - \frac{\pi RQ}{4}(1 + \varepsilon\cos\theta'_1)\,\varepsilon\sin^2\theta'_1.$$

Si nous écrivons l'expression des $\mathfrak{T}_2$ de la même manière, en nous rappelant que les angles $\theta'_1$, $\theta'_2$ sont supplémentaires (68), nous trouvons

$$\mathfrak{T}_1 - \mathfrak{T}'_1 = \mathfrak{T}_2 - \mathfrak{T}'_2 + \frac{\pi RQ}{2}\varepsilon^2\cos\theta'_1\sin^2\theta'_1.$$

Nous voyons ainsi que, dans le cas actuel, l'obliquité de la bielle exige, pour arriver au degré de régularité voulu, une légère augmentation du moment d'inertie du volant. En effectuant les calculs numériques, la formule précédente prend la forme

$$0{,}4210\,RQ(1 + 1{,}168\,\varepsilon^2).$$

Il arrive rarement que $\varepsilon$ atteigne $\frac{1}{4}$, et dans ce cas limite la première valeur approchée de A devrait être augmentée de 0,08 environ de cette même valeur. Il n'est donc pas superflu, dans certains cas, de faire entrer en ligne de compte l'obliquité des bielles.

72. *Remarque relative à l'établissement des volants.* — M. Kretz a fait observer à juste titre que, lorsqu'il s'agit de faire fonctionner des machines outils, il ne suffit pas de limiter les écarts de vitesse à une certaine fraction de la vitesse moyenne : il faut encore, au double point de vue de la qualité et de la quantité de l'ouvrage produit par unité de temps, et de la conservation de l'outil, que l'accélération de ce dernier ne dépasse pas une certaine limite; ce qui revient à assigner une limite maximum $\psi$ à l'accélération angulaire $\frac{d\omega}{dt}$.

En négligeant l'inertie des pièces oscillantes, et différentiant l'équation (2') du nº 66, on obtient

$$A\omega\frac{d\omega}{dt} = \frac{d\mathfrak{T}}{d\theta}\frac{d\theta}{dt},$$

d'où

$$\frac{d\omega}{dt} = \frac{1}{A}\frac{d\mathfrak{T}}{d\theta}.$$

On déterminera la plus grande valeur $\Delta$ de $\frac{d\mathfrak{T}}{d\theta}$, et l'on devra s'assurer que le moment d'inertie A, calculé comme on l'a indiqué plus haut, satisfait à la condition

$$\frac{\Delta}{A} < \psi.$$

73. *Conditions de résistance à la rupture d'un volant.* — La *fig.* 111 représente une section faite dans un volant par son

Fig. 111.

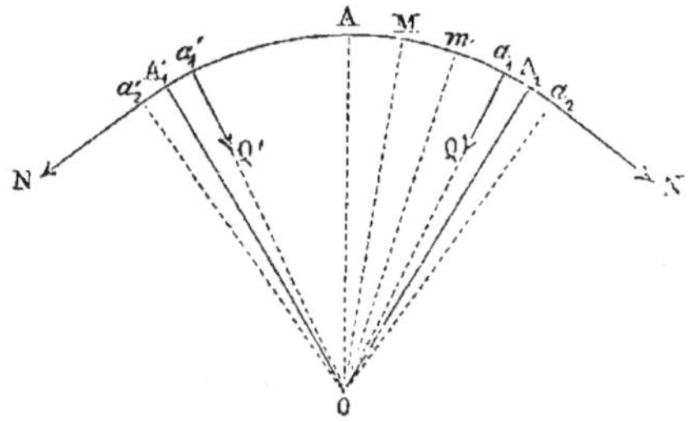


plan moyen perpendiculaire à l'axe de rotation O.

Nous appellerons *circonférence moyenne* de l'anneau à l'état naturel le lieu géométrique des centres de gravité de ses sections méridiennes, et nous désignerons son rayon par $\rho_0$.

1° Nous considérons d'abord le cas où le volant possède une vitesse angulaire $\Omega$ sensiblement constante.

Soient

$OA_1$, $OA'_1$ les axes de figure de deux bras consécutifs;

$a_1$, $a'_1$ leurs naissances respectives comprises dans l'angle $A'_1OA'$;

$2\alpha$ et $\varepsilon$ les angles $\widehat{a_1Oa'_1}$, $\widehat{a_1OA_1} = \widehat{a'_1OA'_1}$:

$OA$ la bissectrice des angles $A_1OA'_1$, $a_1Oa'_1$;

$A'_1AA_1$ la portion de la circonférence déformée déterminée par les directions de $OA_1$, $OA'_1$;

$\rho$ le rayon de courbure de la courbe $Aa_1$ en un point M dont les coordonnées polaires sont $r = OM$, $\widehat{AOM} = \varphi$;

$\sigma$ la section méridienne de l'anneau;

I le moment d'inertie de cette section, par rapport à la perpendiculaire au plan de la figure passant par son centre de gravité;

$\sigma'$ la section transversale des bras que nous supposerons constante jusqu'au moyeu;

Q, N les composantes élastiques développées dans les sections méridiennes aux naissances $a_1$, $a'_1$ des bras, dirigées respectivement suivant le rayon et sa perpendiculaire;

E le moment d'inertie de la matière;

$\Pi$ son poids spécifique;

$\Gamma$ l'effort maximum de compression ou de traction qu'on doit lui faire supporter par unité de surface.

La force centrifuge agissant sur $a_1Aa'_1$ faisant équilibre aux forces élastiques développées en $a_1$, $a'_1$, il vient, en projetant sur OA,

$$2Q\cos\alpha + 2N\sin\alpha = \frac{2\Pi\sigma}{g}\int_0^\alpha \Omega^2\rho_0\cos\varphi \,.\, \rho_0 d\varphi = \frac{2\Pi}{g}\sigma\Omega^2\rho_0^2\sin\alpha.$$

En posant

$$N_1 = N - \frac{\Pi}{g}\sigma\Omega^2\rho_0^2,$$

l'équation précédente se met sous la forme

$$(a) \qquad N_1 \sin\alpha + Q\cos\alpha = 0.$$

Si l'on prend, par rapport au point M, les moments des forces qui agissent sur $Ma_1$, on a, en appelant $\psi$ l'angle formé avec OA par un rayon quelconque $Om$ de l'arc $a_1 M$,

$$\mathrm{EI}\left(\frac{1}{\rho} - \frac{1}{\rho_0}\right) = N\rho_0[1 - \cos(\alpha - \varphi)] + Q\rho_0 \sin(\alpha - \varphi) - \frac{\Pi}{g}\sigma\Omega^2\rho_0^3 \int_\varphi^\alpha \sin(\psi - \varphi)\,d\psi + \text{const.}$$

La constante étant le moment du couple élastique développé dans la section normale en $a_1$ ou $a_2$, on tire de là, en désignant par $C\rho_0$ une autre constante qui comprend la précédente,

$$(b) \qquad \frac{\mathrm{EI}}{\rho_0}\left(\frac{1}{\rho} - \frac{1}{\rho_0}\right) = -N_1\cos(\alpha - \varphi) + Q\sin(\alpha - \varphi) + C.$$

L'influence du bras sur l'anneau en $A_1 a_1$ doit, à très-peu près, produire l'effet d'un encastrement; de sorte que, après comme avant la déformation, OA, $Oa_1$ sont des normales qui font entre elles l'angle $\alpha$. On a donc

$$\int_0^\alpha \left(\frac{1}{\rho} - \frac{1}{\rho_0}\right)\rho_0 d\varphi = 0,$$

en négligeant la dilatation de la circonférence moyenne; d'où la condition

$$(c) \qquad N_1\sin\alpha - Q(1 - \cos\alpha) - C\alpha = 0.$$

En posant $r = \rho_0(1 + u)$, nous aurons, d'après le n° 188 de la deuxième Partie,

$$\frac{1}{\rho} - \frac{1}{\rho_0} = -\frac{1}{\rho_0}\left(\frac{d^2u}{d\varphi^2} + u\right).$$

L'équation ($b$) devient par suite

$$(d) \qquad \frac{\mathrm{EI}}{\rho_0^2}\left(\frac{d^2u}{d\varphi^2} + u\right) = N_1\cos(\varphi - \alpha) + Q\sin(\varphi - \alpha) - C$$

et a pour intégrale

$$u = \frac{\rho_0^2}{EI}\left[ -C + \frac{1}{2} N_1 (\varphi - \alpha)\sin(\varphi - \alpha) \right.$$
$$\left. - \frac{Q}{2}(\varphi - \alpha)\cos(\varphi - \alpha) + M\cos(\varphi - \alpha) + M'\sin(\varphi - \alpha)\right],$$

M et M′ étant deux constantes arbitraires.

Mais, comme OA, $Oa_1$ sont deux normales après comme avant la déformation, on doit avoir $\frac{du}{d\varphi} = 0$ pour $\varphi = 0$, $\varphi = \alpha$, ce qui donne les conditions

$$(e) \quad -\frac{1}{2}N_1(\sin\alpha + \alpha\cos\alpha) - \frac{Q}{2}(\cos\alpha - \alpha\sin\alpha) + M\sin\alpha + M'\cos\alpha = 0,$$

$$(e') \qquad M' = \frac{Q}{2}.$$

Soient $a_2$ la naissance du bras $OA_1$ extérieure à l'angle $2\alpha$, F l'effort de traction exercé par ce bras sur l'anneau. Comme l'angle $a_1Oa_2 = 2\varepsilon$ est toujours petit, on peut sans inconvénient en négliger le carré.

En exprimant que F fait équilibre aux deux forces — Q, aux deux forces — N développées dans les sections normales en $a_1$, $a_2$, ainsi qu'à la force centrifuge de la portion de l'anneau limitée par ces sections, on a

$$F = 2\left(Q + N\varepsilon + \frac{\Pi}{g}\varepsilon\sigma\Omega^2\rho_0^2\right) = 2\left(Q + N_1\varepsilon + 2\frac{\Pi}{g}\varepsilon\sigma\Omega^2\rho_0^2\right).$$

Soient

$r$ la distance à l'axe d'une section quelconque du bras;
$\delta$ la dilatation dans cette section;
$r_0$ la valeur de $r$ à la naissance.

Nous pourrons, sans grande erreur, faire abstraction de la déformation du *moyeu* ou anneau central par lequel le volant est monté sur l'arbre. En considérant l'équilibre d'une tranche du bras, d'épaisseur $dr$, on établit facilement l'équation

$$E\sigma'\frac{d\delta}{dr}dr + \sigma'\frac{\Pi}{g}\Omega^2 r\,dr = 0;$$

d'où, en désignant par K une constante,

$$\delta = -\frac{\Pi}{gE}\Omega^2\frac{r^2}{2} + K.$$

L'allongement total du bras sera, à peu de chose près,

$$\int_{r_0}^{\rho_0}\delta\,dr = -\frac{\Pi}{gE}\Omega^2\frac{(\rho_0^3 - r_0^3)}{6} + K(\rho_0 - r_0);$$

comme cet allongement est égal à la valeur de $\rho_0 u$ pour $\theta = \alpha$, on a la relation

$$(M - C)\frac{\rho_0^3}{EI} = -\frac{\Pi}{Eg}\Omega^2\frac{\rho_0^3 - r_0^3}{6} + K(\rho_0 - r_0).$$

On déduit de là la valeur de K qui, reportée dans l'expression de $\delta$, donne

$$(f)\qquad E\delta = \frac{\Pi}{6g}\Omega^2(-3r^2 + \rho_0^2 + \rho_0 r_0 + r_0^2) + (M - C)\frac{\rho_0^3}{I(\rho_0 - r_0)},$$

d'où, pour $r = \rho_0$,

$$(f')\qquad E\delta = \frac{\Pi}{6g}\Omega^2(-2\rho_0^2 + \rho_0 r_0 + r_0^2) + (M - C)\frac{\rho_0^3}{I(\rho_0 - r_0)}.$$

Mais cette dernière valeur n'est autre chose que celle de $\frac{F}{\sigma'}$; on a donc

$$(g)\qquad \left\{ \begin{aligned} M - C = \frac{I(\rho_0 - r_0)}{\rho_0^3\sigma'} \Big\{ & 2(Q + N'\varepsilon) \\ & + \frac{\Pi}{6g}\Omega^2[24\sigma\varepsilon\rho_0^2 + \sigma'(2\rho_0^2 - \rho_0 r_0 - r_0^2)]\Big\}. \end{aligned} \right.$$

En éliminant M, M' entre les formules $(e)$, $(e')$ et $(g)$, on arrive à la suivante :

$$(h)\qquad \left\{ \begin{aligned} & N_1\left[-\frac{\sin\alpha + \alpha\cos\alpha}{2} + \frac{2I(\rho_0 - r_0)}{\rho_0^3\sigma'}\varepsilon\sin\alpha\right] \\ & + Q\sin\alpha\left[\frac{\alpha}{2} + \frac{2I(\rho_0 - r_0)}{\rho_0^3\sigma'}\right] + \frac{\Pi}{6g}I\Omega^2\frac{\rho_0 - r_0}{\rho_0^3\sigma'} \\ & \times[24\sigma\varepsilon\rho_0^2 + \sigma'(2\rho_0^2 - \rho_0 r_0 - r_0^2)]\sin\alpha + C\sin\alpha = 0. \end{aligned} \right.$$

L'élimination de C entre les équations ($c$) et ($h$) donne

$$(i)\quad \begin{cases} N_1\left[\sin^2\alpha - \frac{\alpha}{2}(\sin\alpha + \alpha\cos\alpha) + \frac{2I(\rho_0 - r_0)}{\rho_0^3\sigma'}\varepsilon\alpha\sin\alpha\right] \\ \quad + Q\left\{-(1-\cos\alpha) + \alpha\left[\frac{\alpha}{2} + \frac{2I(\rho_0 - r_0)}{\rho_0^3\sigma'}\right]\right\}\sin\alpha \\ \quad + \frac{\Pi}{6g}I\Omega^2\frac{\rho_0 - r_0}{\rho_0^3\sigma'}\left[24\sigma\varepsilon\rho_0^2 + \sigma'(2\rho_0^2 - \rho_0 r_0 - r_0^2)\right]\alpha\sin\alpha = 0, \end{cases}$$

et les équations ($a$) et ($i$) permettront de déterminer $N_1$ et Q; mais, comme $\frac{I}{\sigma'\rho_0^2}\left(1 - \frac{r_0}{\rho_0}\right)$ et $\frac{r_0}{\rho_0}$ sont toujours de petites fractions, on peut, sans erreur sensible, réduire l'équation ($i$) à la suivante :

$$(i')\quad \begin{cases} N_1\left[\sin^2\alpha - \frac{\alpha}{2}(\sin\alpha + \alpha\cos\alpha)\right] + Q\left[-(1-\cos\alpha) + \frac{\alpha^2}{2}\right]\sin\alpha \\ \quad + \frac{\Pi}{6g}I\Omega^2\left(1 - \frac{r}{\rho_0}\right)\left(24\frac{\sigma}{\sigma'}\varepsilon + 2 - \frac{r_0}{\rho_0}\right)\alpha\sin\alpha = 0, \end{cases}$$

d'où

$$(j)\quad \begin{cases} N_1 = \frac{\Pi}{6g}I\Omega^2\,\frac{\left(1 - \frac{r_0}{\rho_0}\right)\left(2 - \frac{r_0}{\rho_0} + 24\frac{\sigma}{\sigma'}\varepsilon\right)\alpha\sin\alpha\cos\alpha}{\frac{\alpha^2}{2} + \frac{\alpha}{2}\sin\alpha\cos\alpha - \sin^2\alpha}, \\ Q = -\frac{\Pi}{6g}I\Omega^2\,\frac{\left(1 - \frac{r_0}{\rho_0}\right)\left(2 - \frac{r_0}{\rho_0} + 24\frac{\sigma}{\sigma'}\varepsilon\right)\alpha\sin^2\alpha}{\frac{\alpha^2}{2} + \frac{\alpha}{2}\sin\alpha\cos\alpha - \sin^2\alpha}, \end{cases}$$

par suite, en vertu de l'équation ($c$),

$$(k)\qquad C = -\frac{\pi}{6g}I\Omega^2\,\frac{\left(1 - \frac{r_0}{\rho_0}\right)\left(2 - \frac{r_0}{\rho_0} + 24\frac{\sigma}{\sigma'}\varepsilon\right)\sin^2\alpha}{\frac{\alpha^2}{2} + \frac{\alpha}{2}\sin\alpha\cos\alpha - \sin^2\alpha}.$$

Il est facile de s'assurer que la fonction de $\alpha$ qui forme le dénominateur de ces trois expressions reste positive pour des valeurs de la variable croissant à partir de zéro.

On voit, d'après la formule ($b$), que le maximum de $E\left(\frac{1}{\rho_0} - \frac{1}{\rho}\right)$

correspond à

$$\operatorname{tang}(\varphi - \alpha) = \frac{Q}{N_1},$$

ou à $\varphi = 0$ en vertu des valeurs de $(j)$; ce maximum a pour valeur

$$(l)\quad E\left(\frac{1}{\rho_0} - \frac{1}{\rho}\right) = \frac{\Pi}{6g}\Omega^2\rho_0 \frac{\left(1 - \frac{r_0}{\rho_0}\right)\left(2 - \frac{r_0}{\rho_0} + 24\frac{\sigma}{\sigma'}\varepsilon\right)(\alpha - \sin\alpha)\sin\alpha}{\frac{\alpha^2}{2} + \frac{\alpha}{2}\sin\alpha\cos\alpha - \sin^2\alpha}.$$

Soit $\mathfrak{N}$ la composante élastique normale à la section méridienne au point M; en donnant à $\psi$ la même signification que plus haut, l'équilibre de $MA_1$ exige que

$$\mathfrak{N} = N\cos(\alpha - \varphi) - Q\sin(\alpha - \varphi) - \frac{\Pi}{g}\Omega^2\rho_0^2\sigma\int_0^\alpha \sin(\psi - \varphi)\,d\psi,$$

d'où

$$\mathfrak{N} = N_1\cos(\varphi - \alpha) + Q\sin(\varphi - \alpha) + \frac{\Pi}{g}\Omega^2\rho_0^2\sigma,$$

expression dont le maximum correspond à

$$\operatorname{tang}(\varphi - \alpha) = \frac{Q}{N_1}$$

ou à $\varphi = 0$, et a pour valeur

$$(m)\quad \mathfrak{N} = \frac{\Pi}{6g}I\Omega^2 \frac{\left(1 - \frac{r_0}{\rho_0}\right)\left(2 - \frac{r_0}{\rho_0} + 24\frac{\sigma}{\sigma'}\varepsilon\right)\sin\alpha}{\frac{\alpha^2}{2} + \frac{\alpha}{2}\sin\alpha\cos\alpha - \sin^2\alpha} + \frac{\Pi}{g}\Omega^2\rho_0^2\sigma.$$

Si l'on appelle $2e$ l'épaisseur de l'anneau dans le sens du rayon, la tension élastique maximum développée sera

$$\frac{\mathfrak{N}}{\sigma} + Ee\left(\frac{1}{\rho} - \frac{1}{\rho_0}\right),$$

$\mathfrak{N}$ et $E\left(\frac{1}{\rho_1} - \frac{1}{\rho_0}\right)$ ayant les valeurs données par les formules $(m)$ et $(l)$; et, comme elle doit être au plus égale à $\Gamma$, il faut que l'on ait

$$\frac{\Pi}{6g}\Omega^2 \frac{\left(1-\frac{r_0}{\rho_0}\right)\left(2-\frac{r_0}{\rho_0}+24\frac{\sigma}{\sigma'}\varepsilon\right)\left[\frac{I}{\sigma}\alpha\cos\alpha+\rho_0 e(\alpha-\sin\alpha)\right]\sin\alpha}{\frac{\alpha^2}{2}+\frac{\alpha}{2}\sin\alpha\cos\alpha-\sin^2\alpha}$$
$$+\frac{\Pi}{g}\Omega^2\rho_0^2\alpha<\Gamma.$$

Cette condition sera satisfaite *a fortiori*, si celle que l'on obtient en supprimant $\frac{r_0}{\rho_0}$ l'est elle-même, ou si l'on a

$$(1)\quad \left\{\begin{aligned}&\left(1+12\frac{\sigma}{\sigma'}\varepsilon\right)\left[\frac{I}{\sigma}\alpha\cos\alpha+\rho_0 e(\alpha-\sin\alpha)\right]\\&\quad<\frac{2}{3}\left(\frac{g\Gamma}{\Pi\Omega^2}-\rho_0^2\right)\frac{\alpha^2+\alpha\sin\alpha-2\sin^2\alpha}{\sin\alpha}.\end{aligned}\right.$$

On pourra, sans inconvénient, supposer que, dans cette inégalité, $2\alpha$ est l'angle formé par les axes des deux bras consécutifs. La même inégalité suppose nécessairement que son second membre soit positif ou que l'on ait

$$\Omega\rho_0<\sqrt{\frac{g\Gamma}{\Pi}},$$

ce qui donne une limite de la vitesse de l'anneau du volant dont il faut se tenir suffisamment éloigné.

Occupons-nous maintenant des conditions de résistance des bras. D'après la formule $(f)$, le maximum de $E\delta$ correspond à $r=r_0$ et est égal, à peu de chose près, à

$$E\delta=\frac{\Pi}{6g}\Omega^2\rho_0^2\left(1+\frac{r_0}{\rho_0}\right)+\frac{M-C}{I}\frac{\rho_0^3}{(\rho_0-r_0)}$$

ou, en vertu de la formule $(g)$,

$$E\delta=\frac{\Pi}{6g}\Omega^2\rho_0^2\left(3+24\frac{\sigma}{\sigma'}\varepsilon\right)+\frac{2}{\sigma'}(Q+N_1\varepsilon).$$

Comme $\frac{N_1}{\sigma'}$ et $\frac{Q}{\sigma'}$, en raison du facteur I dont sont affectées leurs expressions, sont petits par rapport au premier terme de cette valeur, on peut écrire simplement

$$E\delta = \frac{\Pi}{g}\Omega^2\left[\rho_0^2\left(1 + 4\frac{\sigma}{\sigma'}\varepsilon\right) - \frac{2}{3}\frac{I}{\sigma'}\frac{\alpha\sin^2\alpha}{\frac{\alpha^2}{2} + \frac{\alpha}{2}\sin\alpha\cos\alpha - \sin^2\alpha}\right] < \Gamma,$$

d'où

$$4\frac{\sigma}{\sigma'}\varepsilon\rho_0^2 - \frac{2}{3}\frac{I}{\sigma'}\frac{\alpha\sin^2\alpha}{\frac{\alpha^2}{2} + \frac{\alpha}{2}\sin\alpha\cos\alpha - \sin^2\alpha} < \frac{g\Gamma}{\Pi\Omega^2} - \rho_0^2.$$

Nous avons négligé dans ce qui précède l'action de la pesanteur; pour plus de sécurité, il convient de calculer les éléments d'un volant de telle manière que chaque bras puisse résister aux efforts que nous venons de calculer, augmentés du poids total du volant, tandis qu'il n'en supporte jamais qu'une partie, ce qui revient à retrancher de $\Gamma$ l'expression $\Pi . 2\pi\frac{\sigma}{\sigma'}\rho_0$, ou à écrire

$$(2)\quad \frac{2\varpi\rho_0 g}{\Omega^2}\frac{\sigma}{\sigma'} + 4\frac{\sigma}{\sigma'}\rho_0^2 - \frac{2}{3}\frac{I}{\sigma'}\frac{\alpha\sin^2\alpha}{\frac{\alpha^2}{2} + \frac{\alpha}{2}\sin\alpha\cos\alpha - \sin^2\alpha} < \frac{g\Gamma}{\Pi\Omega^2} - \frac{\rho_0^2}{2}.$$

Ainsi donc, étant donnés la vitesse moyenne d'un volant à sa circonférence et son moment d'inertie calculé en vue d'obtenir un degré de régularité déterminé, on devra donner à l'anneau et aux bras des sections, et des formes à ces sections, telles que les conditions (1) et (2) soient satisfaites.

2° Proposons-nous maintenant d'étudier l'influence que doit avoir, sur la résistance d'un volant, une variation plus ou moins rapide du mouvement, en faisant abstraction de la force centrifuge.

Nous nous occuperons spécialement de la flexion des bras supposés rectilignes, et nous négligerons l'angle $\varepsilon$, ce qui est permis sans erreur sensible, comme l'indique la suite des calculs; nous conserverons les notations précédentes, aux exceptions suivantes près : 1° au lieu de représenter l'angle $a_1 O a'_1$ par $2\alpha$, nous le désignerons par $\alpha$; 2° nous représenterons la vitesse angulaire variable par $\omega$, en supposant qu'elle ait lieu de la gauche vers la droite; 3° les composantes des actions élastiques dans les sections méridiennes en $a_1$ et $a'_1$ n'ayant plus ici la même valeur, nous les représenterons par les mêmes lettres que plus haut, mais en accentuant celles qui sont relatives à la seconde de ces naissances.

En projetant sur les directions de N′ et Q′ et prenant les moments par rapport au point O, on obtient, pour les conditions d'équilibre des forces qui sollicitent l'arc $a_1 a'_1$,

$$N\cos\alpha - N' - Q\sin\alpha - \frac{\Pi}{g}\sigma\rho_0^2\frac{d\omega}{dt}\int_0^\alpha \cos\varphi\, d\varphi = 0,$$

$$Q\cos\alpha + Q' + N\sin\alpha - \frac{\Pi}{g}\sigma\rho_0^2\frac{d\omega}{dt}\int_0^\alpha \sin\varphi\, d\varphi = 0,$$

$$N - N' - \frac{\Pi}{g}\sigma\rho_0^2\alpha\frac{d\omega}{dt} = 0.$$

Si l'on pose

$$Q_1 = Q + \frac{\Pi}{g}\sigma\rho_0^2\frac{d\omega}{dt},$$

ces équations prennent la forme

$$(n)\qquad \begin{cases} N' = N\cos\alpha - Q_1\sin\alpha, \\ Q' = -N\sin\alpha - Q_1\cos\alpha + \dfrac{\Pi}{g}\sigma\rho_0^2\dfrac{d\omega}{dt}, \\ N - N' = \dfrac{\Pi}{g}\sigma\rho_0^2\alpha\dfrac{d\omega}{dt}, \end{cases}$$

d'où

$$(p)\qquad N(1-\cos\alpha) + Q_1\sin\alpha = \frac{\Pi}{g}\sigma\rho_0^2\alpha\frac{d\omega}{dt}.$$

On a pour l'équation relative à la flexion de $a_1 a'_1$

$$\begin{aligned} EI\left(\frac{1}{\rho} - \frac{1}{\rho_0}\right) &= N_1\rho_0[1-\cos(\alpha-\varphi)] + Q\rho_0\sin(\alpha-\varphi) \\ &\quad - \frac{\Pi}{g}\sigma\rho_0^3\frac{d\omega}{dt}\int_\varphi^\alpha [1-\cos(\psi-\varphi)]\,d\psi + \text{const.} \end{aligned}$$

ou, en désignant par C une constante,

$$(q)\qquad \frac{EI}{\rho_0}\left(\frac{1}{\rho} - \frac{1}{\rho_0}\right) = -N\cos(\alpha-\varphi) + Q_1\sin(\alpha-\varphi) + C.$$

L'angle $a_1Oa'_1$ restant égal à $\alpha$, et les tangentes en $a_1$ et $a'_1$

ayant la même inclinaison sur $Oa_1$, $Oa'_1$ après comme avant la déformation, on doit avoir

$$\int_0^\alpha \left(\frac{1}{\rho} - \frac{1}{\rho_0}\right) \rho_0\, d\varphi = 0$$

ou

$$(r) \qquad \mathrm{N} \sin\alpha - \mathrm{Q}_1(1 - \cos\alpha) - \mathrm{C}\alpha = 0.$$

En opérant comme plus haut, on tire de l'équation ($q$)

$$u = \frac{\rho_0^2}{\mathrm{EI}}\Big[-\mathrm{C} + \tfrac{1}{2}\mathrm{N}(\varphi - \alpha)\sin(\varphi - \alpha) - \frac{\mathrm{Q}_1}{2}(\varphi - \alpha)\cos(\varphi - \alpha) + \mathrm{M}\cos(\varphi - \alpha) + \mathrm{M}'\sin(\varphi - \alpha)\Big],$$

M et M′ étant deux constantes arbitraires.

Nous ferons remarquer maintenant que les éléments matériels de chaque bras n'étant sollicités que par des forces en $\frac{d\omega}{dt}$, toutes très-sensiblement perpendiculaires à son axe de figure, la dilatation de cet axe est uniforme et ne dépend que de $\mathrm{Q} + \mathrm{Q}'$, résultante qui, d'après la nature même de la question, doit être très-faible, ce que, d'ailleurs, nous pourrons vérifier ultérieurement; de sorte qu'il nous sera permis de négliger la dilatation dont il s'agit, ou de supposer que $u = 0$ pour $\varphi = \alpha$, $\varphi = 0$, ce qui donne les conditions

$$\mathrm{M} = \mathrm{C},$$

$$(s) \qquad -\mathrm{C}(1 - \cos\alpha) + \tfrac{1}{2}\mathrm{N}\alpha\sin\alpha + \frac{\mathrm{Q}_1}{2}\alpha\cos\alpha - \mathrm{M}'\sin\alpha = 0.$$

D'autre part, les tangentes en $a_1$, $a'_1$ devant être également inclinées sur $Oa_1$, $Oa'_1$, la dérivée $\frac{du}{d\varphi}$ doit avoir la même valeur pour $\varphi = \alpha$, $\varphi = 0$, ce qui s'exprime par

$$(t) \qquad \left\{ \begin{array}{l} \frac{\mathrm{N}}{2}(\sin\alpha + \alpha\cos\alpha) \\ \qquad - \frac{\mathrm{Q}_1}{2}(1 - \cos\alpha + \alpha\sin\alpha) - \mathrm{C}\sin\alpha + \mathrm{M}'(1 - \cos\alpha) = 0. \end{array} \right.$$

L'élimination de M′ entre les équations ($s$) et ($t$) conduit à la suivante :

$$(u) \qquad \frac{N}{2}\sin\alpha - \frac{Q_1}{2}(1-\cos\alpha) - \frac{2C(1-\cos\alpha)}{\alpha+\sin\alpha} = 0.$$

Il résulte de la comparaison des formules ($r$) et ($u$) que C est nul et que l'on a tout simplement

$$(v) \qquad N\sin\alpha - Q_1(1-\cos\alpha) = 0$$

De cette équation et de la formule ($p$) on tire

$$N = \frac{\Pi}{2g}\sigma\rho_0^2\alpha\frac{d\omega}{dt},$$

$$Q_1 = \frac{\Pi}{2g}\sigma\rho_0^2\alpha\,\text{tang}\frac{\alpha}{2}\frac{d\omega}{dt}$$

et enfin

$$Q = \frac{\Pi}{g}\sigma\rho_0^2\left(\tfrac{1}{2}\text{tang}\frac{\alpha}{2} - 1\right),$$

$$N' = \frac{3}{2}\frac{\Pi}{g}\sigma\rho_0^2\alpha\frac{d\omega}{dt},$$

$$Q' = \frac{\Pi}{g}\sigma\rho_0^2\alpha\frac{d\omega}{dt}\left(1 - \tfrac{1}{2}\text{tang}\frac{\alpha}{2}\right) = -Q.$$

Ainsi donc l'effort $Q + Q'$, qui agit longitudinalement sur chaque bras, est nul, ou plutôt de l'ordre des quantités que nous avons négligées, comme nous l'avons admis *a priori*.

Soient maintenant

$I'$ le moment de la section du bras par rapport à la perpendiculaire au plan de la figure passant par son centre de gravité ;

$\rho$ le rayon de courbure du point de la fibre moyenne déformée situé à la distance $r$ de l'axe de rotation ;

$2e'$ l'épaisseur du bras.

On a

$$\frac{EI'}{\rho} = (N - N')(\rho_0 - r);$$

d'où pour le maximum de $\frac{E}{\rho}$

$$\frac{N - N'}{I'}(\rho_0 - r_0);$$

la tension ou compression élastique maximum développée est, par suite,

$$(\mathrm{N}-\mathrm{N}')\frac{\rho_0 - r_0}{\mathrm{I}'}e' = \frac{\Pi}{g}\sigma\rho_0^2\alpha(\rho_0 - r_0)\frac{e'}{\mathrm{I}'}\frac{d\omega}{dt},$$

et doit être au plus égale à $\Gamma$; on satisfera *a fortiori* à cette condition si l'on satisfait à la suivante :

$$\frac{\mathrm{I}'}{e'} \geqq \frac{\Pi}{g}\,\frac{\sigma\rho_0^3\alpha}{\Gamma}\,\frac{d\omega}{dt}.$$

En désignant par P le poids de l'anneau, par $n$ le nombre des bras, et remarquant que l'on a à peu de chose près $\alpha = \frac{2\pi}{n}$, l'inégalité ci-dessus peut se mettre sous la forme suivante :

$$\frac{\mathrm{I}'}{e'} \geqq \frac{\mathrm{P}\rho_0^2}{ng\Gamma}\,\frac{d\omega}{dt},$$

qui est d'une application plus facile.

# CHAPITRE III.

## DES RÉGULATEURS.

**74.** Il arrive dans la plupart des machines que, par suite d'exigences particulières, le travail utile doit rester pendant un temps, plus ou moins long, tantôt au-dessous, tantôt au-dessus de la valeur pour laquelle la machine a été établie : c'est ce qui arrive, par exemple, si, la machine ayant pour objet de faire fonctionner à la fois plusieurs outils, on vient à en diminuer ou à en augmenter le nombre.

Pour éviter les effets nuisibles d'une trop grande augmentation ou diminution de vitesse, il faut réduire ou augmenter le travail utile et, par suite, l'énergie de la force motrice. Cette variation d'intensité, pour les moteurs inanimés, se produit à la main, ou automatiquement, à l'aide d'un mécanisme appelé *régulateur*, qui agit sur le *distributeur* de la force motrice, la vanne d'une chute d'eau, ou le robinet ou la valve d'une conduite de vapeur, par exemple, lorsqu'on emploie pour force motrice le poids de l'eau ou la pression de la vapeur. Pour simplifier le langage, nous supposerons dans ce qui suit qu'il s'agit d'une vanne.

Comme on le voit, le volant et le régulateur remplissent deux fonctions distinctes : le volant a pour objet de restreindre entre certaines limites les écarts de vitesse dus à la présence d'organes oscillants dans la machine, lorsque le travail est régulier, tandis que le régulateur a pour but de limiter les écarts de la vitesse moyenne quand le travail à effectuer est soumis à des irrégularités.

Dans ce qui suit nous ne nous occuperons que des régulateurs le plus en usage.

75. *Régulateur à boules ou à force centrifuge.* — Ce régulateur, qui est le plus généralement employé, se compose (*fig.* 112) de deux boules A, A′ de même poids, fixées aux

Fig. 112.

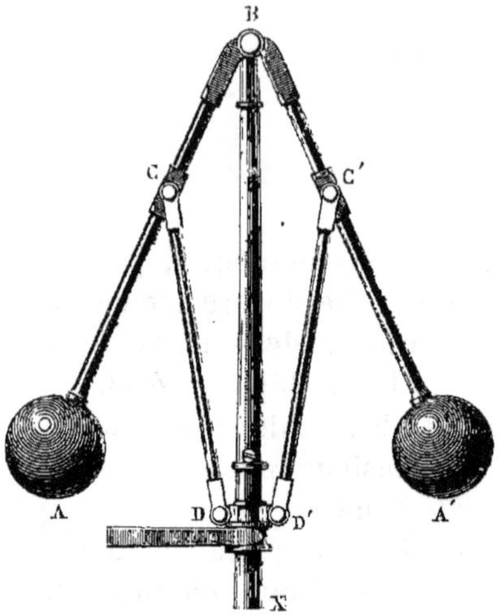


Fig. 113.

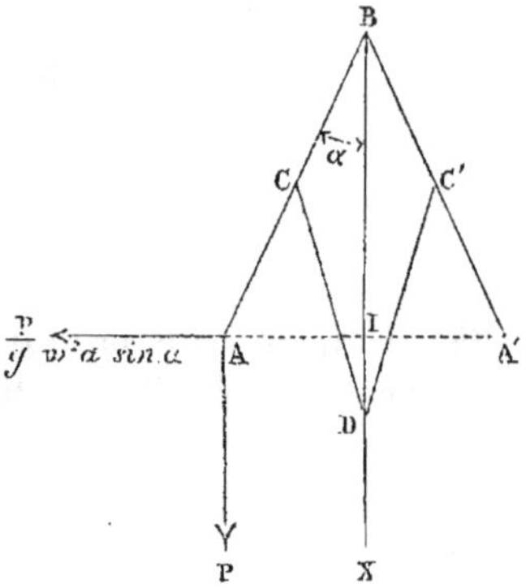


extrémités de deux tiges égales AB, A′B, qui sont articulées à charnières à l'extrémité supérieure B d'un arbre vertical BX, dont le mouvement de rotation est transmis par l'arbre ou l'un des arbres de la machine au moyen d'engrenages ou de courroies. Deux tiges ou bielles égales CD, C′D′ sont articulées en C et C′ à AB, A′B à égale distance du sommet B, et à une douille DD′, qui peut glisser le long de l'arbre BX. La douille, en s'élevant ou s'abaissant par l'effet de la force centrifuge qui s'exerce sur les boules, et d'une manière secondaire sur les tiges, agit sur la vanne de la force motrice par l'intermédiaire d'un système de tringles relié à la douille par une articulation, et dont la disposition varie avec les circonstances.

Quelques constructeurs remplacent les boules par des lentilles dont les arêtes sont comprises dans des plans passant par les axes de figure des tiges AB, A′B, et perpendiculaires à celui dans lequel sont compris ces axes et celui de l'arbre.

Cette disposition a pour objet de réduire la résistance de l'air; mais, comme un régulateur marche toujours lentement, l'avantage des lentilles sur les sphères est pour ainsi dire illusoire.

Supposons les quatre tiges réduites à leurs axes de figure, et les sphères et la douille à leurs centres A, A' et D.

Soient (*fig.* 113)

$$\left.\begin{array}{l} AB = A'B = a, \\ BC = BC' = b, \\ CD = C'D = c \end{array}\right\}$$ des longueurs données;

I l'intersection de AA' avec BX;

P le poids des boules;

$p$ l'effort que doit vaincre la douille, tantôt dans un sens, tantôt dans l'autre, pour faire varier la position de la vanne;

$\omega$ la vitesse angulaire de l'arbre;

$\alpha$ l'angle formé par AB ou A'B avec la verticale BX.

On a

$$AI = a \sin\alpha, \quad BI = b \cos\alpha,$$

et le triangle BCD do ı

$$BD = b \cos\alpha + \sqrt{c^2 - b^2 \sin^2\alpha},$$

d'où

$$d.BD = -b \sin\alpha\, d\alpha - \frac{b^2 \sin\alpha \cos\alpha\, d\alpha}{\sqrt{c^2 - b^2 \sin^2\alpha}}.$$

Comme la masse des tiges est toujours relativement faible par rapport à celle des boules, nous en ferons abstraction. Les forces centrifuges des éléments matériels de chaque boule supposée homogène ont une résultante passant par le centre de gravité de la boule et qui n'est autre chose que la force centrifuge de ce centre où toute la masse était concentrée; cette résultante a pour expression

$$\frac{P}{g}\omega^2 . AI = \frac{P}{g}\omega^2 a \sin\alpha.$$

En exprimant que, pour le déplacement angulaire $d\alpha$, la somme des travaux virtuels du poids et de la force centrifuge des boules et de $p$ est nulle, on a

$$(1) \qquad 2P\frac{\omega^2}{g} a \sin\alpha\, d.AI + 2\frac{P}{g} d.BI \pm p\, d.BD = 0,$$

d'où

$$(2)\quad 2\frac{\mathrm{P}}{g}a^2\omega^2\sin\alpha\cos\alpha - 2\mathrm{P}a\sin\alpha \mp pb\left(1+\frac{b\cos\alpha}{\sqrt{c^2-b^2\sin^2\alpha}}\right)\sin\alpha = 0,$$

le signe — et le signe + se rapportant respectivement à la tendance à la levée et à l'abaissement de la vanne.

Soit $\omega_0$ la vitesse angulaire de l'arbre qui correspond à la vitesse de régime de la machine et à la valeur $\alpha_0$ de $\alpha$ pour $\omega = \omega_0$, il ne doit y avoir aucune tendance au déplacement de la vanne dans un sens ou dans l'autre, ou encore aucun effort ne doit s'exercer sur la douille; de sorte que la formule (2) donne, en y supposant $\omega = \omega_0$, $\alpha = \alpha_0$ et $p = 0$,

$$(3)\qquad \omega_0^2\cos\alpha_0 = \frac{g}{a}.$$

Les vitesses angulaires maximum $\omega_2$ et minimum $\omega_1$ du régulateur correspondant à la tendance au déplacement de la vanne ont respectivement pour valeurs

$$(4)\quad \left\{\begin{aligned} \omega_2 &= \sqrt{\frac{\mathrm{P}a + \dfrac{pb}{2}\left(1+\dfrac{b\cos\alpha_0}{\sqrt{c^2-b^2\sin^2\alpha_0}}\right)}{\dfrac{\mathrm{P}}{g}a^2\cos\alpha_0}},\\ \omega_1 &= \sqrt{\frac{\mathrm{P}a - \dfrac{pb}{2}\left(1+\dfrac{b\cos\alpha_0}{\sqrt{c^2-b^2\sin^2\alpha_0}}\right)}{\dfrac{\mathrm{P}}{g}a^2\cos\alpha_0}}.\end{aligned}\right.$$

Le rapport $\dfrac{pb}{2\mathrm{P}a}$ étant toujours une petite fraction, on peut, sans inconvénient, en négliger les puissances supérieures à la troisième, et écrire, en ayant égard à la relation (3),

$$(5)\quad \left\{\begin{aligned} \omega_2 &= \omega_0\left[1+\frac{pb}{4\mathrm{P}a}\left(1+\frac{b\cos\alpha_0}{\sqrt{a^2-b^2\sin^2\alpha_0}}\right)-\frac{p^2b^2}{8\mathrm{P}^2a^2}\left(1+\frac{b\cos\alpha_0}{\sqrt{a^2-b^2\sin^2\alpha_0}}\right)^2\right],\\ \omega_1 &= \omega_0\left[1-\frac{pb}{4\mathrm{P}a}\left(1+\frac{b\cos\alpha_0}{\sqrt{a^2-b^2\sin^2\alpha_0}}\right)+\frac{p^2b^2}{8\mathrm{P}^2a^2}\left(1+\frac{b\cos\alpha_0}{\sqrt{a^2-b^2\sin^2\alpha_0}}\right)^2\right],\end{aligned}\right.$$

et l'on voit que l'on a, à la deuxième puissance près de $\dfrac{pb}{\mathrm{P}a}$,

$\omega_2 - \omega_0 = \omega_0 - \omega_1$, c'est-à-dire que la douille et la vanne seront sur le point de se déplacer pour des écarts de vitesse sensiblement égaux de part et d'autre de la vitesse de régime.

La sensibilité du régulateur se mesure par l'*écart proportionnel* $\frac{\omega_2 - \omega_1}{\omega_0}$ que l'on se donne *a priori*, et qui doit être d'autant plus petit que l'on veut obtenir une plus grande régularité dans le mouvement. Désignant ce rapport par $\frac{1}{n}$, nous aurons, à la troisième puissance près de $\frac{pb}{2Pa}$,

$$\frac{1}{n} = \frac{pb}{2Pa}\left(1 + \frac{b\cos\alpha_0}{\sqrt{c^2 - b^2\sin^2\alpha_0}}\right),$$

d'où

$$P = \frac{npb}{2a}\left(1 + \frac{b\cos\alpha_0}{\sqrt{c^2 - b^2\sin^2\alpha_0}}\right), \tag{6}$$

formule qui fait connaître le poids qu'il faut donner aux boules pour obtenir le degré voulu de sensibilité.

Il est facile de voir qu'aux termes du second ordre près on peut écrire

$$\omega'_2 = \omega'_0\left(1 + \frac{1}{2n}\right), \quad \omega'_1 = \omega'_0\left(1 - \frac{1}{2n}\right). \tag{7}$$

76. *Conditions relatives aux limites que l'on assigne à la vitesse de la machine.* — Supposons maintenant que, par suite d'une réduction du travail utile, $\omega$ dépasse $\omega_1$, la vanne s'abaissera en même temps que $\omega$ croîtra; toutefois $\omega$ ne dépassera pas une certaine limite $\omega''$ correspondant à la fermeture complète de la vanne, et qui sera une conséquence du mode de liaison entre la vanne et la douille; mais, à l'inverse, on peut se proposer d'établir ce système de liaison de manière que $\omega''$ soit donné *a priori*, et que l'on ait à remplir une condition semblable en se donnant la vitesse angulaire $\omega'$ correspondant à l'ouverture complète de la vanne.

Soient $\alpha''$, $\alpha'$ les valeurs inconnues de l'angle ABD correspondant aux vitesses angulaires $\omega''$, $\omega'$, et supposons que la résistance opposée au déplacement de la douille reste constante et égale à $p$, pour toutes les valeurs de cet angle comprises entre

$\alpha''$ et $\alpha'$. Considérons le cas le plus usuel où BCDC′ est un losange, et négligeons le carré de $\frac{1}{n}$; nous aurons, en nous reportant à l'équation (2),

$$(8)\qquad \left\{\begin{array}{l} \omega''^2 \cos\alpha'' = \omega_2^2 \cos\alpha_0 = \omega_0^2 \cos\alpha_0 \left(1 + \frac{1}{n}\right), \\ \text{et de même} \\ \omega'^2 \cos\alpha' = \omega_0^2 \cos\alpha_0 \left(1 - \frac{1}{n}\right). \end{array}\right.$$

Or la position de la vanne doit être donnée pour la valeur $\alpha$ de l'angle ABD; on devra donc établir la liaison entre la douille et la vanne de telle manière que, lors de l'ouverture et de la fermeture complète de la vanne, l'angle $\alpha$ soit égal aux valeurs de $\alpha''$, $\alpha'$ données par les équations (8).

Dans le cas actuel, la formule (6) devient

$$(6')\qquad \mathrm{P} = \frac{npb}{a},$$

et le poids des boules est ainsi indépendant de l'angle $\alpha_0$.

Soient $h_0 = 2a\cos\alpha_0$, $h'' = 2a\cos\alpha''$, $h' = 2a\cos\alpha'$ les valeurs de AD correspondant aux vitesses angulaires $\omega_0$, $\omega''$, $\omega'$.

Les équations (8) prennent la forme simple

$$(8')\qquad h'' = \frac{\omega_0^2}{\omega''^2}\left(1 + \frac{1}{n}\right)h_0, \quad h' = \frac{\omega_0^2}{\omega_1^2}\left(1 - \frac{1}{n}\right)h_0,$$

qui se prête facilement aux applications (¹).

---

(¹) *Disposition de Foucault.* — Foucault a eu l'idée de chercher l'effet que produiraient les boules placées sur les prolongements des bielles CD, C′D,

Fig. 114.

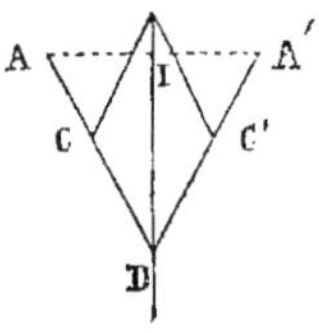


lorsque BADC′ est un losange (*fig.* 114); A, A′ seraient, dans ce cas, assujettis

Pour éviter que les boules oscillent dans le mouvement régulier de la machine, il faut donner à $\frac{1}{n}$ une valeur supérieure à l'écart relatif des vitesses maximum et minimum, qui sert de base à l'établissement du volant ([1]).

Soit $h$ la valeur de AD correspondant à la vitesse angulaire $\varpi$; on a, selon que cette vitesse est supérieure ou inférieure à $\varpi_0$,

$$h = \frac{\varpi_2^2}{\varpi^2} h_0, \quad h = \frac{\varpi_1^2}{\varpi^2} h_0.$$

Si $\omega$, $\omega_2$, $\omega_1$ sont les vitesses de l'arbre qui correspondent aux vitesses $\varpi$, $\varpi_2$, $\varpi_1$ auxquelles elles sont proportionnelles, on peut écrire

(9) $$h = \frac{\omega_2^2}{\omega^2} h_0, \quad h = \frac{\omega_1^2}{\omega^2} h_0.$$

Soit $\zeta$, pour la vitesse $\varpi$, l'augmentation relative éprouvée par le débouché de la vanne correspondant aux vitesses angulaires $\varpi_2$ et $\varpi_1$; $\zeta$ sera proportionnel à $h - h_0$: nous pourrons

---

à se trouver sur un ellipsoïde substitué à la sphère du régulateur ordinaire. Posant $AD = A'D = a$ et conservant les notations du texte, il est facile de reconnaître que les formules (4) s'appliquent au cas actuel, en remplaçant $Pa$ par $P(2b - a)$, après y avoir supposé $b = c$. Cette disposition est loin d'offrir quoi que ce soit d'avantageux.

([1]) Le mouvement oscillatoire des boules résultant d'une variation de la vitesse angulaire est un mouvement relatif par rapport au plan mobile AOA'; les forces centrifuges composées pour chaque boule ayant une résultante perpendiculaire à ce plan, on n'a qu'à introduire dans l'équation (1) le terme $-2I\frac{d^2\alpha}{dt^2}\delta\alpha$, I étant le moment d'inertie de la boule par rapport à l'axe projeté en B. Au lieu de l'équation (2), on a la suivante :

$$I\frac{d^2\alpha}{dt^2} = \frac{P}{g}\omega^2 a^2 \sin\alpha\cos\alpha - Pa\sin\alpha \mp pb\sin\alpha\left(1 + \frac{b\cos\alpha}{\sqrt{c^2 - b^2\sin^2\alpha}}\right).$$

On devra faire l'intégration pour chaque demi-oscillation ascendante et descendante, correspondant respectivement au signe supérieur et au signe inférieur du dernier terme du second membre; les constantes introduites se détermineront par la double condition que $\alpha$ et $\frac{d\alpha}{dt}$ ont des valeurs connues au commencement de chaque demi-oscillation.

écrire en vertu de la formule (9), selon les cas,

$$\zeta = k\left(\frac{1}{\omega^2} - \frac{1}{\omega_2^2}\right) \quad \text{ou} \quad \zeta = k_1\left(\frac{1}{\omega^2} - \frac{1}{\omega_1^2}\right),$$

$k$ et $k_1$ étant deux coefficients connus.

77. *Autre disposition.* — Dans certaines circonstances, motivées par des difficultés d'emplacement, on est obligé de placer la douille au-dessus de l'articulation D; on emploie alors la disposition représentée par la *fig.* 115, dans laquelle les tiges de

Fig. 115.

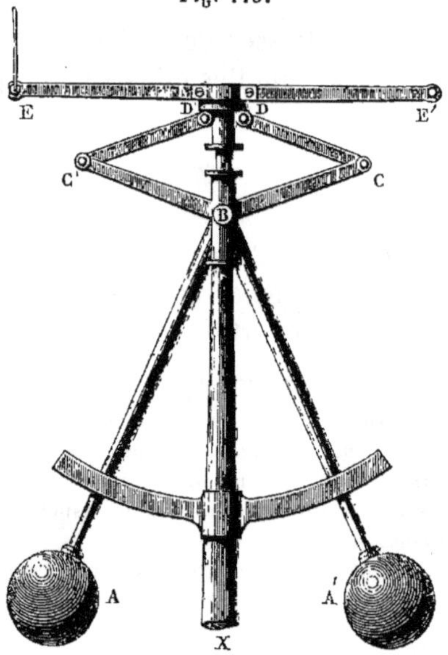


même longueur BC, BC' sont également inclinées sur les tiges AB, A'B, d'une manière invariable, avec lesquelles elles sont respectivement reliées. Les bielles CD, C'D déterminent un losange BCDC'. Nous ne nous arrêterons pas à la recherche (qui ne présente d'ailleurs aucune difficulté) de l'écart proportionnel dans l'expression duquel doit entrer nécessairement l'angle CBA.

78. *Des régulateurs isochrones.* — Dans le régulateur à boules il y a, pour chaque valeur de $\alpha$, une vitesse de régime déterminée $\omega$; de sorte qu'il ne peut remplir l'objet

qu'on se propose que par approximation, à la condition que l'angle $\alpha$ varie peu en passant de l'ouverture complète à la fermeture de la vanne.

On comprend ainsi l'avantage, au moins au point de vue théorique, que doit présenter un régulateur disposé de manière que la vitesse angulaire de régime $\omega_0$ soit indépendante de l'angle $\alpha$. Les dispositifs de cette nature qui ont été imaginés par divers ingénieurs et constructeurs ont reçu le nom de *régulateurs isochrones*.

Nous allons passer en revue les principaux types de ce genre de régulateurs.

79. *Régulateurs paraboliques.* — Concevons un dispositif tel que le centre de chaque boule soit assujetti à rester sur une courbe fixe, déterminée de manière que le poids et la force centrifuge de la boule se fassent constamment équilibre pour la vitesse $\omega_0$, quel que soit l'écart $\alpha$; on obtiendra un régulateur isochrone. En effet, par suite d'une diminution de la résistance utile, $\omega$ croîtra à partir de $\omega_0$ et en même temps $\alpha$ à partir de $\alpha_0$; mais bientôt, par la fermeture graduelle de la vanne, $\omega$ et par suite $\alpha$ atteindront chacun un maximum; $\omega$, $\alpha$ décroîtront, atteindront respectivement un minimum, et ainsi de suite; mais, sous l'influence du frottement [1], les oscillations de chaque boule sur sa courbe s'éteindront rapidement, et, lorsqu'elle sera arrivée à l'état stationnaire, la vitesse du régulateur sera redevenue $\omega_0$.

Soient $x$ l'abscisse verticale d'un point de la courbe que doit décrire le centre A, mesurée à partir d'un point déterminé de l'axe de l'arbre; $y$ l'ordonnée horizontale correspondante : le principe du travail virtuel donne

$$\frac{P}{g}\omega_0^2 y\,dy + P\,dx = 0,$$

d'où, en appelant C une constante,

$$y^2 = \frac{2g}{\omega_0^2}(C - x),$$

[1] *Voir* la Note, placée à la fin de ce Chapitre, relative à l'influence que peut avoir le frottement sur les mouvements oscillatoires.

équation d'une parabole, comme on devait s'y attendre (deuxième Partie, n° 207), dont le paramètre est $\frac{2g}{\omega_0^2}$ et C l'abscisse du sommet dont on fixera la position comme on l'entendra.

C'est sur le principe que nous venons d'énoncer que sont basées les deux dispositions suivantes :

1° *Régulateur de Franke.* — C'est le premier régulateur parabolique qui ait été construit : il se compose de deux guides curvilignes (*fig.* 116) MN, M'N', symétriques par rapport à l'axe

Fig. 116.

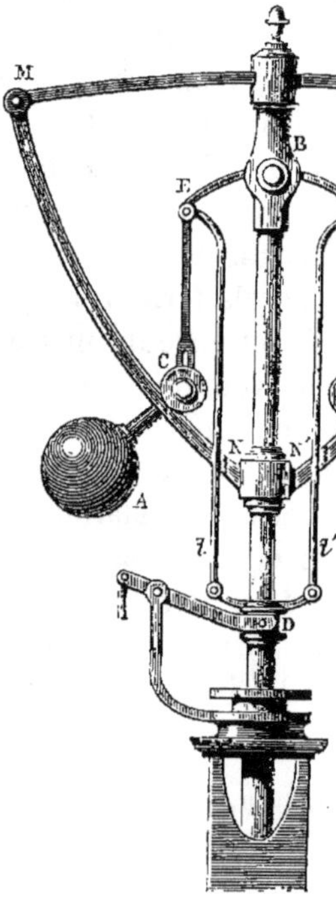

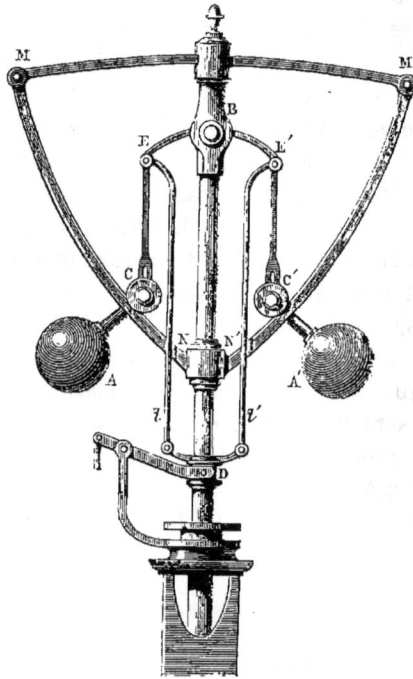

de l'arbre, correspondant respectivement à deux couples de galets C, C' qui terminent les tiges des boules A, A'; les axes des galets sont engagés dans deux fenêtres courbes pratiquées dans les extrémités de deux tiges CE, C'E' qui vont en B s'articuler à l'arbre. Deux tringles *t*, *t'* sont articulées à ces deux tiges et supportent, également par articulation, la douille **D**. On voit que chacun des guides doit affecter la forme d'une parallèle à la parabole que doivent décrire les centres des boules, tracées à une distance de cette courbe égale à celle de ces centres aux circonférences de gorge des galets.

Cette disposition n'a pas eu de succès pratique, en raison de sa complication et des frottements des galets sur les guides et sur leurs axes, qui diminuent notablement la sensibilité du régulateur.

2° *Régulateur à bras croisés.* — **M.** Farcot a eu l'idée de remplacer la parabole par son cercle osculateur dans la position moyenne que doit occuper le centre de chaque boule, ce qui lui a permis d'établir un régulateur à très-peu près isochrone, d'une construction très-simple.

Soient (*fig.* 117 et 118)

Fig. 117.



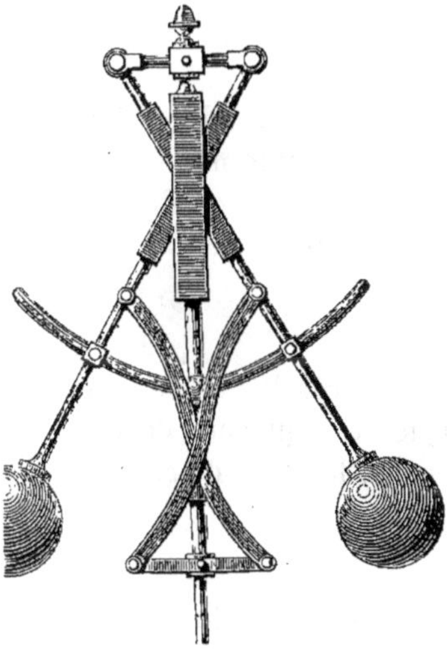

Fig. 118.



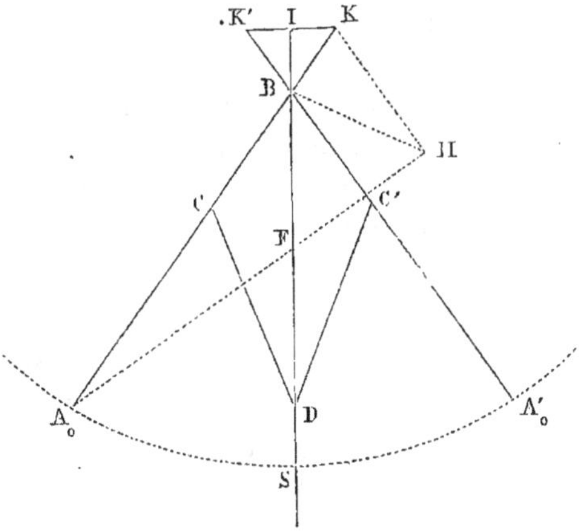

$A_0$ la position moyenne du centre de la boule **A** ; .

**S** le sommet de la parabole ;

**F** son foyer déterminé par $SF = \dfrac{g}{w_0^2}$ ;

$A_0B$ la normale en $A_0$ limitée à l'axe de la courbe ;

H l'intersection de la direction du rayon vecteur $A_0F$ avec la perpendiculaire en B en $A_0B$ ;

K celle de la perpendiculaire en H à $A_0H$ avec le prolongement de la normale qui est le centre de courbure de la parabole en $A_0$ (¹) ;

K' le centre de courbure de la même courbe correspondant à la position moyenne $A'_0$ du centre de la boule A', qui est le symétrique de K par rapport à BS.

Portons, à partir des points K et K' sur KA, K'A, deux longueurs égales KC, K'C', puis joignons C, C' à un point D de l'axe.

On obtiendra un régulateur sensiblement isochrone, en supposant que $KA_0$, $K'A'_0$ représentent deux tiges articulées en K et K' à une pièce KK' faisant corps avec l'arbre, que la douille D soit reliée, par articulations, à ces tiges par les tringles CD, C'D.

Proposons-nous maintenant de déterminer les conditions relatives à la sensibilité du régulateur, en plaçant l'origine des coordonnées au milieu I de KK'.

Supposons, pour plus de simplicité, comme cela a lieu d'ailleurs en général, que les tiges CD et KC aient une même longueur $b$, et conservons aux lettres P et $p$ la même signification qu'au n° 75; nous aurons, pour l'équation du travail virtuel,

$$\frac{P}{g}\omega^2 y\,dy - P\,dx = \pm\frac{p}{2}d.\,ID,$$

$\omega$ étant l'une ou l'autre des vitesses angulaires de l'arbre pour lesquelles la vanne est sur le point de se déplacer. Posons $\omega = \omega_0(1+\varepsilon)$, nous aurons, en négligeant le carré de $\varepsilon$,

$$\frac{P}{g}\omega_0^2\,\varepsilon y\,dy = \pm\frac{p}{4}d.\,ID. \tag{10}$$

Soit $\alpha$ l'angle formé par la normale $A_0K$ avec IS; de l'équation

$$y^2 = 2\frac{g}{\omega_0^2}(C - x)$$

(¹) *Voir* mon *Traité de Cinématique pure*, n° 57, p. 57.

on tire

$$\text{(11)} \qquad \tang\alpha = -\frac{dx}{dy} = \frac{\omega_0^2}{g}y,$$

d'où

$$dx = \frac{\omega_0^2}{g}\cos^2\alpha\, dy.$$

Mais on a

$$\text{ID} = 2b\cos\alpha, \quad \text{d'où} \quad d.\text{ID} = -2b\sin\alpha\, dx = -2b\frac{\omega_0^2}{g}\cos^2\alpha\sin\alpha\, dy,$$

et l'équation (10) donne par suite

$$\varepsilon = \pm\frac{pb}{2\text{P}}\frac{\cos^2\alpha\sin\alpha}{y},$$

ou, en remplaçant $y$ par sa valeur, en fonction de $\alpha$, tirée de l'équation (11),

$$\varepsilon = \pm\frac{p}{2\text{P}}\frac{\omega_0^2}{g}b\cos^3\alpha_0;$$

nous aurons donc

$$\omega_2 = \omega_0\left(1 + \frac{p}{2\text{P}}\frac{\omega_0 b}{g}\cos^3\alpha_0\right),$$

$$\omega_1 = \omega_0\left(1 - \frac{p}{2\text{P}}\frac{\omega_0 b}{g}\cos^3\alpha_0\right).$$

Supposons que l'écart proportionnel $\frac{1}{n}$ soit donné pour la valeur moyenne $\alpha_0$ de $\alpha$; de la condition $\frac{1}{n} = \frac{\omega_2 - \omega_1}{\omega_0}$ on déduit la relation

$$\text{P} = pn\frac{\omega_0 b}{g}\cos^3\alpha_0.$$

L'écart proportionnel, pour une valeur quelconque de $\alpha$, a par suite pour expression

$$\frac{1}{n}\frac{\cos^3\alpha}{\cos^3\alpha_0};$$

mais, comme l'angle $\alpha - \alpha_0$ est toujours petit, on peut en négliger le carré, et cet écart prend la forme

$$\frac{1}{n}[1 - 3\tang\alpha_0(\alpha - \alpha_0)],$$

ce qui met bien en évidence la manière dont il varie avec $\alpha$.

**80.** *Régulateur isochrone à contre-poids de Meyer* (¹). — Reportons-nous à la théorie du régulateur à boules (75), en conservant les mêmes notations. Dans le régulateur dont nous nous occupons actuellement, la douille fait corps avec un manchon enveloppant l'arbre, et qui se termine inférieurement par un galet E (*fig.* 119) s'appuyant sur l'une des branches EF d'un levier coudé EFG, mobile autour de l'axe F, à

Fig. 119.

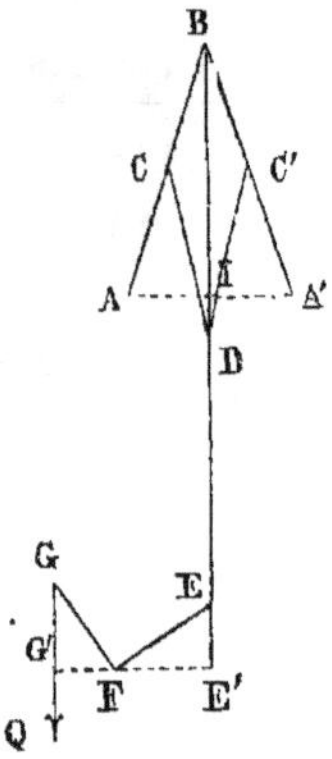


l'extrémité duquel se trouve adapté un contre-poids Q. En raison de son faible diamètre, nous pourrons, sans erreur sensible, supposer que le galet E se réduit à son axe.

---

(¹) On doit à M. Charbonnier (*Bulletin de la Société industrielle de Mulhouse*, 1842) l'idée première de rendre constante la vitesse de régime d'une machine dans laquelle le travail utile est sujet à des variations; il proposait, pour arriver au but, l'emploi de contre-poids sans en définir le système. M. Meyer, de Mulhouse, séduit par l'argumentation de M. Meyer, à laquelle il avait d'abord été rebelle, résolut pratiquement le problème, dont, dans plusieurs cas particuliers, les éléments numériques furent déterminés par M. Charbonnier. Les résultats de l'observation vinrent ultérieurement justifier les calculs de ce modeste savant.

Nous aurions dû logiquement, au point de vue historique, commencer à exposer la théorie des régulateurs à contre-poids; mais nous avons pensé qu'en nous occupant d'abord des régulateurs paraboliques nous ferions comprendre plus facilement ce que l'on entend maintenant par régulateur *isochrone* (d'après Foucault).

Soient

E′, G′ les projections des points E, G sur l'horizontale du point F;
$m$ l'angle constant GFE;
$k$ et $l$ les longueurs des bras de levier EF et GF;
$q$ le poids du manchon;
$\varphi$ l'angle EFE′.

La condition qui doit être remplie pour que le régulateur soit isochrone est que la vitesse de régime soit indépendante de l'angle $\alpha$, sans faire intervenir la résistance au déplacement de la douille.

Le principe du travail virtuel, dans l'hypothèse de $BC = CD = b$, donne

$$(12) \quad \frac{2P}{g} a^2 \omega^2 \sin\alpha \cos\alpha - 2Pa \sin\alpha - 2qb \sin\alpha - Q \frac{d.GG'}{d\alpha} = 0.$$

Or on a

$$EE' = BE' - BE = BE' - DE - BD = h - 2b \cos\alpha,$$

en posant $h = BE' - DE$, qui est une constante dont on pourra disposer ultérieurement.

D'autre part $EE' = k \operatorname{tang}\varphi$; nous avons donc la relation

$$(13) \qquad k \operatorname{tang}\varphi = h - 2b \cos\alpha,$$

d'où

$$(13') \qquad d\varphi = \frac{2b}{k} \sin\alpha \cos^2\varphi \, d\alpha.$$

Si l'on remarque que

$$GG' = l \sin(m + \varphi),$$

on a

$$d.GG' = l \cos(m + \varphi) d\varphi = \frac{2lb}{k} \sin\alpha \cos(\varphi + m) \cos^2\varphi \, d\alpha,$$

et l'équation (12) devient

$$(14) \qquad \frac{P}{g} a^2 \omega^2 \cos\alpha - Pa - qb - Q \frac{lb}{k} \cos^2\varphi \cos(\varphi + m) = 0.$$

Supposons maintenant que l'on dispose de $h$ ou de la valeur moyenne $\alpha_0$ de $\alpha$ en vue d'annuler l'angle $\varphi$ pour $\alpha = \alpha_0$. Nous pourrons prendre $k$ suffisamment grand pour que, lors des plus grandes valeurs de $(\alpha - \alpha_0)^2$, l'angle $\varphi$ reste assez petit pour que l'on puisse poser $\sin\varphi = \operatorname{tang}\varphi$, $\cos\varphi = 1$. L'équation (14) devient alors

$$(15)\quad \frac{P}{g}a^2\omega^2\cos\alpha - Pa - q.b - Q\frac{lb}{k}\left(\cos m - \frac{h - 2b\cos\alpha}{k}\sin m\right) = 0.$$

Cette équation sera satisfaite, quel que soit $\alpha$, en posant

$$(16)\quad \begin{cases} \dfrac{Pa^2\omega^2}{g} = \dfrac{2Qb^2l}{k^2}\sin m, \\ Pa + qb + Q\dfrac{lb}{k}\left(\cos m - \dfrac{h}{k}\sin m\right), \end{cases}$$

et l'on pourra donner à Q, $q$, $m$ des valeurs telles que ces équations soient satisfaites pour une valeur déterminée de $\omega$; le problème de l'isochronisme se trouvera ainsi résolu, du moins par approximation.

**81.** *Régulateur isochrone de M. Tchébichef.* — En nous reportant au régulateur à boules (75), supposons que la douille D (*fig.* 120) soit au-dessus du point fixe B, et que BC, au lieu de

Fig. 120.

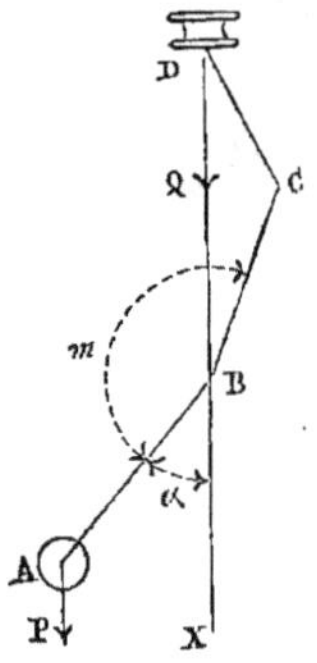


se trouver sur le prolongement de AB, fasse avec sa direction un angle $\widehat{ABC} = m$. Admettons que la douille D ait un poids Q comparable à celui des boules. Rappelons-nous ces notations

$AB = a$, $BC = b$, $CD = c$, $\alpha$ étant l'angle que forme AB avec la verticale BD.

Il est facile de voir que l'équation du travail virtuel s'obtiendra (en faisant abstraction, bien entendu, comme plus haut, de la résistance au déplacement de la douille) en remplaçant, dans le troisième terme de l'équation (2) du n° 75, $\mp p$ par $-Q$, et $\alpha$ par $180^\circ - (\alpha + m)$, ce qui donne

$$\omega^2 = \frac{\dfrac{2aP}{bQ}\sin\alpha + \left[1 - \dfrac{\cos(m+\alpha)}{\sqrt{\dfrac{c^2}{b^2} - \sin^2(m+\alpha)}}\right]\sin(m+\alpha)}{\dfrac{P}{Q}\dfrac{a^2}{gb}\sin 2\alpha}.$$

Si nous posons

$$(17) \qquad \frac{2aP}{bQ} = A, \quad \frac{P}{Q}\frac{a^2\omega_0^2}{gb} = B, \quad \frac{c}{b} = s,$$

nous pourrons écrire

$$(18) \qquad \frac{\omega^2}{\omega_0^2} = \frac{A\sin\alpha + \left[1 + \dfrac{\cos m + \alpha}{\sqrt{s^2 - \cos^2(m+\alpha)}}\right]\sin(m+\alpha)}{B\sin 2\alpha} = \Psi.$$

Soit, comme plus haut, $\alpha_0$ la valeur de $\alpha$ qui correspond à la vitesse de régime $\omega_0$.

La condition imposée par l'isochronisme exigerait que l'on eût $\Psi - 1 = 0$, quel que soit $\alpha$, ou $\alpha - \alpha_0 = \delta\alpha$; mais cette condition, dans le cas actuel, ne peut être remplie que par approximation, en égalant à zéro les coefficients des quatre premières puissances de $\delta\alpha$ dans le développement de $\Psi - 1$, en vue de donner des valeurs convenables aux constantes indéterminées A, B, $s$, $\alpha_0$. M. Tchébichef a trouvé ainsi

$$(19) \qquad \left\{\begin{array}{ll} A = 0{,}84713, & B = 0{,}65616, \\ s = 1{,}31271, & m = \alpha_0 = 119^\circ 10'. \end{array}\right.$$

On peut disposer de $\omega_0$, dans certaines limites, en calculant en conséquence la transmission qui relie l'arbre de la machine à celui du régulateur. Les deux premières des formules (17) donneront ainsi deux relations entre les indéterminées $\dfrac{P}{Q}$ et $a\omega_0^2$.

M. Tchébichef a vérifié, dans plusieurs cas particuliers, ses formules et a pu constater que son système conduisait à l'isochronisme avec une approximation inattendue.

82. *Régulateur isochrone à ressort de Foucault.* — Foucault a cherché à obtenir l'isochronisme de la manière suivante : le losange (*fig.* 121) articulé BCDC′ est relié à l'arbre

Fig. 121.

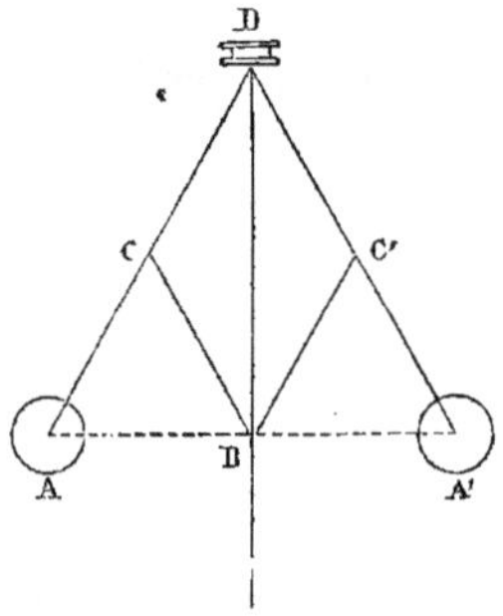


par son sommet inférieur B. Au sommet opposé se trouve la douille D; les côtés CD, C′D′ sont prolongés en CA, C′A′ de longueurs égales à la leur, de manière que les centres des boules A, A′ restent constamment dans le plan horizontal du point B. De part et d'autre de l'arbre, les boules sont reliées par un ressort à boudin, aboutissant aux extrémités des diamètres perpendiculaires au plan CDC′, et les deux ressorts sont complétement identiques.

Soit $\alpha'$ la valeur de $\alpha$ correspondant à l'état naturel du ressort; la résistance opposée aux boules par le ressort, étant proportionnelle à son allongement (deuxième Partie, n° 189), peut être représentée par $k(\sin\alpha - \sin\alpha')$, lorsque l'écartement CBD est devenu $\alpha$, $k$ étant une constante. L'équation du travail virtuel donne

$$2\frac{P}{g}\omega'^2 \sin\alpha\cos\alpha\, d\alpha - 2k(\sin\alpha - \sin\alpha')\cos\alpha\, d\alpha = 0$$

ou

$$\sin\alpha\left(\frac{P}{g}\omega'^2 - k\right) = -k\sin\alpha'.$$

Si $\alpha' = 0$, cette équation sera satisfaite en posant

$$\frac{P\omega^2}{g} = k,$$

formule qui permettra de calculer le poids des boules pour une vitesse déterminée $\omega$, connaissant $k$.

Mais, comme on est obligé de donner une certaine valeur à l'angle $\alpha'$, la condition de l'isochronisme ne peut être satisfaite que par approximation.

83. *Régulateurs à boules conjuguées.* — Ces régulateurs, qui sont dus à M. E. Rolland, sont formés de deux systèmes identiques de tringles articulées, à liaisons complètes, situés symétriquement par rapport à l'axe de l'arbre dans un même plan méridien. Des masses sont calculées et disposées sur certaines tringles, de telle façon que l'on puisse annuler les termes variables qui entrent dans l'expression de la vitesse de régime.

Nous nous bornerons ici à étudier la combinaison la plus simple à laquelle M. Rolland est arrivé :

BE (*fig.* 122) est un bras horizontal fixé en B à l'arbre;

Fig. 122.

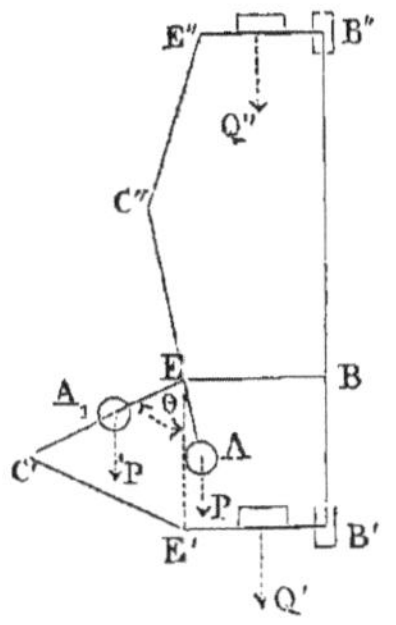


B′E′, B″E″ deux bras horizontaux égaux au précédent, adaptés à deux douilles B′, B″ qui ont la faculté de glisser le long de l'arbre et dont l'une commande la vanne.

Les points E″ et E′ sont reliés par articulations en C″ et C′ par deux tringles C″E″, C′E′ à un levier à angle droit C″EC′

mobile autour d'un axe fixe projeté en E. Les longueurs E″C″, EC″, EC′ sont égales.

Les points A, $A_1$ sont les centres de deux sphères égales, situés à la même distance de E sur le prolongement de C″E et sur EC′.

Soient

P le poids de chaque boule;
$a$ la longueur des tiges EB, E′B′, E″B″;
$b$ celle des tiges E″C″, C″E, EC′ C′E′;
$c$ la distance EA ou $EA_1$;
$\theta$ l'angle formé par $EA_1$ avec la verticale;
$\omega_0$ la vitesse angulaire de régime.

On a

$$BB'' = 2b\sin\theta,\quad BB' = 2b\cos\theta.$$

Le travail virtuel de la force centrifuge des deux boules est

$$(a)\qquad \left\{\begin{aligned} &\frac{P\omega_0^2}{g}(a + c\sin\theta)\,c\cos\theta\,d\theta + \frac{P\omega_0^2}{g}(a - c\cos\theta)\,c\sin\theta\,d\theta\\ &\quad = \frac{P}{g}\omega_0^2 ac(\sin\theta + \cos\theta)\,d\theta;\end{aligned}\right.$$

le travail dû au poids des boules,

$$(b)\qquad Pc(\cos\theta - \sin\theta)\,d\theta.$$

Comme, en égalant à zéro la somme des deux expressions ($a$), ($b$), il n'est pas possible d'obtenir pour $\omega_0$ une valeur indépendante de $\theta$, on adapte respectivement aux deux bras B″E″ et B′E′ deux poids Q″ et Q′ que nous chercherons à calculer de manière à satisfaire à cette condition. Leur somme de travail étant

$$(c)\qquad -Q''d.BB'' + Q'd.BB' = -2b(Q''\cos\theta + Q'\sin\theta)\,d\theta,$$

en faisant la somme des trois expressions ($a$), ($b$), ($c$) et égalant séparément à zéro les coefficients de $\sin\theta$ et $\cos\theta$, il vient

$$(1)\qquad \left\{\begin{aligned} Q' &= \frac{Pc}{2b}\left(\frac{\omega_0^2}{g}a - 1\right),\\ Q'' &= \frac{Pc}{2b}\left(\frac{\omega_0^2}{g}a + 1\right).\end{aligned}\right.$$

Le système peut donc être réalisé si $\frac{\omega_0^2}{g} a \geqq 1$; dans le cas de l'égalité, la portion $A_1C'EB'$ des tringles du régulateur deviendra inutile, et la vanne devra être commandée par la douille $D''$.

84. *Régulateur pneumatique de Larivière.* — Ce régulateur, qui sort complétement de la catégorie des régulateurs généralement employés, se compose d'une pompe à air à double effet E (*fig.* 123 et 124), mise en mouvement par l'arbre de la machine, dont les deux clapets d'aspiration et de refoulement $s$, $s'$, dans l'atmosphère, sont placés à chacune des extrémités du corps de pompe.

L'aspiration a lieu dans un cylindre A par l'intermédiaire d'un tuyau T qui, en se bifurquant près du corps de pompe, aboutit aux deux clapets d'aspiration. Le cylindre se termine à la partie supérieure par un cône qui laisse passer à son sommet, à frottement doux, la tige du piston B. A l'extrémité supérieure de la tige est adaptée une boule B', munie d'une embase cylindrique qui vient reposer sur la troncature horizontale du sommet du cône; son extrémité inférieure est articulée à la manivelle d'une tringle horizontale C qui, en tournant, ouvre plus ou moins la vanne.

Au moyen d'une petite roue D, cannelée sur le pourtour, faisant corps avec une vis adaptée à un registre, on peut faire varier à volonté la section d'un orifice qui établit une communication entre l'air atmosphérique et le dessus du piston.

Supposons que, la pompe arrivée à fond de course, la boule repose sur son siége, ce qui correspond à l'ouverture complète de la vanne. La pompe venant à se mouvoir, il se produira dans le cylindre une diminution de pression d'autant plus grande que la vitesse de la pompe sera plus considérable; bientôt le système de B et B' sera soulevé, et l'arbre C fera fermer plus ou moins la vanne; par suite de l'introduction de l'air par l'orifice réglé par la roue D, le système BB' retombera sur son siége, et ainsi de suite.

L'ouverture de la vanne sera d'autant plus rapidement restreinte que la vitesse de l'arbre sera plus considérable. La roue D permet de régler l'introduction de l'air pour une vitesse moyenne déterminée, qui peut être ainsi maintenue sensi-

Fig. 123.

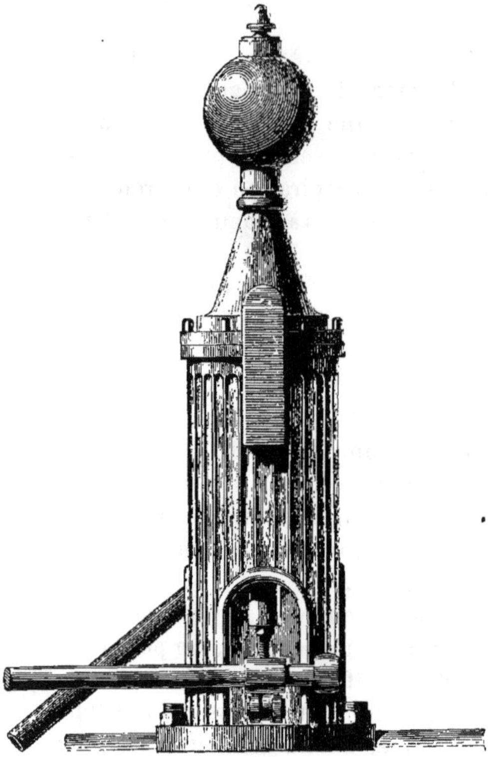

Fig. 124.

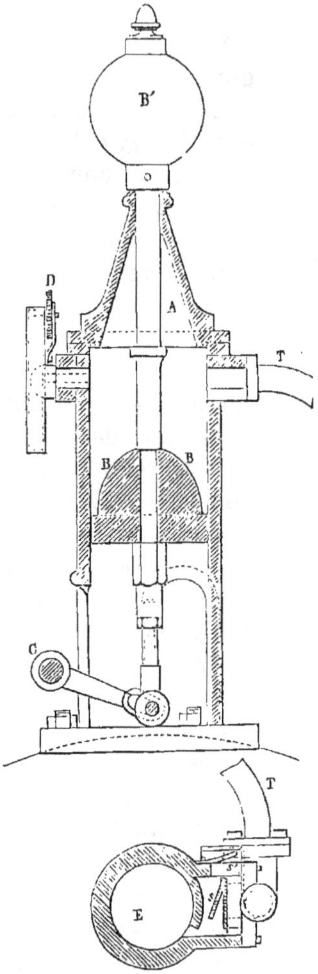


blement constante, lors même que la résistance utile vient à varier.

La détente étant très-faible dans le tuyau T, nous pourrons en faire abstraction et considérer l'air comme incompressible.

Soient

P la pression atmosphérique;
Π le poids spécifique de l'air à cette pression;
ω la vitesse angulaire de l'arbre de la machine;
A la surface du piston de la pompe;
*a* celle de l'orifice d'aspiration;
*p* la pression variable dans le cylindre;
S la surface du piston B;
Q le poids du système BB';
*r* le rayon de la manivelle de la pompe;
θ l'angle dont cette manivelle a tourné à partir d'un point mort.

Nous négligerons l'obliquité de la bielle de la pompe et l'effort très-petit, par rapport à Q, nécessaire pour faire fonctionner la vanne.

La vitesse du piston de la pompe étant $\omega r \sin\theta$, celle de l'air à son entrée dans le cylindre B est $\omega r \frac{A}{a} \sin\theta$, d'après l'équivalence des masses ou des volumes. On a donc

$$\frac{\omega^2 r^2 \sin^2\theta}{2g} \frac{A^2}{a^2} = \frac{P - p}{\Pi},$$

d'où

$$P - p = \Pi \frac{\omega^2 r^2 \sin^2\theta}{2g} \frac{A^2}{a^2}.$$

Soit maintenant *z* la hauteur à laquelle le piston s'est élevé à partir de sa position la plus basse, ou pour $\theta = 0$.

Il est clair que l'on a

$$\frac{Q}{g} \frac{d^2 z}{dt^2} = (P - p)S - Q,$$

d'où

$$(a) \qquad \frac{\omega^2}{g} \frac{d^2 z}{d\theta^2} = \frac{\omega^2}{\omega_1^2} \sin^2\theta - 1,$$

en posant pour abréger

$$(1) \qquad \omega_1^2 = \frac{2gQ}{\Pi r^2 S}\frac{a^2}{A^2}$$

et remarquant que $\omega\, dt = d\theta$.

Pour que l'appareil puisse fonctionner, il faut que, pour une certaine valeur de $\theta$, on ait

$$\frac{\omega^2}{\omega_1^2}\sin^2\theta > 1,$$

ce qui exige que $\omega$ soit au moins égal à la valeur $\omega_1$, que nous prendrons maintenant pour vitesse angulaire minimum.

L'équation ($\alpha$) ne sera donc applicable qu'à partir de la valeur $\theta'_1$ de $\theta$ donnée par

$$(b) \qquad \sin\theta'_1 = \frac{\omega_1}{\omega},$$

pour laquelle le piston B tendra à se déplacer, la vitesse $\frac{dz}{dt}$ étant nulle.

Une première intégration donne

$$\frac{\omega^2}{g}\frac{dz}{d\theta} = \left(\frac{\omega^2}{2\omega_1^2} - 1\right)(\theta - \theta'_1) - \frac{\omega^2}{4\omega_1^2}(\sin 2\theta - \sin 2\theta'_1).$$

Le piston B sera sur le point de retomber pour la valeur $\theta'_2$ de $\theta$ plus grande que $\theta'_1$ et plus petite que 180 degrés, donnée par l'équation

$$(c) \qquad \left(\frac{\omega^2}{2\omega_1^2} - 1\right)(\theta'_2 - \theta'_1) - \frac{\omega^2}{4\omega_1^2}(\sin 2\theta'_2 - \sin 2\theta'_1) = 0.$$

Enfin on a, pour déterminer l'amplitude totale $z_1$ de l'oscillation,

$$(d) \qquad \left\{ \begin{aligned} \frac{\omega^2}{g} z_1 = \frac{1}{2}\left(\frac{\omega^2}{2\omega_1^2} - 1\right)(\theta'^2_2 - \theta'^2_1) \\ - \frac{\omega_0^2}{4\omega_1^2}\left[\frac{\cos 2\theta'_1 - \cos 2\theta'_2}{2} - (\theta'_2 - \theta'_1)\sin 2\theta'_1\right]. \end{aligned} \right.$$

Soient maintenant

$\omega_2$ la vitesse angulaire maximum;

$\Omega$ la vitesse angulaire moyenne;

$\frac{1}{n}$ l'écart proportionnel maximum de $\omega$, qui est une donnée de la question et dont nous supposerons la valeur au plus égale à $\frac{1}{9}$, de manière à pouvoir en négliger le carré;

$\theta_2$ et $\theta_1$ les valeurs de $\theta'_2$ et $\theta'_1$ correspondant à $\omega_2$;

$h$ la hauteur à laquelle doit s'élever le piston B pour que la vanne soit fermée.

On devra s'arranger de manière que $h = z_1$ pour $\omega = \omega_2$.

Nous avons, comme plus haut,

$$\omega_2 = \Omega\left(1 + \frac{1}{2n}\right), \quad \omega_1 = \Omega\left(1 + \frac{1}{n}\right), \quad \frac{\omega_2}{\omega_1} = 1 + \frac{1}{n},$$

d'où

$$\sin\theta_1 = 1 - \frac{1}{n}, \quad \cos\theta_1 = \sqrt{\frac{2}{n}\left(1 - \frac{1}{2n}\right)} = \sqrt{\frac{2}{n}}\left(1 - \frac{1}{4n}\right).$$

Si maintenant nous posons $\theta_1 = \frac{\pi}{2} - y$, $y$ étant du même ordre que $\frac{1}{n}$, nous aurons

$$\sin y = y - \frac{y^3}{6} = \sqrt{\frac{2}{n}}\left(1 - \frac{1}{4n}\right),$$

d'où

$$y = \sqrt{\frac{2}{n}}\left(1 + \frac{1}{12n}\right) = \sqrt{\frac{2}{n}}$$

et

$$\theta_1 = \frac{\pi}{2} - \sqrt{\frac{2}{n}},$$

$$\sin 2\theta_1 = \sin\sqrt{\frac{8}{n}}, \quad \cos 2\theta_1 = -\cos\sqrt{\frac{8}{n}}.$$

L'équation (1) donne la suivante :

$$(1') \qquad \Omega^2\left(1 - \frac{1}{n}\right)^2 = \frac{2gQ}{\Pi r^4}\frac{a^2}{A^2},$$

qui permettra de déterminer Q, dès que l'on se sera donné $r$ et une moyenne valeur de $\frac{a}{A}$.

L'équation ($c$) donne, pour $\omega = \omega_2$,

$$(2) \qquad \sin 2\theta_2 = 4\left(\frac{2}{n} - \frac{1}{2}\right)\left(\theta_2 - \frac{\pi}{2} + \sqrt{\frac{2}{n}}\right) + \sin\sqrt{\frac{8}{n}}.$$

D'après cette formule, on voit que $\theta_2$ doit peu différer de $\frac{\pi}{2}$, et l'on aura une première approximation en posant

$$(2') \qquad \sin 2\theta_2 = 4\left(\frac{2}{n} - \frac{1}{2}\right)\sqrt{\frac{2}{n}} + \sin\sqrt{\frac{8}{n}},$$

et enfin une seconde approximation, en portant la valeur déduite de cette formule dans le second membre de l'équation.

C'est ainsi que nous avons obtenu les valeurs suivantes :

$$(3) \qquad \begin{cases} \frac{1}{n} = \frac{1}{9} \ldots\ldots & \theta_1 = 62^\circ 44' 00'', \quad \theta_2 = 78^\circ 56' 28'', \\ \frac{1}{n} = \frac{1}{16} \ldots\ldots & \theta_1 = 69^\circ 38' 10'', \quad \theta_2 = 86^\circ 32' 3'', \\ \frac{1}{n} = \frac{1}{25} \ldots\ldots & \theta_1 = 73^\circ 44' 30'', \quad \theta_2 = 89^\circ 25' 45''. \end{cases}$$

L'écart $\theta_2 - \theta_1$ ayant à peu près la même valeur dans ces trois cas, soit environ 16 degrés, un déplacement angulaire égal se produit pendant la chute du piston; de sorte que l'appareil ne fonctionne, ou les étranglements dans l'admission ne se produisent, que pendant $\frac{1}{5}$ ou $\frac{1}{6}$ de chaque révolution. Ce résultat s'accorde très-bien avec l'observation, chaque oscillation étant en effet d'une très-courte durée.

La formule ($d$) donne maintenant

$$(4) \qquad \begin{cases} \frac{\Omega^2}{g}\left(1 + \frac{2}{n}\right)h = \frac{1}{2}\left(\frac{1}{n} - \frac{1}{2}\right)(\theta_2^2 - \theta_1^2) \\ \qquad - \frac{\Omega^2}{g}\left(1 + \frac{2}{n}\right)\left[\frac{\cos 2\theta_1 - \cos 2\theta_2}{2} - (\theta_2 - \theta_1)\sin 2\theta_1\right], \end{cases}$$

d'où l'on déduira la valeur qu'il faut donner à $h$.

85. *Du mouvement d'une machine à partir du moment où le régulateur entre en fonction.* — Reportons-nous au n° 67, dont nous conserverons les notations.

Soient $\int F(\theta)\,d\theta$, $\int f(\theta)\,d\theta$ le travail moteur et le travail résistant utile; l'équation du numéro précité, qui s'applique au mouvement régulier, peut se mettre sous la forme

$$\frac{A}{2}(\omega^2 - \omega_0^2) = \int F(\theta)\,d\theta - \int f(\theta)\,d\theta,$$

en négligeant le travail des résistances passives; on déduit de là

$$(1) \qquad \frac{A}{2}\frac{d\omega^2}{d\theta} = F(\theta) - f(\theta),$$

Supposons que la résistance utile éprouve une diminution et que $f(\theta)$ se trouve remplacé par $\varphi(\theta)$; $\varphi(\theta)$ pourra, par exemple, être égal au produit de $f(\theta)$ par un facteur constant plus petit que l'unité, diminué d'une constante.

Soient $\omega_2$ la valeur de $\omega$ correspondant au moment où la vanne est sur le point de se déplacer; $\theta_2$ la valeur correspondante de $\theta$. Pour l'un des régulateurs à boules que nous avons étudiés (76), la fermeture relative correspondant à la vitesse angulaire $\omega$ est de la forme $k\left(\frac{1}{\omega_2^2} - \frac{1}{\omega^2}\right)$, $k$ étant une constante. On a donc, à partir du moment où $\omega$ a atteint $\omega_2$, en supposant, comme approximation, que le travail moteur soit proportionnel au débouché de la vanne,

$$(2) \qquad \frac{A}{2}\frac{d\omega^2}{d\theta} = F(\theta)\left[1 - k\left(\frac{1}{\omega_2^2} - \frac{1}{\omega^2}\right)\right] - \varphi(\theta).$$

On ne pourra pas, en général, intégrer cette équation; mais, si $\frac{\omega^2 - \omega_2^2}{\omega_2^2}$ est assez petit pour qu'on puisse le négliger devant l'unité, elle se réduit à

$$\frac{d\omega^2}{d\theta} + \frac{2kF(\theta)}{A\omega_2^4}(\omega^2 - \omega_2^2) + \frac{2}{A}[\varphi(\theta) - F(\theta)] = 0,$$

et peut se mettre sous la forme

$$(3) \qquad \frac{d\omega^2}{d\theta} + \frac{2F(\theta)}{A}\frac{\omega^2 - \omega_2^2}{\omega''^2 - \omega_2^2} + \frac{2}{A}[\varphi(\theta) - F(\theta)] = 0,$$

en appelant $\omega''$ la valeur de $\omega$ pour laquelle la vanne est complétement baissée.

L'équation (3) a pour intégrale

$$(4)\quad \omega^2 - \omega_2^2 = \frac{2}{A} e^{\frac{-2}{A(\omega''^2 - \omega^2)^2}\int F(\theta)\,d\theta} \int_{\theta_2}^{\theta} [F(\theta) - \varphi(\theta)]\, e^{\frac{2}{A(\omega''^2 - \omega_2')^2}\int F(\theta)\,d\theta}.$$

Si la résistance utile vient à augmenter, il suffira de remplacer dans cette formule $\omega_2$ par la valeur $\omega_1$ de $\omega$ pour laquelle la vanne est sur le point de se lever, et $\omega''$ par celle $\omega'$ qui correspond au débouché complet.

Considérons, par exemple, le cas d'une manivelle simple à double effet; on a, d'après le n° 69,

$$F(\theta) = \frac{\pi}{2} QR \sin\theta, \quad f(\theta) = QR.$$

Supposons que Q ait été réduit à $\gamma Q$, $\gamma$ étant une fraction, nous aurons $\varphi(\theta) = \gamma QR$, et, en posant $\alpha = \frac{\pi QR}{A(\omega''^2 - \omega_2^2)}$, l'équation (4) donne

$$(5)\quad \omega^2 - \omega_2^2 = \frac{2QR}{A} e^{\alpha\cos\theta} \left[\frac{\pi}{2}\left(e^{-\alpha\cos\theta} - e^{-\alpha\cos\theta_2}\right) - \gamma \int_{\theta_2}^{\theta} e^{-\alpha\cos\theta}\, d\theta\right],$$

L'intégrale comprise dans cette formule n'étant pas réductible en fonctions simples, on voit que le problème que nous nous sommes proposé de résoudre présente, dans l'un des cas les plus élémentaires, des difficultés de calcul inextricables. Néanmoins il ne nous a pas paru inutile de poser la question.

---

(1) En supposant que l'on ait constamment $F(\theta) > \varphi(\theta)$, le maximum que $\omega$ atteindra sera inférieur à $\omega''$, valeur pour laquelle, d'après l'équation (3), $\frac{d\omega^2}{d\theta}$ est négatif; $\omega$ décroîtra ensuite sans pouvoir atteindre la valeur $\omega_2$, pour laquelle $\frac{d\omega^2}{d\theta}$ est positif. On comprend ainsi comment, par l'effet des résistances passives, que nous avons négligées, il s'établisse, après quelques périodes oscillatoires de $\omega$, une vitesse de régime comprise entre les limites $\omega_2$ et $\omega''$.

# NOTE.

## DE L'INFLUENCE D'UNE RÉSISTANCE CONSTANTE SUR LE MOUVEMENT OSCILLATOIRE D'UN CORPS, PRODUIT PAR UNE CAUSE PÉRIODIQUE.

1. Il est à peu près impossible de se rendre compte, *a priori*, de l'effet produit par une résistance constante ou un moment constant sur un mouvement oscillatoire de translation ou de rotation autour d'un axe, d'un corps solide, dû à une cause périodique.

Supposons que le mouvement oscillatoire soit défini par une équation de la forme

$$A\frac{d^2s}{dt^2} = B\cos(nt+e) \pm \delta,$$

$s$ étant l'angle que forme le plan méridien d'un véhicule avec un plan vertical de direction fixe, A, B, $n$, $e$ étant des constantes, de même que $\delta$, qui représente le terme dû à la résistance, et que l'on devra prendre avec le signe $-$ ou le signe $+$, selon que la vitesse sera positive ou négative.

Si l'on choisit convenablement l'origine du temps, on peut supposer $e = 0$; en remplaçant $n$ par $t$, $s$ par $\frac{sB}{A}n^2$, $\frac{\delta}{B}$ par $\gamma$, l'équation ci-dessus prend la forme plus simple

$$\frac{d^2s}{dt^2} = \cos t \pm \gamma.$$

Par la nature même du problème, la vitesse $\frac{ds}{dt}$ sera nulle à certains instants; si $\gamma$ était supérieur à l'unité, il arriverait un moment où le mouvement oscillatoire ne pourrait plus se continuer; laissons de côté ce cas, qui ne présente aucun intérêt, et posons $\gamma = \cos\alpha$. Nous aurons

$$\frac{d^2s}{dt^2} = \cos t \pm \cos\alpha. \tag{1}$$

Nous pouvons, si l'on veut, considérer cette équation comme étant celle du mouvement d'un point oscillant suivant une ligne droite, $s$ représentant le chemin parcouru.

2. Décrivons une circonférence d'un rayon quelconque OA, de centre O, et soient

AOA', BOB' (*fig.* 125 et 126) deux diamètres rectangulaires;

Fig. 125.

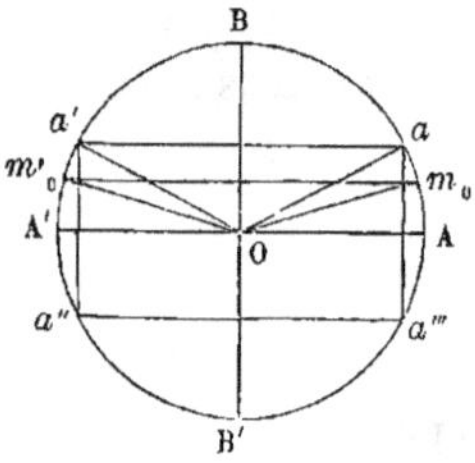


Fig. 126.

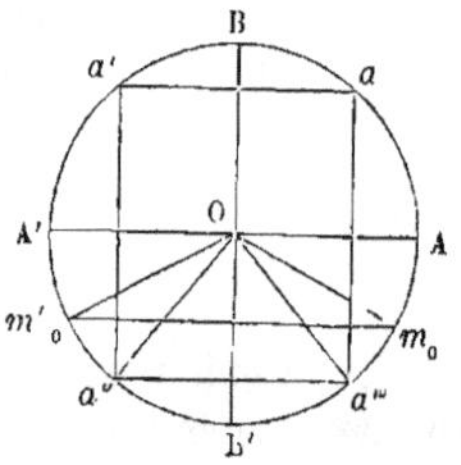


$t$ l'angle que le rayon O$m$ fait avec OA;
$i$ le nombre de circonférences que comprend cet angle;
$a$ le point de la circonférence OA défini par l'angle $\widehat{a\mathrm{OA}} = \alpha$.

Nous rappellerons que l'angle $t'$, immédiatement supérieur à $t$, et qui a le même sinus, est

$$t' = (4i + 1)\pi - t$$

lorsque $m$ se trouve entre A et B, et

$$t' = (4i + 5)\pi - t$$

quand $m$ se trouve entre A' et B'.

Soit $t_0$ le temps au bout duquel le mobile atteint une position pour laquelle sa vitesse est nulle. Si l'on a $\cos t_0 > 0$, on doit prendre, tant que la vitesse ne change pas de signe ni de sens,

$$(2) \qquad \frac{d^2 s}{dt^2} = \cos t - \cos\alpha,$$

Dans le cas où $\cos t_0$ serait négatif, il faudrait employer l'équation

$$(2') \qquad \frac{d^2 s}{dt^2} = \cos t + \cos\alpha,$$

qui rentre dans la précédente, en y changeant $t$ en $t + \pi$ et $s$ en $-s$; nous sommes ainsi conduit à supposer $\cos t_0 > 0$, et à faire usage de l'équation (2).

3. Si $\cos\alpha = \cos t_0$, on ne voit pas *a priori* ce qui doit se passer. Il est clair que le mobile reste d'abord au repos pour $t = t_0$. Quand on a $\sin t_0 > 0$,

$\cos t$ allant en diminuant, le mobile continue à rester au repos; $\cos t$ devient ensuite négatif, et alors on doit prendre la formule (2'), qui ne sera toutefois applicable qu'à partir du moment où l'on aura $-\cos t > \cos\alpha$, et c'est alors seulement que le mouvement oscillatoire continuera.

Lorsque $\sin t_0 < 0$, $\cos t$ va en augmentant, et le mouvement a lieu sans délai.

L'équation (2) donne, en appelant V la vitesse,

$$(3) \qquad V = \frac{ds}{dt} = \sin t - \sin t_0 - (t - t_0)\cos\alpha,$$

et, en mesurant le chemin parcouru $s$ à partir du point correspondant à $t = t_0$,

$$(4) \qquad s = -\cos t + \cos t_0 - (t - t_0)\sin t_0 - \cos\alpha\left(\frac{t - t_0}{2}\right)^2.$$

Comme pour $t = t_0$ le second membre de l'équation (2) est positif, V croît à partir de zéro et est positif; il atteint son maximum lorsque $\cos t = \cos\alpha$, et enfin devient nul pour la racine $t_1$, immédiatement supérieure à $t_0$, de l'équation

$$(5) \qquad \sin t_1 - \sin t_0 - \cos\alpha(t_1 - t_0) = 0.$$

De ce que $V > 0$ pour $\cos t = \cos\alpha$, la position $m_1$ de $m$ correspondant à $t = t_1$ ne peut se trouver qu'au delà du point $a$.

Pour une même valeur de $t$, mais en faisant varier l'angle $\alpha$, on a

$$\frac{dV}{d\alpha} = \sin\alpha(t - t_0).$$

V croît donc avec $\alpha$ et atteint son maximum lorsque $\alpha = 90°$; il suit de là que, généralement, $t_1$ est inférieur à la valeur qui correspond à $\alpha = 90°$. Car si, pour une certaine valeur de $\alpha$, V est nul, pour une valeur plus grande, V est positif. Dans le cas limite on a $\sin t'_1 = \sin t_0$, et, en substituant cette valeur dans le second membre de l'équation (3), on obtient

$$-\cos\alpha(t'_1 - t_0),$$

qui est effectivement négatif, comme cela devait être.

*Première oscillation.*

4. Premier cas : $\sin t_0 > 0$ (*fig.* 125), ce qui, avec la supposition de $\cos t_0 > 0$, indique que le point $m_0$ de la circonférence correspondant à l'angle $t_0$ se trouve sur ce premier quadrant AB, et est placé entre $a$ et A, puisque $\cos t_0 > \cos\alpha$.

Soient

$m'_0$, $a'$ les symétriques de $m_0$ et $a$ par rapport à B'B;

$a''$, $a'''$ les symétriques de $a'$ et $a$ par rapport à AA'; $m'_0$ correspond à $(4i+1)\pi - t^0$, d'où il suit que $m_1$ ne peut se trouver que sur l'arc $aBm'_0$.

Si le mouvement oscillatoire continue immédiatement après que l'on a $t = t_1$, il est défini par la condition (2'), pourvu que

$$-\cos t_1 > \cos\alpha,$$

ce qui exige que la position $m_1$ correspondant à $t_1$ se trouve entre $a'$ et $m'_0$. Il faut donc pour cela que $t = 2i\pi + \pi - \alpha = (2i+1)\pi - \alpha$ rende V positif, ou que

$$(6) \qquad \sin\alpha - \sin t_0 - \cos\alpha[(2i+1)\pi - \alpha - t_0] > 0.$$

Si l'on désigne, pour abréger, le premier membre de cette inégalité par $\varphi$, en faisant varier $t_0$ depuis $2i\pi$ jusqu'à $2i\pi + \alpha$, on a

$$\frac{d\varphi}{dt_0} = -\cos t_0 + \cos\alpha < 0.$$

La fonction $\varphi$ de $t_0$ est donc décroissante et sera positive pour $t_0 = 2i\pi$ si

$$\text{tang}\,\alpha > \pi - \alpha \quad \text{ou} \quad \alpha > 64^\circ,$$

et négative pour $t_0 = 2i\pi + \alpha$. Pour toutes les valeurs de $\alpha$ comprises entre 64 et 90 degrés, il y a donc une valeur $t'_0 \begin{smallmatrix} < 2i\pi + \alpha \\ > 2i\pi \end{smallmatrix}$ qui annule $\varphi$, et lorsque $t_0 < t'_0$ la condition est satisfaite.

On a pour

| | |
|---|---|
| $\alpha = 64^\circ$, | $t'_0 = 2i\pi$, |
| 70, | $2i\pi + 24^\circ$, |
| 80, | $2i\pi + 38^\circ$, |
| 85, | $2i\pi + 36^\circ$, |
| 90, | $2i\pi + 70^\circ$. |

Lorsque l'on aura $\begin{smallmatrix} \alpha > 64^\circ \\ t_0 > t'_0 \end{smallmatrix}$, ou $\alpha < 64^\circ$, le mouvement s'arrêtera jusqu'au moment où le point $m$ viendra en $a'$, et c'est seulement à partir de ce moment que commencera la seconde oscillation.

5. Deuxième cas : $\sin t_0 < 0$ (*fig.* 126), ce qui, avec $\cos t_0 > 0$, indique que $m_0$ se trouve sur le quatrième quadrant, et, comme $\cos t_0 > \cos\alpha$, il ne peut être situé qu'entre $a'''$ et A. Dans le cas actuel, on a

$$t \leqq (4i+5)\pi - t_0;$$

cette limite supérieure correspond au symétrique $m'_0$ de $m_0$ par rapport à BB'.

Comme V est maximum en $a$, le point $m_1$ ne peut se trouver que sur l'arc $aBm'_0$. S'il tombe entre $m'_0$ et $a'$, on a $-\cos t > \cos\alpha$, et le mouvement oscillatoire continue sans interruption ; pour qu'il en soit ainsi, il faut que

$$t_1 > (2i+2)\pi + \pi - \alpha = (2i+3)\pi - \alpha,$$

ou que cette limite, substituée à $t$, rende V positif, ou enfin que

$$\sin\alpha - \sin t_0 - \cos\alpha[(2i+3)\pi - \alpha - t_0] > 0.$$

En désignant par $\varphi$ le premier membre de cette inégalité, on a

$$\frac{d\varphi}{dt_0} = -\cos t_0 + \cos\alpha,$$

qui est négatif pour toutes les valeurs admissibles de $t_0$, c'est-à-dire pour $t_0 \begin{matrix} \geqq (2i+2)\pi - \alpha \\ \leqq (2i+2)\pi \end{matrix}$ ; par conséquent $\varphi$ est une fonction décroissante de $t_0$ entre les deux limites ci-dessus.

Lorsque

1° $$t_0 = (2i+2)\pi - \alpha,$$

on a

$$\varphi = 2\sin\alpha - \pi\cos\alpha,$$

et cette valeur sera positive si

$$\tan\alpha > \frac{\pi}{2} \quad \text{ou} \quad \alpha > 57°30' \text{environ};$$

2° $$t_0 = (2i+2)\pi,$$

$\varphi$ est positif si

$$\tan\alpha + \alpha > \pi \quad \text{ou} \quad \alpha > 64°.$$

Pour $\alpha$ compris entre 57°30' et 64 degrés, il y a donc une valeur $t'_0 \begin{matrix} > (2i+2)\pi - \alpha \\ < (2i+2)\pi \end{matrix}$ de $t_0$ qui annule $\varphi$, et pour $t_0 < t'_0$ le mouvement oscillatoire n'éprouve pas d'interruption, comme pour $\alpha > 64°$.

Lorsque

$$\begin{array}{lll} \alpha = 57°30', & \text{on a} & t'_0 = (2i+2)\pi - 57°30', \\ \quad 60°, & & \quad (2i+2)\pi - 22°, \\ \quad 64°, & & \quad (2i+2)\pi. \end{array}$$

Si $m_1$ tombe entre B et $a'$, on a $-\cos t_1 < \cos\alpha$ ; le mouvement s'arrête jusqu'au moment où $-\cos t = \cos\alpha$, c'est-à-dire lorsque $m$ est venu en $a'$. Cette circonstance se présente quand $t = (2i+2)\pi + \frac{\pi}{2}$ rend V positif, ou quand

$$1 - \sin t_0 - \cos\alpha \left[(2i+2)\pi + \frac{\pi}{2} - t_0\right] > 0.$$

Si le premier membre $\varphi$ de cette inégalité est une fonction décroissante de $t_0$ entre $t_0 \begin{matrix} < (2i+2)\pi \\ > (2i+2)\pi - \alpha \end{matrix}$, cette fonction est positive pour $\alpha = 90°$ et négative pour $\alpha = 0$. Elle s'annule pour $\alpha = 40° 30'$ environ; de sorte que $m_1$ se trouve entre $a'$ et B pour les valeurs de $\alpha$ comprises entre $40° 30'$ et $57° 30'$.

Pour $\alpha < 40° 30'$, $m_1$ tombe entre $a$ et B; $\cos t_1$ est positif, mais inférieur à $\cos\alpha$; il y a donc un temps d'arrêt jusqu'au moment où $m$, ayant dépassé B, arrive en $a'$, et c'est seulement alors que commence la seconde oscillation.

En résumé, pour qu'il n'y ait pas d'interruption dans le mouvement, il faut que $\alpha < 64° 30'$, ou $\begin{matrix} \alpha > 57° 30' \\ t < t'_0 \end{matrix}$.

### *Oscillations successives.*

6. Examinons maintenant ce qui se produit à la fin de la seconde oscillation.

De la formule (2') on tire

$$(7) \qquad V = \frac{ds}{dt} = -\sin t + \sin t_1 - \cos\alpha\,(t - t_1)$$

ou, en ayant égard à l'équation (5),

$$(8) \qquad V = -\sin t + 2\sin t_1 - \sin t_0 - (t - t_0)\cos\alpha.$$

Premier cas (*fig.* 125) : $\begin{matrix} \sin t_0 > 0 \\ \cos t_0 > 0 \end{matrix}$, $\begin{matrix} \sin t_1 > 0 \\ \cos t_1 < 0 \end{matrix}$, $\begin{matrix} \alpha > 64° \\ t_0 < t'_0 \end{matrix}$; en d'autres termes, $m_1$ tombe entre $a'$ et $m'_0$.

Soient $t_2$ le temps au bout duquel se termine la seconde oscillation et $m_2$ la position correspondante de $m$. On a

$$(9) \qquad -\sin t_2 + \sin t_1 - (t_2 - t_1)\cos\alpha = 0.$$

Si, dans l'équation (8), on fait $t = t_0 + 2\pi$, on trouve

$$V = 2(\sin t_1 - \sin t_0) - (t_0 + 2\pi - t_1)\cos\alpha\,;$$

d'où, en vertu de la relation (5),

$$V = 2\cos\alpha . (t_1 - t_0 - \pi) < 0.$$

Le point $m_2$ se trouve ainsi au-dessous de $m_0$, et, *à fortiori*, d'après ce que l'on a vu plus haut, $m_3$ est compris entre $a'$ et la symétrique $m'_2$ de $m_2$ ; la quatrième oscillation succède donc immédiatement à la troisième.

Les points $m_2$, $m_4$, ... s'approchant de plus en plus de $a''$, il arrivera un moment où $m_{2j}$ se trouvera entre $a'''$ et $a''$, et il y aura un arrêt en $a'''$ entre la $2j^{ième}$ et la $(2j+1)^{ième}$ oscillation ; mais, à partir de ce moment, le mouvement prendra un caractère périodique, et il y aura un arrêt constant entre une oscillation de rang pair et la suivante.

Deuxième cas : Des conditions précédentes, $\begin{matrix} \sin t_0 > 0 \\ \cos t_0 > 0 \end{matrix}$, $\begin{matrix} \sin t_1 > 0 \\ \cos t_1 < 0 \end{matrix}$ sont les seules qui subsistent ; en d'autres termes, $m_1$ tombe en deçà de $a'$, et il y a un arrêt en ce point ; mais à partir de là tout devient périodique. Les oscillations seront donc toutes périodiques et séparées l'une de l'autre par un arrêt constant.

Troisième cas : $\begin{matrix} \cos t_0 > 0 \\ \sin t_0 < 0 \end{matrix}$ ou $\alpha \begin{matrix} > 64^\circ \\ < 57^\circ 30' \\ > t'_0 \end{matrix}$, où (*fig.* 126) le point $m_1$ tombe entre $a'$ et $m'_0$.

Les circonstances se produiront de la même manière que dans le premier cas, c'est-à-dire qu'au bout d'un certain temps les oscillations de rang pair commençant à partir de $a''$ seront identiques et séparées des oscillations de rang impair par un arrêt constant.

Quatrième cas : Des conditions précédentes, les suivantes seules subsistent :

$$\cos t_0 > 0, \quad \sin t_0 < 0.$$

Il y a un arrêt entre la première et la seconde oscillation, puis les choses se passent comme dans le premier cas.

*Des oscillations périodiques.*

7. Nous sommes, par ce qui précède, ramené aux oscillations qui ont pour point de départ $a'$, $a''$ ou $a'''$. Nous choisirons le dernier de ces points.

Reprenons l'équation (5), en y supposant $t_0 = 2i\pi - \alpha$ ; si nous posons $t_1 = 2i\pi + x$, nous aurons

$$\sin x - x\cos x = \alpha\cos\alpha - \sin\alpha,$$

d'où l'on déduit les résultats suivants :

| | |
|---|---|
| $\alpha = 0$, | $x = 0$, |
| 10°, | 20°, |
| 20°, | 39°, |
| 30°, | 61°, |
| 40°, | 82°, |
| 50°, | 104°20′, |
| 60°, | 128°30′, |
| 70°, | 158°, |
| 80°, | 189°30′, |
| 90°, | 270°. |

Pour que la seconde oscillation succède immédiatement à la première, il faut que l'on ait $x > \pi - \alpha$, ce qui n'a lieu qu'à partir de $\alpha = 60°$. Au-dessous de cet angle, on a, pour la durée de l'arrêt $\pi - \alpha - x$, entre la première et la seconde oscillation,

| | | |
|---|---|---|
| 150° | pour | $\alpha = 10°$, |
| 121° | | 20°, |
| 89° | | 30°, |
| 58° | | 40°, |
| 25°40′ | | 50°. |

La seconde oscillation est identique à la première, et ainsi de suite.

Pour calculer la durée de la seconde oscillation lorsque $\alpha > 50°$, nous appliquerons l'équation (9), qui donne, en y faisant $t_2 = 2i\pi + z$ et $t_1 = 2i\pi + x$,

$$\sin z + z \cos\alpha = \sin x + x \cos\alpha,$$

| | | | |
|---|---|---|---|
| pour $\alpha = 60°$, | $z = 138°$ | $z - x$ (durée de l'oscillation) = | 9°30′ |
| 70°, | 160° | ( » ) | 2°, |
| 80°, | 166°30′, | ( » ) | −23°. |

La dernière des valeurs de $z - x$ étant négative, les premières oscillations de rang pair n'existent plus à partir de $\alpha = 80°$, comme pour $\alpha = 90°$, cas pour lequel le mouvement est continu.

Les arrêts entre les oscillations de rang impair et celles de rang pair, mesurées par $\pi - z + (\pi - \alpha) = 2\pi - (2 + \alpha)$, sont :

| | |
|---|---|
| pour $\alpha = 60°$, | 162°, |
| 70°, | 130°. |

Pour $\alpha = 80°$, l'arrêt entre deux oscillations consécutives est

$$\pi - x + \pi - \alpha = 91°.$$

Ainsi, au bout d'un certain temps, qui pourra être très-long si $\alpha$ est très-voisin de 90 degrés, le mouvement devient périodique; mais deux périodes consécutives sont séparées par un arrêt constant.

En résumé :

1° Au bout d'un certain temps, dépendant des conditions initiales du mouvement, et qui sera d'autant plus long que $\alpha$ différera de moins de 90 degrés, le mouvement devient périodique;

2° Au-dessous d'une valeur $\alpha_1$ de $\alpha$ comprise entre 50 et 60 degrés, deux oscillations sont identiques, mais sont séparées par un arrêt constant;

3° Dans les autres cas, on a une série de groupes de deux oscillations consécutives non identiques; deux groupes successifs sont séparés par un arrêt constant, qui devient nul lorsque $\alpha$ atteint 90 degrés.

Ces différents résultats sont en désaccord avec ce principe *a priori* posé par Laplace : *L'état d'un système matériel dans lequel les influences des conditions initiales du mouvement ont disparu par suite des résistances développées dans ce mouvement est périodique comme les forces qui sollicitent ce système.*

La périodicité, telle qu'elle est comprise dans cet énoncé, ne peut avoir lieu que si les résistances sont des fonctions impaires de la vitesse.

# CHAPITRE IV.

## DU CALCUL DES RÉSISTANCES PASSIVES DANS LES MACHINES OÙ LE MOUVEMENT EST UNIFORME.

86. Nous avons vu que, lorsqu'une machine ne renferme que des pièces tournantes, le mouvement devient uniforme bientôt après la mise en marche; que lorsque dans la composition d'une machine il entre des pièces oscillantes on limite, par l'emploi d'un volant, l'écart maximum de vitesse à une faible fraction de la vitesse moyenne; de plus, on s'arrange de manière que le mouvement des pièces oscillantes reste aussi lent que possible.

On voit ainsi que, dans tous les cas, on peut calculer, sans erreur sensible, le travail absorbé par les résistances passives, en négligeant l'inertie des organes de la machine.

Nous allons maintenant examiner successivement les résistances passives les plus importantes, et déterminer leurs effets sur les pièces, considérées isolément, qui entrent le plus ordinairement dans la composition des machines.

### § 1. — *Frottements de glissement.*

87. Afin de faire bien apprécier l'importance du travail absorbé par cette résistance, nous avons cru devoir placer ici un tableau contenant les moyennes des principaux résultats des expériences de Coulomb et de M. Morin sur la détermination du coefficient de frottement de glissement.

*Surfaces planes.*

| Corps en contact. | A sec. | Humide. | Graisse renouvelée. |
|---|---|---|---|
| Bois sur bois. | 0,45 | 0,25 | 0,07 |
| Bois sur métal. | 0,36 | 0,24 | 0,07 |
| Métal sur métal. | 0,18 | » | 0,08 |
| Cuir sur bois. | 0,32 | 0,29 | » |
| Cuir sur métal | 0,56 | 0,36 | » |
| Corde de chanvre sur bois. | 0,50 | » | » |

*Tourillons sur coussinets.*

| | A sec ou peu onctueux. | A l'état ordinaire ou très-onctueux. | Enduit sans cesse renouvelé. |
|---|---|---|---|
| Métal sur métal. | 0,16 | 0,10 | 0,054 |
| Métal sur bois. | 0,19 | 0,10 | 0,050 |

88. *Du coin.* — On donne généralement le nom de *coin* à un corps solide placé entre deux autres (A), (B) ou les deux parties d'un même corps, et qui, sous l'action de forces extérieures, sépare ou tend à séparer (A) de (B).

Le plus ordinairement la surface du coin présente un angle dièdre dont les faces sont en contact avec (A) et (B); en limitant le coin par trois plans, dont deux sont perpendiculaires et le troisième parallèle à l'arête de l'angle dièdre, on obtient un prisme ou *coin* triangulaire dont nous nous occuperons exclusivement dans ce qui suit : la face opposée à l'arête est la *tête* du coin.

Le ciseau, le burin, le tranchant du rabot, les dents de la scie, les aspérités de la lime, et en général la plupart des outils ne sont autre chose que des coins.

Supposons qu'un effort P (*fig.* 127), vertical si l'on veut pour fixer les idées, agisse normalement à la tête AB pour séparer (A) et (B), et soient $m$, $m'$ les points de contact du coin, avec ces deux corps, qui sont censés situés dans le plan passant par la direction de P mené perpendiculairement à l'arête C, on voit que l'on est ramené à considérer ce qui se passe dans ce plan.

Soient

N, N′ les réactions normales de (A), (B);
$f$ le coefficient de frottement;
$\gamma$, $\delta$ les angles formés par AC et CB, avec la perpendiculaire CI abaissée du point C sur AB.

Fig. 127.

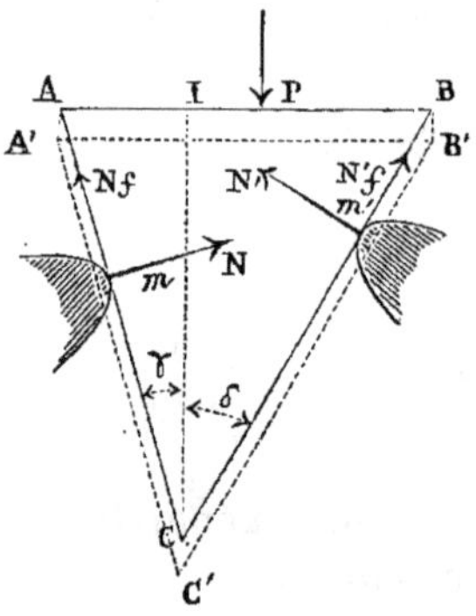


Si le sommet C s'éloigne ou tend à s'éloigner de $m$, $m'$, les réactions tangentielles N$f$, N′$f$ seront dirigées comme l'indique la figure.

Les conditions d'équilibre de translation établies pour les directions de AB et CI s'expriment par les équations

$$N f \sin\gamma - N\cos\gamma + N'\cos\delta - N' f \sin\delta = 0,$$
$$P - N\sin\gamma - N f\cos\gamma - N'\sin\delta - N' f\cos\delta = 0;$$

d'où, en remarquant que $\gamma + \delta$ est l'angle C,

$$(1)\qquad \left\{\begin{aligned} N &= \frac{P(\cos\delta - f\sin\delta)}{(1-f^2)\sin C + 2f\cos C},\\ N' &= \frac{P(\cos\gamma - f\sin\gamma)}{(1-f^2)\sin C + 2f\cos C}.\end{aligned}\right.$$

Pour que le coin ne tourne pas dans son plan, il faut que le moment des forces qui le sollicitent, par rapport à un point quelconque, $m$ par exemple, soit nul, ce qui établit certaines relations de position entre les points d'application de P, N, N', et que nous supposerons remplies.

Pour que les choses se passent comme nous l'avons supposé, il faut que les valeurs ci-dessus de N et N' soient positives, ou que

$$\cos\delta - f\sin\delta > 0, \quad \cos\gamma - f\sin\gamma > 0$$

ou encore, en désignant par $\alpha$ l'angle de frottement, que

$$\delta < 90^\circ - \alpha, \quad \gamma < 90^\circ - \alpha,$$

d'où

(2) $$C < 180^\circ - 2\alpha.$$

Lorsque cette condition n'est pas remplie, le coin, au lieu d'écarter (A) et (B), tend à être repoussé, ce qui explique pourquoi on ne parvient pas à enfoncer un coin trop obtus.

Proposons-nous maintenant de déterminer la valeur que doit avoir l'effort P pour que le coin ne sorte pas ou que (A) et (B) ne se rapprochent pas. Les frottements étant dirigés en sens inverse de ceux du cas précédent, il nous suffira de changer $f$ en $-f$ dans les formules (1) pour obtenir celles qui se rapportent au cas actuel, ce qui donne

$$N = \frac{P(\cos\delta + f\sin\delta)}{(1-f^2)\sin C - 2f\cos C},$$

$$N' = \frac{P(\cos\gamma + f\sin\gamma)}{(1-f^2)\sin C - 2f\cos C}.$$

Pour que ces deux valeurs soient positives, il faut que

$$(1-f^2)\sin C - 2f\cos C > 0, \quad \text{d'où} \quad C > 2\alpha.$$

Si cette condition n'est pas remplie, il faudra que P soit négatif, ou que l'on exerce un effort de traction sur le coin pour le dégager de (A) et (B).

Revenons au cas que nous avons examiné en premier lieu et proposons-nous de déterminer le coefficient d'effet utile du coin.

Soient

A′B′ la position qu'occupe la tête à la suite d'un déplacement infiniment petit du coin, parallèle à CI;

C la nouvelle position du sommet;

$ds = AA' = BB'$.

Le travail élémentaire dépensé est, en ayant égard à la première des équations (1),

$$P\,ds = N\,ds\,\frac{(1-f^2)\sin C + f\cos C}{\cos\delta - f\sin\delta}.$$

Or l'écartement de (A) et (B) n'est dû qu'aux forces N, N′, dont le travail total représente ainsi l'effet utile. En remarquant que les distances de A′C′ à AC, de B′C′ à BC sont respectivement $ds\sin\gamma$, $ds\sin\delta$, le travail élémentaire utile est

$$(N\sin\gamma + N'\sin\delta)\,ds,$$

et en le divisant par l'expression ci-dessus, après avoir exprimé N′ en fonction de N au moyen des équations (1), on obtient, pour le coefficient d'effet utile,

$$(3)\qquad \varepsilon = \frac{\sin C - 2f\sin\gamma\sin\delta}{(1-f^2)\sin C + 2f\cos C} = \frac{\sin C + f[\cos C - \cos(\gamma-\delta)]}{(1-f^2)\sin C + 2f\cos C}.$$

Si l'angle C est donné, $\varepsilon$ sera maximum quand l'un ou l'autre des angles $\gamma$, $\delta$ sera nul, c'est-à-dire quand le coin sera *rectangle*. Le rendement sera minimum, au contraire, quand on aura $\gamma = \delta = \frac{C}{2}$, c'est-à-dire quand le coin sera *isoscèle*.

On reconnaît ainsi, comme nous l'avons annoncé au n° 61, l'influence que peut avoir la forme de l'outil sur la quantité d'ouvrage exécutée pour une dépense de travail donnée.

89. *Applications à la presse à coin*. — Nous nous bornerons à donner une description sommaire de cette machine qui sert à comprimer certaines matières pour en réduire le volume.

La matière à comprimer M (*fig.* 128) est placée entre un mur J et un plateau vertical faisant corps avec une poutre horizontale I, dont H représente le support. L'extrémité de cette poutre, opposée à J, est taillée suivant l'inclinaison de l'hypoténuse AB d'un coin rectangle ABC, dont l'un des côtés

Fig. 128.

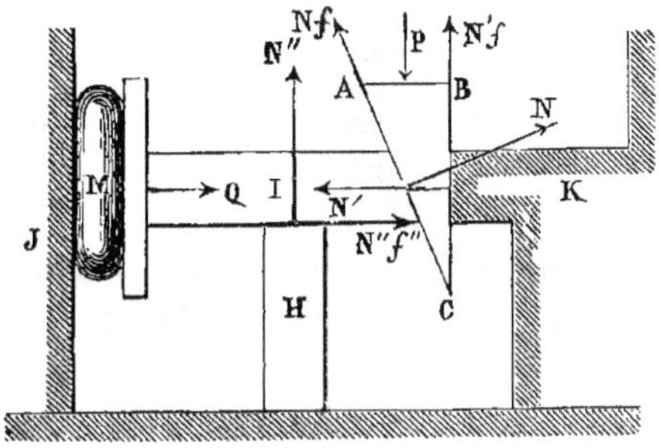


d'angle droit est vertical et s'appuie contre un obstacle K. On comprend qu'en exerçant un effort normal P sur la tête AB on puisse comprimer la masse M à un degré déterminé.

Soient

Q la réaction de M sur la poutre I, qui est horizontale, égale et contraire à l'effort de compression;

N″ la réaction normale du support H sur I;

$f''$ le coefficient de frottement correspondant.

En ce qui concerne le coin, nous conserverons les notations du numéro précédent.

En supposant $\delta = 0$ dans la première des formules (1), on trouve

$$N = \frac{P}{(1-f^2)\sin C + 2f\cos C}.$$

Si l'on remarque que la pièce I est en équilibre sous l'action de Q, N″, N″$f$ et de deux forces égales et opposées à N, N$f$, on a

$$Q + N''f'' + Nf\sin C - N\cos C = 0,$$
$$N'' - Nf\cos C - N\sin C = 0;$$

d'où, en ayant égard à la valeur ci-dessus de N,

$$P = Q\frac{(1-f^2)\operatorname{tang} C + 2f}{1 - f\operatorname{tang} C - f''(f + \operatorname{tang} C)},$$

formule qui fait connaître l'effort que l'on doit exercer sur la tête en coin pour vaincre une résistance à la compression déterminée.

190. *Des tiges guidées.* — Les équations du n° 143 de la deuxième Partie, en y faisant $\frac{dv}{dt} = 0$, donnent la solution de cette question; mais cette solution peut recevoir une simplification notable en procédant de la manière suivante :

Supposons, pour fixer les idées, que le mouvement de la tige considérée soit vertical, qu'elle s'élève sous l'action d'un système de forces ou de leur résultante appliquée en B

Fig. 129.

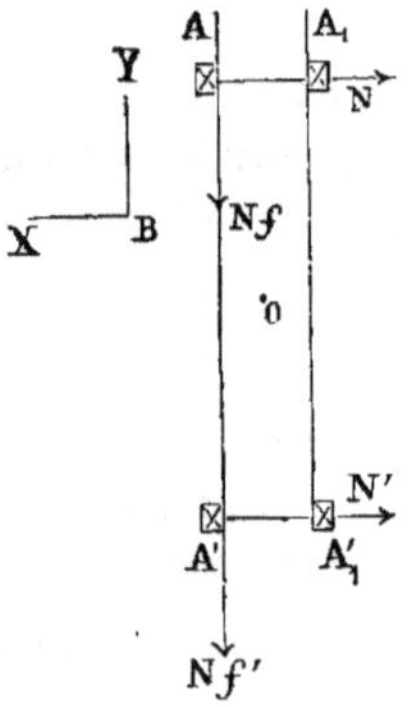


(*fig.* 129), et dont nous appellerons X, Y les composantes horizontale et verticale.

Soient

$2l$ la distance des deux couples de guides, A, $A_1$ et $A'$, $A'_1$ ;

$2e$ l'épaisseur de la tige ;

O le milieu de la portion de son axe de figure comprise entre $AA_1$, $A'A'_1$ ;

$x$, $y$ les distances du point O à Y et X ;

$f$ le coefficient de glissement que nous supposerons le même pour les quatre appuis; toutefois, nous représenterons par $f'$ ce même coefficient pour $A'$, $A'_1$, pour faciliter la discussion, comme nous le verrons ci-après.

Admettons, sauf vérification ultérieure, que la tige s'appuie contre les guides A, A′ situés du même côté de l'axe de la pièce, et dont nous désignerons par N, N′ les réactions normales. Nous aurons pour les conditions d'équilibre de la tige, en prenant le point O pour centre des moments,

$$(1)\qquad \left\{\begin{array}{l} X = N + N', \quad Y = Nf + N'f', \\ (N - N')\,l - (Nf + N'f')\,e + Yx - Xy = 0\,; \end{array}\right.$$

d'où

$$(2)\qquad \left\{\begin{array}{l} Y = \dfrac{X[l(f+f') - y(f'-f)]}{2l - (x-e)(f'-f)}, \\[2ex] N = \dfrac{X[-f'(x-e) + l - y]}{2l - (x-e)(f'-f)}, \\[2ex] N' = \dfrac{X[f(x-e) + l + y]}{2l - (x-e)(f'-f)}. \end{array}\right.$$

Pour que les choses se passent comme nous l'avons supposé, il faut qu'après avoir supposé $f' = f$ on obtienne pour N et N′ des valeurs positives; et, s'il en est ainsi, la première des équations précédentes fera connaître la relation qui doit exister entre X et Y pour que le mouvement de la tige soit uniforme.

Mais supposons, par exemple, que l'on obtienne pour N′ une valeur négative, il faudra faire une autre hypothèse sur le choix des guides qui doivent fonctionner; celle qui offre la plus grande probabilité de réussir consiste à substituer $A'_1$ à A′; mais on voit de suite que les formules (2) s'appliqueront au cas actuel, en y remplaçant N′ par $-$N′, et comme le frottement ne change pas de sens, $f'$ par $-f$, excepté dans les termes en $e$, parce que le moment de $N'f'$ change de signe. Si l'une des valeurs de N, N′ était négative, on essayerait les deux autres hypothèses, dont l'une naturellement doit réussir.

**91.** *Vis à filet rectangulaire.* — Nous admettrons, pour fixer les idées, que l'écrou est fixe et que l'axe de la vis est vertical. Nous supposerons que la vis est sollicitée par une force Q, dirigée suivant son axe (*fig.* 130), et, pour ne pas avoir à tenir compte de frottements latéraux, que cette force et le frottement sont maintenus en équilibre par un couple (F, — F) de bras de levier $a$, perpendiculaire à l'axe ci-dessus.

Fig. 130.

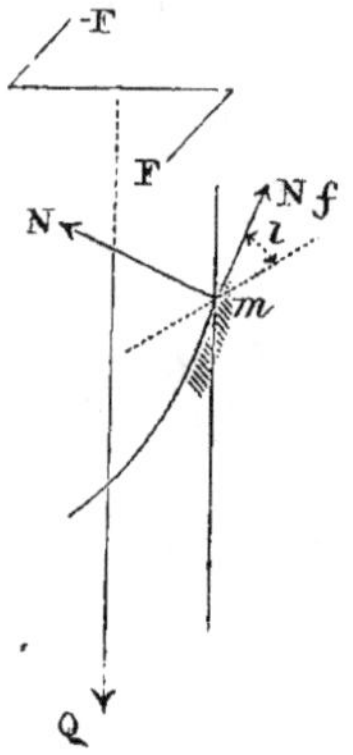


Soient

$r$ le rayon du cylindre de l'hélice moyenne du filet;
$i$ l'inclinaison de l'hélice sur un plan perpendiculaire à l'axe;
$f$ le coefficient et $\alpha$ l'angle de frottement de la vis sur l'écrou.

La saillie du filet étant relativement très-faible, on peut, sans erreur appréciable, supposer que les réactions normales de l'écrou sur ce filet se réduisent à des forces réparties sur l'hélice moyenne. Nous considérerons, dans ce qui suit, le moment $Fa$ comme positif ou négatif selon qu'il tendra à faire descendre ou remonter la vis.

Désignons par N la réaction normale de l'écrou sur la vis correspondant à un élément de l'hélice moyenne.

1° Supposons d'abord que Q tende à faire descendre ou fasse descendre la vis d'un mouvement uniforme. Dans ce cas, c'est la partie inférieure du filet de l'écrou qui réagit sur le filet de la vis, et à l'inspection de la *fig.* 130 on voit que les conditions d'équilibre de translation de la vis parallèlement à l'axe et de rotation autour de cet axe s'expriment par

$$Q = \Sigma N(\cos i + f\sin i) = (\cos i + f\sin i)\,\Sigma N,$$
$$Fa = \Sigma N(f\cos i - \sin i)\,r = r(f\cos i - \sin i)\,\Sigma N;$$

d'où, par l'élimination de $\Sigma N$,

$$(1) \qquad Fa = Qr \frac{f \cos i - \sin i}{\cos i + f \sin i} = Qr \operatorname{tang}(\alpha - i).$$

Si $i < \alpha$, le couple devra tendre à produire le mouvement;

Si $i = \alpha$, la force Q fera équilibre au frottement;

Enfin, si $i > \alpha$, il faudra appliquer à la vis un couple tendant à s'opposer à un mouvement de descente.

2° Supposons maintenant que la vis ait une résistance à vaincre (c'est ce qui arrive notamment quand on serre une vis dans du bois ou du métal); nous devrons, dans ce qui précède, changer Q en $-Q$ et N en $-N$, puisque c'est la partie supérieure du filet de l'écrou qui réagit, et enfin $f$ en $-f$, puisque le frottement ne change pas de sens. On trouve ainsi

$$(2) \qquad Fa = Qr \frac{\sin i + f \cos i}{\cos i - f \sin i} = Qr \operatorname{tang}(\alpha + i).$$

Pour que l'on puisse serrer la vis, il faut que $Fa > 0$ ou

$$i < 90^\circ - \alpha.$$

Pour $i \geqq 90^\circ - \alpha$ le serrage sera impossible.

La formule relative au dévissage s'obtiendra en changeant $f$ en $-f$ dans la précédente.

On arriverait à des résultats semblables à ceux que nous venons d'obtenir en supposant la vis fixe et l'écrou mobile sollicité par la force Q et le couple (F, $-$F).

92. *Vis à filet triangulaire.* — Conservons les notations du numéro précédent en considérant le premier cas que nous avons examiné.

Soient (*fig.* 131)

$mz$ la verticale du point $m$ du filet où s'exerce la réaction normale N;

$my$ la perpendiculaire abaissée de ce point sur l'axe de la vis;

$mx$ la portion de l'horizontale perpendiculaire à $my$ située en sens inverse du mouvement de rotation de la vis;

$\lambda$ l'inclinaison du profil du filet sur $my$;
$\alpha$, $\beta$, $\gamma$ les angles formés par N avec $mx$, $my$, $mz$.

Fig. 131.

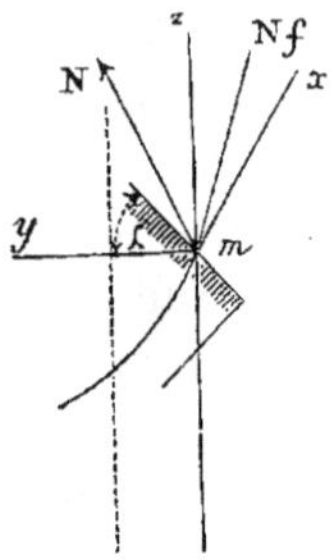


En exprimant que la direction de N est normale à $mx$, $my$, on a

$$\cos\alpha\cos i + \cos\gamma\sin i = 0,$$
$$\cos\beta\cos\lambda + \cos\gamma\sin\lambda = 0;$$

d'ailleurs

$$\cos^2\alpha + \cos^2\beta + \cos^2\gamma = 1,$$

d'où

$$\cos\gamma = \frac{1}{\sqrt{1 + \tang^2 i + \tang^2\gamma}},$$
$$\cos\alpha = \frac{-\tang i}{\sqrt{1 + \tang^2 i + \tang^2\lambda}}.$$

Les équations d'équilibre de translation et de rotation sont par suite

$$Q = \Sigma\,(N\cos\gamma + Nf\sin i) = \left(\frac{1}{\sqrt{1 + \tang^2 i + \tang^2\lambda}} + f\sin i\right)\Sigma N,$$

$$Fa = r\Sigma(Nf\cos i - N\cos\alpha) = \left(f\cos i - \frac{\tang i}{\sqrt{1 + \tang^2 i + \tang^2\lambda}}\right)\Sigma N,$$

d'où

$$Fa = Qr\,\frac{f\cos i\sqrt{1 + \tang^2 i + \tang^2\lambda} - \tang i}{f\sin i\sqrt{1 + \tang^2 i + \tang^2\lambda} + 1}.$$

Cette équation se discutera de la même manière que l'équation (1) du numéro précédent à laquelle elle conduit d'ailleurs, en supposant $\lambda = 0$.

93. *Frottement des tourillons sur leurs coussinets.* — La considération du mouvement d'un tourillon sur son coussinet se ramène à celle d'une section faite par un plan perpendiculaire aux génératrices.

Soient (*fig.* 132)

Fig. 132.

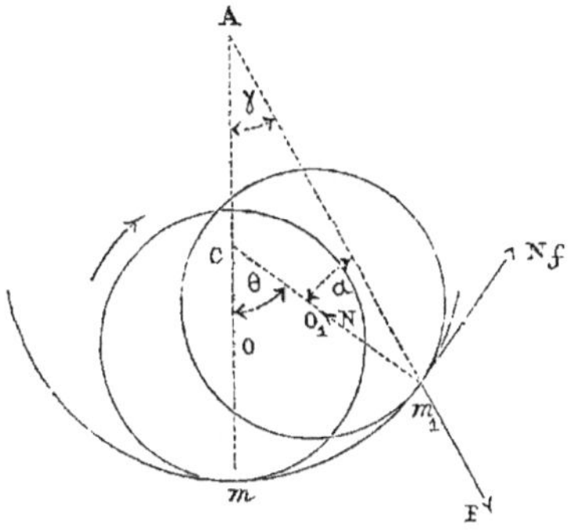


C le centre du coussinet;

O la position du centre du tourillon lorsque l'arbre est au repos, le tourillon reposant, par son point le plus bas $m$, sur son coussinet;

$\rho$ le rayon $Om$ du tourillon.

Dès que, sous l'action de la force motrice, l'arbre se met en mouvement, de la gauche vers la droite, par exemple, le tourillon roule à droite sur le coussinet jusqu'au moment où sa réaction tangentielle atteint son maximum, c'est-à-dire la valeur du frottement de glissement.

Soient maintenant

$O_1$ la position que prend alors le centre du tourillon;

$m_1$ son point de contact avec le coussinet;

F la résultante des forces qui agissent sur le tourillon, estimée dans le plan de la figure, et qui passe nécessairement par le point $m_1$;

N la réaction normale du coussinet en $m_1$;

A l'intersection de la direction de F avec la verticale du point O ;
$\gamma$ l'angle connu $mAm_1$;
$\theta$ l'angle inconnu $mCm_1$.

On a, d'après la figure, en se rappelant que l'angle $Cm_1A$ est égal à l'angle de frottement $\alpha$,

$$\theta = \gamma + \alpha,$$

et, pour l'étendue du roulement,

$$mm_1 = \rho(\gamma + \alpha);$$

comme on a $F = N\sqrt{1+f^2}$, le moment du frottement, pris en valeur absolue, a pour expression

$$Nf\rho = F\rho \frac{f}{\sqrt{1+f^2}}.$$

Les mêmes considérations s'appliquent au frottement de l'œil d'une poulie sur un tourillon fixe.

94. *Équilibre des forces appliquées au treuil en ayant égard au frottement.* — Pour fixer les idées, nous supposerons que l'axe du treuil est horizontal et que la résistance à vaincre Q est verticale.

Soient (*fig.* 133)

Fig. 133.

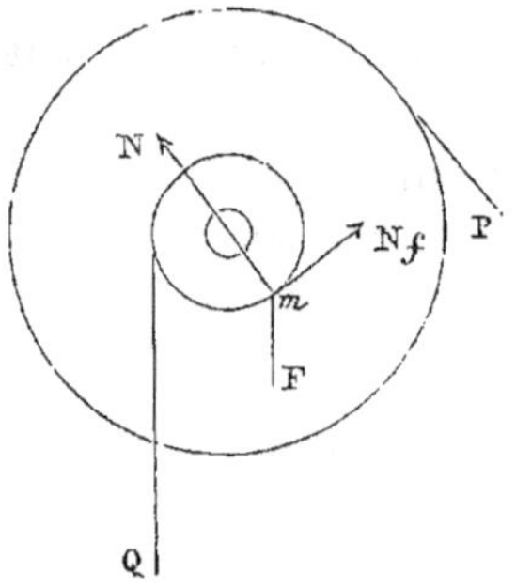


P la puissance censée comprise dans un plan perpendiculaire à l'axe;

$a$, $a'$ les distances de ce plan aux milieux A, A′ des portions des axes des tourillons comprises dans les coussinets;

$b$, $b'$ les distances aux mêmes points du plan perpendiculaire à l'axe déterminé par la direction Q;

R le rayon de la roue tangentiellement à laquelle agit la force P;

$r$ le rayon du cylindre;

$\rho$ celui des tourillons;

$\varphi$ l'angle que forment les directions de P et Q.

Le mode de répartition des réactions normales de chaque coussinet sur le tourillon qu'il reçoit est inconnu; mais, comme la largeur du coussinet est relativement faible, on peut, sans grande erreur, supposer que leur résultante passe par le milieu A ou A′ de la portion du tourillon renfermée dans le coussinet. Désignons par N, N′ les réactions normales des coussinets en A, A′.

La force Q se décompose en deux autres parallèles à sa direction $Q\frac{b'}{b+b'}$, $Q\frac{b}{b+b'}$, comprises dans les plans (S), (S′) perpendiculaires à l'axe en A, A′; la force P se décompose de la même manière en deux forces parallèles $P\frac{a'}{a+a'}$, $P\frac{a}{a+a'}$, comprises dans ces mêmes plans. Mais la première d'entre elles, par exemple, peut être considérée comme la résultante des forces verticale et horizontale $P\frac{a'}{a+a'}\cos\varphi$, $P\frac{a'}{a+a'}\sin\varphi$. Il suit de là que la résultante des forces comprises dans le plan (S), qui passe nécessairement par le milieu de l'arête de contact du tourillon et du coussinet, a pour expression

$$F = \frac{\sqrt{(Pa'\cos\varphi + Qb')^2 + P^2a'^2\sin^2\varphi}}{a+a'},$$

en remarquant que $b+b' = a+a'$; le moment du frottement est par suite

$$-Nf\rho = -\frac{f\rho}{(a+a')\sqrt{1+f^2}}\sqrt{(Pa'\cos\varphi + Qb')^2 + P^2a'^2\sin^2\varphi}.$$

On obtiendrait de même, pour le moment du frottement relatif à l'autre tourillon,

$$-N'f\rho = -\frac{f\rho}{(a+a')\sqrt{1+f^2}}\sqrt{(Pa\cos\varphi + Qb)^2 + P^2a^2\sin^2\varphi}.$$

L'équation des moments est par suite

$$(1)\quad \left\{\begin{aligned}&PR - Qr - \frac{f\rho}{(a+a')\sqrt{1+f^2}}\Big[\sqrt{(Pa'\cos\varphi + Qb')^2 + P^2a'^2\sin^2\varphi}\\ &\qquad + \sqrt{(Pa\cos\varphi + Qb)^2 + P^2a^2\sin^2\varphi}\Big] = 0.\end{aligned}\right.$$

Si les forces P et Q sont parallèles ou si $\varphi = 0$, l'équation précédente devient

$$PR - Qr - \frac{f\rho}{\sqrt{1+f^2}}(P+Q) = 0,$$

et fera connaître l'effort P qu'il faut exercer tangentiellement à la roue pour faire équilibre à la résistance utile Q et aux frottements des tourillons.

Mais, si $\varphi$ n'est pas nul, en faisant disparaître les radicaux, l'équation (1) est du quatrième degré en P, de sorte que la solution du problème est assez compliquée ; mais on peut la simplifier en remplaçant, par approximation, en vertu d'un théorème dû à Poncelet, chacun des radicaux par une fonction linéaire des racines des deux carrés qu'il renferme [1], ce qui sera généralement possible, car une discussion simple permettra généralement de voir *a priori* quelle doit être la plus grande de ces deux racines. Supposons, par exemple, que dans chaque radical le premier carré soit supérieur au second ; nous aurons, pour déterminer P, l'équation

$$(2)\qquad PR - Qr = \frac{f\rho}{\sqrt{1+f^2}}[0,96(P\cos\varphi + Q) + 0,40P\sin\varphi],$$

en commettant une erreur relative au plus égale à $\frac{1}{25}$ du terme dû au frottement, qui est déjà relativement petit.

On peut encore opérer autrement en négligeant devant l'unité le carré du frottement, qui est toujours une petite frac-

---

[1] *Voir* la Note placée à la fin du Chapitre.

tion. En supposant $f = 0$, l'équation (1) donne, comme première approximation, $P = Q\frac{r}{R}$; en portant cette valeur sous les radicaux, on trouve

$$P = Qr + \frac{f\rho Q}{a+a'}\left[\sqrt{\left(\frac{ar}{R}\cos\varphi + b'\right)^2 + \frac{r^2}{R^2}a'^2\sin^2\varphi}\right.$$
$$\left. + \sqrt{\left(\frac{ar}{R}\cos\varphi + b\right)^2 + \frac{r^2}{R^2}a^2\sin^2\varphi}\right].$$

Enfin, si dans l'équation (1) on suppose $a = a' = b = b'$, $r = R$, elle devient celle de la poulie, dont nous nous occuperons plus loin d'une manière spéciale, en tenant compte en même temps du frottement et de la roideur des cordes.

95. *Du frottement des épaulements et des pivots.* — Soient Q la résultante des efforts longitudinaux qui agissent sur un arbre; $r_1$, $r_0$ les rayons extérieur et intérieur d'un épaulement; dans le cas d'un pivot, on supposera $r_0 = 0$.

Comme on ne connaît pas le mode de répartition des pressions de l'épaulement sur le palier, on fait une hypothèse qui consiste à supposer que ces pressions sont uniformément réparties sur la surface de contact.

Mais alors on retombe sur le problème résolu au n° **147** de la deuxième Partie, et l'on a pour le moment du frottement

$$\frac{2}{3}Qf\frac{r_1^3 - r_0^3}{r_1^2 - r_0^2} = \frac{2}{3}Qf\frac{r_1^2 + r_1 r_0 + r_1^2}{r_1 + r_0}.$$

Si l'on appelle $r'$ le rayon $\frac{r_1 + r_0}{2}$ de la circonférence moyenne de la zone de contact; $l$ la largeur $r_1 - r_0$ de cette zone, on reconnaît sans peine que le facteur de $Qf$ ou le *bras du levier moyen du frottement* prend la forme

$$r' + \frac{l^2}{12r'},$$

et l'on voit que l'on pourra prendre cette longueur égale à $r'$ toutes les fois que $l$ sera petit par rapport à ce rayon.

96. *Du frottement dans les articulations.* — Soient (*fig.* 134) BA, AB′ deux pièces articulées en A;

Fig. 134.

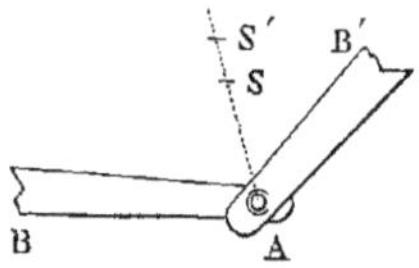


$\rho$ le rayon de l'articulation;

S, S′ les centres instantanés de BA, AB′, tous deux situés sur la normale à l'élément que décrit le centre de l'articulation;

$\omega$, $\omega'$ les vitesses angulaires correspondantes.

Concevons que l'on imprime à tout le système une rotation, autour de S, égale et contraire à $\omega$, de manière à ramener BA au repos; la pièce AB′ tournera alors autour du point fixe A avec la rotation $\omega' - \omega$, et le glissement élémentaire de l'articulation sera $\pm \rho(\omega' - \omega)\,dt$, en prenant le signe $\pm$ selon que l'on aura $\omega' \gtrless 0$. Si F est la résultante des forces qui agissent sur AB′, le travail élémentaire du frottement sera

$$\pm \frac{Ff}{\sqrt{1+f^2}}\,\rho\,(\omega' - \omega)\,dt.$$

Appliquons ces considérations à l'excentrique circulaire en nous reportant aux n^os 34 et 35, dont nous conserverons les notations, et à la *fig.* 73.

Nous avons trouvé pour la vitesse angulaire instantanée de la bielle

$$\omega' = \frac{\omega R}{AS};$$

or on a

$$AS = \frac{AI}{\cos\theta} = \frac{BK}{\cos\theta}, \quad \sin ABO = \varepsilon \sin\theta,$$

$$BK = L\cos ABO = L\,(1 - \tfrac{1}{2}\varepsilon^2 \sin^2\theta),$$

en négligeant la quatrième puissance de l'obliquité; d'où

$$AS = \frac{L\,(1 - \frac{1}{2}\varepsilon^2 \sin^2\theta)}{\cos\theta},$$

par suite

$$\omega' = \omega\varepsilon \cos\theta (1 + \tfrac{1}{2}\varepsilon^2 \sin^2\theta).$$

On aura alors, pour le travail élémentaire dû au frottement,

$$\frac{\mathrm{F}f\rho}{\sqrt{1+f^2}}(1 - \varepsilon\cos\theta - \tfrac{1}{2}\varepsilon^3 \sin^2\theta\cos\theta)\,\omega\,dt$$

ou, comme $\omega\, dt = d\theta$,

(1) $$\frac{\mathrm{F}f\rho}{\sqrt{1+f^2}}(1 - \varepsilon\cos\theta - \tfrac{1}{2}\varepsilon^3 \sin^2\theta\cos\theta)\,d\theta.$$

Supposons en particulier que l'obliquité soit assez faible pour en négliger le cube, et que le mouvement soit déterminé par une force constante P appliquée en B, et dont le sens change après chaque demi-révolution; F sera la résultante de P et de la réaction normale N des patins sur les glissières, en négligeant le frottement correspondant; décomposons la force P en deux autres, l'une normale à OB qui détruira N, et l'autre dirigée suivant AB, et qui ne sera autre chose que F; mais cette dernière a pour expression

$$\frac{\mathrm{P}}{\cos\widehat{\mathrm{ABO}}} = \mathrm{P}(1 + \tfrac{1}{2}\varepsilon^2 \sin^2\theta),$$

de sorte que le travail élémentaire (1) devient

$$\frac{f\rho\mathrm{P}}{\sqrt{1+f^2}}(1 - \varepsilon\cos\theta + \tfrac{1}{2}\varepsilon^2\sin^2\theta)\,d\theta.$$

Pour une demi-révolution le travail sera l'intégrale de cette expression prise entre les limites $\theta = 0$, $\theta = \pi$,

$$\frac{f\pi\rho\mathrm{P}}{\sqrt{1+f^2}}\left(1 + \frac{\varepsilon^2}{4}\right).$$

97. *Du frottement dans les engrenages cylindriques.* — Nous ne considérerons que le cas d'un engrenage extérieur; celui d'un engrenage intérieur s'en déduira en changeant le signe du plus grand des rayons des circonférences primitives.

Soient (*fig.* 135)

O′, O les centres de la roue menante et de la roue conduite, la rotation de cette dernière étant censée avoir lieu de la gauche vers la droite;

R′, R les rayons des circonférences primitives de ces roues;

A le point de contact de ces circonférences;

$m$ le point de contact des profils $ma'$ de la roue O′, et $ma$ de la roue O.

$p$ la normale $m$A;

$\varphi$ son inclinaison sur $m$O;

$ds$ l'arc décrit dans le temps $dt$ par un point de l'une ou l'autre des circonférences primitives;

Fig. 135.

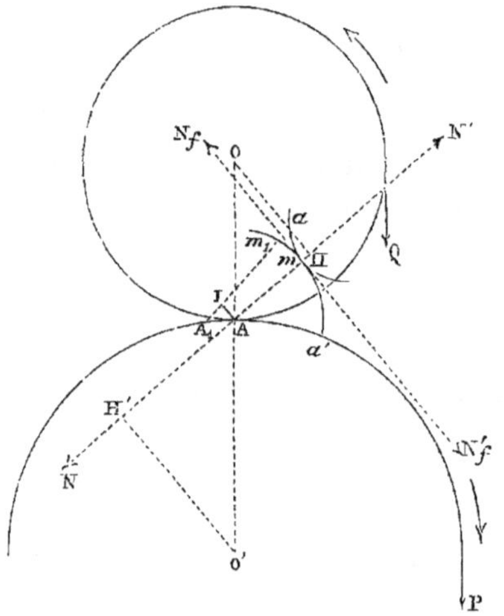


P, Q les efforts, respectivement équivalents à la puissance et à la résistance utile, tangents aux circonférences O, O′;

N la réaction normale de la dent $ma$ sur $ma'$;

N′ la réaction égale et contraire de $ma'$ sur $ma$;

$f$ le coefficient de frottement.

Les frottements N$f$, N′$f$ étant directement opposés, il suffit de trouver la direction de l'un pour obtenir celle de l'autre.

Le glissement $p(\omega + \omega')$ de $ma$ sur $ma'$ ayant lieu vers la gauche, les directions de $N'f$, $Nf$ sont respectivement dirigées vers la droite et vers la gauche, comme l'indique d'ailleurs la figure.

Soient H et H' les projections de O' et O sur les directions de N et N', on a

$$O'H' = R'\sin\varphi, \qquad OH = R\sin\varphi;$$
$$H'm = R'\cos\varphi + p, \quad Hm = R\cos\varphi - p.$$

Mais on a, pour exprimer que les forces, qui sollicitent les roues O et O' considérées comme libres autour de leurs axes respectifs, se font équilibre,

$$PR = N.O'H' + Nf.H'm,$$
$$QR = N'.OH + N'f.Hm,$$

ou, en se rappelant que $N = N'$,

$$P = N\left[\sin\varphi + f\left(\cos\varphi + \frac{p}{R'}\right)\right],$$
$$Q = N\left[\sin\varphi + f\left(\cos\varphi - \frac{p}{R}\right)\right];$$

d'où

$$\frac{P}{Q} = \frac{\sin\varphi + f\left(\cos\varphi + \frac{p}{R'}\right)}{\sin\varphi + f\left(\cos\varphi - \frac{p}{R}\right)}.$$

Si $f$ était nul on aurait $P = Q$; la force tangente à la circonférence primitive O' équivalente au frottement est donc $F = P - Q$, et l'on a

$$F = \frac{fQ\left(\frac{1}{R} + \frac{1}{R'}\right)p}{\sin\varphi + f\left(\cos\varphi - \frac{p}{R'}\right)}.$$

Soient

$A_1$ le point de la circonférence primitive O' qui doit succéder à A sur la ligne des centres au bout du temps $dt$;

$A_1m_1$ la normale abaissée de ce point sur $ma'$;

I la projection de A sur cette normale.

On a

$$AA_1 = ds, \quad A_1I = dp,$$

et dans le triangle $A_1AI$

$$ds = \frac{dp}{\sin\varphi}. \tag{1}$$

Le travail élémentaire $F\,ds$ du frottement a, par suite, pour expression

$$F\,ds = \frac{Qf\left(\frac{1}{R} + \frac{1}{R'}\right)p\,dp}{\sin\varphi\left[\sin\varphi + f\left(\cos\varphi - \frac{p}{R}\right)\right]},$$

et le travail total, en supposant constante la résistance Q,

$$\mathfrak{T}_f = Qf\left(\frac{1}{R} + \frac{1}{R'}\right)\int\frac{p\,dp}{\sin\varphi\left[\sin\varphi + f\left(\cos\varphi - \frac{p}{R}\right)\right]}. \tag{2}$$

Le profil des dents de la roue O pouvant être défini par une équation de la forme $p = F(\varphi)$, la détermination de $\mathfrak{T}_f$ se ramène à une quadrature; l'intégration peut s'effectuer pour les engrenages à flancs, à développante de cercle et à lanterne [1]; mais nous nous bornerons à donner la solution approchée admise dans la pratique.

Si nous négligeons le carré de $f$, qui est ordinairement inférieur à $\frac{1}{100}$, on a

$$\mathfrak{T}_f = Qf\left(\frac{1}{R} + \frac{1}{R'}\right)\int\frac{p\,dp}{\sin^2\varphi}. \tag{3}$$

Cette formule montre déjà que $\mathfrak{T}_f$, pour l'étendue du contact d'un couple de dents, sera d'autant plus faible que $p$ restera plus petit. Il y a donc avantage, en vue de diminuer le travail absorbé par le frottement, à réduire à peu de chose l'étendue du contact entre deux dents; dans ces conditions, $\varphi$ s'écartant très-peu de sa valeur $\varphi_0$ qui correspond au moment où le contact a lieu sur la ligne des centres, l'équation (1) peut, par approximation, être remplacée par la suivante :

$$dp = \sin\varphi_0\,ds, \quad \text{d'où} \quad p = \sin\varphi_0\,s,$$

---

(1) *Voir*, à ce sujet, mon *Mémoire sur le frottement des engrenages coniques et de la vis sans fin* (*Journal de l'École Polytechnique*, XXXIIIe Cahier).

et l'équation (3) par

$$\mathfrak{T}_f = Qf\left(\frac{1}{R} + \frac{1}{R'}\right) \int \frac{pdp}{\sin^2\varphi_0};$$

d'où

$$(4) \qquad \mathfrak{T}_f = Qf\left(\frac{1}{R} + \frac{1}{R'}\right)\frac{s^2}{2},$$

expression dans laquelle $s$ est censé représenter le pas de l'engrenage. Le travail utile étant $\mathfrak{T}_u = Qs$, l'expression précédente peut se mettre sous la forme suivante :

$$(5) \qquad \frac{\mathfrak{T}_f}{\mathfrak{T}_u} = \frac{f}{2}\left(\frac{1}{R} + \frac{1}{R'}\right)s.$$

Soient $n$, $n'$ les nombres de dents des roues O′ et O; on a

$$ns = 2\pi R, \quad n's = 2\pi R',$$

d'où

$$(6) \qquad \frac{\mathfrak{T}_f}{\mathfrak{T}_u} = f\pi\left(\frac{1}{n} + \frac{1}{n'}\right).$$

Telle est la formule que l'on emploie dans les applications pour apprécier le travail absorbé par le frottement.

Cette formule (6) s'applique également dans le cas d'un engrenage intérieur, en changeant de signe le plus grand des nombres $n$ et $n'$.

98. *Du frottement dans les engrenages coniques.* — Soient (*fig.* 136)

SO′, SO les axes de la roue menante et de la roue conduite;

$\omega'$, $\omega$ les rotations de ces deux roues qui ont lieu respectivement de la droite vers la gauche et de la gauche vers la droite pour l'observateur couché successivement suivant SO′ et suivant SO en ayant la tête en S;

SA, S$m$ les génératrices de contact des cônes primitifs et d'un couple de dents auxquelles, comme on le sait, le plan SA$m$ est normal;

P, Q les forces équivalentes à la puissance et à la résistance utile, respectivement tangentes à deux circonférences des cônes SO′, SO passant par un même point A de l'arête de contact SA;

$r'$, $r$ les rayons O′A, OA de ces circonférences;

$a'$, $a$ les angles connus O′SA, OSA;

$\alpha$ l'angle AS$m$;

$\varphi$ l'angle des deux plans SAO, SA$m$;

A$m$ la normale menée aux dents par le point $m$;

$ma'$, $ma$ les lieux des pieds des normales abaissées des points des circonférences O′A, OA sur les dents correspondantes;

N la réaction normale de la dent S$ma$ sur la dent S$m'a'$, qui est égale et de sens contraire à l'action N′ exercée par la seconde dent sur la première;

$n$ le point d'application de N′;

$f$ le coefficient de frottement des dents.

Fig. 136.

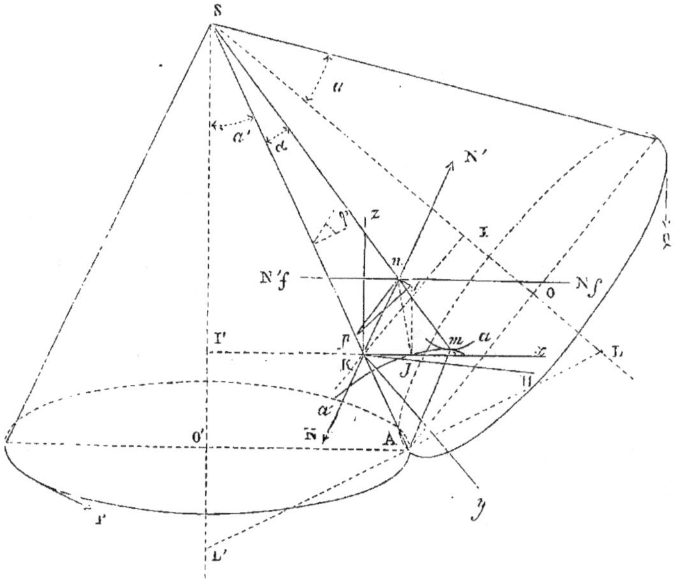


En déterminant le sens du glissement de la dent S$ma$ sur la dent S$ma'$ considérée comme fixe, ainsi qu'on l'a fait pour les engrenages cylindriques, on détermine le sens de N′$f$, tel que l'indique la figure, par suite celui de N$f$.

Par le point K où la direction de N rencontre SA, menons les perpendiculaires KI′, KI à SO′, SO, en prolongeant la première en $Kx$ au delà de A ; la perpendiculaire $Ky$ au plan des axes, et la parallèle $Kz$ à l'axe SO'.

Les angles trièdres $SKnx$, $SKny$, ayant pour sommet le point K, donnent

$$\cos(N, x) = -\cos\widehat{nKx} = \sin\alpha\sin a' - \cos\alpha\cos a'\sin\varphi,$$

$$\cos(N, y) = -\cos\widehat{nKy} = \cos\alpha\sin\varphi.$$

En menant la parallèle $KHx$ à $Nf$, l'angle trièdre SKH, dont K est le sommet, donne également

$$\cos(Nf, x) = \cos\widehat{HKx} = \cos\alpha\sin\varphi.$$

Enfin il est visible que

$$(Nf, y) = \widehat{HKy} = \varphi.$$

Abaissons du point $n$ la perpendiculaire $nl$ au plan $SKx$, la perpendiculaire $np$ à SA ; $nl$ est le bras de levier, par rapport à SO', de la composante de $Nf$ parallèle à $Kx$ ; le triangle $npl$ donne

$$nl = np\sin\varphi = nS\sin\alpha\sin\varphi = SK\cos\alpha\sin\alpha\sin\varphi = \frac{KI'}{\sin a'}\sin\alpha\cos\alpha\sin\varphi.$$

Si J est la projection de $n$ ou $l$ sur $Kx$, I'J est le bras de levier de la composante de $Nf$ parallèle à $Ky$. Or

$$I'J = I'K + KJ = I'K + nK\cos\widehat{nKx} = I'K + SK\sin\alpha\cos\widehat{nKx}$$

$$= I'K\left(1 + \frac{\sin\alpha\cos\widehat{nKx}}{\sin a'}\right);$$

d'où, en remplaçant $\cos\widehat{nKx}$ par sa valeur trouvée plus haut,

$$I'J = I'K(\cos^2\alpha + \sin\alpha\cos\alpha\cot a'\cos\varphi).$$

L'équation des moments appliquée à la roue SO' est

$$Pr' - N\cos(N, y)\,I'K - Nf\cos(Nf, x)\,nl - Nf\cos(Nf, y)\,I'J = 0,$$

ou, en vertu des valeurs que nous venons de déterminer,

$$(1)\qquad Pr' = I'K(\cos\alpha\cos\varphi + f\cos\varphi\cos^2\alpha + f\cot a'\sin\alpha\cos\alpha)\,N.$$

On aurait à faire un calcul identique pour la roue SO ; cependant la formule relative à cette roue peut se déduire immédiatement de la figure et de la formule (1), en vertu d'une certaine analogie qu'il est facile d'établir. Quoi qu'il en soit, on a

$$(2) \qquad Qr = \mathrm{IK}(\cos\alpha \sin\varphi + f\cos\varphi \cos^2\alpha - f\cot a \sin\alpha \cos\alpha)\,\mathrm{N}'.$$

Des formules (1) et (2) on déduit, en remarquant que $\mathrm{N} = \mathrm{N}'$, $\frac{\mathrm{I'K}}{\mathrm{IK}} = \frac{r'}{r}$,

$$\frac{\mathrm{P}}{\mathrm{Q}} = \frac{\sin\varphi + f\cos\varphi \cos\alpha \sin\alpha + f\cot a' \sin\alpha}{\sin\varphi + f\cos\varphi \cos\alpha - f\cot a' \sin\alpha}.$$

Si le frottement était nul, on aurait $\mathrm{P} = \mathrm{Q}$; la différence $\mathrm{F} = \mathrm{P} - \mathrm{Q}$ représente donc la valeur de la force tangente à la circonférence O'A équivalente au frottement, et l'on a

$$(3) \qquad \mathrm{F} = \mathrm{Q}f\frac{\sin\alpha(\cot a + \cot a')}{\sin\varphi + f\cos\varphi \sin\alpha - f\cot a \sin\alpha}.$$

On peut mettre cette expression sous une autre forme; menons, à cet effet, au point O dans le plan OSO' une perpendiculaire à SA limitée en L' et L à SO', SO, et posons

$$\mathrm{R}' = \mathrm{AL}', \quad \mathrm{R} = \mathrm{AL}, \quad p = \mathrm{A}m;$$

nous aurons

$$(4) \qquad \sin\alpha = \frac{p}{\mathrm{AS}}, \quad \cot a' = \frac{\mathrm{AS}}{\mathrm{R}'}, \quad \cot a = \frac{\mathrm{AS}}{\mathrm{R}},$$

par suite

$$(5) \qquad \mathrm{F} = \frac{\mathrm{Q}fp\left(\frac{1}{\mathrm{R}} + \frac{1}{\mathrm{R}'}\right)}{\sin\varphi + f\cos\varphi\cos\alpha - \frac{f}{\mathrm{R}}p},$$

formule aussi simple que celle qui lui correspond dans la question des engrenages cylindriques, et sur laquelle on retombe d'ailleurs en supposant $\alpha = 0$.

Proposons-nous maintenant de trouver l'expression du travail élémentaire $\mathrm{F}ds$ du frottement, $ds$ étant l'élément de la circonférence OA. Soient (*fig.* 136 et 137) SA$m$, SA$_1m_1$ deux plans normaux à la surface de la dent S$ma'$ menés par deux points A, $A_1$ distants de $ds$ de la circonférence O'A; nous aurons

$$ASm = \alpha, \quad \widehat{A_1Sm_1} = \alpha + d\alpha.$$

Soit $AA_1mm_1$ le quadrilatère sphérique déterminé par les quatre droites SA, $SA_1$, $Sm$, $Sm_1$ sur la sphère de centre S et

Fig. 137.

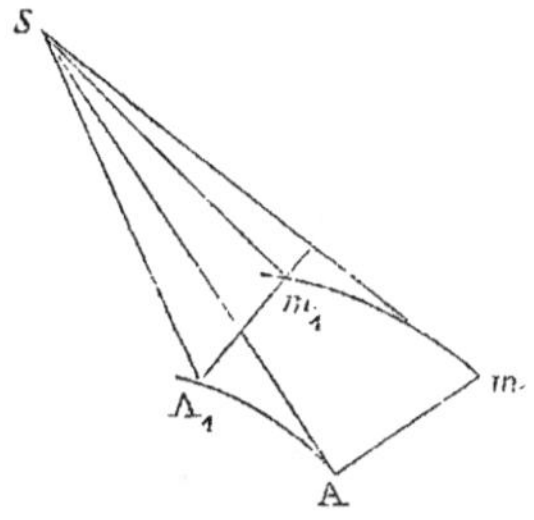


d'un rayon égal à SA. Les éléments de surface $AA_1mm_1$, $Smm_1$ sont perpendiculaires au plan $SAm$, et la projection de l'aire $SA_1m_1$ sur le plan $SAm$, peut être considérée comme étant égale à elle-même; et comme l'aire $SAm$ est égale à la différence des projections des aires $SA_1m_1$, $SAA_1$ sur son plan, on a

$$\frac{\overline{SA}^2}{2}\alpha = \frac{\overline{SA}^2}{2}(\alpha + d\alpha) - \frac{SA}{2}ds\sin\varphi,$$

d'où

(6) $$ds = SA\frac{d\alpha}{\sin\varphi} = R'\frac{\cot a'\,d\alpha}{\sin\varphi} = R\cdot\frac{\cot a\,d\alpha}{\sin\varphi}$$

ou encore, en vertu de la première des relations (4),

(7) $$ds = \frac{dp}{\cos\alpha\sin\varphi}.$$

Les formules (3) et (6) donnent la suivante :

$$F\,ds = Qf(R'\cot^2 a' + R\cot^2 a)\frac{\sin\alpha\,d\alpha}{\sin\varphi(\sin\varphi + f\cos\varphi\cos\alpha - f\cot a\sin\alpha)},$$

et l'on a pour le travail total dû au frottement

$$\mathfrak{T}_f = Qf(R'\cot^2 a' + R\cot^2 a)\int_0^\alpha \frac{\sin\alpha\,d\alpha}{\sin\varphi(\sin\varphi + f\cos\varphi\cos\alpha - f\cot a\sin\alpha)},$$

formule dans laquelle on devra remplacer $\varphi$ par son expression en fonction de $\alpha$, qui définit la nature de l'engrenage.

L'intégration peut s'effectuer lorsque la surface SA $m$ est un plan méridien ou une développante de cône; mais nous ne nous arrêterons pas à ce détail (¹) qui offre peu d'intérêt. Mais, comme il est visible que le travail du frottement pour l'étendue d'un contact est d'autant plus petit que les dents sont plus courtes ou que $\alpha$ est plus petit, nous supposerons, comme cela a lieu d'ailleurs dans la pratique, cet angle assez faible pour qu'on puisse considérer son cosinus comme égal à l'unité. Alors les formules (5) et (7) deviennent

$$F = \frac{fQp\left(\frac{1}{R} + \frac{1}{R'}\right)}{\sin\varphi + f\left(\cos\varphi - \frac{p}{R}\right)}, \quad ds = \frac{dp}{\sin\varphi}.$$

Or ce sont précisément les mêmes que celles qui se rapportent à un engrenage cylindrique dont les rayons des circonférences primitives seraient R′ et R; nous n'avons donc qu'à nous reporter au numéro précédent, dont la formule (5) s'applique, par suite, aux engrenages coniques comme aux engrenages cylindriques.

99. *Du frottement dans la vis sans fin.* — Nous supposerons, pour fixer les idées, que les axes de la vis OO et de la roue O′O′ (*fig.* 138) sont horizontaux; que le pas de la roue est assez petit pour que l'on puisse sans erreur sensible considérer le contact entre une dent et le filet comme ayant lieu, sur toute son étendue, dans le plan passant par OO et perpendiculaire à O′O′, et par conséquent sur une même hélice du filet; c'est seulement dans ce cas, d'ailleurs, que l'engrenage est sensiblement exact.

Soient (*fig.* 138)

R, R′, $r$ les rayons de la manivelle, de la roue et du cylindre de l'hélice sur laquelle le contact a lieu;

(¹) *Voir* à ce sujet le Mémoire cité ci-dessus.

P la force motrice agissant sur la manivelle de la droite vers la gauche;

Q la force équivalente à la résistance utile, tangente à la circonférence de la roue;

$\omega$, $\omega'$ les vitesses angulaires autour de la vis et de la roue;

$i$ l'inclinaison de l'hélice sur la section droite du cylindre.

Fig. 138.

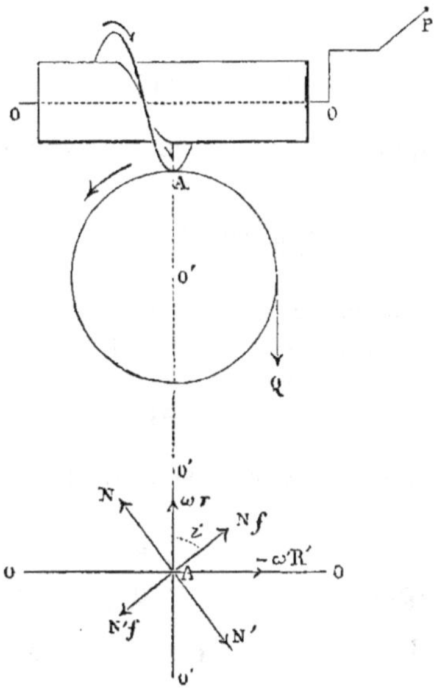


La relation entre P et Q devant varier très-peu avec la position du contact, en raison de l'hypothèse que nous avons faite, nous l'établirons pour le cas où le contact a lieu en A, sur la perpendiculaire commune aux deux axes; les actions normales égales et contraires N, N' du filet sur la dent et de la dent sur le filet, de même que les frottements $Nf$, $N'f$, se trouveront alors comprises dans le plan tangent horizontal au cylindre suivant la génératrice passant par A.

Le sens de $N'f$ étant l'inverse de celui du glissement du filet sur la dent ou de la résultante des vitesses $\omega r$, $-\omega' R'$, ce frottement est dirigé comme l'indique la figure. La composante de N' et N'$f$, parallèle à O'O', ayant pour expression N' sin $i$ + N' $f$ cos $i$, on a pour l'équilibre de la vis

$$PR = N'(\sin i + f\cos i)r.$$

La composante de N et N$f$, parallèle à OO, étant N cos $i$ — N$f$ sin $i$, l'équation d'équilibre de la roue est

$$QR' = N(\cos i - f\sin i)R';$$

d'où

$$(1)\qquad \frac{P}{Q} = \frac{\sin i + f\cos i}{\cos i - f\sin i}\,\frac{r}{R},$$

ou encore, en appelant $\alpha$ l'angle de frottement,

$$(2)\qquad \frac{P}{Q} = \frac{r}{R}\,\operatorname{tang}(i + \alpha).$$

Pour que les choses se passent comme nous l'avons supposé, il faut que ce rapport soit positif ou que l'on ait

$$i < 90^\circ - \alpha;$$

autrement il faudrait changer le sens de P pour maintenir Q en équilibre.

Le déplacement élémentaire de $\omega' R' dt$, d'un point de la circonférence de la roue, détermine le déplacement $\omega' R' \cot i . dt$ du filet, et celui de la manivelle est, par suite, $\omega' R' \frac{R}{r} \cot i . dt$; on a donc, par le rapport du travail utile au travail moteur,

$$(3)\qquad \frac{T_u}{T_m} = \frac{\operatorname{tang} i}{\operatorname{tang}(i + \alpha)}.$$

Si l'on désigne par $h$ le pas de la vis, on a

$$\operatorname{tang} i = \frac{h}{2\pi r},$$

valeur que l'on pourra substituer, si l'on veut, dans les équations (1), (2), (3).

Ces mêmes équations s'appliquent encore au cas où la roue conduit la vis, en y changeant $f$ en $-f$ ou $\alpha$ en $-\alpha$, et l'on reconnaît alors que, pour que le mouvement soit possible, il faut que $i > \alpha$.

100. *Frottement d'une corde sur un cylindre.* — Supposons (*fig.* 139) qu'une corde, censée réduite à son axe, glisse sur la section droite A$m$B d'un cylindre quelconque.

Fig. 139.

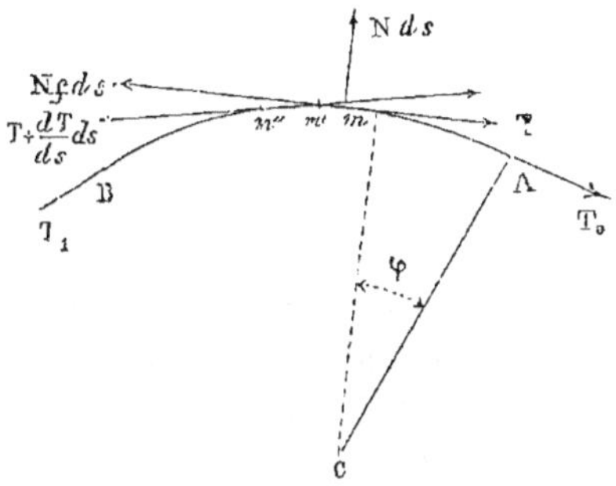


Soient

$T_0$, $T_1$ les tensions motrice et résistante des brins extrêmes de la corde, tangentes respectivement en A et B au cylindre;

T la tension en un point quelconque $m$ de la corde, compris entre A et B;

$\varphi$ l'angle $m$CA formé par les normales en $m$ et A;

$mm'$, $m'm''$ deux éléments consécutifs de la corde égaux à $ds$, en partant du point $m$ et se dirigeant vers B.

La tension en $m'$ dirigée suivant $m'm''$ est $T + \frac{dT}{ds}ds$, et fait l'angle $d\varphi$ avec la direction de T; en exprimant que les forces T, $-\left(T + \frac{dT}{ds}ds\right)$ font équilibre à la réaction normale N$ds$ du cylindre et au frottement N$f\,ds$, on a, en projetant sur les directions de T et de N$ds$,

$$\frac{dT}{ds} + Nf = 0, \quad N\,ds - T\,d\varphi = 0; \tag{1}$$

d'où, par l'élimination de N,

$$dT + fT\,d\varphi = 0,$$

et enfin, en intégrant,

$$(2) \qquad T = T_0 e^{-f\varphi} \quad (^1).$$

Si l'on désigne par $\varphi_1$ l'angle formé par les normales en A et B, on a

$$(3) \qquad T_0 = T_1 e^{f\varphi_1},$$

et l'on voit qu'il n'y aura pas glissement ou tendance au glissement tant que l'on aura

$$(4) \qquad T_0 < T_1 e^{f\varphi_1}.$$

Les formules que nous venons d'établir s'appliquent encore avec une grande approximation au cas où la corde fait plusieurs tours en spires jointives, à la condition de donner à $\varphi$ un accroissement de $2\pi$ par spire, attendu que l'on peut, sans grande erreur, considérer une spire comme comprise dans un plan perpendiculaire aux génératrices du cylindre. Si $n$ est le nombre entier ou fractionnaire de tours que fait la corde sur le cylindre, on a $\alpha = 2\pi n$ et

$$T_1 = T_0 e^{-2\pi n f}.$$

Ainsi, pour une valeur donnée de $T_0$, la résistance $T_1$ diminue très-rapidement quand $n$ croît; c'est ce qui explique comment, en tenant par un bout un câble faisant quelques tours sur un pieu vertical fixe, on peut, en exerçant un effort très-faible $T_1$, ralentir le mouvement et arrêter en peu de temps un bateau fortement chargé, animé d'une vitesse notable et auquel se trouve accrochée l'autre extrémité du câble.

**101.** *De la vitesse des différents points de la corde, en tenant compte de son élasticité et de son inertie.* — Soient $d\sigma$ un élément de longueur de corde à l'état naturel; $ds_0$, $ds$ ce qu'il devient lorsqu'il est soumis aux tensions $T_0$, T.

---

(1) Nous sommes déjà arrivé à cette formule au n° 93 de la deuxième Partie, au changement près de $\alpha$ en $\varphi$, sans donner à la constante $f$ la signification actuelle de coefficient de frottement; mais nous avons cru devoir, pour plus de clarté, reprendre directement la question au point de vue où nous devons maintenant nous placer.

Sous l'action de la tension T, $d\sigma$ éprouvera un allongement relatif, proportionnel à cette tension; de sorte que, si nous désignons par $k$ une constante, nous pourrons écrire

$$ds_0 = d\sigma(1 + kT_0), \quad ds = d\sigma(1 + kT);$$

d'où

$$ds = ds_0 \frac{1 + kT}{1 + kT_0}.$$

Si le brin $T_0A$ se dégage de $ds_0$ du cylindre dans le temps $dt$, sa vitesse sera $V_0 = \frac{ds_0}{dt}$; mais, comme la masse de la portion $Am$ de la corde est constante, et que la section et la densité de la corde ne varient pas sensiblement, il faut qu'il passe en $m$ dans le même temps $dt$ la longueur $ds$; la vitesse en ce point est, par suite, $V = \frac{ds}{dt}$ ou

$$V = V_0 \frac{1 + kT}{1 + kT_0}. \tag{5}$$

D'après M. Kretz (¹), on a, en désignant par A la section estimée en millimètres carrés,

$k = \frac{0,16}{A}$ pour les courroies ayant servi quelque temps.

$k = \frac{0,21}{A}$ pour les courroies neuves.

Comme on ne doit pas, en vue de la sécurité, faire supporter à une courroie de cuir une charge supérieure à $0^{kg},25$ par millimètre carré, il faudra satisfaire à la condition

$$T \leqq 0,25\,A,$$

et l'on voit, par suite, que $kT$ sera toujours une petite fraction, dont on pourra négliger les puissances supérieures à la première.

En supposant la vitesse $V_0$ constante, et en désignant par $\rho$ le rayon de courbure du cylindre au point $m$, nous aurons res-

(¹) *Annales des Mines*, 1862, 1er volume.

pectivement, pour les composantes tangentielle et normale du point correspondant de la corde

$$\frac{dV}{dt} = \frac{kV_0}{1+kT_0}\frac{dT}{d\varphi}\frac{d\varphi}{ds}\frac{ds}{dt} = \frac{k}{1+kT_0}\frac{V_0 V}{\rho}\frac{dT}{d\varphi} = k\frac{V_0^2}{\rho}\frac{dT}{d\varphi},$$

$$\frac{V^2}{\rho} = \frac{V_0^2}{\rho}[1+2k(T-T_0)].$$

En appelant $p$ le poids de l'unité de longueur de la corde, il est facile de voir qu'au lieu des équations (1) on a les suivantes :

$$\frac{dT}{ds} + Nf + \frac{p}{g}k\frac{V_0^2}{\rho}\frac{dT}{d\varphi} = 0,$$

$$N\,ds - T\,d\varphi + \frac{pV_0^2}{g\rho}[1+2k(T-T_0)]\,ds = 0,$$

d'où, par l'élimination de N,

$$\left(1+\frac{p}{g}kV_0^2\right)dT + f\left\{T - \frac{p}{g}V_0^2[1+2k(T-T_0)]\right\}d\varphi = 0.$$

Si nous posons

$$(6)\quad \begin{cases} f_1 = f\left(1 - \dfrac{3kp}{g}V_0^2\right), \\ \tau = \dfrac{pV_0^2}{g}\left[1 - k\left(\dfrac{pV_0^2}{g} + 2T_0\right)\right], \end{cases}$$

l'équation précédente devient, au degré d'approximation convenu,

$$(7)\quad dT - f_1(T-\tau) = 0,$$

d'où

$$(8)\quad T = \tau + (T_0 - \tau)e^{-f_1\varphi},$$

et enfin

$$(9)\quad V = \frac{V_0[1 + k\tau + k(T_0-\tau)e^{-f_1\varphi}]}{1+kT_0}.$$

La vitesse V diminue donc très-rapidement (mais d'autant moins que $V_0$ est plus grand), quand $\varphi$ augmente et atteint bientôt une valeur peu différente de la limite

$$(10)\quad V = \frac{V_0(1+k\tau)}{1+kT_0},$$

qui se réduit à

$$V = \frac{V_0}{1 + kT_0}$$

lorsqu'on néglige l'inertie.

102. *Courroies sans fin.* — Soient (*fig.* 140)

Fig. 140.

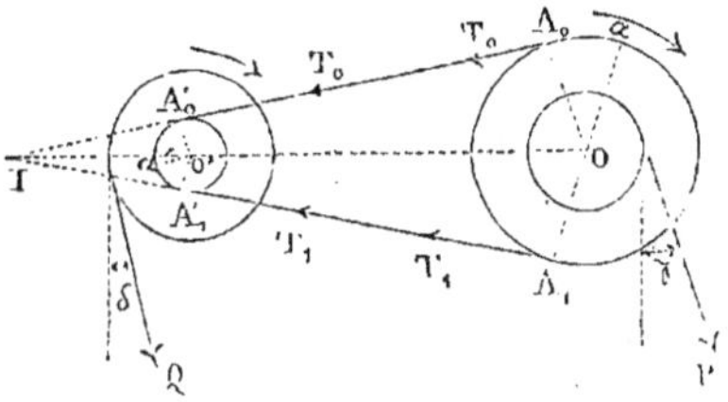

O, O′ les centres de la poulie menante et de la poulie conduite, la droite OO′ étant censée horizontale pour fixer les idées;

R, R′ leurs rayons;

$a$, $a'$ les rayons des cercles de centres O, O′, auxquels on peut supposer que la puissance P et la résistance Q sont tangentes;

$\gamma$, $\delta$ les angles que forment les directions de ces deux forces considérées comme positives ou négatives, selon que P et Q sont situés à droite ou à gauche de la verticale;

$A_0$, $A'_0$ les points de tangence des poulies O, O′ avec le brin conducteur, c'est-à-dire celui qui se dégage à chaque instant de O′ pour s'enrouler sur O.

$A_1$, $A'_1$ les points de contact correspondants relatifs à l'autre brin;

$\rho$, $\rho'$ les diamètres des tourillons des poulies O, O′;

$f_1$ le coefficient de frottement de ces tourillons sur leurs coussinets.

Nous supposerons que la courroie est suffisamment tendue pour que l'on puisse considérer ses deux brins comme rectilignes et nous désignerons par $\lambda$ les angles qu'ils forment avec la ligne des centres OO′ de part et d'autre de sa direction.

La poulie O est sollicitée par la force P, par les tensions $T_0$,

$T_1$ des brins $A_0A'_0$, $A_1A'_1$ qui agissent respectivement comme résistance et puissance, et que l'on peut supposer appliquées en $A_1$, $A$; de sorte que l'on a pour l'équation relative à l'équilibre de cette poulie

$$(1)\quad \left\{ \begin{aligned} & Pa + (T_1 - T_0)R \\ & \quad - \frac{f_1\rho}{\sqrt{1+f_1^2}} \sqrt{[P\cos\gamma + (T_0 - T_1)\sin\lambda]^2 + [(T_0+T_1)\cos\lambda - P\sin\gamma]^2} = 0. \end{aligned} \right.$$

Les tensions $T_0$, $T_1$ agissant respectivement comme puissance et résistance sur la poulie O′, on a de même

$$(2)\quad \left\{ \begin{aligned} & -Qa' + (T_0 - T_1)R' \\ & \quad + \frac{f_1\rho'}{\sqrt{1+f_1^2}} \sqrt{[Q\cos\delta + (T_1 - T_0)\sin\lambda]^2 + [(T_0+T_1)\cos\lambda + Q\cos\delta]^2} = 0. \end{aligned} \right.$$

Il nous faut encore établir une autre équation pour que l'on puisse trouver les valeurs des inconnues P, $T_0$, $T_1$.

A cet effet, nous remarquerons que l'on peut considérer la masse d'une courroie comme étant proportionnelle à sa longueur ramenée à l'état naturel; cela tient à ce que, sous l'action d'une tension, la section transversale et la densité d'une courroie n'éprouvent pas de variations sensibles.

Soient, à cet effet, L la longueur de la courroie en place, qui reste la même à l'état de repos et à l'état de mouvement; $\mathfrak{T}$ la tension uniforme correspondant à la mise en place, que l'on peut régler à volonté dans certaines limites, et qui est une donnée de la question.

Quoique, pendant le mouvement, la tension varie entre $T_0$ et $T_1$ dans les portions de la courroie qui embrassent les poulies, on peut néanmoins, par approximation et en commettant une erreur d'autant plus faible que les axes seront plus éloignés, admettre que la moitié L a la tension $T_0$, et l'autre moitié la tension $T_1$.

La longueur de la courroie ramenée à l'état naturel est par suite

$$\frac{L}{2(1+kT_0)} + \frac{L}{2(1+kT_1)},$$

$k$ ayant la même signification qu'au numéro précédent; mais elle a aussi pour longueur

$$\frac{L}{1+k\tau}.$$

En égalant ces deux valeurs, il vient

$$\frac{1}{1+kT_0}+\frac{1}{1+kT_1}=\frac{2}{1+k\mathcal{T}}$$

ou, en négligeant les carrés des allongements relatifs, qui sont toujours de petites fractions,

$$(3) \qquad T_0+T_1=2\mathcal{T}.$$

Pour achever la solution du problème, il conviendra de remplacer approximativement, dans les équations (1) et (2), le radical par une fonction linéaire des racines des deux carrés qu'il comprend, et alors on n'aura plus qu'à résoudre trois équations du premier degré entre les inconnues $T_0$, $T_1$, P.

Soient $f$ le coefficient de frottement de la courroie sur les poulies; $\varphi$, $\varphi'$ les angles au centre correspondant aux arcs embrassés par la courroie sur les poulies O, O'; en négligeant l'élasticité et l'inertie de la courroie (**100** et **101**), il faut, pour qu'il n'y ait pas glissement, que les valeurs obtenues pour $T_0$, $T_1$ satisfassent aux conditions

$$(4) \qquad \frac{T_0}{T_1}<e^{f\varphi}, \quad \frac{T_0}{T_1}<e^{f\varphi'}.$$

Considérons en particulier le cas simple où les deux cordons sont sensiblement parallèles et où les efforts P, Q, étant perpendiculaires à la droite OO', sont respectivement tangents aux deux poulies O et O'. On a

$$\lambda=0, \quad a=R, \quad a'=R', \quad \gamma=0, \quad \delta=0,$$

et les équations (1) et (2) se réduisent aux suivantes :

$$P+T_1-T_0=\frac{f_1}{\sqrt{1+f_1}}\frac{\rho}{R}\sqrt{P^2+\mathcal{T}^2},$$

$$-Q+T_0-T_1=\frac{f_1\rho}{\sqrt{1+f_1^2}}\frac{\rho'}{R'}\sqrt{Q^2+\mathcal{T}^2},$$

d'où, en ayant égard à la relation (3),

$$(5)\qquad P - Q = \frac{f_1}{\sqrt{1+f_1^2}}\left(\frac{\rho}{R}\sqrt{P^2+\mathfrak{T}^2}+\sqrt{Q^2+\mathfrak{T}^2}\right).$$

Si l'on néglige le frottement, on a $P = Q$, et, à la seconde puissance près de $f_1$,

$$(6)\qquad P = Q + f_1\left(\frac{\rho}{R}+\frac{\rho'}{R'}\right)\sqrt{Q^2+\mathfrak{T}^2}.$$

103. *Du glissement partiel des courroies sur les poulies.* — Comme l'a fait remarquer M. Kretz, pour que la tension passe de $T_0$ à $T_1$ sur les portions de la courroie qui embrassent les poulies, il faut nécessairement que la courroie glisse sur chaque poulie avant d'être entraînée dans son mouvement.

Soient $aOA_0$, $A'_0O'a'$ deux angles égaux à la valeur $\varphi_1$ de $\varphi$ donnée par l'équation

$$T_0 = T_1 e^{f\varphi_1};$$

on a

$$(7)\qquad \varphi_1 = \frac{1}{f}\log\frac{T_0}{T_1}:$$

la courroie glissera de $A_0$ en $a$ sur la poulie O et de $a'$ en $A'_0$ sur l'autre poulie, et, en vertu de l'équation (5) du n° 101, nous aurons, en considérant les vitesses $V_0, V_1$ en $A_0$ et $a$ ou en $A'_0$, $a'$,

$$(8)\qquad \frac{V_1}{V_0} = \frac{1+kT_1}{1+kT_0}.$$

M. Kretz ([1]), en discutant cette formule, a attribué comme valeur moyenne du second membre de cette équation 0,978 pour les courroies ayant servi et 0,975 pour les courroies neuves, de sorte que, pour 100 tours de la partie motrice, l'autre ne fait que 98 tours environ, soit un ralentissement relatif de 2 pour 100.

De $A_0$ en $a$ ou de $A'_0$ en $a'$ la tension T suit la loi

$$(9)\qquad T = T_0 e^{-f\varphi},$$

d'où

$$(10)\qquad d\varphi = -\frac{1}{f}\frac{dT}{T},$$

---

([1]) *Annales des Mines*, 1862; t. I, p. 76. — *Recueil des Mémoires des Savants étrangers de l'Académie des Sciences*, t. XXII.

de sorte que la longueur naturelle de $A_0 a$ est

$$(a)\qquad R\int_0^{\varphi_1}\frac{d\varphi}{1+kT}=-\frac{R}{f}\int_{T_0}^{T_1}\frac{dT}{T(1+kT)}=\frac{R}{f}\log\frac{T_0}{T_1}\frac{1+kT_1}{1+kT_0}.$$

La longueur naturelle de $A'_0 a'$ est de même

$$(b)\qquad \frac{R'}{f}\log\frac{T_0}{T_1}\frac{1+kT_1}{1+kT_0}.$$

La somme des longueurs naturelles des portions de la courroie soumises respectivement aux tensions $T_0$, $T_1$ est, en appelant $d$ la distance des axes, et en ayant égard à la relation (7),

$$(c)\qquad \left\{\begin{aligned} &\frac{d+(R'-R)\sin\lambda}{(1+kT_0)\cos\lambda}\\ &\quad+\frac{\dfrac{d}{\cos\lambda}+R(\pi+2\lambda-\varphi_1)+R'(\pi-2\lambda-\varphi_1)R'+(R'-R)\sin\lambda}{1+kT_1}\\ &=\frac{(1+kT_0)\cos\lambda}{d}\\ &\quad+\frac{d+R(\pi+2\lambda)\cos\lambda+R'(\pi-2\lambda)\cos\lambda+2(R'-R)\sin\lambda}{(1+kT_1)\cos\lambda}\\ &\quad-\frac{R+R'}{1+kT_1}\log\frac{T_0}{T_1}.\end{aligned}\right.$$

En exprimant que la somme des longueurs naturelles $(a)$, $(b)$, $(c)$ est égale à la longueur naturelle correspondant à la tension $\mathfrak{T}$, on trouve

$$(11)\qquad \left\{\begin{aligned} &\frac{\cos\lambda}{f}(R+R')\log\frac{T_0}{T_1}\frac{1+kT_1}{1+kT_0}+\frac{d+(R'-R)\sin\lambda}{1+kT_0}\\ &\quad+\frac{d+R(\pi+2\lambda)\cos\lambda+R'(\pi-2\lambda)\cos\lambda+(R'-R)\sin\lambda\cos\lambda}{1+kT_1}\\ &=\frac{2d+R(\pi+2\lambda)\cos\lambda+R'(\pi-2\lambda)\cos\lambda+(R'-R)\sin2\lambda\cos\lambda}{1+k\mathfrak{T}}\\ &\quad+\frac{R+R'}{1+kT_1}\log\frac{T_0}{T_1}.\end{aligned}\right.$$

Telle est la véritable relation qui existe entre les tensions $T_0$, $T_1$, qui devrait être substituée à la formule approchée (3), à laquelle elle se réduit quand la distance des axes $d$ est très-grande par rapport aux rayons R, R'. Mais nous devons faire remarquer que cette dernière formule est bien suffisante au point de vue des applications ([1]).

**104.** *Transmission par câbles.* — On substitue des câbles en fil de fer aux courroies lorsque l'on veut transmettre des efforts considérables à de grandes distances, sans éprouver de pertes notables de travail.

Le câble, dont la tension est produite par son propre poids, ou est uniquement en fil de fer, ou est composé de torons en fil de fer avec âme en chanvre disposés autour d'une âme également en chanvre.

On a reconnu en pratique que la distance des axes de deux poulies consécutives ne doit pas être inférieure à 50 mètres; elle dépasse souvent 150 mètres. Le diamètre des poulies varie entre 2 et 5 mètres. La vitesse à leur circonférence atteint généralement 30 mètres et même 32 mètres.

Toutes les poulies d'une même transmission ont le même diamètre.

Si trois axes de rotation consécutifs doivent être parallèles, la jante de la poulie intermédiaire présente une double gorge destinée à recevoir les deux câbles.

Si l'axe de la troisième poulie ne doit pas être parallèle aux deux autres, le mouvement est communiqué, au moyen d'un engrenage d'angle, par la seconde poulie à une troisième poulie montée sur le même bâti qu'elle, dont l'axe est parallèle au troisième axe de rotation correspondant à une quatrième poulie.

En employant plusieurs engrenages d'angle, on peut dévier

---

([1]) La largeur d'une courroie se détermine ordinairement par la formule empirique

$$l = \mu \frac{F}{V},$$

dans laquelle $l$ représente la largeur de la courroie en mètres, F la puissance à transmettre exprimée en chevaux, V la vitesse de la courroie estimée en mètres, $\mu$ un coefficient égal à 0,15 pour les arbres de couche et 0,20 pour les arbres verticaux.

de la même manière la force motrice transmise à une poulie en autant de parties égales ou inégales.

Le plus souvent les axes des deux poulies consécutives sont

Fig. 141.

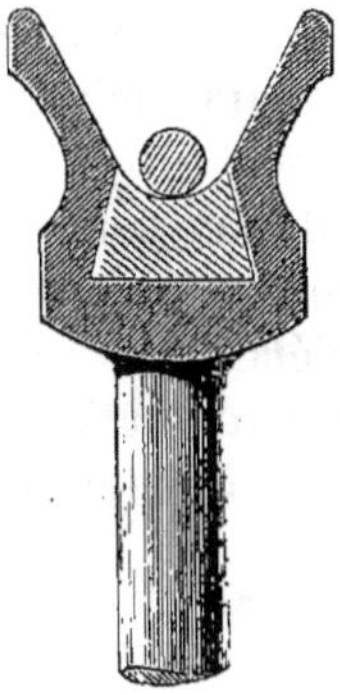

Fig. 142.

compris dans un même plan horizontal ; lorsqu'il n'en est pas ainsi, la transmission est *oblique*. M. Ritter, ingénieur des tra-

Fig. 143.

vaux de la Sarine à Fribourg, a le premier employé, dans certaines circonstances, des câbles verticaux.

On soutient le câble par des galets pour éviter qu'il vienne toucher le sol lorsqu'il est placé à une hauteur insuffisante.

Les *fig.* 141 et 142 représentent respectivement les profils des jantes d'une poulie à simple et d'une poulie à double gorge. Le type général des bâtis est représenté par la *fig.* 143.

Il existe, notamment à Bellegarde, à Fribourg (Suisse) et à Schaffouse, de très-belles installations de transmission par câbles.

Considérons le système formé par un câble et deux poulies consécutives dont le mouvement est uniforme; nous négligerons le frottement sur les coussinets et l'élasticité du câble.

Nous pouvons supposer que le câble est réduit à son axe et que les poulies sont remplacées par les circonférences de centres C, $C_1$.

Fig. 144.

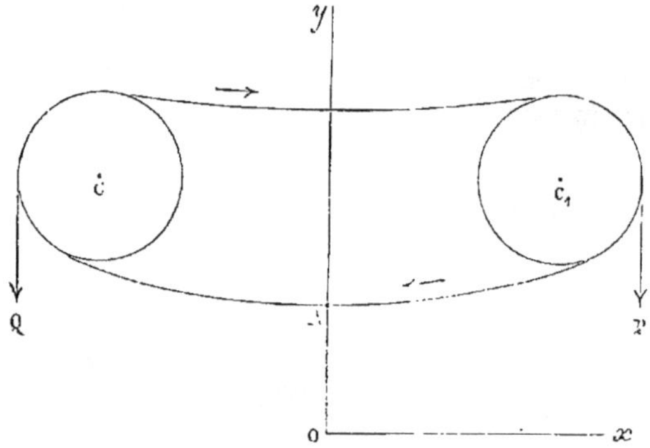


Par suite de la permanence du mouvement, la vitesse est la même en chaque point du câble, de sorte que l'influence de l'inertie se réduit à celle de la force centrifuge.

Soient

$Ox$, $Oy$ deux axes rectangulaires respectivement horizontal et vertical;

T la tension de l'un ou de l'autre des brins de câble au point $(x, y)$ où l'inclinaison de la tangente sur $Ox$ est $\alpha$;

$s$ la longueur de l'arc du brin aboutissant au même point et mesuré à partir d'une origine déterminée;

$\rho$ le rayon de courbure du câble au point $(x, y)$;
V la vitesse et $p$ le poids du mètre courant du câble.

Reportons-nous au n° 86 de la deuxième Partie : en considérant un élément du brin et projetant les forces qui le sollicitent sur la tangente et la normale, on trouve

$$\frac{d\mathrm{T}}{ds} = p \sin\alpha, \quad \frac{\mathrm{T}}{\rho} = \frac{p\mathrm{V}^2}{\rho} + p\cos\alpha.$$

Si l'on pose

$$(1) \qquad \tau = \mathrm{T} - \frac{p\mathrm{V}^2}{g},$$

ces équations prennent la forme

$$(2) \qquad \frac{d\tau}{ds} = p\sin\alpha, \quad \tau\frac{d\alpha}{ds} = p\cos\alpha,$$

et ne sont autre chose que celles d'une chaînette dont le paramètre est indépendant de la vitesse V, comme les conditions qui servent à déterminer les constantes introduites par l'intégration.

On déduit de là

$$(3) \qquad \tau = \frac{mp}{\cos\alpha},$$

$$(4) \qquad s = m(\operatorname{tang}\alpha + a),$$

$m$ et $a$ étant deux constantes; puis, en se rappelant que $dx = ds\cos\alpha$, $dy = ds\sin\alpha$,

$$(5) \qquad \log\frac{1 + \operatorname{tang}\frac{\alpha}{2}}{1 - \operatorname{tang}\frac{\alpha}{2}} = \frac{x+b}{m},$$

$$(6) \qquad y + c = \frac{m}{\cos\alpha},$$

$b$ et $c$ étant deux autres constantes.

Les huit constantes $m$, $a$, $b$, $c$, ..., relatives aux deux brins, se détermineront par les conditions que ces brins sont tangents aux circonférences C, $\mathrm{C}_1$, que la somme de leurs longueurs ajoutées à celles des arcs embrassés par les poulies est une donnée de la question, et enfin que les forces qui sollicitent la poulie menée s'y font équilibre.

Mais ce calcul ne peut s'effectuer complétement que dans le cas le plus usuel où les axes des poulies sont compris dans un même plan horizontal et où l'inclinaison maximum de chaque brin ne dépasse pas une certaine limite.

Supposons que C soit la poulie menée, que le brin inférieur soit conduit et soient

R le rayon des poulies;
Q l'effort résistant censé tangent à la poulie C;
P la puissance supposée tangente à la poulie $C_1$, et qui, en raison des éléments que nous négligeons, est égale à Q;
$d$ la distance $CC_1$ des axes;
A le point le plus bas du brin inférieur;
$\varepsilon$ l'angle que forme la verticale avec le rayon mené au premier point de contact de ce brin avec la poulie C ou $C_1$;
$2\lambda$ la longueur totale du câble.

Nous ferons passer l'axe $Oy$ par le point A, c'est-à-dire à égale distance des centres C et $C_1$.

Si nous prenons A pour origine des arcs, $a$ sera nul et, comme $b$ l'est aussi, les équations (4) et (5) se réduisent aux suivantes :

$$(4') \qquad s = m \operatorname{tang} \alpha,$$

$$(5') \qquad \log \frac{1 + \operatorname{tang} \frac{\alpha}{2}}{1 - \operatorname{tang} \frac{\alpha}{2}} = \frac{x}{m}.$$

Pour $\alpha = \varepsilon$, on doit avoir

$$x = d + R \sin \varepsilon,$$

d'où

$$\log \frac{1 + \operatorname{tang} \frac{\varepsilon}{2}}{1 - \operatorname{tang} \frac{\varepsilon}{2}} = \frac{d + R \sin \varepsilon}{m}.$$

Or $\varepsilon$ est généralement inférieur à 30 degrés, et pour $\varepsilon = 45^\circ$

on a déjà très-approximativement

$$\log \frac{1+\tang\frac{\varepsilon}{2}}{1-\tang\frac{\varepsilon}{2}} = 2\tang\frac{\varepsilon}{2}\left(1+\tfrac{1}{3}\tang^2\frac{\varepsilon}{2}\right),$$

$$\tang\frac{\varepsilon}{2} = \frac{\varepsilon}{2}\left(1+\frac{\varepsilon^2}{12}\right).$$

D'autre part, $\frac{R}{d}$ est une petite fraction qui atteint rarement $\frac{1}{10}$ ; de sorte que l'on a très-sensiblement

(7) $$m\varepsilon\left(1+\tfrac{1}{6}\varepsilon^2\right) = d + R\varepsilon.$$

L'autre brin donne de même, en accentuant les lettres,

(8) $$m'\varepsilon'\left(1+\tfrac{1}{6}\varepsilon'^2\right) = d - R\varepsilon'.$$

Nous avons maintenant

$$m\tang\varepsilon + m'\tang\varepsilon' + R(\pi + \varepsilon' - \varepsilon) = \lambda$$

ou

(9) $$m\varepsilon\left(1+\frac{\varepsilon^2}{3}\right) + m'\varepsilon'\left(1+\frac{\varepsilon'^2}{3}\right) + R(\pi + \varepsilon' - \varepsilon) = \lambda.$$

Nous avons maintenant, pour la condition d'équilibre relative à la poulie C,

$$\frac{m'p}{\cos\varepsilon'} - \frac{mp}{\cos\varepsilon} = Q$$

ou

(10) $$m'\left(1+\frac{\varepsilon'^2}{2}\right) - m\left(1+\frac{\varepsilon^2}{2}\right) = \frac{Q}{p}.$$

En éliminant $m$ et $m'$ dans les équations (9) et (10), au moyen des relations (7) et (8), on obtient les suivantes :

(11) $$\varepsilon^2 + \varepsilon'^2 = 6\left(\frac{\lambda - \pi R}{d} - 1\right),$$

(12) $$\varepsilon\left(1+\tfrac{1}{3}\varepsilon'^2\right) - \varepsilon'\left(1+\tfrac{1}{3}\varepsilon^2\right) = \frac{Q}{pd}\,\varepsilon\varepsilon'.$$

Lorsque le câble est au repos ou que Q est nul, ε et ε' ont

la même valeur $\varepsilon_0$, qui est donnée par

$$\varepsilon_0^2 = 3\left(\frac{\lambda - \pi R}{d} - 1\right),$$

et l'on peut mettre (11) sous la forme

$$(11') \qquad \varepsilon^2 + \varepsilon'^2 = 2\varepsilon_0^2.$$

En posant

$$(13) \qquad q = \frac{pd}{Q},$$

l'équation (12) devient

$$(12') \qquad \varepsilon\varepsilon' = q\left[\varepsilon\left(1 + \frac{\varepsilon'^2}{3}\right) - \varepsilon'\left(1 + \frac{\varepsilon^2}{3}\right)\right],$$

et peut, comme première approximation, se réduire à la suivante :

$$(12'') \qquad \varepsilon\varepsilon' = q(\varepsilon - \varepsilon').$$

Les équations (11′) et (12″) donnent

$$(14) \qquad \begin{cases} \varepsilon - \varepsilon' = -q + \sqrt{q + 2\varepsilon_0^2}, \\ \varepsilon + \varepsilon' = \sqrt{2}\sqrt{\varepsilon_0^2 - q^2 + q\sqrt{q + 2\varepsilon_0^2}}, \end{cases}$$

d'où l'on déduira $\varepsilon$ et $\varepsilon'$. En se reportant ensuite à l'équation (12′), on obtiendra facilement une seconde approximation de ces valeurs, en ne négligeant plus que les termes du second ordre devant l'unité.

L'équation (8) donnant

$$m' = \frac{(d - R\varepsilon')\left(1 + \frac{1}{6}\varepsilon'^2\right)}{\varepsilon'},$$

la tension maximum du câble est

$$(15) \quad T_1' = \frac{p}{g}V^2 + p\frac{(d - R\varepsilon')\left(1 - \frac{1}{6}\varepsilon'^2\right)}{\varepsilon'\cos\varepsilon'} = p\frac{V^2}{g} + p\frac{(d - R\varepsilon')\left(1 + \frac{1}{3}\varepsilon'^2\right)}{\varepsilon'}.$$

Soient

$\sigma$ la somme des sections des fils qui composent le câble ;

$\Gamma$ l'effort maximum que l'on veut faire supporter aux fils par unité superficielle de la section ;

$\Pi$ le poids spécifique de la matière.

Nous aurons

$$(16) \qquad p = \Pi$$

et

$$\pi\sigma\left[\frac{V^2}{g} + \frac{(d - R\varepsilon')(1 + \frac{1}{3}\varepsilon'^2)}{\varepsilon'}\right] = \sigma\Gamma$$

ou

$$\frac{V^2}{g} + \frac{(d - R\varepsilon')(1 + \frac{1}{3}\varepsilon'^2)}{\varepsilon'} = \frac{\Gamma}{\Pi}.$$

En substituant la valeur de $\varepsilon'$ dans cette formule, nous aurons une équation qui fera connaître $q$ et par suite $p$ et $\sigma$. Mais cette solution est presque impraticable. Il sera préférable de dresser des Tables faisant connaître les valeurs de $\varepsilon$, $\varepsilon'$, par suite celles de $\Gamma$, correspondant à une suite de valeurs données de $\varepsilon_0$, $q$ et V.

Supposons maintenant que l'on place l'origine des coordonnées sur la droite $CC_1$; les ordonnées des brins supérieur et inférieur seront respectivement données par

$$y = \quad R\cos\varepsilon' + m'\left(\frac{1}{\cos\alpha} - \frac{1}{\cos\varepsilon'}\right),$$

$$y = -R\cos\varepsilon + m\left(\frac{1}{\cos\alpha} - \frac{1}{\cos\varepsilon}\right),$$

et leurs flèches seront

$$f' = m\left(\frac{1}{\cos\varepsilon'} - 1\right) = m'\frac{\varepsilon'^2}{2}\left(1 - \tfrac{5}{12}\varepsilon'^2\right),$$

$$f = m\left(\frac{1}{\cos\varepsilon} - 1\right) = m\frac{\varepsilon^2}{2}\left(1 - \tfrac{5}{12}\varepsilon^2\right).$$

Après avoir traité la question au point de vue où nous nous sommes placé, il sera facile de déterminer les corrections qu'on devra faire subir aux résultats obtenus pour tenir compte du frottement.

## § II. — *Frottement de roulement.*

**105.** Nous avons vu que la résistance au mouvement éprouvée par un corps (S), qui roule sur un autre corps (S′), est due à ce que la réaction du second corps sur le premier passe à une petite distance en avant du point de contact géométrique des deux surfaces, mesurée sur le lieu géométrique des positions successives de ce point sur la surface de (S′).

Cette distance, que nous continuerons à désigner par $\delta$, pour un cylindre de rayon R roulant sur un plan, serait, suivant Coulomb et M. Morin, indépendante de R et paraîtrait aller en diminuant quand la longueur du cylindre augmente. Parmi les résultats obtenus par M. Morin, nous citerons les suivants :

| | |
|---|---|
| Chêne sur peuplier (longueur du rouleau $0^m,100$).. | $\delta = 0,000876$ |
| » ( » » $0^m,025$).. | 0,001896 |
| Fer sur planches de chêne brutes................ | 0,010200 |
| Roue à jante en fer sur chaussée en empierrement à l'état ordinaire........................ | 0,041400 |
| Roue à jante en fer sur chaussée en empierrement en parfait état............................ | 0,015000 |
| Roue à jante en fer sur chaussée en pavé bien entretenu au pas................................ | 0,018500 |
| Roue à jante en fer sur chaussée en pavé bien entretenu au trot............................... | 0,023800 |
| Roue en fonte sur fer non graissé................ | 0,003500 |
| » sur fer avec graissage continu...... | 0,001100 |

D'après Dupuit, $\delta$ serait de la forme $\delta = k\sqrt{R}$, $k$ étant un coefficient qui dépend uniquement de la nature des corps en contact, et l'on aurait :

| | |
|---|---|
| Pour le bois roulant sur le fer.................. | $k = 0,0011$ |
| Pour le fer roulant sur le bois humide........... | 0,0010 |
| Pour le fer roulant sur le fer................... | 0,0070 |
| Pour les roues sur les chaussées en empierrement.. | 0,0300 |

Mais les formules que nous allons établir sont indépendantes de toute hypothèse sur la dépendance qui peut exister entre $\delta$, le rayon et la longueur du cylindre.

**106.** *Usage des roulettes pour diminuer la résistance des pièces frottantes.* — Supposons qu'une pièce pesante MM′ (*fig.* 145) repose par une face plane sur deux roulettes iden-

Fig. 145.

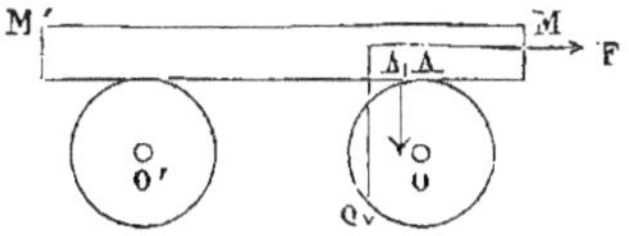


tiques dont les axes sont parallèles et compris dans un même plan horizontal; proposons-nous de déterminer l'effort horizontal, de direction perpendiculaire à celle des axes, passant par le centre de gravité de MM′, qui ferait équilibre aux résistances passives.

Soient

R le rayon des roulettes;
$\rho$ celui de leurs tourillons;
$f$ le coefficient du frottement des tourillons sur leurs coussinets;
$q$ le poids de chaque roulette.

On peut supposer la charge totale et l'effort total respectivement décomposés chacun en deux autres de même direction, se rapportant l'une à la roulette O et l'autre à la roulette O′.

Désignons par F l'effort moteur et Q la charge verticale, qui sont relatifs à la roulette O.

Comme il y a roulement relatif de la roulette O sur MM′, la résultante de F et Q doit passer à la distance $AA_1 = \delta$ du point de contact géométrique A, mesurée de la droite vers la gauche; la pression totale de MM′ sur l'axe O a donc pour composantes horizontale et verticale P et Q, dont la résultante avec le poids $q$ détermine, sur les coussinets, un frottement ayant pour moment $-\dfrac{f\rho}{\sqrt{1+f^2}}\sqrt{F+(Q+q)^2} = 0$.

L'équation des moments est par suite

$$FR - Q\delta - \frac{f\rho}{\sqrt{1+f^2}}\sqrt{F+(Q+q)^2} = 0.$$

D'après cette équation, F est du même ordre de grandeur que les rapports très-petits $\frac{\delta}{R}$, $f\frac{\rho}{R}$, de sorte qu'on peut, sans erreur appréciable, négliger F sous le radical; on a ainsi, pour la valeur de l'effort cherché,

$$F = Q\frac{\delta}{R} + \frac{f}{\sqrt{1+f^2}}\frac{\rho}{R}(Q+q).$$

Cette formule, étant linéaire en P et Q, s'appliquera à l'ensemble des deux roulettes, en appelant F l'effort total, Q la charge totale et $q$ le poids total des deux roulettes. Il suffit de jeter un coup d'œil sur les Tables du n° 87 pour se convaincre que F est bien inférieur à l'effort qu'il faudrait exercer pour vaincre le frottement de glissement de MM' sur un sol formé de la même matière que les roulettes dont l'emploi présente ainsi un avantage incontestable.

**107.** *Emploi des rouleaux pour transporter des matériaux solides sur un sol horizontal.*— Supposons qu'une pièce solide pesante M'M (*fig.* 146) soit supportée suivant une face plane

Fig. 146.

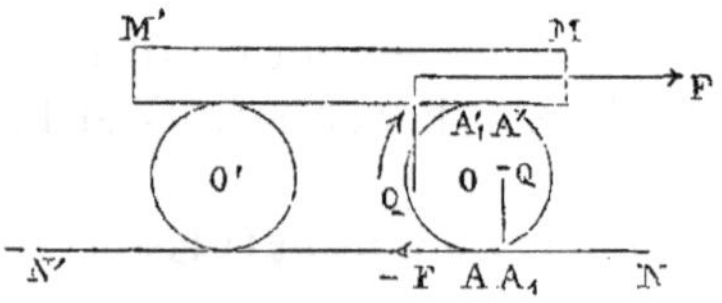


par deux rouleaux OO' de même diamètre à axes parallèles et reposant sur un sol horizontal NN', et proposons-nous de déterminer l'effort horizontal, perpendiculaire à la direction des axes, passant par le centre de gravité de MM', nécessaire pour faire rouler d'un mouvement uniforme des rouleaux sur NN' et MM'.

Comme dans le problème précédent, on est ramené à considérer l'un des rouleaux O.

Soient

A', A les points de contact géométriques de ce rouleau avec MM', NN';

$A'_1$, $A_1$ les points par où passent les réactions sur le rouleau de MM', NN', le premier situé à gauche de A et l'autre à droite de A;

$\delta' = A'A'_1$, $\delta = AA_1$ les coefficients de frottement de roulement du rouleau sur MM', NN';

$f'$, $f$ les coefficients du frottement de glissement correspondants;

R le rayon du rouleau;

$q$ son poids;

Q la position du poids de MM' agissant sur le rouleau;

F l'effort horizontal nécessaire pour vaincre le frottement.

Les composantes horizontale et verticale de la réaction de MM' sur O sont respectivement égales à Q et F; la réaction en $A_1$ devant faire équilibre à la précédente et au poids $q$ a pour composantes horizontale et verticale deux forces $-F$ et $-(Q+q)$ de sens contraire à F et Q.

En prenant les moments par rapport au point A, par exemple, des forces qui agissent sur le cylindre, on a

$$2FR = Q\delta' + (Q\delta + q)\delta,$$

d'où

(1)
$$F = \frac{Q(\delta + \delta') + q\delta}{2R}.$$

Cette formule s'applique également au système tout entier, en appelant Q la charge totale, $q$ le poids des deux rouleaux et F l'effort de traction total.

Pour qu'il n'y ait pas glissement, il faut que les réactions horizontales F en A et A' soient inférieures aux frottements de glissement $Qf'$, $(Q+q)f$, ou que Q soit supérieur à la plus grande des valeurs $\dfrac{\dfrac{q\delta}{2R}}{f' - \dfrac{\delta + \delta'}{2R}}$ et $\dfrac{q\left(\dfrac{\delta}{2R} - f\right)}{f - \dfrac{\delta + \delta'}{2R}}$.

108. *Plaques tournantes des chemins de fer.* — Une plaque tournante (*fig.* 147) est soutenue vers sa circonférence extérieure par des galets identiques également éloignés de l'axe de

la plaque; les galets, qui ont la forme de cônes tronqués dont les sommets se trouvent sur cet axe, sont adaptés à une monture indépendante de la plaque et formée de tiges de fer qui rayonnent autour d'un collier enveloppant la crapaudine. Ces

Fig. 147.

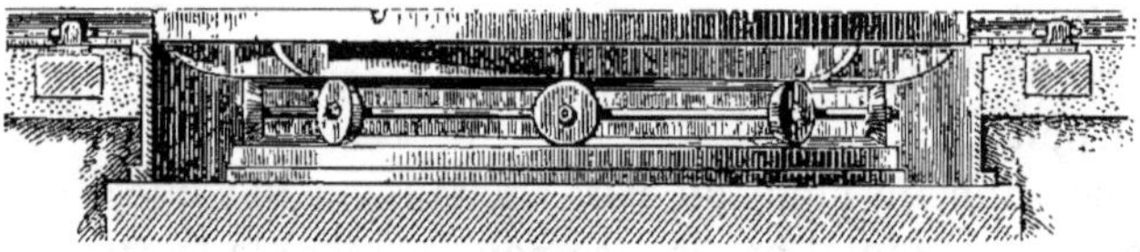

galets reposent sur un chemin de fer circulaire fixe, et la forme tronconique qui leur est donnée a pour objet de leur permettre de rouler sur le chemin de fer et sur la face inférieure de la plaque suivant toute la longueur de la génératrice de contact.

Soient

R le rayon moyen;
$q$ le poids d'un galet;
Q la portion de la charge qu'il supporte;
$a$ la distance à l'axe de la plaque du plan parallèle aux bases du tronc de cône et équidistant de ces bases;
F l'effort horizontal compris dans ce plan qui doit faire équilibre aux résistances éprouvées par le galet;
$\delta'$, $\delta$ les coefficients de frottement de roulement du galet sur la plaque et le chemin de fer.

L'équation (1) du numéro précédent s'applique dans le cas actuel, attendu que les réactions de la plaque et du chemin de fer forment deux couples qui ne donnent aucune pression et par suite aucun frottement sur l'axe du galet, et l'on a, pour le moment de F par rapport à l'axe de la plaque,

$$Fa = \frac{Q(\delta + \delta') + q\delta}{2R} a.$$

Cette formule donne également le moment total qu'il faut produire pour faire mouvoir la plaque, abstraction faite de tout frottement latéral du pivot de la plaque sur son guide, en y supposant que Q représente le poids de la plaque et de sa charge, $q$ le poids total des galets.

Si le moment est celui d'un couple, il n'y a pas de frottement latéral du pivot de la plaque sur son guide; s'il est produit par une force P, elle développe un frottement sur ce guide dont le moment sera $P\frac{f\rho}{\sqrt{1+f^2}}$, $\rho$ étant le rayon du tourillon, $f$ le coefficient de frottement de glissement.

En appelant $b$ le bras de levier de P, on aura

$$Pb = P\frac{f\rho}{\sqrt{1+f^2}} + \frac{Q(\delta+\delta')+q\delta}{2R}a,$$

ce qui fera connaître la valeur de P.

**109.** *Tourillons à roulettes. — Machine d'Atwood.* — On peut réduire dans une proportion notable la résistance au mouvement d'un arbre, en faisant reposer ses tourillons sur les jantes croisées de deux couples de roulettes identiques, montées deux à deux et d'un couple à un autre sur un même axe parallèle à celui de l'arbre. La machine d'Atwood dont nous allons nous occuper offre un exemple de cette disposition.

Fig. 148.

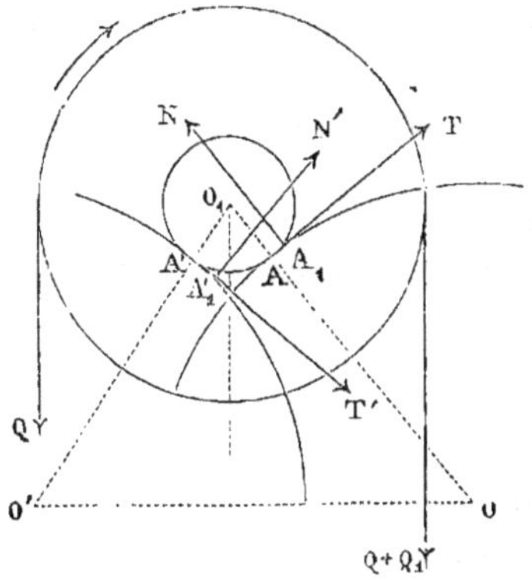


Nous pourrons, par la pensée, réduire les deux couples de roulettes en un seul, dont le plan moyen coïnciderait avec celui de la poulie, en supposant chaque roulette de ce couple sollicitée par la résultante des forces extérieures agissant sur les deux roulettes montées sur le même axe.

Soient (*fig.* 148)

$O_1$ le centre de la poulie;
$R_1$ son rayon;
$\rho_1$ celui de son tourillon;
$I_1$ son moment d'inertie par rapport à son axe;
O, O' les centres des roulettes sur lesquelles reposent les tourillons de la poulie;
R le rayon de chacune d'elles;
$\rho$ celui de ses tourillons;
$q$ son poids;
I son moment d'inertie par rapport à son axe;
$f$ le coefficient de frottement des tourillons sur les coussinets;
$2\gamma$ l'angle $OO_1O'$;
$Q + Q_1$, Q deux poids accrochés aux extrémités de droite et de gauche du fil qui passe sur la poulie, poids qui déterminent un mouvement de rotation de cette dernière, dont nous représentons par $\omega$ la vitesse angulaire;
A, A' les points de contact géométrique des roulettes O, O' avec le tourillon de la poulie;
$A_1$, $A'_1$ les points de leurs circonférences où passent leurs réactions sur le tourillon;
$\delta = AA_1 = A'A'_1$ le coefficient du frottement de roulement;
N, T les composantes normale et tangentielle de la réaction de la roulette O sur le tourillon de $O_1$;
N', T' les composantes semblables relatives à la roulette O'.

Nous négligerons dans ce qui suit les termes du second ordre en $\delta$ et $f$.

L'équation des moments par rapport à l'axe de la poulie considérée comme libre est, en remarquant que la vitesse de $Q + Q_1$ et Q est $\omega R_1$,

$$-I_1\frac{d\omega}{dt} - \frac{Q+Q_1}{g}R_1^2\frac{d\omega}{dt} - \frac{Q}{g}R_1^2\frac{d\omega}{dt} - (N+N')\delta - (T+T')\rho_1 = 0.$$

En posant

$$(a) \qquad A = I + \frac{2Q + Q_1}{g} R_1^2,$$

elle prend la forme plus simple

$$(1) \qquad A \frac{d\omega}{dt} = Q_1 R_1 - (N + N')\delta - (T + T')\rho_1.$$

La résultante $\mathcal{R}$ des forces extérieures qui agissent sur les poulies est verticale et a pour valeur

$$\mathcal{R} = 2Q + Q_1 - \frac{Q + Q_1}{g} R_1 \frac{d\omega}{dt} + \frac{Q}{g} \frac{d\omega}{dt} + q_1$$

ou

$$(2) \qquad \mathcal{R} = 2Q + Q_1 + q_1 - \frac{Q_1}{g} R_1 \frac{d\omega}{dt};$$

et comme elle doit faire équilibre à N, N$f$, N′, N′$f$, on a

$$(3) \qquad \begin{cases} R = (N + N')\cos\gamma + (T - T')\sin\gamma, \\ 0 = (N - N')\sin\gamma - (T + T')\cos\gamma. \end{cases}$$

En négligeant le frottement, par suite T et T′, on a

$$(4) \qquad N = N' = \frac{\mathcal{R}}{2\cos\gamma},$$

et l'équation (1) se réduit approximativement à la suivante :

$$(1') \qquad A \frac{d\omega}{dt} = Q_1 R_1 - \frac{\mathcal{R}}{\cos\gamma}\delta - (T + T')\rho_1.$$

La pression sur l'axe O ou la résultante du poids $q$ et de la force égale et contraire à la force N, dont la valeur est donnée par l'équation (4), a pour expression

$$\sqrt{\left(\frac{\mathcal{R}}{2} + q\right)^2 + \frac{\mathcal{R}^2}{2}\operatorname{tang}^2\gamma},$$

ou, en se rappelant le théorème de Poncelet,

$$0{,}96\left(\frac{\mathcal{R}}{2} + q\right) + 0{,}40\,\frac{\mathcal{R}}{2}\operatorname{tang}\gamma = (0{,}48 + 0{,}20\operatorname{tang}\gamma)\,\mathcal{R} + 0{,}96\,q.$$

On a, par suite, pour l'équation des moments relative à la roulette considérée, en remarquant que sa vitesse angulaire est $\omega \frac{\rho_1}{R}$,

$$(5)\quad TR - \frac{P}{2\cos\gamma}\delta - I\frac{\rho_1}{R}\frac{d\omega}{dt} - f\rho\,(0{,}48 + 0{,}20\,\mathrm{tang}\,\gamma)\,\mathcal{R} - 0{,}96\,f\rho q = 0.$$

Comme on obtient une équation complétement identique à la précédente pour la roulette O′, on a $T = T'$, et l'équation (1′) devient, par l'élimination de ces composantes,

$$(6)\qquad \left(A + I\frac{\rho\rho_1}{R^2}\right)\frac{d\omega}{dt} = Q_1 R_1 - \Delta\mathcal{R}\rho_1 - 1{,}92\,\frac{f\rho\rho_1 q}{R},$$

en posant, pour abréger,

$$(b)\qquad \Delta = \frac{\delta}{R\cos\gamma} + \frac{\rho_1}{R}\,(0{,}96 + 0{,}40\,\mathrm{tang}\,\gamma).$$

Si maintenant on remplace, dans l'équation (6), $\mathcal{R}$ par sa valeur (2), on trouve

$$(7)\qquad \begin{cases} \left(A + I\dfrac{\rho\rho_1}{R_2} - \Delta\dfrac{Q_1 R_1}{g}\right)\dfrac{d\omega}{dt} \\ \quad = Q_1 R_1 - \Delta\rho_1(2Q + Q_1 + q_1) - 1{,}92\,\dfrac{f\rho\rho_1 q}{R}. \end{cases}$$

On voit ainsi que les termes qui dépendent du frottement de glissement sont multipliés par la petite fraction $\frac{\rho}{R}$; de sorte que, en résumé, en considérant que le frottement de roulement donne des termes très-petits, les résistances au mouvement de la poulie sont beaucoup plus faibles que si elle reposait directement par des tourillons sur des coussinets.

**110.** *Engrenage sans glissement de Hoocke ou de Whyte.* — Considérons deux cylindres circulaires extérieurs, en contact suivant une génératrice, tournant autour de leurs axes, de manière que par leur adhérence le mouvement de rotation de l'un détermine celui de l'autre. Comme nous l'avons vu, on est ramené à supposer que l'un des cylindres roule sur l'autre regardé comme fixe.

Si sur ces cylindres on a tracé deux hélices de même sens et également inclinées sur les génératrices, et si à un instant quelconque elles ont un point commun, elles seront tangentes en ce point et rouleront l'une sur l'autre.

Fig. 149.

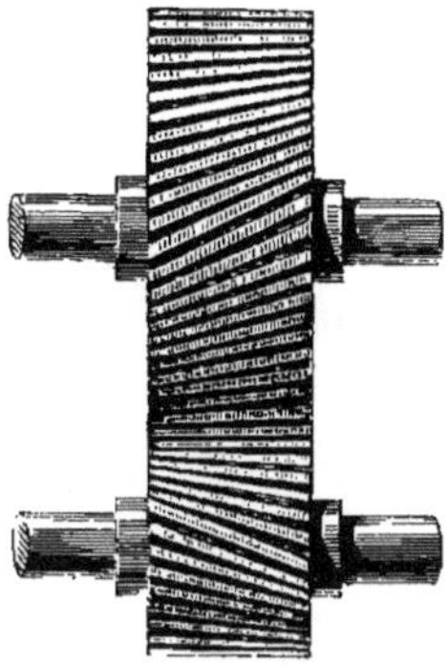

Concevons maintenant qu'un profil se déplace sur chaque cylindre, de telle manière que son plan reste normal au cylindre, que l'un de ses points décrive l'hélice et que la tangente au profil en ce point soit normale au cylindre. Nous obtiendrons deux surfaces que l'on peut matérialiser et qui, pourvu qu'elles ne se pénètrent pas (et nous supposerons que les profils remplissent les conditions voulues pour qu'il en soit ainsi), rouleront ainsi l'une sur l'autre suivant les hélices directrices.

Si nous répétons ici, en substituant les hélices aux génératrices rectilignes, ce que nous avons dit pour les engrenages cylindriques, nous constituerons un engrenage à dents hélicoïdales symétriques (*fig.* 149), en nous arrangeant de manière, ce qu'il est facile de réaliser, que le contact commence au plus tard entre un couple de dents lorsqu'il est sur le point de cesser pour le couple précédent.

La réaction d'une dent sur l'autre passera en un point de l'hélice situé à une petite distance $\delta$ du point de contact géométrique et sera comprise dans le plan tangent au cylindre, qu'elle ait ou non une composante suivant la tangente à l'hélice. On voit ainsi que le moment de cette réaction par rapport à l'axe de l'autre cylindre sera le même que si $\delta$ était nul, de sorte que l'engrenage est sans frottement, dénomination qu'on lui donne souvent d'ailleurs.

On pourrait établir de la même manière un engrenage conique sans frottement en prenant pour directrices des dents des lignes géodésiques des cônes primitifs.

**111.** *Du tirage des voitures.* — Nous supposerons d'abord que le sol est horizontal, et, en employant un raisonnement semblable à celui dont on a fait usage aux n$^{os}$ **106** et **107**, on est ramené à considérer une seule roue.

Soient (*fig.* 150)

Fig. 150.

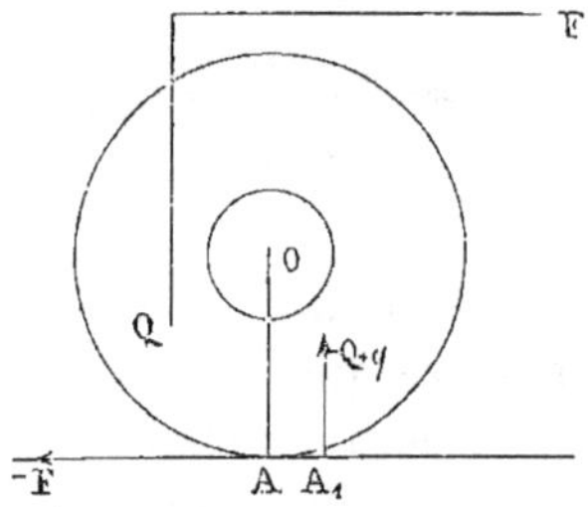


F l'effort de traction horizontal qu'il faut exercer pour arriver au mouvement uniforme;

Q la charge;

$q$ le poids de la roue;

R son rayon;

$\rho$ celui du moyeu;

$f$ le coefficient du glissement du moyeu sur la fusée;

$\delta$ le coefficient de roulement de la roue sur le sol.

La force qui agit sur le moyeu étant la résultante de F et de Q, on a, pour le moment du frottement correspondant pris par rapport à l'axe de la roue,

$$-\frac{f\rho}{\sqrt{1+f^2}}\sqrt{F^2+Q^2}.$$

La réaction du sol passant au point $A_1$ situé à la distance $\delta$

et en avant du point en contact géométrique A, faisant équilibre à F et Q et au poids $q$, a pour composantes horizontale et verticale — F, — (Q + $q$) de sens opposé aux précédentes ; on a donc pour l'équation des moments

$$FR - (Q+q)\delta - \frac{f\rho}{\sqrt{1+f^2}}\sqrt{F^2+Q^2} = 0,$$

d'où

$$F = (Q+q)\frac{\delta}{R} + \frac{f}{\sqrt{1+f^2}}\frac{\rho}{R}\sqrt{F^2+Q^2}.$$

Mais comme, d'après cette formule, F sera toujours petit par rapport à Q, on peut négliger son carré devant $Q^2$ et écrire simplement

$$(1) \qquad F = (Q+q)\frac{\delta}{R} + \frac{f}{\sqrt{1+f^2}}\frac{\rho}{R}Q.$$

Cette formule étant linéaire s'applique à un couple de deux roues montées sur un même essieu ; il suffit, en effet, de fractionner en deux parties la charge et l'effort, d'écrire pour chaque roue l'équation (1) et d'ajouter les deux équations obtenues. Ainsi donc cette équation donne l'effort de traction pour un couple de roues dont le poids total est $q$ et qui supporte la charge Q.

Considérons le cas d'une voiture à quatre roues ; supposons que l'équation (1) s'applique à l'un des couples de roues, et qu'en accentuant les lettres on obtienne l'équation semblable pour l'autre couple ; nous aurons

$$F' = (Q'+q')\frac{\delta'}{R'} + \frac{f'}{\sqrt{1+f'^2}}\frac{\rho'}{R'}Q',$$

d'où, pour l'effort total de traction,

$$F+F' = (Q+q)\frac{\delta}{R} + (Q'+q')\frac{\delta'}{R'} + \frac{f}{\sqrt{1+f^2}}\frac{\rho}{2R}Q + \frac{f'}{\sqrt{1+f'^2}}\frac{\rho'}{2R'}Q'.$$

On déterminera Q et Q' en décomposant la charge totale en deux forces parallèles à sa direction comprises dans les plans verticaux passant par les axes.

Si la voiture est placée sur un sol incliné sur l'horizon de l'angle $i$, l'effort F étant censé parallèle à sa direction, la réaction tangentielle du sol sera, pour la descente,

$$-[F + (Q + q)\sin i],$$

la réaction normale $-(Q + q)\cos i$; de sorte que l'on a, en continuant à considérer le frottement sur la fusée comme étant dû à la charge Q,

$$[F + (Q + q)\sin i]R - (Q + q)\delta\cos i - \frac{f\rho}{\sqrt{1+f^2}}Q = 0,$$

d'où

$$F = (Q + q)\left(\frac{\delta}{R}\cos i - \sin i\right) + \frac{f\rho Q}{2\sqrt{1+f^2}R}.$$

Cette formule s'applique à la montée en y changeant le signe de $i$.

**112.** *Résultats de l'expérience sur le tirage des voitures.* — Nous croyons devoir donner ci-après les principaux résultats de l'expérience sur le tirage des voitures.

| Nature de la voie supposée horizontale. | | Rapport du tirage à la charge totale. |
|---|---|---|
| Terrain naturel, non battu et argileux sec | | 0,250 |
| » siliceux et crayeux | | 0,165 |
| Terrain ferme battu et très-uni | | 0,040 |
| Chaussée en sable ou cailloutis nouvellement placé | | 0,125 |
| Chaussée en empierrement à l'état d'entretien ordinaire | | 0,080 |
| Chaussée en empierrement parfaitement entretenue et roulante | | 0,033 |
| Chaussée pavée à la manière ordinaire et la voiture étant suspendue | au pas | 0,030 |
| | au grand trot | 0,070 |
| Chaussée pavée en carreaux de grès bien entretenus | au pas | 0,025 |
| | au grand trot | 0,060 |
| Chaussée en madriers de chêne non rabotés | | 0,022 |
| Chemins à ornières plates en fonte de fer ou en dalles très-dures et très-unies | | 0,010 |
| Chemins de fer à ornières saillantes en bon état d'entretien | | 0,007 |
| Chemins de fer à ornières saillantes parfaitement entretenues et les essieux continuellement huilés | | 0,005 |

**113.** *Généralités sur l'adhérence des locomotives.* — Pour simplifier, nous ne considérerons que le cas d'une voie horizontale, de deux pistons horizontaux et de deux roues portantes non couplées avec les roues motrices, et nous négligerons les frottements des articulations, des tiroirs, stuffing-box, qui sont relativement faibles.

Considérons l'une des parties de la machine déterminée par son plan méridien et soient (*fig.* 151)

Fig. 151.

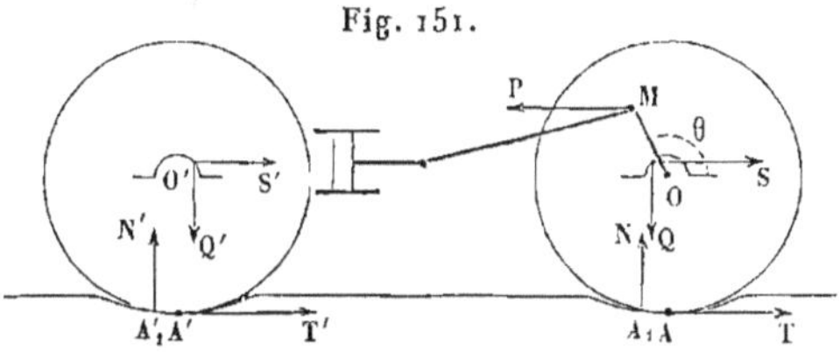


P l'effort horizontal développé sur le piston, qui est transmis intégralement au bouton M de la manivelle, en négligeant l'obliquité de la bielle;

$r = OM$ le rayon de la manivelle;

$\theta$ l'angle qu'elle fait avec le point mort extérieur;

$R = OA$, $R' = O'A'$ les rayons des roues motrice et portante;

$\delta = AA_1$, $\delta' = A'A'_1$ les coefficients de frottement de roulement pour ces deux roues;

N, N' les réactions normales du rail en $A_1$, $A'_1$ et T, T' les réactions tangentielles correspondantes;

$q$, $q'$ les poids des roues O, O';

F l'effort de traction;

Q, Q' les charges que supportent les fusées O, O';

S, S' les réactions horizontales des boîtes à graisse correspondantes;

$f$ le coefficient de glissement des fusées dans les boîtes à graisse;

$\rho$, $\rho'$ les rayons des fusées O et O';

On a d'abord, en projetant sur l'horizontale les forces qui sollicitent le système et remarquant que les actions mutuelles disparaissent,

$$F + T + T' = 0. \tag{1}$$

Les conditions d'équilibre de la roue O s'expriment par les équations

$$(2) \qquad N = Q + q,$$

$$(3) \qquad P - T - S = 0,$$

$$(4) \qquad P r \sin\theta + TR - (Q + q)\delta - \frac{f\rho}{\sqrt{1+f^2}}\sqrt{S^2+Q^2} = 0,$$

et l'on a de même pour la roue O'

$$(2') \qquad N' = Q' + q',$$

$$(3') \qquad T' + S' = 0,$$

$$(4') \qquad T'R' - (Q' + q')\delta' - \frac{f\rho}{\sqrt{1+f^2}}\sqrt{S'^2 + Q'^2} = 0,$$

Dans les équations (4), (4'), T et T' sont multipliés par R, R' qui sont généralement très-grands par rapport aux facteurs qui multiplient les autres forces; ces forces sont donc relativement faibles et l'on peut les supposer nulles sans inconvénient dans les termes, déjà petits, qui dépendent du frottement de glissement dans les boîtes à graisse, ce qui revient à poser, d'après les équations (3) et (3'),

$$S = P, \quad S' = 0.$$

Les équations (4) et (4') deviennent alors

$$P r \sin\theta + TR - (Q + q)\delta - \frac{f\rho}{\sqrt{1-f^2}}\sqrt{P^2 + Q^2} = 0,$$

$$T'R' - (Q' + q')\delta' - \frac{f\rho'}{\sqrt{1-f'^2}} Q' = 0.$$

d'où, en remplaçant $\sqrt{P^2 + Q^2}$ par une fonction linéaire de P et Q, et négligeant $f^2$ devant l'unité,

$$(5) \qquad T = -P\frac{r}{R}\sin\theta + (Q + q)\frac{\delta}{R} + f\frac{\rho}{R}(0,96\,Q + 0,40\,P),$$

$$(5') \qquad T' = (Q' + q')\frac{\delta'}{R'} + f\frac{\rho'}{R}Q'.$$

On a, par suite, en vertu de l'équation (1), pour l'effort de traction,

$$(6)\quad \left\{\begin{aligned} F &= P\frac{r}{R}\sin\theta - (Q+q)\frac{\delta}{R} - (Q'+q')\frac{\delta'}{R'} \\ &\quad - f\frac{\rho}{R}(0,96\,Q + 0,40\,P) - f'\frac{\rho'}{R'}Q'. \end{aligned}\right.$$

Avant d'aller plus loin, nous ferons remarquer que, par suite du double effet, le terme en $P\sin\theta$ de cette expression est constamment positif.

Pour la seconde moitié de la locomotive il suffira de changer dans cette formule $\theta$ en $90° + \theta$, puisque les manivelles sont à angle droit, et P en $P_1$, la pression dans les deux cylindres n'ayant généralement pas la même valeur à un instant déterminé, et, en ajoutant les deux valeurs de F, on obtient pour l'effort de traction total

$$(7)\quad \left\{\begin{aligned} \mathcal{F} &= \frac{r}{R}(P\sin\theta + P_1\cos\theta) - 2(Q+q)\frac{\delta}{R} - 2(Q'+q')\frac{\delta'}{R'} \\ &\quad - 2f\frac{\rho}{R}\,0,96\,Q - 2f'\frac{\rho'}{R'}Q' - f\frac{\rho}{R}\,0,40\,(P+P_1). \end{aligned}\right.$$

L'effort moyen pour une révolution complète, qu'il importe surtout de considérer, est

$$\mathcal{F}_m = \frac{1}{2\pi}\int_0^{2\pi}\mathcal{F}\,d\theta;$$

mais, comme la pression agit de la même manière sur les deux pistons pour une révolution de l'essieu moteur, on a

$$\int_0^{2\pi} P\sin\theta\,d\theta = \int_0^{2\pi} P_1\cos\theta\,d\theta \quad \int_0^{2\pi} P\,d\theta = \int_0^{2\pi} P_1\,d\theta$$

et par suite

$$(8)\quad \left\{\begin{aligned} \mathcal{F}_m &= \frac{r}{\pi R}\int_0^{2\pi} P\sin\theta\,d\theta - 2(Q+q)\frac{\delta}{R} - 2(Q'+q')\frac{\delta'}{R'} \\ &\quad - f\frac{\rho}{R}\,1,92\,Q - 2f\frac{\rho'}{R'}Q' - f\frac{\rho}{\pi R}\,0,40\int_0^{2\pi} P\,d\theta. \end{aligned}\right.$$

Nous remarquerons que :

1° D'après l'équation (5') $T'$ est toujours positif, ce qui indique que le rail forme à l'avant de la roue portante une sorte de bourrelet ou que cette roue se trouve dans les mêmes conditions que si à chaque instant elle avait à gravir un plan incliné.

Quant à la réaction $T$, elle ne sera positive que lorsque la manivelle se trouvera dans le voisinage des points morts, et sera ainsi négative pendant la presque totalité de la durée de l'arbre moteur, et alors le rail forme un bourrelet ou plan incliné contre lequel elle s'appuie. Lorsque $T$ est positif, la machine ne marche que sous l'influence de l'inertie qui fait dépasser les points morts et surtout du second piston qui se trouve dans des conditions telles, que pour lui la réaction tangentielle du rail est négative.

2° La réaction $T$ étant négative, il y aura nécessairement glissement ou *patinage* lorsque sa plus petite valeur absolue sera supérieure à $f_1(Q + q)$, en désignant par $f_1$ le coefficient de glissement des roues sur les rails.

On voit ainsi que ce que l'on désigne vaguement sous le nom d'*adhérence d'une roue sur un rail* est d'autant plus grand que le frottement de glissement est plus grand, et qu'elle est ainsi mesurée par cette résistance.

## § III. — *Roideur des cordes.*

**114.** Lorsque sur une poulie mobile autour de son axe O ou sur un cylindre roulant sur un plan passe une corde sollicitée respectivement à ses deux bras extrêmes, par une puissance P et une résistance Q (*fig.* 152), l'expérience prouve que, soit pendant le mouvement uniforme, soit à l'instant où le mouvement est sur le point de naître, la puissance P est supérieure à Q d'une quantité qui excède l'augmentation due au frottement du tourillon de la poulie sur les coussinets, ou la résistance au roulement du cylindre. Cette différence est un effet de la roideur de la corde qui s'explique par ce fait que la corde du côté de la résistance Q ne s'adapte pas immédiatement sur la poulie ou le cylindre, et que la distance du centre à la direction de la résistance est supérieure au rayon d'une

Fig. 152.

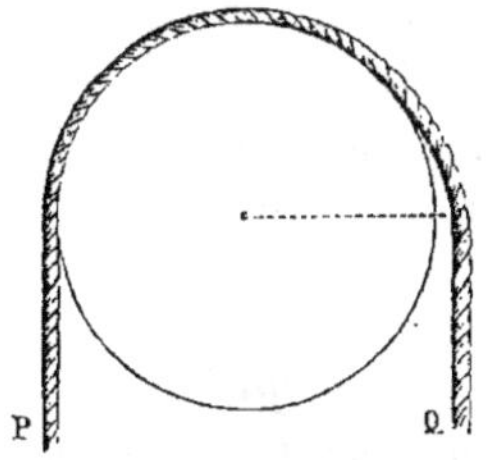


certaine quantité ε, de sorte que, abstraction faite des frottements, l'équation des moments est

$$P = Q\left(1 + \frac{\varepsilon}{R}\right).$$

D'après Coulomb, l'excès **P** — **Q** est de la forme

$$(1) \qquad P - Q = \frac{A + BQ}{2R}, \quad \text{d'où} \quad \varepsilon = \frac{A + BQ}{2Q},$$

**A**, **B** étant des constantes dépendant du diamètre de la corde, de sa nature (blanche ou goudronnée), de sa sécheresse et de sa vétusté.

Le tableau suivant donne les valeurs de **A** et **B** dans les diverses circonstances les plus usuelles.

| INDICATION DES CORDES. | | DIAMÈTRE. | POIDS du mètre courant. | VALEURS DE A | VALEURS DE B |
|---|---|---|---|---|---|
| Cordes blanches.... | 30 fils de caret. | 0,020 | 0,283 | 0,222 | 0,0097 |
| | 15 » | 0,014 | 0,145 | 0,064 | 0,0055 |
| | 6 » | 0,009 | 0,052 | 0,011 | 0,0024 |
| Cordes goudronnées. | 30 » | 0,024 | 0,333 | 0,350 | 0,0126 |
| | 15 » | 0,017 | 0,163 | 0,106 | 0,0061 |
| | 6 » | 0,010 | 0,069 | 0,021 | 0,0026 |

D'après ce tableau, on voit que **A** est à peu près proportionnel à la quatrième puissance du rayon de la corde, et B à la deuxième.

Dans les questions relatives au treuil et à la courroie sans fin, que nous avons traitées plus haut, il suffira, pour tenir compte de la roideur de la corde ou de la courroie, d'augmenter de $\varepsilon$ le bras de levier de la résistance utile dans le premier cas et de la tension motrice dans le second.

Nous nous bornerons ici à résoudre complétement les deux problèmes suivants.

**115.** *Équilibre des forces appliquées à une poulie fixe, en tenant compte de la roideur de la corde et du frottement sur les tourillons.* — Continuons à désigner par P la puissance, Q la résistance, R le rayon de la poulie, $\rho$ celui de l'œil, $f$ le coefficient de ce tourillon sur le coussinet. La force qui agit sur le tourillon étant $\sqrt{[P + Q\cos(\widehat{PQ})]^2 + Q^2\sin^2(\widehat{PQ})}$, on a

$$PR - Q(R + \varepsilon) - \frac{\rho f}{\sqrt{1+f^2}}\sqrt{[P + Q\cos(\widehat{PQ})]^2 + Q^2\sin^2(\widehat{PQ})} = 0,$$

d'où

$$(2)\quad P = Q + \frac{A + BQ}{2R} + \frac{f}{\sqrt{1+f^2}}\frac{\rho}{R}\sqrt{[P + Q\cos(\widehat{PQ})]^2 + Q^2\sin^2(\widehat{PQ})}.$$

On pourra remplacer approximativement le radical par une fonction linéaire des racines des deux carrés qu'il comprend.

Si les deux brins extrêmes de la corde sont parallèles, l'équation (2) devient

$$(3)\qquad P = Q + \frac{A + BQ}{2R} + \frac{f}{\sqrt{1+f^2}}\frac{R}{\rho}(P + Q) = 0,$$

équation qui peut se mettre sous la forme

$$(4)\qquad P = \alpha + \beta Q,$$

$\alpha$ et $\beta$ étant des coefficients qu'il est facile de calculer.

**116.** *Des palans.* — Reportons-nous au n° 7 et à la *fig.* 117. Soient

P la force motrice qui s'exerce à l'extrémité libre de la corde;

$T_1, T_2, \ldots, T_n$ les tensions des $n$ cordons compris entre les deux systèmes de poulies, en partant du point d'attache de la corde à la chape supérieure;

Q la charge à soulever.

Nous supposerons que $\alpha$, $\beta$ ont la même signification que ci-dessus, et ont la même valeur pour chacune des poulies, si, comme nous le supposerons, tous les œils ont le même rayon et que leur frottement sur les axes fixes rapporté à la pression est le même. Nous aurons, d'après ce qu'on vient de voir, en considérant alternativement et successivement les poulies inférieures et supérieures,

$$(5)\quad \begin{cases} T_1 = \ldots\ldots\ldots\ldots\ldots\ldots\ldots\ldots\ldots\ldots = \alpha\dfrac{1-1}{\beta-1} + T_1, \\ T_2 = \alpha + \beta T_1 \ldots\ldots\ldots\ldots\ldots\ldots\ldots\ldots = \alpha\dfrac{\beta-1}{\beta-1} + \beta T_1, \\ T_3 = \alpha + \beta T_2 = \alpha(1+\beta) + \beta^2 T \ldots\ldots\ldots = \alpha\dfrac{\beta^2-1}{\beta-1} + \beta^2 T_1, \\ T_4 = \alpha + \beta T_3 = \alpha(1+\beta+\beta^2) + \beta^3 T_1 \ldots\ldots = \alpha\dfrac{\beta^3-1}{\beta-1} + \beta^3 T_1, \\ \ldots\ldots\ldots\ldots\ldots\ldots\ldots\ldots\ldots\ldots\ldots\ldots\ldots\ldots, \\ T_n = \alpha + \beta T_{n-1} = \alpha(1+\beta+\ldots+\beta^{n-2}) + \beta^{n-1} T_1 = \alpha\dfrac{\beta^{n-1}-1}{\beta-1} + \beta^{n-1} T_1, \end{cases}$$

$$(6)\quad P = \alpha + \beta T_n \ldots\ldots\ldots\ldots\ldots\ldots\ldots\ldots = \alpha\frac{\beta^n-1}{\beta-1} + \beta^n T_1;$$

mais on a

$$Q = T_1 + T_2 + \ldots + T_n,$$

par suite, en vertu des formules (5),

$$(7)\qquad Q = \frac{\alpha}{\beta-1}\left(\frac{\beta^n-1}{\beta-1} - n\right) + \frac{\beta^n-1}{\beta-1} T_1.$$

Enfin, en éliminant $T_1$ entre les équations (6) et (7), on trouve pour la relation cherchée

$$P = \alpha\left(\frac{n\beta^n}{\beta^n-1} - \frac{1}{\beta-1}\right) + \frac{(\beta-1)\beta^n}{\beta^n-1} Q_1.$$

## § IV. — *De la résistance de l'air.*

**117.** Lorsqu'un corps se meut dans un milieu, on admet, comme nous l'avons déjà dit au n° **114** de la deuxième Partie : 1° que le milieu n'exerce une action que sur la partie de la surface du corps pour chacun des éléments $d\omega$ de laquelle la direction de la composante normale $w$ de la vitesse ne pénètre pas dans le corps; 2° que le milieu exerce sur $d\omega$ une pression ou résistance normale de la forme

$$k f(w) d\omega,$$

$k$ étant un coefficient proportionnel à la densité du milieu et $f(w)$ une fonction de $w$ dont la forme ne peut se déterminer que par l'expérience.

Pour l'atmosphère, $kf(w)$, qui conserve une petite valeur lorsque les vitesses $w$ ne dépassent pas une certaine limite, croît très-rapidement à partir de cette limite, de sorte que la résistance de l'air n'a une influence notable sur le mouvement d'un corps que lorsque les vitesses normales sont considérables pour une portion suffisamment étendue de la surface de ce corps.

La plupart des organes de machines sont animés de faibles vitesses et, de plus, la surface qu'ils opposent à la résistance de l'air est peu étendue. Cependant la résistance de l'air sur les bras d'un volant animé d'une grande vitesse peut avoir une certaine importance, comme sur les rais des roues des véhicules des chemins de fer, et c'est en partie pour ce motif que l'on remplit quelquefois les intervalles des rais ou qu'on en ferme les ouvertures par un disque de tôle.

Les considérations exposées au § VII du Chapitre XIV de la deuxième Partie, relatives à la résistance opposée au mouvement de translation d'un corps dans un liquide, sont indépendantes de l'hypothèse des résistances élémentaires et constituent un progrès notable sur l'ancienne théorie; mais, comme on peut n'en déduire des conséquences que dans un nombre de cas très-limité, nous allons indiquer comment Newton est arrivé à donner le premier une expression de la résistance d'un milieu.

Soient

$v$ la vitesse de translation dont est animé, parallèlement à ses arêtes ou génératrices un prisme ou un cylindre dans un milieu dont le poids spécifique est $\Pi$;

A la section droite du corps;

$\mathfrak{R}$ la résistance du milieu qui ne s'exerce que sur l'une des bases du corps.

Dans le temps $dt$, le corps déplacera le volume de fluide $Av\,dt$; si l'on admet que la masse comprise sous ce volume s'est déplacée avec la vitesse $v$, elle possède la quantité de mouvement $\frac{\Pi}{g} A v^2 dt$, produite par l'impulsion de la pression du corps sur le fluide et qui est égale et opposée à $\mathfrak{R}$; on a ainsi

$$\mathfrak{R}\,dt = \frac{\Pi}{g} A v^2 dt,$$

d'où

$$\mathfrak{R} = \frac{\Pi}{g} A v^2. \tag{1}$$

C'est en partant de là que l'on a été conduit à supposer que la vitesse de l'air sur un élément $d\omega$ de la surface d'un corps quelconque est de la forme $\frac{\Pi}{g} w^2 d\omega$, $w$ désignant, comme plus haut, la composante normale de la vitesse.

Si un solide de révolution se meut parallèlement à son axe, la résistance totale du milieu sera parallèle à cette direction et sera évidemment de la forme

$$\mathfrak{R} = k \frac{\Pi}{g} A v^2, \tag{2}$$

A étant la surface de l'équateur, et $k$ une constante qui dépendra de la forme de la surface

Il résulte de l'expérience que pour de très-grandes vitesses la résistance croît plus rapidement que suivant la formule (2). Poncelet a pensé que cela tenait à ce qu'il y avait une condensation ou augmentation de densité de la partie du milieu en contact avec le corps, croissant avec la vitesse. En admettant que cette augmentation soit proportionnelle à la simple vitesse, que $\Pi$ continue à représenter la densité normale du milieu, nous devons remplacer, dans l'équation (2), $\Pi$ par une expression de la forme $\Pi(1+\alpha v)$, dans laquelle $\alpha$ est une constante, ce qui donne

$$\mathfrak{R} = k\frac{\Pi}{g}v^2(1+\alpha v); \tag{3}$$

c'est cette formule que M. le général Didion a appliquée aux résultats de ses expériences sur les projectiles sphériques, et qui l'a conduit à lui donner la forme ($a$) de la page 388 du tome Ier. Nous n'insisterons pas davantage sur ces considérations théoriques, et nous nous bornerons à donner ci-après les principaux résultats de l'expérience, pour que l'on puisse s'en servir en temps et lieu.

**118.** *Résultats de l'expérience sur la résistance de l'air.*

1° *Roues à ailettes :*

$$\mathfrak{R} = \mathrm{A}(0,0434 + 0,1002)\ (\text{Didion}),$$

A étant la surface des ailettes, $v$ la vitesse de son centre de gravité.

2° *Plan se mouvant normalement à la direction de la vitesse :*

$$\mathfrak{R} = \mathrm{A}(0,036 + 0,084v^2)\ (\text{Didion}),$$

A étant la surface du plan et $v$ sa vitesse; quand le mouvement est varié, il faut ajouter à cette expression le terme $0,164\varphi$, dans lequel $\varphi$ désigne l'accélération.

3° *Plan incliné sur la direction du mouvement :*

$$\mathfrak{R} = \mathrm{A}\frac{a}{90^\circ}(0,036 + 0,084v^2)\ (\text{Didion}),$$

A étant la surface du plan incliné à $a^\circ$ sur la direction de la vitesse $v$ dans les limites $a = 90^\circ$, $a = 65^\circ$.

4° *Descente d'un parachute en taffetas monté sur quatre*

*baleines et une tige*, ce qui lui donne la forme d'un parapluie ordinaire :

$$\mathcal{R} = A.1,936(0,036 + 0,084v^2) \text{ (Didion)},$$

A étant la projection horizontale du parachute.

5° *Descente d'un parachute renversé :*

$$\mathcal{R} = A.0,768(0,036 + 0,084v^2) \text{ (Didion)}.$$

6° *Résistance de l'air sur un train de chemin de fer :*

$$\mathcal{R} = A.0,0927v^2 \text{ (Harding)},$$

A étant la section maximum du train.

7° *Projectiles sphériques :*

$$\mathcal{R} = 0,027\pi R^2 v^2(1 + 0,0023v),$$

entre les limites 300 mètres et 650 mètres de la vitesse $v$, R étant le rayon du projectile.

A cette formule on peut, dans les mêmes limites, substituer la suivante :

$$\mathcal{R} = 0,00014\pi R^2 v^3.$$

D'après M. Mayewski, on a

$$\mathcal{R} = 0,061\pi R^2 v^2 \quad \text{entre } v = 376^m \text{ et } v = 530^m$$

et

$$\mathcal{R} = 0,012\pi R^2 v^2\left[1 + \left(\frac{v}{186}\right)^2\right] \quad \text{pour } v < 376^m.$$

8° *Projectiles oblongs se mouvant parallèlement à leur axe :*

$$\mathcal{R} = 0,044\pi R^2 v^2 \text{ (Mayewski)} \quad \text{entre } v = 360 \text{ et } v = 510^m,$$

$$\mathcal{R} = 0,012\pi R^2 v^2\left[1 + \left(\frac{v}{488}\right)^2\right] \text{ (Mayewski)} \quad \text{pour } v < 360^m.$$

## § V. — *Des chocs dans les machines.*

**119.** Un choc dans le jeu d'une machine détermine toujours une perte de demi-force vive au détriment de la constitution des pièces choquantes, par suite de ce que ces pièces ne sont pas parfaitement élastiques. Cette perte, qui, en valeur absolue, vient se retrancher du travail moteur, constitue un travail résistant, et l'on voit ainsi comment on est conduit à classer les chocs dans la catégorie des résistances passives.

Il y a toujours avantage, pour éviter les déceptions, dans le calcul de l'effet utile d'une machine, à porter au maximum les pertes de travail dues aux résistances passives, que l'on sait évaluer, par compensation avec les pertes semblables dues à d'autres résistances, secondaires à la vérité, et que l'on ne peut soumettre au calcul; c'est pourquoi nous admettrons dans ce qui suit, comme on le fait d'habitude, que les organes percutants sont complétement dénués d'élasticité.

**120.** *Des pilons.* — Un *pilon* n'est autre chose qu'une tige verticale terminée inférieurement par une masse pesante (plate horizontalement, arrondie ou trapézoïdale selon la nature du travail que l'on veut effectuer) et guidée comme on l'a dit au n° **90**. Un parallélépipède rectangle (*mentonnet*) est fixé normalement à l'une des faces de la tige, entre ses deux guides.

Un arbre horizontal animé d'un mouvement de rotation, dont l'axe est perpendiculaire à la direction du mouvement du pilon, est muni de saillies ou *cames* qui, en agissant successivement sur le mentonnet, soulèvent à une certaine hauteur le pilon; le pilon abandonné à lui-même retombe ensuite par son propre poids et broie (*bocard*), foule (*foulon*) la matière, etc.

On s'arrange ordinairement de manière que la vitesse de translation du pilon reste dans un rapport constant avec la vitesse de rotation de l'arbre, ce qui conduit (n° **115**) à donner aux cames la forme d'une développante de cercle.

Soient (*fig.* 153 et 154)

$I$ le moment d'inertie de l'arbre;

$\rho$ le rayon de ses tourillons;

$f_1$ le frottement de ces tourillons sur leurs coussinets;

$\omega_0$, $\omega$ les vitesses angulaires de l'arbre avant et après le choc d'une came contre le mentonnet;

$M_1$ la masse du pilon;

$V$ sa vitesse après le choc;

N″ la réaction normale, variable pendant le choc, du mentonnet sur la came au point de contact $m$, tangente en C à la circonférence enveloppée du profil de la came;

$f''$ le coefficient de frottement de glissement correspondant;

R le rayon mené de l'axe O au point $m$;

$\varphi$ l'angle qu'il forme avec la verticale.

Fig. 153.

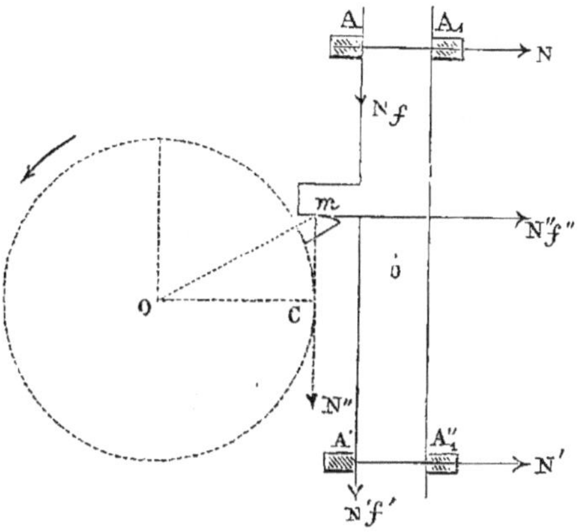


Concevons que l'on imprime à tout le système une vitesse égale et contraire à V, de manière à ramener le pilon au repos; le centre instantané de rotation de l'arbre viendra en C, et le glissement de la came sur le mentonnet aura lieu par suite de la droite vers la gauche; la réaction tangentielle du mentonnet sur la came sera, par suite, dirigée de la gauche vers la droite.

Les quantités de mouvement autour du point ou axe O, avant ou après le choc, formant des couples, la percussion sur les tourillons est la résultante des impulsions $\int N''dt$, $f''\int N dt$, l'intégrale étant prise pendant toute la durée du choc; on a donc, en considérant l'arbre comme libre autour de son axe et exprimant que la somme des moments des quantités de mouvement perdues et des impulsions des forces est nulle,

$$I(\omega - \omega_0) = -R\sin\varphi \int N''dt - R\cos\varphi\, f''\int N''dt - \frac{f_1\rho}{\sqrt{1+f_1^2}}\sqrt{\left(\int N''dt\right)^2 + f_1''^2\left(\int N''dt\right)^2}$$

ou

$$(1) \qquad I(\omega_0 - \omega) = \int N'' dt \left[ R(\sin\varphi + f''\cos\varphi) + \frac{f_1 \rho \sqrt{1 + f''^2}}{\sqrt{1 + f_1^2}} \right].$$

Nous représenterons les guides, leurs réactions, la distance verticale des deux couples de guides par les mêmes lettres qu'au nº **90**, auquel nous nous reporterons, pour la discussion relative à ceux des guides qui doivent fonctionner.

Fig. 154.

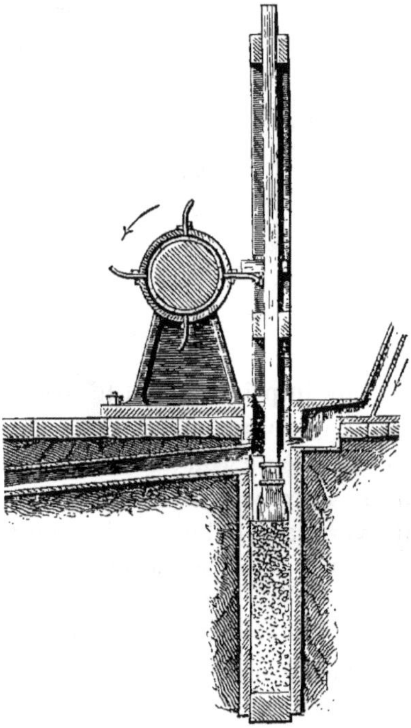

Les impulsions des réactions des guides et de la came devant faire équilibre à la quantité de mouvement perdue $-\mathbf{MV}$, pour obtenir les formules qui se rapportent au mouvement du pilon, il suffira d'intégrer pour la durée du choc les équations (1) du numéro précité, après y avoir supposé $\mathbf{X} = \mathbf{N}''f''$, $\mathbf{Y} = \mathbf{N}''$, et en y considérant $x$ et $y$ comme constantes, et d'introduire MV dans le second membre de la seconde de ces équations. On trouve ainsi

$$(2)\quad \left\{\begin{aligned} \int N\,dt &= MV\frac{(l+f'e)f''-(x-yf'')}{l[2-f''(f+f')]+(x-yf''-e)(f-f')},\\ \int N'dt &= MV\frac{(l-fe)f''+x-yf''}{l[2-f''(f+f')]+(x-yf''-e)(f-f')},\\ \int N''dt &= MV\frac{2l+e(f'-f)}{l[2-f''(f+f')]+(x-yf''-e)(f-f')};\end{aligned}\right.$$

ou encore, comme (90), quel que soit le signe des deux premières intégrales, on doit toujours supposer $f'=f$ dans les termes en $e$,

$$(3)\quad \left\{\begin{aligned} \int N\,dt &= MV\frac{(l+y+fe)f''-x}{l[2-f''(f+f')]-(x-yf'')(f-f')},\\ \int N'dt &= MV\frac{(l-y-fe)f''+x}{l[2-f''(f+f')]-(x-yf'')(f-f')},\\ \int N''dt &= MV\frac{2l}{l[2-f''(f+f')]-(x-yf'')(f-f')}.\end{aligned}\right.$$

Le signe de chacune des impulsions $\int N\,dt$, $\int N'\,dt$ dépend des valeurs attribuées à $x$ et $y$. Supposons, par exemple, que la première soit négative : cela voudra dire qu'au lieu du guide A c'est le guide $A_1$ qui fonctionne ; on devra changer N en $-$ N, $f$ en $-f$, et, si la seconde impulsion est positive, on remplacera $f'$ par $f$.

Quoi qu'il en soit, la troisième des équations (3) pourra toujours se mettre sous la forme

$$(4)\qquad \int N''\,dt = K.MV,$$

K étant un coefficient que l'on sait calculer.

Des équations (1) et (4) on déduit

$$(5)\qquad I(\omega_0-\omega) = KMV\left[R(\sin\varphi+f''\cos\varphi)+\frac{f_1\rho}{\sqrt{1+f_1^2}}\sqrt{1+f''^2}\right].$$

De ce que la came et le mentonnet sont censés dépourvus d'élasticité, leur vitesse normale au point $m$ est la même, ce qui s'exprime par la relation

$$(6)\qquad V=\omega R\sin\varphi.$$

On déduit des équations (5) et (6)

$$(7)\quad \left\{\begin{aligned} \omega &= \frac{\omega_0}{1+\dfrac{\mathrm{KM}}{\mathrm{I}}\,\mathrm{R}\sin\varphi\left[\mathrm{R}(\sin\varphi+f''\cos\varphi)+\dfrac{f_1\rho}{\sqrt{1+f_1^2}}\sqrt{1+f''^2}\right]},\\ \mathrm{V} &= \frac{\omega_0\mathrm{R}\sin\varphi}{1+\dfrac{\mathrm{KM}}{\mathrm{I}}\,\mathrm{R}\sin\varphi\left[\mathrm{R}(\sin\varphi+f''\cos\varphi)+\dfrac{f_1\rho}{\sqrt{1+f_1^2}}\sqrt{1+f''^2}\right]}. \end{aligned}\right.$$

Après le choc le pilon s'élèvera, sans exercer de frottement appréciable sur ses guides, à très-peu près à la hauteur $\frac{\mathrm{V}^2}{2g}$ et retombera de la même manière en possédant au bas de sa course la demi-force vive $\frac{\mathrm{MV}^2}{2}$, qui sera plus ou moins bien utilisée à produire le travail voulu.

Si la force motrice restitue à l'arbre, entre la fin d'un choc et le commencement du suivant, la perte de force vive qu'il a éprouvée, sa vitesse moyenne sera

$$\Omega = \frac{\omega_0+\omega}{2},$$

et l'on trouvera facilement les expressions de $\omega$, $\omega_0$, V en fonction de $\Omega$. Quant à la perte totale de la force vive due au choc, elle a pour expression

$$\frac{\mathrm{I}(\omega_0^2-\omega^2)-\mathrm{MV}^2}{2},$$

et pourra s'exprimer en fonction de la vitesse angulaire moyenne.

**121.** *Choc des cames et des marteaux.* — L'usage des marteaux mobiles autour d'un axe horizontal a presque entièrement disparu dans les forges. Au marteau allemand (soulevé entre la tête et l'axe par des cames montées sur un arbre dont l'axe horizontal est perpendiculaire au précédent) et au marteau frontal (soulevé au delà de la tête par rapport à l'axe du marteau auquel est parallèle celui de l'arbre), on a substitué les presses, puis le marteau pilon et les cylindres cingleurs.

Au martinet franc-comtois (soulevé au delà de son axe par rapport à la tête) a succédé, pour la fabrication de la verge, le train de cylindres connu sous le nom de *petit mill*.

Ces marteaux offrent néanmoins, au point de vue de la théorie des chocs, un véritable intérêt, et nous allons étudier en particulier le cas du martinet.

Si l'on veut que la vitesse angulaire du martinet reste dans un rapport constant avec celle de l'arbre, comme l'épaisseur du manche est petite, on donnera au profil des cames la forme épicycloïdale des dents de l'engrenage à flancs rectilignes (**15**).

Soient (*fig.* 155)

Fig. 155.

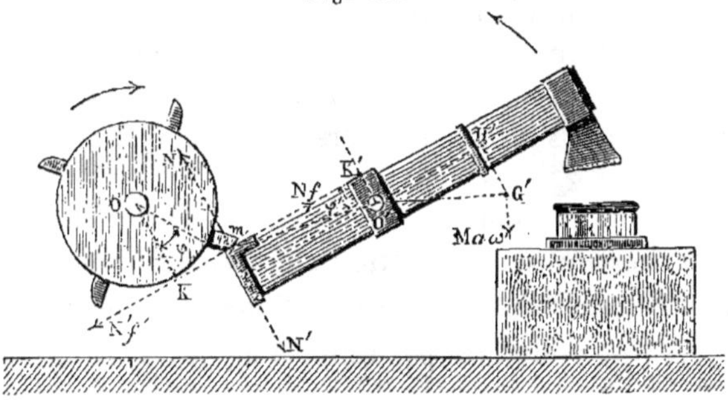


O, O′ les axes de l'arbre et du marteau;

*m* le point de contact d'une came avec le manche au moment où le choc a lieu;

R la distance O*m*;

OK la perpendiculaire abaissée du point O sur la tangente en *m* à la came;

$\varphi$ l'angle *m*OK;

R′ la distance O′*m*;

K′ la projection de O′ sur le prolongement de K*m*;

$\varphi'$ l'angle formé par O′*m* avec O′K′;

I, I′ les moments d'inertie de l'arbre et du marteau par rapport à leurs axes respectifs;

M′ la masse du marteau;

G′ son centre de gravité;

*a* la distance O′G′;

H' la projection de G' sur la parallèle en O' à K$m$;
$\alpha$ l'angle formé par O'G' et O'H';
$\rho$, $\rho'$ les rayons des tourillons de l'arbre et du marteau;
$f_1, f'_1$ les coefficients de frottement de ces tourillons sur leurs coussinets;
$f$ le coefficient de frottement de la came sur le marteau;
$\omega_0$ la vitesse angulaire de l'arbre avant le choc;
$\omega$, $\omega'$ les vitesses angulaires, après le choc, de l'arbre et du marteau;
N la réaction normale variable du marteau sur la came pendant le choc.

La direction de N$f$ est celle du glissement du marteau sur la came, ou de la résultante des vitesses $\omega'$R' du point du marteau qui se trouve au contact, et de la vitesse $-\omega$R égale et contraire à celle du point de la came qui se trouve aussi en $m$; N$f$ est, par suite, dirigé vers la droite, comme l'indique la figure.

Les quantités de mouvement perdues de l'arbre, formant un couple, n'exercent aucune action sur l'axe; l'impulsion de la réaction des coussinets sur les tourillons se réduit, par suite, à $\sqrt{1+f^2}.\int \mathrm{N}dt$ et donne, par rapport au point O, le moment

$$\frac{f_1\rho}{\sqrt{1+f_1^2}}\sqrt{1+f^2}.\int \mathrm{N}dt.$$

Il vient donc, en exprimant que les quantités de mouvement perdues et les impulsions des forces se font équilibre autour du point O,

$$\mathrm{I}(\omega-\omega_0) = -m\mathrm{K}.\int \mathrm{N}dt - \mathrm{OK}.\int f\,\mathrm{N}dt - \frac{f_1\rho}{\sqrt{1+f_1^2}}\sqrt{1+f^2}.\int \mathrm{N}dt$$

ou

$$(1)\quad \mathrm{I}(\omega-\omega_0) = -\int \mathrm{N}dt\left[\mathrm{R}(\sin\varphi+f\cos\varphi)+\frac{f_1\rho}{\sqrt{1+f_1^2}}\sqrt{1+f^2}\right].$$

Considérons maintenant le marteau sur lequel agissent en $m$ les composantes N', N'$f$ de la réaction de la came, égales et contraires à N et N$f$. La résultante des quantités de mouvement perdues, étant la quantité de mouvement perdue du centre de gravité où toute la masse serait concentrée, a pour expression

$$-Ma\omega',$$

et ses projections, $Ma\omega'\cos\alpha$, $Ma\omega'\sin\alpha$, sur les directions de N′ et N′$f$ sont de même sens que ces forces. Les impulsions de la réaction du coussinet faisant équilibre à celles de N′, N′$f$ et à $-Ma\omega'$, ont pour résultante

$$\sqrt{(Ma\omega'\cos\alpha+\int N\,dt)^2+(Ma\omega'\sin\alpha+f.\int N\,dt)^2},$$

et l'on a, pour l'équation des moments par rapport au point O′,

$$\mathrm{I}'\omega'=\mathrm{O}'m.\int N'dt+\mathrm{O}'\mathrm{K}'.\int f N'dt$$
$$-\frac{f'_1\rho'}{\sqrt{1+f_1'^2}}\sqrt{(Ma\omega'\cos\alpha+\int N\,dt)^2+(Ma\omega'\sin\alpha+f.\int N\,dt)^2}$$

ou

$$(2)\quad\left\{\begin{aligned}&\mathrm{I}'\omega'=\int N\,dt\,\mathrm{R}'(\sin\varphi'+f'\cos\varphi')\\&\qquad-\frac{f'_1\rho'}{\sqrt{1+f_1'^2}}\sqrt{(Ma\omega'\cos\alpha+\int N\,dt)^2+(Ma\omega'\sin\alpha+f.\int N\,dt)^2},\end{aligned}\right.$$

équation dans laquelle on pourra remplacer le radical par une fonction linéaire des racines des deux carrés qu'il comprend, en remarquant que, en général, le premier sera supérieur au second.

On a d'ailleurs la relation

$$(3)\qquad \omega\mathrm{R}\sin\varphi=\omega'\mathrm{R}'\sin\varphi',$$

qui exprime que, à la fin du choc, les vitesses normales de l'arbre et du marteau sont égales, puisque l'on suppose que les deux pièces sont complétement dénuées d'élasticité.

En éliminant $\int N\,dt$ entre les équations (1) et (2), l'équation résultante, jointe à l'équation (3), fera connaître $\omega$ et $\omega'$.

Si nous négligeons l'influence relativement faible du frottement sur les tourillons, les équations (1) et (2) se réduisent aux suivantes :

$$(1')\qquad \mathrm{I}(\omega-\omega_0)=-\int N\,dt.\mathrm{R}(\sin\varphi+f\cos\varphi),$$

$$(2')\qquad \mathrm{I}'\omega'=\int N\,dt.\mathrm{R}'(\sin\varphi'+f\cos\varphi');$$

d'où

$$\frac{\omega_0 - \omega}{\omega'} = \frac{I'R}{IR'} \frac{\sin\varphi - f\cos\varphi}{\sin\varphi' + f\cos\varphi'},$$

et, en vertu de la relation (3),

(3')
$$\omega = \frac{\omega_0}{1 + \frac{I'R^2}{IR'^2} \frac{\sin\varphi + f\cos\varphi}{\sin\varphi' + f\cos\varphi'} \frac{\sin\varphi}{\sin\varphi'}},$$

(4)
$$\omega' = \frac{\omega_0 \frac{R}{R'} \frac{\sin\varphi}{\sin\varphi'}}{1 + \frac{I'R^2}{IR'^2} \frac{\sin\varphi + f\cos\varphi}{\sin\varphi' + f\cos\varphi'} \frac{\sin\varphi}{\sin\varphi'}}.$$

Il sera facile d'exprimer $\omega_0$, $\omega$, $\omega'$ au moyen de la vitesse moyenne de l'arbre

$$\Omega = \frac{\omega_0 + \omega}{2},$$

et de calculer I, par suite le moment d'inertie d'un volant, pour que l'écart relatif de vitesse

$$\frac{\omega_0 - \omega}{\Omega}$$

soit au plus égal à une fraction déterminée.

**122.** *De la levée du marteau.* — Après le choc, le marteau s'élèvera à une certaine hauteur, puis retombera sur la masse à élaborer placée sur l'enclume. Nous nous bornerons, en conservant les dénominations précédentes, à étudier le mouvement ascendant ou la *levée :* la théorie de la chute s'établirait de la même manière.

Soient, à un instant quelconque (*fig.* 156), $\theta$ l'inclinaison de O'G' sur l'horizon; $\omega' = \frac{d\theta}{dt}$ la vitesse angulaire du marteau. Appelons $\omega'_1$ la vitesse angulaire du marteau après le choc, ou ce que nous avons désigné plus haut par $\omega'$ et que nous supposons connu; $\theta_1$ la valeur correspondante de $\theta$. La pression exercée sur l'axe O' est la résultante du poids M'$g$ et de la force d'inertie de la masse M' supposée concentrée en G, qui se compose de la force centrifuge $M'\omega'^2 a$ et de la force tangentielle $\mathrm{M}a\,\dfrac{d\omega'}{dt}$, dirigée en sens inverse de la vitesse $\omega' a$. Or, le poids $\mathrm{M}'g$ donnant les composantes $-\mathrm{M}'g\sin\theta$,

Fig. 156.

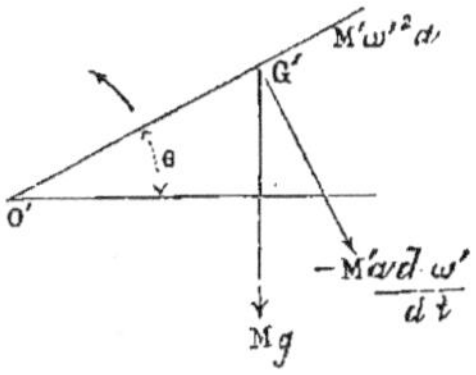


$\mathrm{M}'g\cos\theta$ suivant les directions de ces deux dernières forces, la pression sur O' a pour expression

$$\mathrm{M}'\sqrt{(a\omega'^2 - g\sin\theta)^2 + \left(g\cos\theta + a\,\frac{d\omega'}{dt}\right)^2}.$$

On a donc, en prenant les moments par rapport à O',

$$(5)\quad \left\{\begin{aligned} \mathrm{I}'\,\frac{dt^2}{d^2\theta} &= -\,\mathrm{M}'ga\cos\theta \\ &\quad - \frac{f_1'}{\sqrt{1+f_1'^2}}\,\mathrm{M}'\rho'\sqrt{(a\omega'^2 - g\sin\theta)^2 + \left(g\cos\theta + a\,\frac{d\omega'}{dt}\right)^2}. \end{aligned}\right.$$

On remarquera que $\dfrac{d\omega'}{dt}$ est négatif, que les deux binômes sous le radical peuvent passer du positif au négatif et que l'on ne peut pas assigner *a priori* les limites entre lesquelles varie leur rapport; de sorte qu'il n'est pas possible de remplacer approximativement le radical par une fonction linéaire des racines de ses deux carrés. Nous procéderons alors comme il suit :

Si nous appelons $\lambda = \dfrac{\mathrm{I}'}{\mathrm{M}'a}$ la longueur du pendule synchrone de la masse M' correspondant à l'axe d'oscillation O' et si nous négligeons, comme première approximation, le terme en $f_1'\rho'$ qui est toujours très-petit, la formule (5) devient

$$(6)\qquad \frac{d^2\theta}{dt^2} = -\,\frac{g}{\lambda}\cos\theta;$$

d'où, en multipliant par $d\theta$ et intégrant,

$$(7) \qquad \omega'^2 = \omega_1'^2 + \frac{2g}{\lambda}(\sin\theta_1 - \sin\theta).$$

Portons les valeurs (6) et (7) de l'équation (5), multiplions ensuite par $d\theta$ et intégrons, nous aurons

$$(8) \left\{ \begin{aligned} \omega_2'^2 &= \omega_1'^2 + \frac{2g}{\lambda}(\sin\theta_1 - \sin\theta) - \frac{2f_1'}{\sqrt{1+f'^2}} \frac{g\rho'}{\lambda a} \\ &\times \int_{\theta_1}^{\theta} \sqrt{\left[\frac{a}{g}\omega_1'^2 + \frac{2a}{\lambda}\sin\theta_1 - \left(\frac{2a}{\lambda}+1\right)\sin\theta\right]^2 + \left(1-\frac{a}{\lambda}\right)^2 \cos^2\theta}\,.d\theta \end{aligned} \right.$$

et l'on est ramené ainsi à une quadrature. L'angle de levée $\theta_2$, obtenu en supposant $\omega' = 0$ dans cette formule, sera un peu inférieur à celui $\theta_2'$ que l'on obtient en faisant la même hypothèse dans l'équation (7), qui donne

$$\sin\theta_2' = \sin\theta_1 + \frac{\lambda}{2g}\omega_1^2.$$

Pour $\theta = \theta_0$, le premier binôme sous le radical a pour valeur

$$\frac{a}{g}\omega_1^2 - \sin\theta,$$

et cette valeur sera généralement positive, parce que l'angle $\theta_1$ est ordinairement petit; pour $\theta = \theta_2'$ il se réduit à

$$-\left(\frac{\lambda}{2g}\omega_1^2 + \frac{2a}{\lambda}\sin\theta_1\right) < 0,$$

et la considération de ces deux limites permettra de remplacer le radical par une fonction linéaire des racines de ses carrés pour intégrer par approximation.

On limite ordinairement la levée des martinets franc-comtois et des marteaux allemands, en les faisant buter contre une pièce de bois (*rabat*) encastrée à une extrémité, et assez longue pour présenter un certain degré d'élasticité, de sorte que la force vive perdue par ce choc est faible. Le rabat a pour objet de réduire notablement la durée de l'oscillation complète du marteau, et d'obtenir un plus grand nombre de coups par minute.

**123.** *Des effets du tir sur les différentes parties de l'affût d'une bouche à feu.* — La durée du parcours d'un projectile dans l'âme d'une bouche à feu étant très-courte, on peut assimiler à des chocs l'effet de la pression des produits de la combustion de la poudre sur le fond de l'âme et ceux, qui en résultent par contre-coup, de la pièce sur l'affût, de l'affût sur les moyeux, des jantes des roues sur le sol.

De deux choses l'une : 1° ou la crosse et les roues exercent une pression sur le sol pendant la durée du choc, et alors tout le système prend un mouvement de translation parallèle au sol sur lequel les roues roulent ou glissent; 2° ou les roues n'exercent aucune pression sur le sol; dans ce cas, la translation parallèle au sol sera accompagnée d'une rotation autour du point d'appui de la crosse sur le sol.

Dans l'un ou l'autre cas, ou la culasse s'appuiera sur la vis de pointage et alors l'affût et la pièce se mouveront comme s'ils formaient un seul corps solide, ou la culasse se séparera de la vis de pointage, la bouche à feu prenant ainsi un mouvement propre de rotation autour de son axe.

Avant d'aller plus loin, nous ferons remarquer que l'on peut supposer le système réduit à sa projection sur son plan méridien, perpendiculaire aux axes des tourillons et des fusées, mené en leur milieu, en attribuant, aux projections des différentes parties dont il se compose, les masses, les moments d'inertie, etc., de ces parties.

Comme nous n'avons aucune notion sur la manière dont se meuvent les éléments matériels de la charge dans l'âme à mesure qu'elle se brûle, nous ne pourrons tenir compte de cet élément que par approximation, en supposant, comme au n° 46 de la troisième Partie, que la moitié de la charge possède la même vitesse que le projectile et l'autre moitié la même vitesse que la pièce elle-même. Ainsi, dans ce qui suit, nous comprendrons dans la masse du projectile la moitié de la masse de la charge; quant à l'autre moitié, elle est négligeable par rapport à la masse de la pièce.

Comme, dans les questions de choc, on ne fait pas intervenir l'action de la pesanteur, nous pourrons, pour simplifier le langage, supposer que le sol est horizontal.

La *fig.* 157 représente, à une échelle réduite, une pièce de 7 se chargeant par la culasse.

Fig. 157.

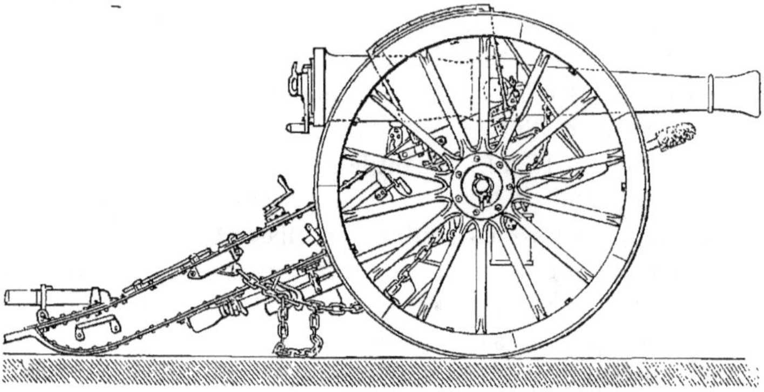

Soient (*fig.* 158), en projection sur le plan vertical passant par l'axe de la pièce,

$O_1$, $O_3$ les axes des tourillons et des fusées;
$O_2$ le point d'appui de la crosse sur le sol;
$BO_1B'$ l'axe de la pièce;
$i$ son inclinaison sur l'horizon considérée comme positive ou négative selon que la portion $O_1B$ de l'axe, dirigée vers la volée, se trouve au-dessus ou au-dessous de l'horizon;
$G_1$ le centre de gravité de la pièce, censé situé sur son axe;
$\gamma$ sa distance à l'axe $O_1$, égale, environ, au $\frac{1}{12}$ du diamètre de l'âme;
$G_2$ le centre de gravité de l'affût et des roues;
$h_2$, $a_2$ sa hauteur au-dessus du niveau du sol et la distance de sa projection horizontale $g_2$ au point d'appui de la crosse;
A le point de contact géométrique des roues avec le sol;
$l$ sa distance au point $O_2$;
$\eta$ la hauteur verticale $O_1o_1$ de l'axe $O_1$ au-dessus du sol et $\chi$ la distance de sa projection horizontale $o_1$ au point $O_2$;
$p = \chi \sin i - \eta \cos i$ la distance du point $O_2$ à l'axe de la pièce;
$R_3$ le rayon $O_3A$ des roues;
$m$ la masse du projectile augmentée de celle de la moitié de la charge;

$v$ la vitesse du projectile à sa sortie de l'âme;

**M**, **$M_1$**, **$M_2$**, **$M_3$** les masses de tout le système, de la pièce, de l'ensemble de l'affût et des roues, et des roues;

$n_1$, $n_2$, $n_3$ les rapports à M de $M_1$, $M_2$, $M_3$;

Fig. 158.

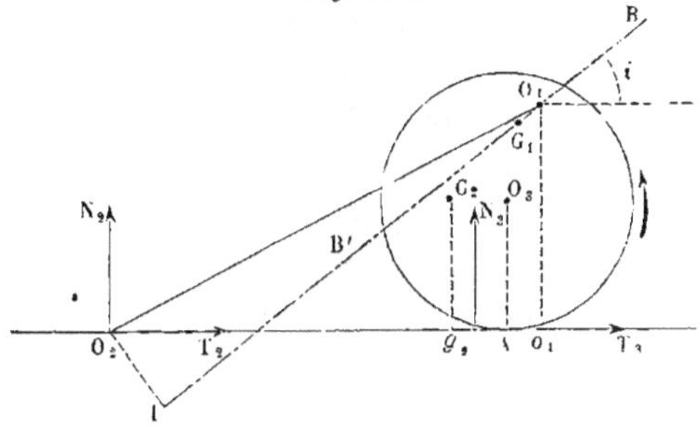


$M_1 k_1^2$, $M_2 k_2^2$, $M_3 k_3^2$ les moments d'inertie des masses $M_1$, $M_2$, $M_3$ par rapport aux perpendiculaires au plan de la figure passant par leurs centres de gravité respectifs;

$\rho_1$, $\rho_3$ les rayons des tourillons et des fusées;

$f_1$, $f_2'$, $f_2$ les coefficients du frottement de glissement des tourillons sur leurs coussinets, des fusées dans leurs boîtes et des roues ou de la crosse sur le sol;

$\delta_1$ le coefficient du frottement de roulement des roues sur le sol;

$N_1$, $N_1'$, $N_2'$, $N_3$, $N_2$ les impulsions des réactions normales de l'affût sur les tourillons, de la vis de pointage sur la culasse, des fusées sur l'affût, du sol sur les roues, du sol sur la crosse;

$T_2$, $T_3$ les impulsions des réactions tangentielles correspondant à $N_2$, $N_3$;

$\omega_1$, $\omega_2$, $\omega_3$ les vitesses angulaires de la pièce autour de l'axe des tourillons, de l'affût et des roues autour de l'axe projeté en $O_2$, et des roues autour de l'axe des fusées;

V la vitesse de translation horizontale de tout le système au moment où le projectile sort de l'âme et qui est de sens contraire à la projection horizontale de $v$.

Nous allons examiner successivement les deux cas qui peuvent se présenter.

1° *Les roues et la crosse restent en contact avec le sol.* — Tout le système sera, après la sortie du projectile, animé de la vitesse V et les roues tourneront autour de leur axe en glissant ou roulant sur le sol.

La pièce, ou se détachera de la vis de pointage par une rotation $\omega_1$ autour de l'axe $O_1$ de la gauche vers la droite, ou ne sera animée que du mouvement de translation.

Si la pièce tourne autour de $O_1$, l'impulsion $N'_1$ est nulle et la quantité de mouvement perdue qui fait équilibre à $\overline{N_1} + \overline{N_1 f_1}$ se compose de MV, $-mv$ et de $-M_1\omega_1\gamma$, que nous négligerons dans l'évaluation du moment du frottement des tourillons, eu égard à la petitesse de $\gamma$ et de $f_1\rho_1$. On a donc, en négligeant de plus $f_1^2$ devant l'unité,

$$-M_1(k_1^2+\gamma^2)\omega_1 - M_1 V\gamma\sin i - f_1\rho_1\sqrt{(M_1 V - mv\cos i)^2 + m^2v^2\sin^2 i}.$$

Mais, si l'on néglige les frottements et le mouvement de rotation des roues dont l'influence est secondaire, on a, en projetant les quantités de mouvement sur l'horizontale,

$$mv\cos i = MV,$$

de sorte que l'on peut écrire avec une approximation très-satisfaisante

$$(1)\qquad \omega_1 = \frac{V}{k_1^2}\left[-\gamma\sin i - f_1\rho_1\sqrt{\left(\frac{1}{n_1^2}-1\right)^2 + \frac{1}{n_1^2}\tan^2 i}\right];$$

mais, pour que les choses se passent comme nous l'avons supposé, il faut que $\omega_1$ soit positif, ce qui exige que $i$ soit négatif ou que la volée plonge sous l'horizon ; s'il n'en est pas ainsi, la culasse reste en contact avec la vis de pointage.

Nous laisserons constamment subsister $\omega_1$ dans nos formules, sauf à supposer nulle cette vitesse angulaire lorsque $i$ sera positif.

La crosse glissant sur le sol, on a

$$T_2 = N_2 f_2,$$

et, en exprimant que les quantités de mouvement perdues se font équilibre sur tout le système dans le sens horizontal et le sens vertical, on a

$$MV - mv \cos i + T_3 + N_2 f_2 + M_1 \omega_1 \gamma \sin i = o,$$
$$- mv \sin i + N_3 + N_2 - M \omega_1 \gamma \cos i = o,$$

ou, comme $\omega_1$ est de l'ordre de la distance $\gamma$, dont nous négligerons le carré,

$$(2) \quad \begin{cases} MV - mv \cos i + T_3 + N_2 f_2 = o, \\ - mv \sin i + N_3 + N_2 = o. \end{cases}$$

Nous allons maintenant exprimer que les sommes des moments des quantités de mouvement perdues et des impulsions des forces pour tout le système se font équilibre autour de l'axe $O_2$; nous négligerons le coefficient $\delta$ par rapport à $l$ quand il y aura lieu de le faire entrer en ligne de compte, c'est-à-dire quand il y aura roulement; nous considérerons la vitesse angulaire $\omega_3$ comme positive lorsque son sens sera de la droite vers la gauche; les quantités de mouvement perdues auxquelles donne lieu cette vitesse se réduisent à un couple dont le moment est $M_3 k_3^2 \omega_3$. Si l'on continue à négliger les termes du second ordre en $\gamma$, on peut supposer, dans l'évaluation du terme en $\omega_1$, que $O_1$ est le centre de gravité de la pièce; de sorte que cette vitesse angulaire donne lieu à des quantités de mouvement perdues, qui forment un couple dont le moment est $- M_1 k_1^2 \omega_1$. Nous avons ainsi

$$M_2 h_2 V + M_1 (\eta - \gamma \sin i) V + mvp + M_3 k_3^2 \omega_3 - M_1 k_1^2 \omega_1 - N_3 l = o.$$

Posons

$$(a) \qquad M h = M_2 h_2 + M_1 \eta;$$

$h$ serait l'ordonnée verticale du centre de gravité de tout le système si $O_1$ était celui de la pièce; l'équation ci-dessus devient

$$(3) \qquad (M h - M_1 \gamma \sin i) V + mvp + M_3 k_3^2 \omega_3 - M_1 k_1^2 \omega_1 - N_3 l = o.$$

La résultante de $N'_2$, $N'_2 f'_2$ étant égale et opposée à celle de $N_3$, $T_3$, et de la quantité de mouvement translatoire $M_3 V$, on a, en considérant les roues et prenant les moments par rapport à $O_3$,

$$-M_3 k_3^2 \omega_3 - \frac{\rho_3 f_2'}{\sqrt{1+f'^2}} \sqrt{(T_3^2 + M_3 V)^2 + N_3^2} - N_3 \delta + T_3 R_3 = 0;$$

mais $T_3$ est au plus égal à $N_3 f_3$; de sorte que l'on a, en négligeant les termes du second ordre en $f_2$, $f_2'$,

$$(4) \qquad -M_3 k_3^2 \omega_3 - \rho_3 f_2' \sqrt{M_3^2 V^2 + N_3^2} - N_3 \delta + T_3 R_3 = 0.$$

Nous avons maintenant à faire deux hypothèses.

*a. Les roues roulent sur le sol.* — On a

$$\omega_3 = \frac{V}{R_3}.$$

L'équation (4) devient par suite

$$-M_3 \frac{k_3^2}{R_3} V - \rho_3 f_2' \sqrt{M_3^2 V^2 + N_3^2} - N_3 \delta + T_3 R_3 = 0$$

et montre que la quantité de mouvement $M_3 V$ est de l'ordre du frottement, de sorte que l'on peut en négliger le carré sous le radical; en posant

$$(b) \qquad \Delta = \delta + \rho_3 f_2', \quad \mu_3 = \frac{k_3^2}{R_3^2},$$

il vient

$$(4') \qquad T_3 = M_3 \mu_3 V + N_3 \frac{\Delta}{R_3},$$

La première des équations (2) devient par suite

$$N_3 \frac{\Delta}{R_3} + N_2 f_2 = mv \cos i - M(1 + n_3 \mu_3) V,$$

et donne avec la seconde

$$(5) \qquad \left\{ \begin{aligned} N_3 &= \frac{mv(f_2 \sin i - \cos i) + M(1 + n_3 \mu_3) V}{f_2 - \frac{\Delta}{R_3}}, \\ N_2 &= \frac{mv\left(\cos i - \frac{\Delta}{R_3} \sin i\right) - M(1 + n_3 \mu_3) V}{f_2 - \frac{\Delta}{R_3}}. \end{aligned} \right.$$

L'équation (3) prend la forme

$$(3') \left\{ \begin{aligned} & M(1+n_3\mu_3)V + mv(f_2 \sin i - \cos i) \\ & = \frac{1}{l}\left(f_2 - \frac{\Delta}{R_3}\right)[M(h+n_3\mu_3 R_3 - n_1\gamma \sin i)V + mvp - M_1 k_1^2 \omega_1]. \end{aligned} \right.$$

Si nous posons

$$f_2 - \frac{\Delta}{R_3} = f_3$$

et

$$\varepsilon = -\frac{1}{K_1}\left[\gamma \sin i + f_1\rho_1\sqrt{\left(\frac{1}{n_1^2}-1\right)^2 + \frac{1}{n^2}\tan^2 i}\right] \quad \text{ou} \quad \omega_1 = \varepsilon \frac{V}{K_1},$$

sauf à supposer $\varepsilon = 0$ lorsque $i$ sera positif, et si nous nous rappelons $p = \chi \sin i - \eta \cos i$, l'équation (3′) donne

$$(6) \quad MV = mv \frac{\left[\left(1-\frac{\eta}{l}f_3\right)\cos i - \sin i\left(f_2 - f_3\frac{\chi}{l}\right)\right]}{1 - f_3\frac{h}{l} + n_3\mu_3\left(1 - f_3\frac{R_3}{l}\right) + n_1 f_3 \frac{\gamma \sin i + k_1 \varepsilon}{l}}.$$

Les équations (4′) et (5) feront ensuite connaître les valeurs de $T_3$, $N_3$, $N'_3$; mais, comme elles sont très-compliquées, pour mieux voir de quelle manière les choses se passent, nous négligerons les petits termes en $\varepsilon$, $\gamma$, $\Delta$ et de plus ceux en $n_3$ dans le calcul de V, $N_3$, $N'_3$; nous trouverons ainsi, en remarquant que $f_3$ devient $f_2$,

$$MV = mv \frac{\left[\left(1-\frac{\eta}{l}f_2\right)\cos i - f_2\left(1-\frac{\chi}{l}\right)\sin i\right]}{1 - f_2\frac{h}{l}},$$

$$N_3 l = MVh + mvp = -mv\frac{(\eta - h)\cos i + (\chi - f_2 h)\sin i}{1 - f_2\frac{h}{l}},$$

$$N_2 l = mv \sin i\, l - N_3 l = mv\frac{(\eta - h)\cos i - (\chi - l)\sin i}{1 - f_2\frac{h}{l}},$$

$$T_3 l = n_3\mu_3 MV = mv\frac{n_3\mu_3}{1 - f_2\frac{h}{l}}[(l - \eta f_2)\cos i - f_2(\chi - l)\sin i].$$

En remarquant que $\chi > l$, $\eta > h$, les conditions $N_3 > 0$,

$N_2 > 0$, $T_3 < N_3 f_2$ se traduisent par

$$(7)\quad \tang i > \frac{\eta - h}{\chi - f_2 h},\quad \tang i < \frac{\eta - h}{\chi - l},\quad \tang i > \frac{\eta - h + \frac{n_3 \mu_3}{f_2}(l - \eta f_2)}{\chi - f_2 h - n_3 \mu_3 (\chi - l)}.$$

En satisfaisant à la troisième de ces conditions, on satisfera *a fortiori* à la première; les deux limites de $i$ sont donc données par la deuxième et la troisième de ces inégalités. Pour qu'elles soient compatibles, il faut que

$$(\eta - h)(l - f_3 h) > (\chi - l)\left[\eta - h - \frac{\mu_3 n_3}{f_2}(l - h)\right],$$

ce qui aura généralement lieu; car $\chi$ est presque toujours égal à $l$ ou en diffère très-peu. L'angle $i$ sera positif et par conséquent la pièce ne tournera pas sur ses tourillons.

*b. Les roues glissent sur le sol.* — Dans ce cas on a

$$T_3 = N_3 f_2,\quad \delta = 0,$$

et les équations (2) deviennent

$$(2')\quad \begin{cases} MV - mv\cos i + f_2(N_2 + N_3) = 0, \\ - mv\sin i + N_2 + N_3 = 0, \end{cases}$$

d'où

$$(6')\qquad MV = mv(\cos i - f_2 \sin i).$$

Nous pourrons, dans le terme très-petit en $\rho_3 f_2'$ de l'équation (4), négliger $M^2 V^2$ devant $N_3^2$, en raison de ce que $N_3$ dépend de MV, comme nous le verrons ci-après, et que le rapport $n_3 = \dfrac{M_3}{M}$ est toujours petit.

Cette équation donne par suite

$$M_3 k_3^2 \omega_3 = N_3(f_2 R_3 + f_2' \rho_3),$$

et, en portant cette valeur dans l'équation (3), on trouve

$$(3'')\quad \begin{cases} MV[h - n_1(\gamma \sin i + K\varepsilon)] + mv(\chi \sin i - \eta \cos i) \\ \qquad = N_3(l - f_2 R_3 - f_2' \rho_3), \end{cases}$$

et cette équation, jointe aux équations (6') et (2'), fera connaître $N_2$, $N_3$. Si nous ne conservons que les termes principaux, nous avons, d'après les équations (3), (6'), et la seconde des équations (2'),

$$N_3 = \frac{MVh + mvp}{l} = \frac{mv}{l}[(\chi - f_2 h)\sin i - (\eta - h)\cos i],$$

$$N_2 = mv\sin i - N_3 = \frac{mv}{l}[(l - \chi + f_2 h)\sin i + (\eta - h)\cos i].$$

Les conditions $N_3 > 0$, $N_2 > 0$ se traduisent par

$$(8) \qquad \operatorname{tang} i > \frac{\eta - h}{\chi - f_2 h}, \quad \operatorname{tang} i\,(l - \chi + f_2 h) + (\eta - h) > 0.$$

Comme on a généralement $l = \chi$, la seconde de ces inégalités sera satisfaite pour toutes les valeurs positives de $i$ supérieures à celle qui est donnée par la première. Dans ce cas encore, la pièce ne tournera pas sur ses tourillons.

2° *L'affût tourne autour du point d'appui de la crosse.* — D'après la figure, la rotation $\omega_2$ ne peut avoir lieu que de la droite vers la gauche. Nous continuerons à considérer la rotation de la pièce $\omega_1$ autour de l'axe $O_1$ comme positive lorsqu'elle aura lieu de la gauche vers la droite.

Le mouvement de la pièce résulte des translations ayant pour vitesses V, $\omega_2 O_1 O$, et de la rotation $\omega_1$, dont nous ferons abstraction, comme plus haut, dans le calcul de la percussion sur l'axe $O_1$, en raison de la petitesse de $\gamma$. La quantité de mouvement translatoire perdue par $M_1$ et $m$, ayant pour composantes horizontale et verticale, $M_1 V + M_1 \omega_2 \eta - mv\cos i$, $-M_1\omega_2\chi - mv\sin i$, il vient, en continuant à négliger le carré de $\gamma$,

$$-M_1 k_1^2 \omega_1 - (M_1 V + M_1 \omega_2 \eta)\gamma \sin i - M_1 \omega_2 \chi\gamma\cos i$$
$$\pm f_1 \rho_1 \sqrt{(M_1 V + M_1 \omega_2 \eta - mv\cos i)^2 + (M_1 \omega_2 \chi + mv\sin i)^2} = 0;$$

d'où

$$(9)\quad \omega_1 = -\frac{1}{k_1^2}\left[(V + \omega_2\eta)\gamma\sin i + \omega_2\chi\gamma\cos i \pm \sqrt{\left(V + \omega_2\eta - \frac{mv}{M_1}\cos i\right)^2 + \left(\omega_2\chi + \frac{mv}{M_1}\sin i\right)^2}\,\right],$$

en prenant le signe + ou le signe —, selon que

$$(V + \omega_2 \varkappa)\gamma \sin i - \omega_2 \chi\gamma \cos i$$

sera positif ou négatif.

Concevons que l'on imprime à tout le système une translation égale et contraire à la vitesse du point $O_1$, ce qui ne changera en rien le mouvement relatif de la pièce par rapport à l'affût; ce mouvement sera dû à la rotation $\omega_1 + \omega_2$ autour du point $O_1$, qui doit être positive pour que la culasse se sépare de la vis de pointage, et c'est ce qui aura généralement lieu. La condition $\omega_1 + \omega_2 < 0$, exprimant que la pièce se meut avec l'affût comme un seul corps solide, ne pourra être remplie que par des valeurs négatives de $\omega_1$ ou positives de $i$, pour lesquelles $\omega_2$ sera du même ordre de grandeur que $\omega_1$ pris en valeur absolue. Dans ce dernier cas, nous pourrons négliger $\omega_2$ dans le calcul de $\omega_1$, qui sera ainsi donné par la formule (1) de l'article précédent ou par

$$(1) \qquad \omega_1 = -\frac{V}{k_1^2}\left[\gamma \sin i + f_1 \rho_1 \sqrt{\left(\frac{1}{n_1} - 1\right)^2 + \frac{\operatorname{tang}^2 i}{n_1^2}}\right].$$

Nous avons, pour les équations d'équilibre, relatives à tout le système, entre les impulsions des forces et les quantités de mouvement perdues,

$$(10) \quad \begin{cases} MV - mv \cos i + N_2 f_2 + [M_1(\varkappa - \gamma \sin i) - M_2 h_2]\omega_2 = 0, \\ - mv \sin i + N_2 - [M_1(\chi - \gamma \cos i) + M_2 a_2]\omega_2 = 0, \\ V[M_2 h_2 + M_1(\varkappa - \gamma \sin i)] \\ \quad + mvp - M_1 k_1^2 \omega_1 + [M_2(k_2^2 + a_2^2 + h_2^2) + M_1(\chi^2 + \varkappa^2)]\omega_2 = 0. \end{cases}$$

Posons, comme plus haut,

$$(b) \qquad M_1 \varkappa + M_2 h_2 = Mh,$$

et de plus

$$(c) \qquad \begin{cases} M_1 \chi + M_2 a_2 = Ma, \\ M_1 k_1^2 + M_2(k_2^2 + a_2^2 + h_2^2) + M_1(\chi^2 + \varkappa^2) = Mk^2. \end{cases}$$

Les équations (10) prennent la forme

$$(11) \quad \begin{cases} MV - mv \cos i + M(h - n_1 \gamma \sin i)\omega_2 + N_2 f_2 = 0. \\ - mv \sin i - M(a - n_1 \gamma \cos i)\omega_2 + N_2 = 0, \\ MV(h - n_1 \gamma \sin i) + mvp - M_1 k_1^2(\omega_1 + \omega_2) + Mk^2 \omega_2 = 0. \end{cases}$$

Des deux premières on déduit, par l'élimination de $N_2$,

$$(12)\quad \left\{\begin{aligned} &MV - mv(\cos i - f_2 \sin i) \\ &\quad + M[h - n_1\gamma \sin i + f_2(a - n_1\gamma \cos i)]\omega_2 = 0. \end{aligned}\right.$$

Nous avons maintenant à examiner les deux cas qui peuvent se présenter.

*a. La culasse reste en contact avec la vis de pointage.* — Ce qui correspond, comme nous l'avons vu plus haut, à la condition analytique $\omega_1 + \omega_2 < 0$; mais nous devrons supposer $\omega_1 + \omega_2 = 0$ dans les équations précédentes.

De la troisième des équations (11) et de l'équation (12) on tire, en se rappelant que $p = \chi \sin i - \eta \cos i$

$$(13)\quad \left\{\begin{aligned} &\omega_2 = \frac{mv}{M}\,\frac{\eta \cos i - \chi \sin i - (\cos i - f_2 \sin i)(h - n_1\gamma \sin i)}{k^2 - [h - n_1\gamma \sin i + f_2(a - n_1\gamma \cos i)](h - n_1\gamma \sin i)}, \\ &MV = mv\left\{\frac{-(\eta\cos i - \chi \sin i)[h - n_1\gamma \sin i + f_2(a - n_1\gamma\cos i)] + k^2(\cos i - f_2 \sin i)}{k^2 - [(h - n_1\gamma \sin i + f_2(a - n_1\gamma \cos i)](h - n_1\gamma \sin i)}\right\}. \end{aligned}\right.$$

Il nous reste à voir maintenant entre quelles limites de $i$ les quantités $\omega_2$ et $N_2$ sont positives. Pour simplifier les calculs, nous négligerons les termes très-petits en $\gamma$ et nous aurons d'abord

$$(14)\quad \left\{\begin{aligned} &\omega_2 = \frac{mv}{M}\,\frac{(\eta - h)\cos i - (\chi - hf_2)\sin i}{k^2 - h(h + af_2)}, \\ &MV = mv\,\frac{[k^2 - \eta(h + af_2)]\cos i + \sin i[\chi(h + af_2) - f_2 k^2]}{k^2 - h(h + af_2)}. \end{aligned}\right.$$

La seconde des équations (11) donne ensuite

$$(15)\quad N_2 = mv \sin i + Ma\omega_2 = mv\frac{[a(\eta - h)\cos i + (k^2 - h^2 - a\chi)\sin i]}{k^2 - h(h + af_2)}.$$

Pour que $\omega_2$ et $N_2$ soient positifs, il faut que

$$(16)\quad \left\{\begin{aligned} &\tan i < \frac{\eta - h}{\chi - hf_2}, \\ &\tan i > -\frac{a(\eta - h)}{k^2 - h(h + af_2)}. \end{aligned}\right.$$

La limite inférieure de $i$, fournie par la première de ces inégalités, n'est autre chose que la limite supérieure que nous avons trouvée dans l'hypothèse ($b$) du cas étudié en premier lieu, ce qui devait être, car il est clair que, à partir du moment où les roues cessent de presser le sol, il doit y avoir tendance à la rotation autour du point d'appui de la crosse.

La condition $\omega_1 + \omega_2 < 0$ donne, en se reportant à l'équation (1),

$$k_1^2[(\eta - h)\cos i - (\chi - hf_2)\sin i] - \{[k^2 - \eta(h + af_2)]\cos i + \sin i[\chi(h + af_2) - f_2 k^2]\} \times \left[\gamma \sin i + \rho_1 f_1 \sqrt{\left(\frac{1}{n_1} - 1\right)^2 + \frac{\tan^2 i}{n_1^2}}\right] < 0.$$

Posons

$$\operatorname{tang} i' = \frac{\eta - h}{\chi - hf_2}, \quad i = i' + \delta i,$$

$\delta i$ étant du même ordre de grandeur que $\gamma$ ou $\rho_1 f_1$; nous aurons, en nous en tenant aux termes du premier ordre,

$$\delta i . k_1^2 \sqrt{(\eta - h)^2 + (\chi - hf_3)^2} + \{[k^2 - \eta(h + af_2)]\cos i' + \sin i'[\chi(h + af_2) - f_2 k^2]\} \times \left[\gamma \sin i' + \rho_1 f_1 \sqrt{\left(\frac{1}{n_1} - 1\right)^2 + \frac{\tan^2 i'}{n_1^2}}\right] > 0;$$

appelons $-\nu$ la limite inférieure de $\delta i$ fournie par cette inégalité et qui sera généralement négative, nous devrons avoir

$$i - i' = \delta i > -\nu, \quad i > i' - \nu.$$

L'angle $i$ ne pourra donc être compris qu'entre $i'$ et $i' - \varepsilon$, de sorte qu'il doit arriver très-rarement que la culasse reste au contact de la vis de pointage.

*b. La culasse se sépare de la vis de pointage.* — A mesure que $i$d écroîtra à partir de $i' - \varepsilon$, la vitesse angulaire $\omega_2$ croîtra et acquerra bientôt une valeur bien supérieure à $\omega_1$. Admettons que $i$ ait atteint une valeur telle que $\omega_1$ soit complétement négligeable par rapport à elle; nous devrons supposer $\omega_1 = 0$ dans la troisième des formules (11), ce qui revient tout simplement à remplacer, dans les formules (14), (15) et (16), $k^2$ par $k^2 - k_1^2$; nous n'avons donc rien à ajouter à ce que nous venons de dire, et la question peut être considérée comme complétement résolue.

## § VI. — *Des modérateurs.*

124. Les *modérateurs* sont des appareils qui ont pour objet ou de s'opposer à toute accélération de mouvement d'une machine ou de ralentir ce mouvement par la création de nouvelles résistances passives.

Comme moyen de rendre le mouvement uniforme, on voit facilement qu'ils se distinguent des régulateurs, que nous avons étudiés plus haut et qui règlent l'intensité de la force motrice sans dépense notable de travail.

Les modérateurs ne fonctionnant qu'au détriment du travail moteur dépensé, leur emploi doit être très-limité et l'on ne doit y avoir recours que lorsqu'on ne peut faire autrement.

125. *Modérateurs à ailettes.* — Ce modérateur, qui est appliqué notamment aux tournebroches pour en régulariser le mouvement, se compose d'un arbre, mis en mouvement par le mécanisme, suivant l'une des circonférences duquel on a monté normalement deux ou quatre bras identiques, situés deux à deux dans le prolongement l'un de l'autre.

A l'extrémité de chaque bras se trouve adaptée une ailette, à l'aide d'un pivot légèrement conique dont elle est munie, dont l'axe passe par son centre de gravité et que l'on introduit à frottement dur dans une cavité de même forme, pratiquée dans le bras. Le pivot est tantôt normal au bras, tantôt placé dans son axe de figure à son extrémité libre (*fig.* 159). On peut ainsi incliner à volonté l'ailette d'un certain angle, le plan passant par l'axe de rotation et celui du pivot. Toutes les ailettes sont d'ailleurs identiques.

Considérons en particulier le cas d'un treuil mis en mouvement par un poids Q attaché à l'extrémité d'une corde enroulée sur le cylindre, et régularisé par un modérateur à ailettes monté sur le même axe.

Soient

$R$ le rayon du treuil;
$\omega$ sa vitesse angulaire;

$q$, I le poids et le moment d'inertie du treuil et du modérateur;

$\rho$ le rayon des tourillons;

A l'aire de chaque ailette et $r$ la distance de son pivot à l'axe de rotation;

$n$ le nombre des ailettes;

$i$ leur inclinaison sur les bras.

Fig. 159.

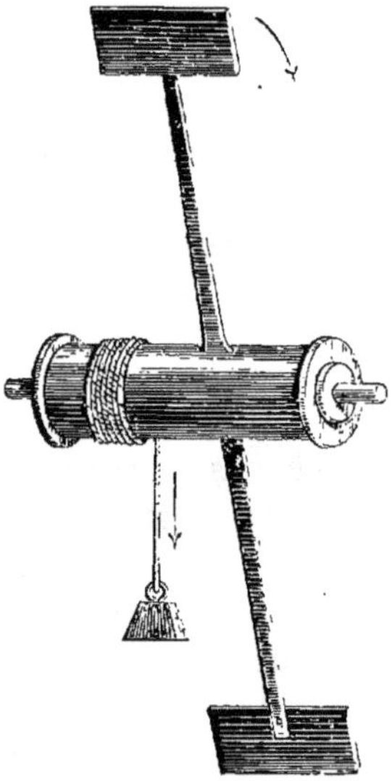

La composante normale de la vitesse du centre de gravité de chaque ailette étant $\omega r \cos i$, la résistance de l'air sur cette ailette pourra être représentée (**118**) par $(a + b\omega^2 r^2 \cos^2 i)$A, $a$ et $b$ étant deux constantes; on a par suite, pour le moment total de la résistance de l'air, $-n\text{A}(a + b\omega^2 r^2 \cos^2 i) r \cos i$. En raison de la symétrie dans la distribution des ailettes, la résistance de l'air forme un couple et n'exerce ainsi aucune pression sur les appuis.

Il en est de même de l'inertie du treuil et du modérateur, lorsque le mouvement n'est pas arrivé à l'uniformité comme nous le supposerons.

Le frottement sur les tourillons étant dû à l'action de $q$ et du poids Q augmenté de sa force d'inertie, on établit facilement l'équation

$$-I\frac{d\omega}{dt} - QR^2\frac{d\omega}{dt} + QR - nAr\cos i\,(a + b\omega^2 r^2\cos^2 i)$$
$$- \frac{f\rho}{\sqrt{1+f^2}}\left(q + Q - QR\frac{d\omega}{dt}\right) = 0$$

ou

$$\frac{d\omega}{dt}\left[I + QR^2\left(1 - \frac{f}{\sqrt{1+f^2}}\,\frac{\rho}{R}\right)\right] + nAbr^3\cos^3 i.\,\omega^2$$
$$-QR\left(1 - \frac{f}{\sqrt{1+f^2}}\,\frac{\rho}{R}\right) + nAar\cos i + \frac{f\rho}{\sqrt{1+f^2}}q = 0,$$

équation de la même forme que celle de la chute d'un corps pesant dans un milieu résistant, et dont on déduira les mêmes conséquences; le mouvement deviendra bientôt sensiblement uniforme, et la valeur de la vitesse angulaire sera donnée par l'équation

$$nAbr^3\cos^3 i\,\omega^2 = QR\left(1 - \frac{f}{\sqrt{1+f^2}}\,\frac{\rho}{R}\right) - nAar\cos i - \frac{f}{\sqrt{1+f^2}}\rho q = 0.$$

126. *Des freins.* — Les freins sont des modérateurs qui fonctionnent par suite du développement d'un frottement de glissement comme résistance passive.

Un frein se compose le plus souvent d'une pièce de bois appelée *mâchoire* ou *sabot* qui, sur une partie de sa surface, présente en creux la forme de la jante d'une roue ou d'une poulie sur laquelle on peut la serrer plus ou moins fortement par l'intermédiaire de vis et de leviers, et d'où résulte un frottement et par suite un ralentissement du mouvement. Dans d'autres circonstances le frein est formé d'une lame d'acier qui se termine à une extrémité par un œil s'engageant dans un cylindre fixe; cette lame est garnie intérieurement d'une bande de bois (*fig.* 160) dont la flexibilité est augmentée par des traits de scie; il suffit, au moyen d'un levier, d'exercer sur l'autre extrémité de la lame un effort de traction pour appliquer la bande de bois sur la roue.

Il ne faut pas brusquer le serrage du frein, car autrement il se produirait des chocs qui auraient pour effet, au bout d'un certain temps, d'altérer la constitution de la machine.

Fig. 160.

Il convient aussi d'appliquer les freins à des poulies d'un grand diamètre ou animées d'une grande vitesse, pour qu'en exerçant une faible pression on développe de la part du frottement un travail résistant notable.

Presque toujours on ne fait agir un frein qu'après avoir supprimé l'action de la force motrice; il n'y a, pour ainsi dire, d'exception à cette règle que dans la bonne conduite des voitures dans les descentes, où l'on serre les freins adaptés à un couple de roues, de telle manière que le cheval soit encore obligé, pour entretenir l'uniformité du mouvement, d'exercer encore un léger effort de traction en vue de diriger le véhicule.

Supposons que le frein soit disposé de façon que la pression normale exercée par sa mâchoire sur la poulie puisse être considérée comme étant uniformément répartie sur la surface de contact.

Soient

N cette pression rapportée à l'unité de surface;

$f'$ le coefficient de frottement correspondant;

$R$, $e$ le rayon et la largeur de la poulie;
$\rho$ le rayon des tourillons;
$f$ le coefficient de leur frottement sur les coussinets;
$2\gamma$ l'angle au centre de la mâchoire;
$\varphi$ l'angle que forme un rayon quelconque avec la bissectrice de l'angle $2\gamma$.

Le frottement sur l'élément de surface correspondant à l'angle $d\varphi$ étant $f'eR\,d\varphi$, on a, pour le moment total dû à cette résistance,

$$-2f'eR^2\int_0^\gamma N\,d\varphi = -2f'eR^2\gamma N.$$

L'effort exercé sur l'axe résulte : 1° de la résultante des pressions normales élémentaires dirigée suivant la bissectrice de $2\gamma$, et qui a pour expression

$$2eR\int_0^\gamma N\cos\varphi\,d\varphi = 2eRN\sin\gamma;$$

2° de la résultante des frottements élémentaires perpendiculaires à la précédente, et dont la valeur est

$$-2eRf'\int_0^\gamma N\sin\varphi\,d\varphi = 2eRf'N(1-\cos\varphi).$$

Cet effort ayant ainsi pour valeur

$$2ReN\sqrt{\sin^2\gamma + f'^2(1-\cos\varphi)^2},$$

on a, pour le travail total développé par le frottement,

$$-2eR^2N\left[f'\gamma + \frac{f}{\sqrt{1+f^2}}\,\frac{\rho}{R}\sqrt{\sin^2\gamma + f'^2(1-\cos\varphi)^2}\right].$$

Supposons maintenant que l'on veuille établir un frein de telle manière que, pour une pression normale donnée N, une machine s'arrête au bout d'un temps également donné $\tau$, après avoir supprimé l'action de la force motrice. Il est clair que nous arriverons *a fortiori* à ce résultat en négligeant les résistances passives développées dans le mécanisme, qui viennent en aide au frein, ainsi que l'inertie des pièces oscillantes, s'il en entre dans la composition de la machine. Dans ces conditions, si $\omega$ est la vitesse angulaire de la poulie, la force vive de la machine sera de la forme $\frac{1}{2}A\omega^2$, A étant une constante; le travail résistant utile pris en valeur absolue, produit dans le temps $dt$, peut se représenter par $K\omega\,dt$, et nous supposerons que K est une constante ou diffère peu d'une constante, comme cela a lieu généralement. Le principe des forces vives donne, par suite,

$$A\omega\,d\omega = -K\omega\,dt - 2cR^2N\left[f'\gamma + \frac{f}{\sqrt{1+f^2}}\,\frac{\rho}{R}\sqrt{\sin^2\gamma + f'^2(1-\cos\varphi)^2}\right]\omega\,dt.$$

Si l'on intègre cette équation, après avoir supprimé le facteur $\omega$, et que l'on désigne par $\omega_0$ la valeur de la vitesse angulaire au moment où l'on a atteint la pression N, très-voisin d'ailleurs de celui où le frein a commencé à agir, on trouve

$$A(\omega - \omega_0) = -\left[K + 2cR^2N\left(f'\gamma + \frac{f}{\sqrt{1+f^2}}\,\frac{\rho}{R}\sqrt{\sin^2\gamma + f'^2(1-\cos\varphi)^2}\right)\right]$$

d'où, en supposant $\omega = 0$,

$$2cR^2N = \frac{\dfrac{A\omega_0}{\tau} - K}{f'\gamma + \dfrac{f}{\sqrt{1+f^2}}\,\dfrac{\rho}{R}\sqrt{\sin^2\gamma + f'^2(1-\cos\varphi)^2}},$$

ce qui établit une relation entre les quantités $e$, R, $\gamma$, que l'on pourra généralement faire varier dans des limites assez larges.

127. *Freins des véhicules des chemins de fer.* — Dans la composition d'un train de chemin de fer, on intercale de distance en distance un *wagon-frein*. Les quatre roues d'un wagon de cette nature sont munies chacune de deux sabots identiques symétriquement placés par rapport au diamètre normal à la voie.

Considérons d'abord un véhicule fictif qui n'aurait qu'une roue descendant en roulant sur une voie inclinée de l'angle $i$ sur l'horizon. Cet angle est toujours assez petit ($\tang i \geqq 0{,}025$) pour que l'on puisse regarder $\cos i$ comme égal à l'unité.

Soient (*fig.* 161)

Q le poids de la charge que supporte la fusée;
$q$ celui de la roue et de son essieu;

I le moment d'inertie de ces deux pièces par rapport à l'axe de rotation;

$2\varepsilon$ l'angle formé par les bissectrices des angles au centre des deux sabots, et dont la bissectrice est normale à la voie;

P l'effort de traction parallèle à la voie, en y comprenant l'inertie due à l'accélération de la vitesse V du mouvement de translation du véhicule; cet effort est égal et de sens contraire à la réaction longitudinale T du rail. La vitesse angulaire de la roue sera $\frac{V}{R}$.

Fig. 161.

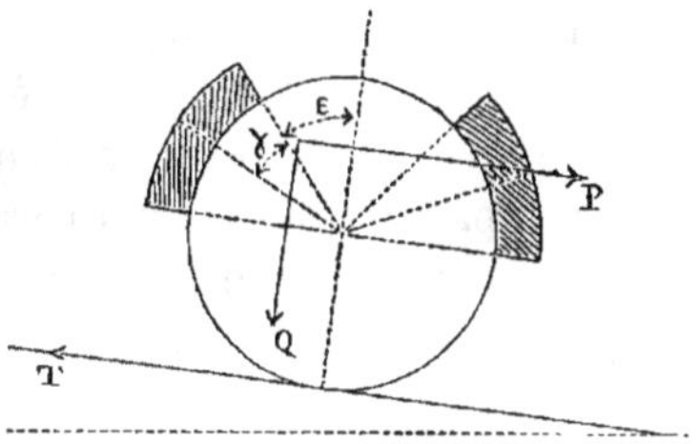


Conservons d'ailleurs les notations du numéro précédent.

D'après ce qui précède, les efforts exercés sur la fusée par chacune des mâchoires du frein se réduisent à deux forces égales à $2NRe\sin\gamma$, dirigées suivant les bissectrices des deux angles au centre $2\gamma$, et à deux autres forces égales à $2NRef'(1-\cos\varphi)$, respectivement perpendiculaires aux précédentes. Les deux systèmes de forces se réduisent eux-mêmes à deux forces rectangulaires $4NRe\sin\gamma\cos\varepsilon$, $4NRef'(1-\cos\varphi)\sin\varepsilon$, dont la première est dirigée suivant la bissectrice de l'angle $2\varepsilon$. La résultante des efforts exercés sur la fusée a, par suite, pour expression

$$\sqrt{(4NRe\sin\gamma\cos\varepsilon+Q\cos i)^2+\left[4NRef'(1-\cos\varphi)\sin\varepsilon+P-\frac{Q}{g}\frac{dV}{dt}\right]^2};$$

mais, comme elle ne doit entrer dans notre équation que multipliée par le coefficient $\frac{f\rho}{\sqrt{1+f^2}}$, ou tout simplement par le facteur $f\rho$, qui est relativement petit, on peut sans inconvénient négliger sous le radical le terme en $f'$ et $P - \frac{Q}{g}\frac{dV}{dt}$, qui est toujours une petite fraction du terme $Q\cos i$, que l'on peut prendre égal à Q. En se rappelant que la réaction longitudinale T est égale à P et remarquant que la réaction normale du rail est $Q\cos i + q$, on a, pour l'équation des moments par rapport à l'axe de la roue,

$$PR - (Q+q)\delta - \frac{I}{R}\frac{dV}{dt} - 4Nf'R^2e\gamma - f\rho(4NRe\sin\gamma\cos\varepsilon + Q) = 0,$$

Revenons à la réalité : on peut concevoir l'effort total, parallèle à la voie, comme la charge totale, décomposé en quatre forces correspondant chacune à l'une des roues, que l'on peut considérer alors comme isolée. Pour chaque roue, on aura une équation analogue à la précédente; en ajoutant les quatre équations et désignant par $P_1$ l'effort total parallèle à la voie, $Q_1$ la charge totale, $q_1$ et $I_1$ la somme des poids et des moments d'inertie des roues et des essieux, on trouve

$$(1)\quad \left\{\begin{aligned} &P_1R - (Q_1+q_1)\delta - \frac{I_1}{R_1}\frac{dV}{dt} - 16Nf'R^2e\gamma \\ &\qquad - f\rho(16NRe\sin\gamma\cos\varepsilon + Q_1) = 0. \end{aligned}\right.$$

Supposons maintenant que le wagon-frein se trouve à la queue de $n-1$ wagons dont il doit ralentir le mouvement, et que toutes les pièces tournantes soient identiques. Désignons par l'indice $k$ les quantités qui se rapportent au $k^{ième}$ wagon et partant celui qui porte le frein; par $F_k$ la tension de la barre d'attelage qui relie le $(k-1)^{ième}$ véhicule au $k^{ième}$; nous aurons

$$P_1 = F_2 + (Q_1+q_1)\sin i - \frac{Q_1+q_1}{g}\frac{dV}{dt},$$

et l'équation (1) devient, par l'élimination de $P_1$,

$$(2)\quad \left\{\begin{aligned} &F_2 + (Q_1+q_1)\sin i - f\frac{\rho}{R}Q_1 - \left(\frac{Q_1+q_1}{g} + \frac{I_1}{R^2}\right)\frac{dV}{dt} \\ &\quad - (Q_1+q_1)\frac{\delta}{R} - 16NeR^2\left(f'\gamma + f\frac{\rho}{R}\sin\gamma\cos\varepsilon\right) = 0. \end{aligned}\right.$$

L'équation relative au $k^{ième}$ véhicule s'obtiendra évidemment en supposant $N = 0$ dans cette dernière; remplaçant $F_2$ par $F_{k+1} - F_k$, et l'indice 1 par $k$ dans les autres quantités à l'exception de $q$, I et R, on trouve aussi

$$
3) \left\{
\begin{array}{l}
F_3 - F_2 + (Q_3 + q_1)\sin i - f\frac{\rho}{R}Q_3 - \left(\frac{Q_2 + q_1}{g} + \frac{I_1}{R^2}\right)\frac{dV}{dt} - (Q_2 + q_1)\frac{\delta}{R} = 0, \\
F_4 - F_3 + \ldots\ldots\ldots\ldots\ldots\ldots\ldots\ldots\ldots\ldots\ldots\ldots = 0, \\
\ldots\ldots\ldots\ldots\ldots\ldots\ldots\ldots\ldots\ldots\ldots\ldots\ldots\ldots\ldots, \\
F_k - F_{k-1} + \ldots\ldots\ldots\ldots\ldots\ldots\ldots\ldots\ldots\ldots\ldots = 0, \\
- F_n + (Q_n + q_1)\sin i - f\frac{\rho}{R}Q_n - \left(\frac{Q_n + q_1}{g} + \frac{I_1}{R^2}\right)\frac{dV}{dt} - (Q_n + q_1)\frac{\delta}{R} = 0.
\end{array}
\right.
$$

Si l'on ajoute les équations (2) et (3), que l'on appelle $Q'$ le poids total de la charge sur les essieux, $q'$ le poids des essieux, $I'$ la somme des moments d'inertie des pièces tournantes, on trouve

$$
(4) \quad \left\{
\begin{array}{l}
(Q' + q')\sin i - f\frac{\rho}{R}Q' - \left(\frac{Q' + q'}{g} + \frac{I'}{R^2}\right)\frac{dV}{dt} \\
\qquad - 16NR^2e\left(f'\gamma + f\frac{\rho}{R}\sin\gamma\cos\varepsilon\right) - (Q' + q')\frac{\delta}{R} = 0.
\end{array}
\right.
$$

Soient maintenant

$V_0$ la vitesse du train à partir du moment où l'on serre les freins;

$s$ le chemin parcouru au bout du temps $t$;

$s_1$ la valeur de $s$ correspondant à l'arrêt ou à $V = 0$.

On tire de l'équation (4)

$$
{}_0 - V = \frac{16NRe\left(f'\gamma + f\frac{\rho}{R}\sin\gamma\cos\varepsilon\right) + (Q' + q')\frac{\delta}{R} - (Q' + q')\sin i + f\frac{\rho}{R}Q'}{\frac{Q' + q'}{g} + \frac{I'}{R^2}}\,t,
$$

$$
= V_0 t - \frac{16NRe\left(f'\gamma + f\frac{\rho}{R}\sin\gamma\cos\varepsilon\right) + (Q' + q')\frac{\delta}{R} - (Q' + q')\sin i + f\frac{\rho}{R}Q'}{\frac{Q' + q'}{g} + \frac{I'}{R^2}}\,\frac{t^2}{2},
$$

$$
5) \quad s_1 = \frac{V_0^2}{2}\,\frac{\frac{Q' + q'}{g} + \frac{I'}{R^2}}{16RNe\left(f'\gamma - f\frac{R}{\rho}\sin\gamma\cos\varepsilon\right) + (Q' + q')\frac{\delta}{R} - (Q' + q')\sin i + f\frac{\rho}{R}Q'}.
$$

Si l'on se donne $s$, N, $V_0$, $i$, cette équation permettra de calculer Q' et par suite le nombre de wagons que doit desservir un wagon-frein pour pouvoir s'arrêter à une distance déterminée sur une pente donnée, et enfin le nombre de wagons-freins que l'on doit établir dans un train se trouvant dans les conditions ci-dessus.

Soit $f''$ le coefficient du frottement de glissement des roues sur les rails; pour que les roues du wagon-frein ne glissent pas, il faut que $P_1 < (Q_1 + q_1) f''$, ou, en vertu de l'équation (1), que

$$(Q_1 + q_1)\frac{\delta}{R} + \frac{I_1}{R^2}\frac{dV}{dt} + 16 f' R^2 e \gamma N$$
$$+ f\frac{\rho}{R}(16 R e N \sin\varphi \cos\varepsilon + Q_1) < (Q_1 + q_1) f''.$$

Si l'on ajoute cette inégalité à l'équation (4) pour éliminer N, on trouve

$$-\frac{dV}{dt}\left(\frac{Q'+q'}{g} + \frac{I'-I_1}{g}\right)$$
$$-\frac{\delta}{R}(Q'+q'-Q_1-q_1) + (Q'+q')\sin i - f\frac{\rho}{R}(Q'-Q_1) < (Q_1+q_1) f'',$$

et l'on voit que $-\dfrac{dV}{dt}$, c'est-à-dire le ralentissement, atteindra son maximum lorsque les roues glisseront sur les rails, ou que le maximum d'effet du frein sera produit lorsqu'il y aura glissement.

Supposons maintenant que l'on veuille calculer le nombre $n$ de véhicules que doit desservir un wagon-frein serré à fond; pour plus de sécurité nous ferons abstraction des résistances passives autres que le frottement sur les rails, ainsi que de l'inertie des roues, et nous aurons ainsi

$$-\frac{Q'+q'}{g}\frac{dV}{dt} - (Q_1 + q_1) f'' + \sin i\,(Q' + q') = 0.$$

Si $Q_1 + q_1$ représente le poids moyen d'un wagon, nous poserons

$$Q' + q' = n(Q_1 + q_1),$$

et nous aurons

$$-\frac{dV}{dt} = \left(\frac{f''}{n} - \sin i\right) gt,$$

d'où

$$V_0 - V = \left(\frac{f''}{n} - \sin i\right) gt.$$

Le temps au bout duquel le train s'arrêtera est

$$t_1 = \frac{V_0}{\left(\frac{f''}{n} - \sin i\right) g},$$

et le chemin parcouru correspondant

$$s_1 = V_0 t = \frac{V_0^2}{2g\left(\frac{f''}{n} - \sin i\right)};$$

d'où, pour le nombre des wagons que doit desservir un wagon-frein,

$$n - 1 = \frac{f''}{\frac{V_0^2}{2gs_1} + \sin i} - 1.$$

# NOTE.

## SUR LA SUBSTITUTION PAR APPROXIMATION, ENTRE DES LIMITES DÉTERMINÉES DU RAPPORT DES VARIABLES, D'UNE FONCTION HOMOGÈNE DE DEUX VARIABLES A UNE AUTRE FONCTION HOMOGÈNE DU MÊME DEGRÉ.

Soit $F(x, y)$ une fonction homogène du degré $m$; proposons-nous de déterminer les valeurs de deux coefficients arbitraires $\alpha, \beta$ d'une autre fonction homogène $F_1(x, y)$ du même degré, de telle manière que les erreurs relatives

$$e = \frac{F_1(x, y) - F(x, y)}{F(x, y)} = \frac{F_1(x, y)}{F(x, y)} - 1$$

se trouvent partagées, dans les meilleures conditions, entre les limites supérieure $k_2$ et inférieure $k_1$ du rapport $\frac{y}{x}$.

Nous pouvons poser

$$F(x, y) = x^m f\left(\frac{y}{x}\right), \quad F_1(x, y) = x^m f_1\left(\frac{y}{x}\right),$$

et nous avons par suite

$$e = \frac{f_1\left(\frac{y}{x}\right)}{f\left(\frac{y}{x}\right)} - 1. \tag{1}$$

Nous poserons

$$\frac{y}{x} = \operatorname{tang}\theta,$$

ou, lorsque la valeur absolue de $\frac{y}{x}$ ne pourra pas dépasser l'unité,

$$\frac{y}{x} = \sin\theta.$$

Dans les deux cas $e$ prendra la forme

$$e = \varphi(\theta) - 1. \tag{2}$$

Nous pouvons considérer $e$ comme étant la différence du rayon vecteur de la courbe représentée par l'équation polaire

$$(3) \qquad \rho = \varphi(\theta)$$

et du rayon, égal à l'unité, de la circonférence ayant le pôle O pour centre.

Soient $\theta_1$ et $\theta_2$ les valeurs de $\theta$ correspondant aux limites $k_1$ et $k_2$ du rapport $\frac{y}{x}$.

Les termes dans lesquels nous avons posé la question, nous devons l'avouer, sont assez vagues et peu susceptibles d'une définition analytique. Pour les préciser il nous faut avoir recours à une espèce de sentiment sur la manière dont les erreurs relatives doivent être le mieux partagées en vue de rendre aussi petite que possible la plus grande valeur absolue de $e$.

La solution suivante se présente naturellement à l'esprit :

*Exprimer que les deux erreurs relatives pour* $\frac{y}{x} = k_1$, $\frac{y}{x} = k_2$ *sont égales et de même signe et égales et de signe contraire au maximum ou au minimum que prend la fonction* $e$ *entre* $\theta = \theta_1$ *et* $\theta = \theta_2$.

Soient

$\theta_3$ la valeur de $\theta$ comprise entre $\theta_1$ et $\theta_2$ qui rend maximum ou minimum la fonction $\varphi(\theta)$ ;

$a_1$, $a_2$, $a_3$ les points de la circonférence de rayon égal à l'unité correspondant aux angles $\theta_1$, $\theta_2$, $\theta_3$ ;

$A_1$, $A_2$, $A_3$ les points de la courbe représentée par l'équation (3), situés respectivement sur les mêmes rayons que les précédents.

Nous devrons exprimer que l'on a

$$(4) \qquad A_1 a_1 = A_2 a_2,$$

$$(5) \qquad A_3 a_3 = - A_1 a_1,$$

et nous aurons ainsi deux relations qui nous permettront de déterminer les coefficients $\alpha$ et $\beta$, ainsi que la valeur absolue $e_m$ de la plus grande erreur relative représentée par $\pm A_1 a_1$.

*Applications.*

1°

$$F(x, y) = \sqrt{y_1^2 + x^2}, \quad F_1(x, y) = \alpha y + \beta x.$$

En posant

$$\frac{y}{x} = \operatorname{tang}\theta,$$

on a

(6) $$\rho = \alpha \sin\theta + \beta \cos\theta,$$

équation qui représente un cercle qui passe par l'origine O.

Pour que la condition (4) soit satisfaite, il faut que $Oa_3$ soit (*fig.* 162)

Fig. 162.

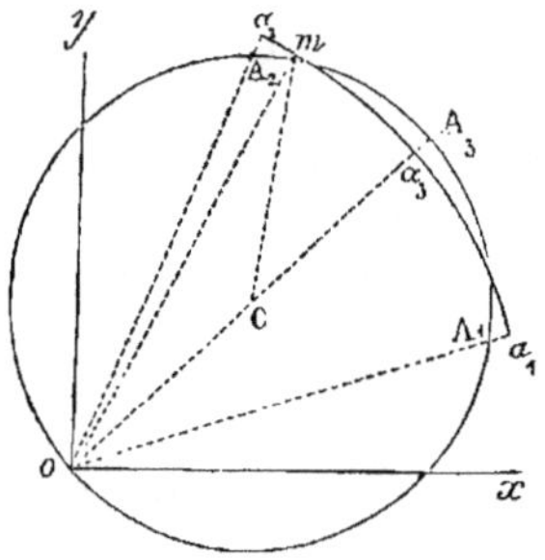


la bissectrice de l'angle $a_1 O a_2 = \theta_2 - \theta_1$, angle que nous désignerons par $2\varepsilon$.

En appelant $\mathcal{R}$ le rayon OC du cercle $OA_3$, la condition (5) donne

$$1 - 2\mathcal{R}\cos\varepsilon = 2\mathcal{R} - 1,$$

d'où

$$\mathcal{R} = \frac{1}{2\cos^2\frac{\varepsilon}{2}};$$

par suite,

(7) $$e_m = 2\mathcal{R} - 1 = \operatorname{tang}^2\frac{\varepsilon}{2}.$$

Soit $Om = \rho$ le rayon vecteur du cercle de rayon $\mathcal{R}$ correspondant à l'angle polaire $mOx = \theta$; la figure donne

$$\varphi = 2\mathcal{R}\cos[\theta - (\theta_1 + \varepsilon)] = \frac{1}{\cos^2\frac{\varepsilon}{2}}[\cos\theta\cos(\theta_1 + \varepsilon) + \sin\theta\sin(\theta_1 + \varepsilon)];$$

d'où, par comparaison avec la formule (6),

(8) $$\alpha = \frac{\sin(\theta_1 + \varepsilon)}{\cos^2\frac{\varepsilon}{2}}, \quad \beta = \frac{\cos(\theta_1 + \varepsilon)}{\cos^2\frac{\varepsilon}{2}}.$$

Dans le cas où $k_2$ est infini, on a

$$\theta_2 = 90^\circ, \quad \theta_1 + \varepsilon = 90^\circ - \varepsilon$$

et

$$(8') \qquad \alpha = 1 - \operatorname{tang}^2 \frac{\varepsilon}{2}, \quad \beta = 2 \operatorname{tang} \frac{\varepsilon}{2},$$

formules qui ont permis de former le tableau suivant [1]:

| $k_1$ | $\alpha$ | $\beta$ | $e_m$ | $k_1$ | $\alpha$ | $\beta$ | $e_m$ |
|---|---|---|---|---|---|---|---|
| 0 | 0,8284 | 0,8284 | $\frac{1}{6}$ | 6 | 0,9983 | 0,0826 | $\frac{1}{589}$ |
| 1 | 0,9605 | 0,3978 | $\frac{1}{25}$ | 7 | 0,9988 | 0,0710 | $\frac{1}{800}$ |
| 2 | 0,9859 | 0,2327 | $\frac{1}{71}$ | 8 | 0,9991 | 0,0622 | $\frac{1}{1049}$ |
| 3 | 0,9935 | 0,1612 | $\frac{1}{154}$ | 9 | 0,9993 | 0,0554 | $\frac{1}{1428}$ |
| 4 | 0,9963 | 0,1226 | $\frac{1}{266}$ | 10 | 0,9994 | 0,0498 | $\frac{1}{1538}$ |
| 5 | 0,9976 | 0,0988 | $\frac{1}{417}$ | | | | |

Si l'on sait seulement que $y$ est plus grand que $x$, on pourra prendre

$$\sqrt{y^2 + x^2} = 0,96y + 0,40x,$$

en commettant une erreur relative au plus égale à $\frac{1}{25}$ [2].

---

(1) Poncelet, qui le premier a traité cette question, est parvenu aux formules (7) et (8'), mais non pas aux formules (8), parce qu'il est parti d'autres considérations que les nôtres.

(2) *Approximation linéaire de* $\sqrt{x^2+y^2+z^2}$. Proposons-nous de substituer au radical $\sqrt{x^2+y^2+z^2}$ le trinôme $\alpha y + \beta x + \gamma z$ dans des conditions telles que, en considérant $x$, $y$, $z$ comme les composantes suivant trois axes rectangulaires $Ox$, $Oy$, $Oz$ d'une force F, l'erreur commise soit aussi petite que possible lorsque la direction de cette force doit être comprise dans l'angle trièdre formé par trois droites données $OF_1$, $OF_2$, $OF_3$.

L'erreur relative

$$(a) \qquad e = \frac{\alpha y + \beta x + \gamma z - \sqrt{y^2 + x^2 + z^2}}{\sqrt{y^2 + x^2 + z^2}} = \frac{\alpha y + \beta x + \gamma z}{\sqrt{y^2 + x^2 + z^2}} - 1$$

n'est autre chose que la différence entre les rayons vecteurs de deux sphères,

2°

$$F(x,y) = \frac{1}{\sqrt{y^2+x^2}}, \quad F_1(x,y) = \frac{1}{\alpha y + \beta x}.$$

En continuant à poser $\frac{x}{y} = \operatorname{tang}\theta$, on trouve

$$\rho = \frac{1}{\alpha \sin\theta + \beta\cos\theta},$$

---

l'une (A), dont l'équation est

$$(b) \qquad x^2 + y^2 + z^2 - (\alpha y + \beta x + \gamma z) = 0,$$

et qui passe par l'origine, et l'autre $(a)$ ayant pour centre cette origine, et dont le rayon est l'unité.

Le moyen qui paraît le plus avantageux, pour atteindre le but proposé, consiste à exprimer que la valeur de $e$ est négative et est la même pour les droites $OF_1$, $OF_2$, $OF_3$, et que, prise positivement, elle est égale au maximum de l'erreur relative.

La question ainsi posée, soient C le centre du petit cercle de la sphère $(a)$, déterminé par les droites ci-dessus désignées; $\lambda$, $\mu$, $\nu$ les angles formés par $o$C avec $oy$, $ox$, $oz$, et qui sont des données de la question, de même que l'angle $2\varepsilon$ du cône $(s)$ ayant $o$ pour sommet et le cercle précité pour base.

Il est visible que le centre O de la sphère (A) doit se trouver sur $o$C, et que la position de la somme géométrique F, au lieu d'être limitée par l'angle trièdre, peut occuper une position quelconque dans l'intérieur de $(s)$.

Soient (*fig.* 163)

Fig. 163.

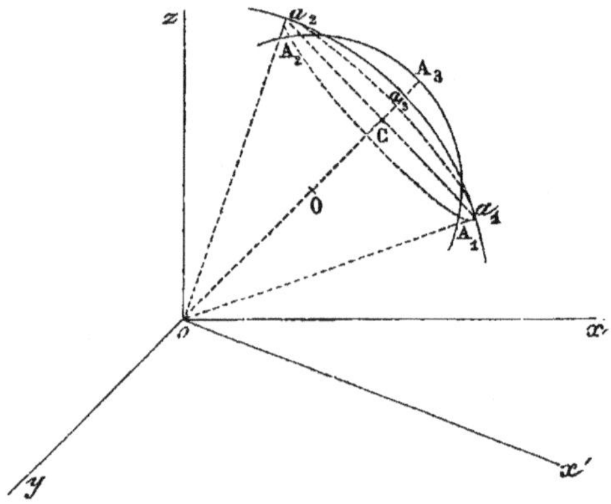


$ox'$ la trace sur $xoy$ du plan mené par $oz$ et $o$C;

$A_3$, $a_3$ les intersections de $o$C avec (A) et $(a)$;

$A_1$, $A_2$ les points de (A); $a_1$, $a_2$ les points de $(a)$ respectivement situés sur les

équation d'une droite qui sera nécessairement parallèle à la corde $a_1 a_2$ qui coupera le rayon $Oa_3$ en un certain point I.

Si l'on appelle $a$ la distance OI et $2\varepsilon$ l'angle $\theta_2 - \theta_1$, la condition (5) donne

$$1 - a = \frac{a}{\cos\varepsilon} - 1, \quad \text{d'où} \quad a = 1 - \operatorname{tang}^2\frac{\varepsilon}{2},$$

---

génératrices du cône ($s$) comprises dans le plan $zoC$, et qui sont le plus petit et le plus grand angle avec $ox'$;

$\mathcal{R} = oO = OA_3$ le rayon de (A).

On doit d'abord avoir

$$A_1 a_1 = A_2 a_2 = A_3 a_3,$$

ce qui se traduit par l'égalité

$$2\mathcal{R} - 1 = 1 - 2\mathcal{R}\cos\varepsilon,$$

d'où

$$(c) \qquad \mathcal{R} = \frac{1}{2\cos^2\frac{\varepsilon}{2}}.$$

L'erreur relative maximum est par suite

$$(d) \qquad e_m = 2\mathcal{R} - 1 = \operatorname{tang}^2\frac{\varepsilon}{2},$$

et l'on a pour l'équation de (A)

$$(y - \mathcal{R}\cos\lambda)^2 + (x - \mathcal{R}\cos\mu)^2 + (z - \mathcal{R}\cos\nu)^2 = \mathcal{R}^2$$

ou

$$(e) \qquad x^2 + y^2 + z^2 - \frac{1}{2\cos^2\frac{\varepsilon}{2}}(y\cos\lambda + x\cos\mu + z\cos\nu) = 0.$$

De la comparaison entre les formules ($a$) et ($e$) on déduit, pour les valeurs des coefficients cherchés,

$$(f) \qquad \alpha = \frac{\cos\lambda}{\cos^2\frac{\varepsilon}{2}}, \quad \beta = \frac{\cos\mu}{\cos^2\frac{\varepsilon}{2}}, \quad \gamma = \frac{\cos^2\nu}{\cos^2\frac{\varepsilon}{2}}.$$

Supposons, par exemple, que F puisse occuper une position quelconque dans l'angle trièdre formé par les axes coordonnés; les angles $\lambda$, $\mu$, $\nu$, $\varepsilon$ sont égaux, et leur cosinus a pour valeur $\sqrt{\frac{1}{3}}$; de sorte que l'on a

$$\alpha = \beta = \gamma = \frac{2}{1+\sqrt{3}} = 0{,}732, \qquad e_m = 0{,}268.$$

Dans le cas de deux variables étudié plus haut, les sphères sont remplacées par deux cercles; mais il se déduit du précédent en y supposant $\nu = 90°$.

22.

et l'on a, d'après la figure,

$$\rho = \frac{a}{\cos(\theta - \theta_1 - \varepsilon)} = \left(1 - \operatorname{tang}^2 \frac{\varepsilon}{2}\right)\left[\frac{1}{\sin\theta \sin(\theta_1 + \varepsilon) + \cos\theta \cos(\theta_1 + \varepsilon}\right],$$

par suite

$$\alpha = \frac{\sin(\theta_1 + \varepsilon)}{1 - \operatorname{tang}^2 \frac{\varepsilon}{2}}, \quad \beta = \frac{\cos(\theta_1 + \varepsilon)}{1 + \operatorname{tang}^2 \frac{\varepsilon}{2}};$$

quant à l'erreur relative max imum

$$e_m = 1 - a = \operatorname{tang}^2 \frac{\varepsilon}{2},$$

elle a la même valeur que dans la question précédente.

3°

$$F(x, y) = \sqrt{x^2 - y^2}, \quad F_1(x, y) = \alpha y + \beta x.$$

En posant $\frac{y}{x} = \sin\theta$, on a

$$e = \frac{\alpha \sin\theta + \beta}{\cos\theta} - 1.$$

En exprimant que les valeurs de $e$ pour $\theta = \theta_1$ et $\theta = \theta_2$ sont égales, on trouve

$$(9) \qquad \alpha = -\beta \frac{(\cos\theta_1 - \cos\theta_2)}{\sin\theta_2 \cos\theta_1 - \sin\theta_1 \cos\theta_2} = -\beta \frac{\sin\frac{\theta_2 + \theta_1}{2}}{\cos\frac{\theta_2 - \theta_1}{2}}.$$

Le maximum ou le minimum de $e$ correspond à

$$(10) \qquad \sin\theta_3 = \frac{\sin\frac{\theta_1 + \theta_2}{2}}{\cos\frac{\theta_2 - \theta_1}{2}},$$

et, en exprimant qu'il est égal et de signe contraire à la valeur $e_m$ de $e$ pour $\theta = \theta_1$, on trouve

$$(11) \qquad \beta = \frac{2\cos\frac{\theta_2 - \theta_1}{2}}{\cos\frac{\theta_2 + \theta_1}{2} + \sqrt{\cos\theta_1 \cos\theta_2}};$$

par suite

$$(12) \qquad \alpha = -\frac{2\sin\frac{\theta_2+\theta_1}{2}}{\cos\frac{\theta_2+\theta_1}{2}+\sqrt{\cos\theta_1\cos\theta_2}},$$

$$e_m = \frac{\beta\cos\frac{\theta_2+\theta_1}{2}}{\cos\frac{\theta_2-\theta_1}{2}} - 1 = \frac{2\cos\frac{\theta_2+\theta_1}{2}}{\cos\frac{\theta_2+\theta_1}{2}+\sqrt{\cos\theta_1\cos\theta_2}} - 1$$

$$= \frac{\sqrt{\cos\theta_1\cos\theta_2}-\cos\frac{\theta_2+\theta_1}{2}}{\cos\frac{\theta_2+\theta_1}{2}+\sqrt{\cos\theta_1\cos\theta_2}}.$$

Dans le cas de $k_1 = 0$, $k_2 = \frac{1}{2}$ ou $\theta_1 = 0$, $\theta_2 = 30^\circ$, on trouve

$$e_m = 0,0209,$$

approximation dont on pourra se contenter dans bien des circonstances [1]

4°

$$F(x, y) = \frac{1}{\sqrt{x^2-y^2}}, \quad F_1(x, y) = \frac{1}{\alpha y + \beta x}.$$

On a, en continuant à poser $\frac{y}{x} = \sin\theta$,

$$e = \frac{\cos\theta}{\alpha\sin\theta + \beta} - 1.$$

Les formules (9) et (10) s'appliquent encore ici, mais la condition (5) donne pour $\alpha$ et $\beta$ des valeurs différentes des précédentes, et l'on trouve

$$\beta = \frac{1}{2}\left(\frac{1}{\cos\frac{\theta_2+\theta_1}{2}} + \frac{1}{\sqrt{\cos\theta_2\cos\theta_1}}\right)\cos\frac{\theta_2-\theta_1}{2},$$

$$\alpha = \frac{1}{2}\left(\frac{1}{\cos\frac{\theta_2+\theta_1}{2}} + \frac{1}{\sqrt{\cos\theta_2\cos\theta_1}}\right)\sin\frac{\theta_2-\theta_1}{2},$$

$$e_m = \frac{1}{2\cos\frac{\theta_2+\theta_1}{2}}\left(\frac{1}{\cos\frac{\theta_2+\theta_1}{2}} + \frac{1}{\sqrt{\cos\theta_2\cos\theta_1}}\right) - 1.$$

---

(1) Poncelet a aussi traité cette question; mais il n'est pas parvenu à nos résultats, parce qu'il a pris un autre point de départ.

# CHAPITRE V.

## STABILITÉ DES MACHINES.

### § I. — *Généralités.*

**128.** Une machine doit être établie de telle manière que, sous l'action d'efforts dus à des causes accidentelles, elle ne se sépare pas du sol et ne prenne pas sur lui un autre mouvement que celui qui lui est assigné.

Dans les machines fixes, ce dernier mouvement n'existe pas. Dans une voiture de route, la condition relative au mouvement sur le sol n'est pas à remplir; enfin un véhicule de chemin de fer ne doit pas quitter la voie ou dérailler.

La séparation du sol ne peut avoir lieu que par suite d'une rotation. Soient $Ox$ l'un des axes autour desquels la rotation est possible; $\mathfrak{M}$, $\mathfrak{M}'$ les moments des forces agissant sur la machine, respectivement favorable et défavorable à la rotation. Pour qu'il n'y ait pas tendance au déplacement, il faut que

$$\mathfrak{M} < \mathfrak{M}',$$

et $\mathfrak{M}' - \mathfrak{M}$ est la valeur que pourrait atteindre le moment dû à une cause fortuite pour atteindre l'équilibre strict.

La position de $Ox$ pour laquelle le rapport $\frac{\mathfrak{M}'}{\mathfrak{M}}$ atteindra son minimum $k$ sera celle pour laquelle la rotation sera le plus à redouter; mais, si l'on se donne la valeur de $k$, ce qui établira une relation entre les dimensions de certaines parties de la machine, et à laquelle on devra satisfaire, on sera certain du degré de stabilité. On comprend ainsi pourquoi on a donné à $k$ le nom de *coefficient de stabilité de rotation.*

Des considérations semblables sont applicables au déplacement translatoire sur le sol; dans ce cas, le coefficient de stabilité est le minimum du rapport des efforts favorable et défavorable au mouvement dans toutes les directions pour lesquelles il serait nuisible.

Dans les machines fixes, les efforts qui s'opposent à la rotation et au glissement sur le sol sont principalement le poids de la machine et de sa fondation, et le frottement correspondant; mais, dans ces machines, les conditions de stabilité sont en général si largement remplies, que nous ne croyons pas devoir nous en occuper.

Lorsqu'une voiture tourne plus ou moins brusquement, la force centrifuge tend à en produire le renversement, tandis que le poids du véhicule s'y oppose. La même observation s'applique aux wagons circulant en courbe. Dans une locomotive sur voie droite, c'est l'inertie des pièces oscillantes qui tend à déterminer des mouvements nuisibles et sa séparation du railway.

Nous nous bornerons à donner les deux exemples suivants, relatifs à la stabilité des machines.

## § II. — *De la stabilité d'un véhicule de chemin de fer à quatre roues en voie courbe horizontale.*

**129.** Nous ferons abstraction, dans ce qui suit : 1° des mouvements secondaires communiqués par la locomotive, dont nous nous occuperons ci-après, ou résultant des imperfections de l'attelage; 2° du jeu des fusées dans les boîtes à graisse; de sorte que nous ne nous occuperons que du mouvement général d'un véhicule à quatre roues engagé dans une courbe.

Nous rappellerons que les jantes des roues ont la forme d'un tronc de cône se raccordant à l'intérieur du véhicule avec une sorte de demi-tore (*rebord* ou *boudin*) qui forme épaulement par rapport au rail.

Les roues sont identiques, et les cônes, auxquels appartiennent les jantes de deux roues montées sur le même essieu, ont par suite leur base commune dans le plan perpendiculaire aux axes de rotation, mené en leur milieu, et qui sera pour nous le plan méridien du véhicule.

En courbe, le rail extérieur est plus élevé que l'autre rail, pour un motif qui résultera de la solution du problème qui nous occupe.

D'après cet exposé, il est clair que les deux roues extérieures, de même que les deux roues intérieures, ont avec le rail des points de contact géométrique situés sur le même rayon.

Comme la position des roues sur le railway dépend des forces centrifuges résultant du mouvement circulaire du véhicule, et qu'il en est par suite de même du centre de gravité du véhicule par rapport au rail extérieur, la condition de stabilité ne peut s'établir qu'après avoir déterminé la position d'équilibre du véhicule; mais cette condition ne sera autre chose que l'inégalité obtenue en exprimant que les réactions du rail intérieur sur les roues qu'il supporte sont positives.

En raison de la forme des rails, la largeur de la zone dans laquelle peut se trouver le point de contact d'une roue avec son rail est très-petite; de sorte que nous pourrons supposer, sans erreur appréciable, que chaque rail est, en projection horizontale, réduit à une simple circonférence.

**130.** Soient en projection horizontale (*fig.* 164)

Fig. 164.

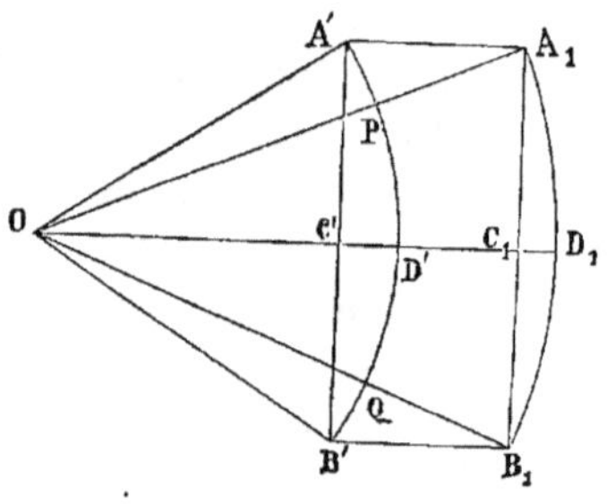


O le centre de la courbe;

A′, B′ les points de contact des roues intérieures avec le rail;

$A_1$, $B_1$ les projections des points analogues A, B relatifs aux roues extérieures sur le plan de l'arc de cercle A′B′;

$2a = A_1B_1 = A'B'$ la distance des essieux d'axe en axe;

$C_1$, C′ les milieux des cordes $A_1B_1$, A′B′;

$D_1$, $D'$ les milieux des arcs correspondants;

$\rho$ le rayon de l'arc;

$2l$ la largeur de la voie;

$\varepsilon$ l'inclinaison sur l'horizon de la droite qui joint les intersections d'un plan vertical quelconque passant par le point O avec les arcs AB, A'B' dont les rayons sont $\rho+l$ et $\rho-l$;

P, Q les intersections de l'arc A'B' avec les droites $OA_1$, $OB_1$.

Les rapports $\frac{a}{\rho}$, $\frac{l}{\rho}$ et l'angle $\varepsilon$ sont assez petits pour que l'on puisse en négliger les puissances supérieures à la seconde ou les produits.

Cela étant, nous aurons

$$C_1D_1 = \frac{a^2}{2(\rho+l)}, \quad C'D' = \frac{a^2}{2(\rho-l)},$$

$$A_1A' = C_1C' = D_1D' + C'D' - C_1D_1 = 2l\left[1 + \frac{a^2}{2(\rho^2-l^2)}\right] = 2l,$$

$$\widehat{A'A_1O} = \widehat{A_1OD_1} = \frac{a}{\rho},$$

$$AA_1 = A_1P \operatorname{tang}\varepsilon = 2l\varepsilon,$$

$$\overline{AA'}^2 = \overline{AA_1}^2 + \overline{AA'}^2 = 4l^2(1+\varepsilon^2) = 4l^2; \quad \text{d'où} \quad AA' = 2l.$$

Considérons maintenant la *fig.* 165 qui représente la sec-

Fig. 165.

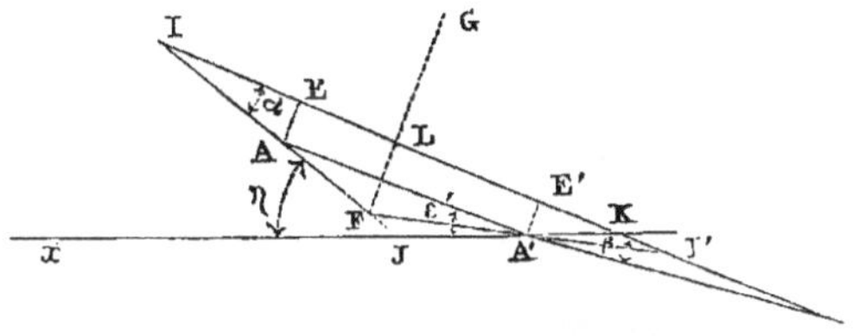


tion faite dans le véhicule par le plan vertical dont la trace est $A_1A'$.

Soient

II' l'axe de l'essieu;

F le point de rencontre des génératrices des parties coniques des roues;

$\alpha$ la demi-ouverture $\widehat{\mathrm{FII'}} = \widehat{\mathrm{FI'I}}$ des cônes qui est supposée du même ordre de grandeur que $\varepsilon$;

L, E, E' les projections de F, A, A' sur II';

$r = \mathrm{AE}$, $r' = \mathrm{A'E'}$ les rayons des circonférences des roues extérieure et intérieure en contact avec les rails;

$b$ la distance FL;

J, K les intersections de IF, II' avec l'horizontale $\mathrm{A'}x$ de A'.

On a

$$\mathrm{LI} = \frac{b}{\operatorname{tang}\alpha}, \quad \mathrm{EI} = \frac{r}{\operatorname{tang}\alpha},$$

d'où

$$\mathrm{LE} = \frac{b-r}{\operatorname{tang}\alpha} = \frac{b-r}{\alpha},$$

et de même

$$\mathrm{LE'} = \frac{b-r'}{\alpha}.$$

On déduit de là

$$\mathrm{EE'} = \frac{2b-r-r'}{\alpha};$$

mais on a

$$\overline{\mathrm{AA'}}^2 = 4l^2 = (r-r')^2 + \overline{\mathrm{EE'}}^2 = (r-r')^2 + \left(\frac{2b-r-r'}{\alpha}\right)^2;$$

d'où, au degré d'approximation convenu,

$$(1) \qquad r + r' = 2(b - l\alpha) = 2r_0,$$

$r_0$ étant le rayon relatif au contact des roues avec un railway rectiligne. Il suit de là que l'on peut supposer

$$\mathrm{EE'} = 2l.$$

Soient $\beta$ l'angle formé par AA' avec II', qui est du même ordre de grandeur que $\alpha$ et $\varepsilon$, et $\eta$ l'inclinaison $\mathrm{IJ}x$ de AF sur l'horizontale $\mathrm{A'}x$.

On a

$$\widehat{\mathrm{JAA'}} = \alpha + \beta, \quad \operatorname{tang}\beta = \frac{r-r'}{\mathrm{EE'}} \quad \text{ou} \quad \beta = \frac{r-r'}{2l} = \frac{r-r_0}{l}.$$

$$(2) \qquad \eta = \mathrm{JAA'} + \varepsilon = \alpha + \beta + \varepsilon.$$

Le véhicule, se mouvant de telle manière que l'angle $A'A_1O$ reste constant, est animé d'un mouvement de rotation autour de la verticale O avec la vitesse angulaire $\frac{V}{\rho}$ (au carré de $\varepsilon$ près), V étant la vitesse des points du mobile qui se projettent sur l'arc de cercle moyen de la voie.

On reconnaît sans peine que, par suite de la symétrie et du degré d'approximation adopté, les équations d'équilibre qu'il nous reste à établir sont absolument les mêmes que si le véhicule se trouvait réduit à sa section déterminée par le plan vertical $C_1C'$ (*fig.* 164), en lui attribuant la masse totale M, et que si les deux systèmes de roues et d'essieux, dont nous représenterons par $\frac{M'}{2}$ la masse et par $\frac{I'}{2}$ le moment d'inertie, étaient remplacés par un système unique de même forme dont l'axe serait projeté suivant $C_1C'$, de masse M' et d'un moment d'inertie égal à I'.

Ainsi, dans la *fig.* 165, nous supposerons dorénavant que A, A' sont les points dont $C_1$, C' sont les projections horizontales dans la *fig.* 164.

Soient N' la réaction normale à I'F du rail fictif sur lequel A' est censé s'appuyer; H la hauteur du centre de gravité général G du véhicule au-dessus de II'.

La composante de la force centrifuge suivant IF est, en vertu du degré d'approximation adopté,

$$(\alpha) \qquad -\frac{MV^2}{\rho},$$

et son moment par rapport à A,

$$(\beta) \qquad -\frac{MV^2}{\rho}(H+r) = -\frac{MV^2}{\rho}(H+r_0),$$

en donnant à ce moment le signe —, parce qu'il tend au renversement du véhicule à l'extérieur, et négligeant $r_0 - r$ devant H.

La pesanteur donne la composante

$$(\alpha') \quad Mg\sin\eta = Mg(\alpha+\beta+\varepsilon) = Mg\left(\alpha+\varepsilon+\frac{r-r_0}{l}\right), \quad \text{suivant IF.}$$

et le moment par rapport à A

$$(\beta')\quad \begin{cases} Mg.EL + Mg(H+r)(\beta+\varepsilon) \\ \quad = Mg\left[\dfrac{b-r}{\alpha} + (\beta+\varepsilon)(H+r_0)\right] \\ \quad = Mg\left[\dfrac{r_0-r}{\alpha} + l + \left(\dfrac{r-r_0}{l}+\varepsilon\right)(H+r_0)\right]. \end{cases}$$

La réaction N′ donne la composante

$$(\alpha'')\qquad -2N'\sin 2\alpha = -2N\alpha, \quad \text{suivant IF,}$$

et le moment

$$(\beta'')\qquad -N'.EE'\cos\alpha + N'(r-r')\sin\alpha = -2N'l.$$

La rotation $\omega$ des essieux ou plutôt de l'axe fictif développe des forces centrifuges composées dont il convient de tenir compte. Dans ce calcul, nous supposerons $\varepsilon = 0$, ce qui ne modifiera en rien le degré d'approximation adopté. Nous remarquerons d'abord que deux points d'une même circonférence matérielle du système tournant, situés sur une même verticale, donnent lieu à des forces centrifuges composées égales et contraires formant un couple dont le moment est $-mV\omega y \times 2\omega y$, $2y$ étant la corde qui joint les deux points; d'où il suit que le couple résultant a pour moment

$$-2\frac{V}{\rho}\Sigma\omega\, my^2 = -\frac{V\omega}{\rho}I'.$$

Le rapport $\dfrac{V}{\omega r}$ aura des valeurs différentes selon que l'une ou l'autre des roues roulera, ou qu'elles glisseront toutes deux; mais dans tous les cas il différera peu de l'unité, c'est-à-dire de la valeur correspondant à une voie droite; comme le moment ci-dessus est une petite fraction de celui de la force centrifuge, nous pourrons sans inconvénient le considérer comme égal à

$$(\beta''')\qquad -I'\frac{V_0}{\rho r_0}.$$

En égalant à zéro les sommes des expressions $(\alpha)$, $(\alpha')$, $(\alpha'')$

et de $(\beta)$, $(\beta')$, $(\beta'')$, $(\beta''')$, on a

$$(3)\quad \begin{cases} -\dfrac{MV^2}{\rho}+Mg\left(\alpha+\varepsilon+\dfrac{r-r_0}{l}\right)-2N'\alpha=0, \\ -\dfrac{V^2}{\rho}\left[M(H+r_0)+\dfrac{I'}{r_0}\right] \\ \quad +Mg\left[\dfrac{r_0-r_1}{\alpha}+l+\left(\varepsilon+\dfrac{r-r_0}{l}\right)(H+r_0)\right]-2N'l=0. \end{cases}$$

Si, après avoir résolu ces équations par rapport à $N'$ et $r$, on obtient pour la seconde inconnue une valeur inférieure au rayon $r_1$ correspondant à la naissance du rebord, la solution sera admissible; mais, s'il n'en est pas ainsi, cela indiquera que le rebord s'appuiera contre le rail qui donnera lieu à une réaction transversale que l'on devrait introduire dans la première des équations (3), dont on n'aura plus ainsi à s'occuper; on n'aura alors qu'à considérer la seconde de ces équations dans laquelle on fera $r=r_1$.

Dans cette dernière hypothèse, qui sera réalisée pour de grandes valeurs de V, la condition de stabilité $N'>0$ s'exprimera par

$$\varepsilon \geqq \frac{V^2}{\rho g}\left[1+\frac{I'}{Mr_0(H+r_0)}\right]+(r_1-r_0)\left[\frac{1}{\alpha(H+r_0)}+\frac{1}{l}\right]-\frac{l}{H+r_0}.$$

Soient $2e$ la largeur de la jante; $h$ la surélévation du rail extérieur; on a

$$h=\frac{\varepsilon}{2l},\quad r_1-r_0=e\alpha,$$

par suite

$$h \geqq 2\frac{V^2 l}{\rho g}\left[1+\frac{I'}{Mr_0(H+r_0)}\right]+\frac{el}{H+r_0}\left(1+\alpha\frac{H+r_0}{l}\right)-\frac{2l^2}{H+r_0}.$$

On satisfera *a fortiori* à cette condition si l'on satisfait à la suivante :

$$h>2\frac{V^2 l}{\rho g}\left[1+\frac{I'}{Mr_0(H+r_0)}\right]-\frac{l}{H+r_0}(l-e).$$

Cette formule, transformée en égalité, donnant à la vitesse V une valeur égale ou supérieure, la plus grande valeur qu'elle peut atteindre fera connaître le dévers $h$.

Revenons maintenant au cas où $r < r_1$, et soit N la réaction normale du rail extérieur. On reconnaîtra facilement que la relation qui lie N aux autres éléments de la question s'obtiendra en changeant N' en N et $\alpha$ en $-\alpha$ dans la première des équations (3), ce qui donne

$$(4) \qquad -\frac{MV^2}{\rho} + Mg\left(-\alpha + \varepsilon\frac{r - r_0}{l}\right) + 2N\alpha = 0.$$

Cette équation fera connaître N après avoir éliminé $r$ au moyen de l'équation (3).

## § III. — *De la stabilité des machines locomotives.*

**131.** L'inertie des organes, relativement mobiles, d'une locomotive, produit ou tend à produire sur toute la masse des mouvements secondaires ou *nuisibles*, mais qui n'affectent que périodiquement le mouvement moyen de translation de cette masse.

Les composantes normales à la voie (censée horizontale pour plus de simplicité), dues à l'inertie de ces organes, ne peuvent donner lieu qu'à des oscillations très-faibles, puisqu'elles n'existeraient pas si la matière des rails et des roues était absolument dure.

Les composantes horizontales produisent un mouvement oscillatoire auquel on donne, par suite d'une certaine analogie, le nom de *tangage;* mais ce mouvement a lui-même très-peu d'importance, puisqu'il se communique de la machine au tender et aux véhicules qu'elle remorque.

Le moment, dû à l'inertie, des mêmes organes par rapport à l'horizontale passant par le centre de gravité G de la partie relativement fixe de la locomotive, et perpendiculaire à la direction des rails, tend à produire un mouvement rotatoire périodique sur lequel l'attelage avec le tender, en raison même du système employé pour les attelages, a peu d'influence. Ce mouvement dit *de galop* n'a pas plus d'importance que le mouvement oscillatoire vertical et pour les mêmes causes.

Le moment par rapport à l'horizontale en G, parallèle à la direction des rails, tend à donner lieu, autour de cette droite, à un mouvement dit *de roulis*, qui n'est pas plus important que le précédent, et pour les mêmes motifs.

Enfin le moment par rapport à la verticale de G donne lieu, autour de cette droite, à un mouvement angulaire dit *de lacet* et qui peut acquérir une certaine valeur, en raison du jeu existant entre les champignons des rails et les rebords des roues; mais, si son amplitude est limitée en raison même de la disposition adoptée, et accessoirement par le frottement latéral de glissement auquel il donne lieu, comme il tend à produire des déraillements, à imprimer aux véhicules des secousses désagréables aux voyageurs et à détériorer, à la suite de chocs souvent répétés, les rebords des roues et les champignons des rails, on doit chercher à distribuer la masse des pièces mobiles de manière à réduire autant que possible le mouvement de lacet.

D'une manière secondaire, il faut chercher à réduire la tendance aux quatre autres mouvements nuisibles, qui peuvent dans certaines circonstances produire des effets fâcheux, par exemple, dans le cas où, par suite de défectuosités de la voie, les points d'appui de la machine seraient mal assurés.

Dans ce qui suit, nous ferons abstraction du mouvement relatif des pièces de la distribution, dont la masse totale et l'inertie sont en effet très-petites par rapport à celles des autres pièces mobiles de la locomotive.

Pour simplifier le langage, nous appellerons *plan méridien* de la locomotive le plan de séparation de deux machines identiques, qui réunies constituent la locomotive elle-même. Ce plan renferme le centre de gravité de la partie fixe, des essieux et des roues de la locomotive.

Le *plan moyen* d'un organe mobile sera pour nous le plan passant par son centre de gravité et parallèle au plan méridien.

Nous désignerons sous le nom d'*attirail du piston*, d'*attirail de la bielle d'accouplement* de chaque machine partielle, l'assemblage du piston, de la bielle motrice et de sa manivelle d'une part, de la bielle d'accouplement et des manivelles qu'elle commande de l'autre.

Les pièces composant chaque attirail seront supposées avoir le même plan moyen.

Les conditions que doit remplir une locomotive pour supprimer les causes des mouvements nuisibles, si toutefois elles sont compatibles, est que sa partie fixe soit animée d'un mouvement de translation dont la vitesse et l'accélération soient les mêmes que celles du mouvement des roues à leur circonférence. Si donc on conçoit que l'on imprime à tout le système une vitesse et une accélération égales et de sens contraire à celles du mouvement précédent, la partie fixe devra se trouver réduite au repos, ce qui exige :

1° Que l'inertie de ces pièces ne donne aucune composante parallèle et perpendiculaire à la voie, ou que le centre de gravité de leur ensemble, par suite celui du système total, reste invariable, quelle que soit la position des manivelles. S'il en est ainsi, il n'y aura aucune tendance au tangage ni au mouvement oscillatoire normal à la voie;

2° Que le moment des forces d'inertie des pièces mobiles pris par rapport à chacun des trois axes rectangulaires, parallèle, transversal et normal à la voie passant par le centre de gravité ci-dessus soit nul, ou encore que le moment semblable relatif aux quantités de mouvement soit constant; on évitera ainsi les mouvements de roulis, de galop et de lacet.

Pour donner autant de généralité que possible au problème que nous nous proposons de résoudre, nous considérerons une machine fictive, telle que sa partie mobile comprenne comme cas particuliers les différentes dispositions usitées. Mais, tout en supposant que la manivelle motrice puisse être distincte de la manivelle d'accouplement de la roue montée sur le même arbre, comme cela a lieu pour les machines couplées à cylindres intérieurs, nous supposerons que toutes les manivelles d'accouplement lui sont parallèles et ont la même longueur.

Soient (*fig.* 166)

$l = AB$ la longueur de la bielle motrice;

B sa masse;

$b$ la distance $Ab$ de son centre de gravité $b$ au bouton A de la manivelle;

P la masse du piston et de sa tige;

$Bp = p$ la distance de son centre de gravité $p$ à l'articulation B;

$r$, $\mu$ le rayon et la masse de la manivelle motrice OA;

$a$ la distance O$a$ de son centre de gravité à l'axe de rotation O;

$r'$, $\mu'$ le rayon et la masse des $n$ manivelles d'accouplement supposées identiques CD, C′D′, . . . , situées d'un même côté du plan méridien, et dont l'une coïncide en projection avec OA;

Fig. 166.

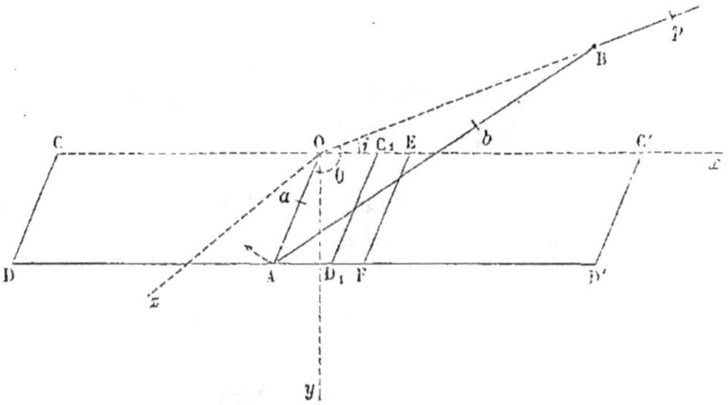


$a'$ la distance de leurs centres de gravité à leurs axes de rotation respectifs C, C′, . . . ;

D, D′ leurs articulations avec la bielle d'accouplement; il est évident que le centre de gravité général de ces $n$ manivelles est le même que celui d'une manivelle hypothétique $C_1D_1$ identique aux précédentes, tournant autour d'un axe $C_1$ dont la position est complétement déterminée, mais dont la masse serait $n\mu'$;

$d$ la distance $OC_1$;

B′ la masse de la bielle d'accouplement;

$b' = AF = OE$ la distance de son centre de gravité F au bouton de la manivelle d'accouplement projeté en A.

$I_B$ les moments d'inertie de la masse B par rapport à la perpendiculaire à son plan moyen passant par son centre de gravité;

$i = BOC$ l'inclinaison de la direction de la tige du cylindre sur la voie;

$\theta =$ AOB l'angle que forment les manivelles avec la direction ci-dessus;

$\beta$ l'angle aigu formé par la bielle motrice avec la même direction;

$\theta + \frac{\pi}{2}$, $\beta'$ les angles semblables aux deux précédents pour la position contemporaine de l'autre système mobile;

$e$, $e'$ les distances au plan méridien des attirails d'un piston et d'une bielle d'accouplement.

Nous prendrons pour origine des trois axes rectangulaires $\Omega x$, $\Omega y$, $\Omega z$, respectivement parallèle, perpendiculaire et transversal à la voie, le milieu $\Omega$ de l'axe projeté en O; le plan $xy$ définit ainsi le plan méridien.

**132.** *Conditions relatives aux oscillations normales et au tangage.* — D'après la figure on a

$$(a) \qquad \sin\beta = \frac{r}{l}\sin\theta, \quad \text{OB} = r\cos\theta + l\cos\beta.$$

Les ordonnées des points $p$ et $b$ parallèles à l'axe des $y$ sont respectivement

$$-(p + \text{OB})\sin i = -(p + r\cos\theta + l\cos\beta)\sin i,$$

$$-b\sin(i+\beta) - r\sin(\theta - i) = -b\left(\sin i\cos\beta + \frac{r}{l}\sin\theta\cos i\right) - r\sin(\theta - i).$$

La somme des moments des masses du système par rapport au plan $xz$ est par suite

$$\begin{aligned} &-\text{B}\left[b\left(\sin i\cos\beta + \frac{r}{l}\sin\theta\cos i\right) + r\sin(\theta - i)\right] \\ &\qquad -\text{P}(p + r\cos\theta + l\cos\beta)\sin i + \sin(\theta - i)(\mu a + n\mu' a' + \text{B}' r), \end{aligned}$$

ou, en réduisant,

$$(b)\left\{\begin{aligned} &-(\text{B}b + \text{P}l)\cos\beta\sin i + \sin\theta\cos i\left[-\text{B}r\left(1 + \frac{b}{l}\right) + \mu a + n\mu' a' + \text{B}' r\right] \\ &\qquad -\cos\theta\sin i\,[(\text{B}' - \text{B} + \text{P})r + \mu a + n\mu' a'].\end{aligned}\right.$$

En ajoutant cette expression à elle-même, après y avoir remplacé $\theta$ par $\theta + \frac{\pi}{2}$ et $\beta$ par $\beta'$, on aura la somme des moments des pièces mobiles (à part les roues et les essieux dont le centre de gravité est fixe) par rapport au plan $yx$. Or, pour qu'il n'y ait pas d'oscillations normales à la voie, il faut que cette somme soit constante, quel que soit $\theta$, ce qui exige que les coefficients des termes en $\sin\theta$, $\cos\theta$, $\cos\beta = \sqrt{1 - \frac{r^2}{l^2}\sin^2\theta}$, $\cos\beta' = \sqrt{1 - \frac{r^2}{l^2}\cos^2\theta}$ soient séparément nuls. On a ainsi

$$Bb + Pl = 0,$$
$$-Br\left(1 + \frac{b}{l}\right) + B'r + \mu a + n'\mu' a' = 0,$$
$$(B' - B + P)r + \mu a + n'\mu' a' = 0.$$

Or, comme en retranchant l'une de l'autre les deux dernières de ces égalités on retombe sur la première, on voit qu'il suffit de satisfaire aux deux conditions

$$(1)\qquad Bb + Pl = 0,$$
$$(2)\qquad (B' - B + P)r + \mu a + n\mu' a' = 0,$$

pour qu'il n'y ait pas d'oscillations normales.

Les moments par rapport au plan $yz$ des masses B, P, $\mu$ s'obtiendront en remplaçant dans les équations que nous avons obtenues ci-dessus relativement au plan $xz$, $i$ par $90° + i$, ceux des masses B', $n\mu'$ par $B'[b' + r\cos(\theta - i)]$, $n'\mu'[d + r\cos(\theta - i)]$. Or on peut faire abstraction de la somme $B'l' + n\mu' d$ qui est constante, de sorte qu'en définitive les conditions pour qu'il n'y ait pas d'oscillations horizontales s'obtiendront en remplaçant $i$ par $i + 90°$ dans celles qui sont relatives aux oscillations normales, ce qui conduit naturellement aux résultats ci-dessus.

Ainsi donc, si les conditions (1) et (2) sont satisfaites, il n'y aura ni oscillations normales, ni oscillations longitudinales; on pourra en général supprimer ces deux mouvements nuisibles en disposant, en conséquence, des contre-poids sur la grandeur et la position desquels nous reviendrons plus loin.

*Remarque.* — Supposons que les conditions (1) et (2) ne soient pas satisfaites. La partie variable de la somme des moments des masses mobiles, par rapport à l'un ou l'autre des plans $xy$, $zy$, sera de la forme

$$F\cos\beta + F'\cos\beta' + G\cos\theta + G'\sin\theta$$
$$= F\sqrt{1-\frac{r^2}{l^2}\sin^2\theta} + F'\sqrt{1-\frac{r^2}{l^2}\cos^2\theta} + G\cos\theta + G'\sin\theta,$$

F, F', G, G' étant des constantes.

Soient M la masse de la partie fixe des roues et des essieux de la machine; $\zeta$ la distance de son centre de gravité à sa position moyenne estimée perpendiculairement au plan des moments. Si la machine est isolée, nous aurons

$$M\zeta = F\sqrt{1-\frac{r^2}{l^2}\sin^2\theta} + F'\sqrt{1-\frac{r^2}{l^2}\cos^2\theta} + G\cos\theta + G'\sin\theta.$$

Dans le cas d'un mouvement uniforme correspondant à la vitesse angulaire $\omega$, on a $\theta = \omega t$, et l'équation précédente, qui donne $\zeta$ en fonction de $t$, définit complétement le mouvement oscillatoire dont il s'agit.

**133.** *Conditions relatives aux mouvements de lacet et de roulis.* — Les résultantes, estimées suivant $\Omega y$, des quantités de mouvement des masses B, P, $\mu$, B', $n\mu'$ ne seront autre chose que les dérivées par rapport au temps $t$ des termes correspondants de l'expression ($b$). Si, pour abréger, nous désignons par $\omega$ la vitesse angulaire $\frac{d\theta}{dt}$ et si nous remarquons que la première des formules ($a$), élevée au carré, donne

$$\frac{d\cos\beta}{dt} = -\omega\frac{r^2}{2l^2}\frac{\sin 2\theta}{\cos\beta},$$

la somme des moments des quantités de mouvement des pièces mobiles par rapport à une parallèle quelconque à $\Omega x$, comprise dans le plan méridien, sera

$$\omega c\left[-B\frac{br}{l}\left(-\frac{r}{2l}\frac{\sin i\sin 2\theta}{\cos\beta} + \cos\theta\cos i\right)\right.$$
$$\left. + (Br + \mu a)\cos(\theta - i) + Pr\left(\sin\theta + \frac{r}{2l}\frac{\sin 2\theta}{\cos\beta}\right)\sin i\right]$$
$$+ \omega c'\cos(\theta - i)(n\mu' a' + B'r)$$

ou, en développant,

$$(A)\quad \left\{\begin{aligned} &\omega c \frac{r^2}{2l^2}(Bb + Pl)\sin i \frac{\sin 2\theta}{\cos\beta} \\ &+ \omega \cos\theta \cos i \left[-Ber\left(1+\frac{b}{l}\right) + \mu ac + (n\mu' a' + B'r)c'\right] \\ &+ \omega \sin\theta \sin i\,[(Pr + \mu a - Br)c + (n\mu' a' + B'r)c'].\end{aligned}\right.$$

Or, en ajoutant cette expression à celle qui en résulte et y changeant $\theta$ en $\theta + \frac{\pi}{2}$ et $\beta$ en $\beta'$, on doit obtenir, pour qu'il n'y ait pas de roulis, un résultat indépendant de $\theta$, ce qui exige, comme il est facile de le reconnaître,

$$Bb + Pl = 0,$$

$$-Ber\left(1+\frac{b}{l}\right) + \mu ac + (n\mu' a' + B'r)c' = 0,$$

$$(3)\qquad (Pr + \mu a - Br)c + (n\mu' a' + B'r)c' = 0,$$

conditions dont la première a déjà été obtenue plus haut et sur laquelle on retombe en faisant la différence des deux autres. Nous ne trouvons ainsi qu'une nouvelle condition exprimée par l'équation (3), et qui suffit avec la condition (1) pour qu'il n'y ait pas de roulis, et par suite de lacet, puisque, pour passer des équations relatives au premier de ces mouvements à celles du second, il suffit d'y changer $i$ en $i + 90°$.

Pour qu'il n'y ait simultanément ni tangage, ni oscillations normales, ni lacet, ni roulis, il faut qu'il y ait compatibilité entre les équations (2) et (3). Or, si l'on retranche de la seconde la première multipliée par $e'$, on trouve

$$(4)\qquad [\mu a + (P - B)](c - e') = 0,$$

condition qui peut être vérifiée, soit en posant

$$(5)\qquad c = c'$$

ou

$$(6)\qquad \mu a + (P - B)r = 0,$$

ou encore, en vertu de la formule (3),

$$(6')\qquad n\mu' a' + B'r = 0.$$

Dans les machines à cylindres extérieurs on a sensiblement $e = e'$, de sorte que, pour éviter les quatre mouvements précédents, il suffit de satisfaire aux équations (1) et (2).

Dans les machines à cylindres intérieurs, la différence $e' - e$ est notable, de sorte que, pour annuler simultanément ces quatre mouvements, il faudrait que la condition (6') fût vérifiée, ce qui conduirait à adapter des contre-poids en sens inverse des manivelles.

Laissons de côté cette dernière condition, pour ne nous occuper que des équations (1) et (2). Pour qu'elles soient vérifiées, il faut placer des contre-poids sur le prolongement des bielles motrices et des manivelles, ou suivant les manivelles, selon que $P + B' - B$ sera positif ou négatif. Si nous appelons $\mu'_1$, $\mu'_2$ les masses de la manivelle $\mu'$ et de son contre-poids; $a'_1$, $a'_2$ les distances de leurs centres de gravité à l'axe de rotation, il vient, en attribuant à $B_1$, $B_2$, $b_1$, $b_2$ des significations semblables,

$$\mu' a' = \mu'_1 a'_1 - \mu'_2 a'_2, \quad Bb = B_1 b_1 - B_2 b_2,$$

d'où

$$(7) \qquad \begin{cases} B_2 b_2 = B_1 b_1 + Pl, \\ n\mu'_2 a'_2 = (P + B' - B)r + \mu a + n\mu'_1 a'_1, \end{cases}$$

formules dans lesquelles on pourra considérer les masses comme représentant les poids correspondants.

La valeur et la position des contre-poids des bielles motrices, comme celles des contre-poids des manivelles, ne sont soumises qu'à une seule condition. Il y a donc, dans la solution du problème, une indétermination dont on profitera dans chaque cas pour faciliter pratiquement l'adaptation des contre-poids.

Pour les machines à cylindres extérieurs, on devra supposer $\mu = 0$, puisque la bielle motrice est articulée à une manivelle d'accouplement. On fera

$n = 1$ pour une machine non couplée,
$n = 2$ » à quatre roues couplées,
$n = 3$ » à six »

Généralement le contre-poids $\mu'_2$ est compris entre le cercle intérieur de la roue et deux rais consécutifs ou non et se termine par une surface cylindrique de même axe que la roue. L'essentiel est que le rayon moyen du profil mixtiligne ainsi déterminé passe par le centre de gravité de la manivelle.

Soient

R le rayon intérieur de la roue;
$x$ le rayon intérieur du contre-poids;
$2\alpha$ l'angle formé par les deux rais qui limitent le contre-poids;
$\rho$ le rayon vecteur d'un point quelconque de cette masse;
$\psi$ l'angle qu'il forme avec la bissectrice de l'angle $2\alpha$;
$\varepsilon$ l'épaisseur de la roue;
$\Delta$ le poids spécifique de la matière.

On reconnaît facilement que

$$\mu_2 a_2 = 2\Delta\varepsilon \int_0^{\alpha} d\psi \int_x^{R} \rho^2 \cos\psi \, d\rho = \Delta\varepsilon \tfrac{2}{3}(R^3 - x^3)\sin\psi,$$

comme $\mu_2 a_2$ est censé connu, cette équation permettra de déterminer $x$, et par suite la masse du contre-poids.

Si, pour une machine à cylindre extérieur, où $e = e'$, le contre-poids $\mu'_2$ a été calculé d'après la formule (7), en d'autres termes s'il a satisfait à la condition (3), le coefficient du terme en $\cos\theta$ du groupe (A) se réduit à

$$-\omega \sin i \frac{re}{l}(Bb + Pl).$$

Si donc on change $i$ en $i + 90^\circ$ dans ce groupe pour avoir celui qui correspond au lacet, qu'on l'ajoute à lui-même après y avoir remplacé $\theta$ par $\theta + 90^\circ$, on trouve, pour le moment de lacet,

$$\omega(Bb + Pl)e\left[\frac{r^2}{2l^2}\cos i \sin 2\theta\left(\frac{1}{\cos\beta} - \frac{1}{\cos\beta'}\right) - \frac{r}{l}\sin i(\cos\theta - \sin\theta)\right];$$

mais, en s'arrêtant aux secondes puissances de $\frac{r}{l}$, on a

$$\frac{1}{\cos\beta} = \left(1 - \frac{r^2}{l^2}\sin^2\theta\right)^{-\frac{1}{2}} = 1 + \frac{r^2}{2l^2}\sin^2\theta,$$

$$\frac{1}{\cos\beta'} = \left(1 - \frac{r^2}{l^2}\cos^2\theta\right)^{-\frac{1}{2}} = 1 + \frac{r^2}{2l^2}\cos^2\theta,$$

et le moment de lacet devient

$$-\omega(Bb+Pl)e\frac{r}{l}\left[-\frac{r^3}{8l^3}\sin 4\theta\cos i+\sin i(\cos\theta-\sin\theta)\right].$$

Comme $i$ est toujours nul ou petit, que $\frac{r}{l}$ ne dépasse pas $\frac{1}{5}$, ce moment sera toujours une très-petite fraction de $\omega(Bb+Pl)e$, et, par suite, la condition (3) est surtout celle qu'il importe de remplir, en vue de réduire les amplitudes du mouvement de lacet.

Soient maintenant I le moment d'inertie de la partie fixe de la machine, y compris les roues et essieux, par rapport à la parallèle à $\Omega y$ passant par son centre de gravité; $\varphi$ l'angle décrit autour de cet axe par le plan méridien, mesuré à partir de la position moyenne de ce plan.

Si l'on fait abstraction du frottement développé par le lacet sur les rails, et si l'on suppose que la machine est animée d'un mouvement uniforme depuis assez longtemps pour que les conditions initiales du mouvement aient disparu, on a

$$I\frac{d\varphi}{dt}-\omega e(Bb+Pl)\frac{r}{l}\left[\frac{1}{8}\frac{r^3}{l^3}\cos i\sin 4\theta-(\cos\theta-\sin\theta)\sin i\right]=0$$

ou

$$I\frac{d\varphi}{d\theta}=e(Bb+Pl)\frac{r}{l}\left[\frac{1}{8}\frac{r^3}{l^3}\cos i\sin 4\theta-\sin i(\cos\theta-\sin\theta)\right]$$

et

$$\varphi=-\frac{(Bb+Pl)e}{I}\frac{r}{l}\left[+\frac{1}{16}\frac{r^3}{l^3}\cos i\cos 2\theta+\sin i(\cos\theta+\sin\theta)\right],$$

en n'introduisant pas de constante par suite de l'intégration, puisque nous avons supposé que les conditions initiales du mouvement ont disparu.

Si $i=0$, on a

$$\varphi=-\frac{(Bb+Pl)e}{I}\frac{r^4}{16l^4}\cos 2\theta.$$

La demi-amplitude

$$\frac{(Bb+Pl)e}{I}\frac{r^4}{16l^4}$$

est très-petite, d'abord parce que le rapport $\frac{(Bb+Pl)e}{I}$

l'est lui-même, et ensuite parce qu'il est multiplié par le facteur $\frac{r^4}{16 l^4}$, qui ne dépasse pas $\frac{1}{4000}$.

**134.** *De la tendance au mouvement de galop.* — Le mouvement de galop tend à se produire en vertu du moment des quantités de mouvement des pièces mobiles par rapport à la parallèle à $\Omega z$ menée par le centre de gravité G de la partie fixe de la machine.

On peut considérer ce moment comme résultant :

1° Du moment semblable par rapport à $\Omega z$;

2° Du moment par rapport à la parallèle en G à $\Omega z$ de la résultante des quantités de mouvement supposées transportées parallèlement à elles-mêmes en $\Omega$, dont nous avons les expressions des projections sur $\Omega x$ et $\Omega y$, et qui serait nulle s'il n'y avait ni oscillations normales ni oscillations transversales.

Le tout se réduit donc à trouver l'expression du moment des quantités de mouvement par rapport à $\Omega z$.

Il n'y a pas lieu d'avoir égard aux quantités de mouvement des roues et essieux et de la manivelle motrice, puisqu'elles ne donnent lieu qu'à des moments indépendants de $\theta$.

Le moment de la quantité de mouvement de la manivelle d'accouplement CD, par exemple, se compose de son moment par rapport au point C, qui est indépendant de $\theta$, et du moment, par rapport à $\Omega z$, de la quantité de mouvement $\mu' a' \omega$ de son centre de gravité où toute la masse serait concentrée, supposée appliquée en C. Toutes les quantités de mouvement $\mu' a' \omega$ se composent en une seule $n\mu' a' \omega$ perpendiculaire à $C_1D_1$, appliquée en $C_1$, et dont le moment par rapport à $\Omega z$ est

$$(c) \qquad n\mu' a' \omega d . \cos\theta.$$

Le moment de la quantité de mouvement de la bielle d'accouplement B', animée de la translation $\omega . \mathrm{EF} \sin\theta$, est

$$(d) \qquad \mathrm{B}'\omega r \sin\theta \times r \sin\theta = \mathrm{B}'\omega r^2 \frac{1 - \cos 2\theta}{2}.$$

Il nous reste maintenant à calculer le moment des quantités de mouvement de la bielle motrice.

Soient $u$ la distance au point B d'un élément matériel de la bielle; $\chi$, $\eta$ les coordonnées de cet élément parallèle et perpendiculaire à OB en prenant le point O pour origine, on a

$$\chi = r\cos\theta + l\cos\beta - u\cos\beta, \quad \eta = u\sin\beta,$$

$$\frac{d\chi}{dt} = -\omega\left(r\sin\theta + l\sin\beta\frac{d\beta}{d\theta} - u\sin\beta\frac{d\beta}{d\theta}\right), \quad \frac{d\eta}{d\theta} = \omega u\cos\beta\frac{d\beta}{d\theta}.$$

Le moment cherché sera

$$\Sigma m\left(\chi\frac{d\eta}{dt} - \eta\frac{d\chi}{dt}\right).$$

Si l'on substitue les valeurs précédentes, en remarquant que

$$\Sigma mu = Bb, \quad \Sigma mu^2 = I_B + Bb^2,$$

on trouve pour résultat

$$-\omega[I_B - Bb(l-b)]\frac{d\beta}{d\theta} + B\omega rb\left(\sin\beta\sin\theta + \cos\theta\cos\beta\frac{d\beta}{d\theta}\right),$$

ou

$$(e) \qquad -\omega[I_B - Bb(l-b)]\frac{d\beta}{d\theta} + \frac{B\omega r^2 b}{2l}.$$

La partie variable des expressions ($c$), ($d$), ($e$) ou du moment total relatif aux pièces mobiles est donc, abstraction faite du facteur $\omega$,

$$-[I_B - Bb(l-b)]\frac{d\beta}{d\theta} + n'\mu'a'd.\cos\theta - B'r^2\frac{\cos 2\theta}{2}.$$

En y changeant $\theta$ en $\theta + \frac{\pi}{2}$ et $\beta$ en $\beta'$, on a, pour l'autre piston,

$$-[I_B - b(l-b)]\frac{d\beta'}{d\theta} - n'\mu'a'd.\sin\theta + B'r^2\frac{\cos 2\theta}{2};$$

on a donc enfin, pour la partie variable du moment relatif aux deux attirails de pièces mobiles,

$$-[I_B - Bb(l-b)]\left(\frac{d\beta}{d\theta} + \frac{d\beta'}{d\theta}\right) + n\mu'a'd.(\cos\theta - \sin\theta).$$

Or $\frac{d\beta}{d\theta} = \frac{r}{l} \frac{\sin\theta}{\sqrt{1 - \frac{r^2}{l^2}\sin^2\theta}}$ et $\frac{d\beta'}{d\theta}$ ne pouvant pas s'exprimer linéairement en fonction de $\sin\theta$, il faut, pour que cette expression soit constamment nulle, ou qu'il n'y ait pas simultanément de mouvement de galop, de trépidations normales et parallèles à la voie, que

$$I_B = l(l-b), \tag{8}$$

$$d = 0. \tag{9}$$

Cette dernière condition n'est pas remplie que dans les machines simples ou à six roues couplées.

L'équation (8) exprime que, *si l'on considère la bielle motrice comme un pendule oscillant autour d'un axe perpendiculaire à son plan moyen passant par le centre de l'une de ses articulations, le centre d'oscillation doit coïncider avec le centre de l'autre articulation.*

Les équations (1) et (8), quoique exigeant toutes deux que chaque bielle motrice soit prolongée au delà du bouton de la manivelle, sont cependant incompatibles, parce que d'après l'une $b$ doit être positif, et négatif d'après l'autre; de sorte qu'il est complétement impossible mathématiquement de faire disparaître simultanément les tendances aux cinq mouvements nuisibles d'une locomotive.

# NOTE.

## SUR LE MOUVEMENT ONDULATOIRE D'UN TRAIN DE WAGONS DU A UN CHOC.

Nous supposerons que le train est placé sur une voie droite, que les centres de gravité des véhicules se trouvent situés dans un même plan vertical, et que la percussion a lieu dans ce plan.

Soient

$M_1, M_2, \ldots, M_i$ les masses des $i$ véhicules qui composent le train, en y comprenant la machine et le tender;

$x_1, x_2, \ldots, x_i$ les distances, en projection horizontale, de leurs centres de gravité $G_1, G_2, \ldots, G_i$ à un point fixe O;

$a_1, a_2, \ldots, a_{i-1}$ les distances $G_1G_2, G_2G_3, \ldots, G_{i-1}G_i$, lorsque les tampons sont au simple contact ou que les ressorts sont à l'état naturel.

L'action mutuelle, entre le premier et le second véhicule, développée par les grands ressorts, est proportionnelle à leur déplacement relatif $a_1 - (x_1 - x_2)$ et peut être représentée par $k_1[a_1 - (x_1 - x_2)]$, $k_1$ étant un coefficient qui dépend de la nature des ressorts. Appelons de même $k_1, k_2, \ldots, k_{i-1}$ les coefficients semblables relatifs au deuxième, au troisième, ..., au $(i-1)^{\text{ième}}$ véhicule.

Pendant le mouvement il se développera des résistances que l'on peut considérer, pour chaque véhicule, comme proportionnelles à sa masse; cette résistance peut donc, pour le $j^{\text{ième}}$ véhicule, être représentée par $-k_j b_j$, $b_j$ étant une constante qu'on prendra positivement ou négativement, selon que la vitesse $\dfrac{dx_j}{dt}$ sera positive ou négative.

Nous aurons ainsi

$$(1)\quad \left\{\begin{aligned}
&M_1 \frac{d^2x_1}{dt^2} = k_1(a_1 - x_1 + x_2) - k_1 b_1,\\
&M_2 \frac{d^2x_2}{dt^2} = -k_1(a_1 - x_1 + x_2) + k_2(a_2 - x_2 + x_3) - k_2 b_2,\\
&\ldots\ldots\ldots\ldots\ldots\ldots\ldots\ldots\ldots\ldots\ldots\ldots,\\
&M_{i-1} \frac{d^2x_{i-1}}{dt^2} = -k_{i-2}(a_{i-2} - x_{i-2} + x_{i-1})\\
&\qquad\qquad + k_{i-1}(a_{i-1} - x_{i-1} + x_i) - k_{i-1} b_{i-1},\\
&M_i \frac{d^2x_i}{dt^2} = k_{i-1}(a_{i-1} - x_{i-1} + x_i) - k_i b_i;
\end{aligned}\right.$$

telles sont les équations qu'il s'agit d'intégrer.

Posons à cet effet

$$\begin{aligned} z_1 &= x_1 - x_2 - a_1, \\ z_2 &= x_2 - x_3 - a_2, \\ &\ldots\ldots\ldots\ldots\ldots, \\ z_{i-1} &= x_{i-1} - x_i - a_{i-1}; \end{aligned}$$

nous aurons

$$(2)\qquad \left\{ \begin{aligned} & z_1 + z_2 + \ldots + z_{i-1} + x_i = x_1 - a_1 - a_2 - \ldots - a_{i-1}, \\ & z_2 + z_3 + \ldots + z_{i-1} + x_i = x_2 - a_2 - a_3 - \ldots - a_{i-1}, \\ & \ldots\ldots\ldots\ldots\ldots\ldots\ldots\ldots\ldots\ldots\ldots\ldots, \\ & z_{i-1} + x_i = x_{i-1} - a_{i-1}, \end{aligned} \right.$$

et les équations (1) deviendront

$$(3)\qquad \left\{ \begin{aligned} & M_1 \frac{d^2}{dt^2}(z_1 + z_2 + \ldots + z_{i-1} + x_i) = -k_1 z_1 - k_1 b_1, \\ & M_2 \frac{d^2}{dt^2}(z_2 + z_3 + \ldots + z_{i-1} + x_i) = k_1 z_1 - k_2 z_2 - k_2 b_2, \\ & \ldots\ldots\ldots\ldots\ldots\ldots\ldots\ldots\ldots\ldots\ldots\ldots, \\ & M_{i-1} \frac{d^2}{dt^2}(z_{i-1} + x_i) = k_{i-2} z_{i-2} - k_{i-1} z_{i-1} - k_{i-1} b_{i-1}, \\ & M_i \frac{d^2 x_i}{dt^2} = k_{i-1} z_{i-1} - k_i b_i. \end{aligned} \right.$$

Posons, en vue de faire disparaître les $k_i b_i$,

$$\begin{aligned} z_1 &= y_1 + m_1, \\ z_2 &= y_2 + m_2, \\ &\ldots\ldots\ldots\ldots, \\ z_{i-1} &= y_{i-1} + m_{i-1}, \\ x_i &= y_i - \frac{k_i b_i t^2}{2 M_i}, \end{aligned}$$

$m_1, m_2, \ldots, m_{i-1}$ étant des constantes qui sont déterminées par les équations

$$(4)\qquad \left\{ \begin{aligned} & -\frac{M_1}{M_i} k_i b_i = -k_1(m_1 + b_1), \\ & -\frac{M_2}{M_i} k_i b_i = k_1 m_1 - k_2(m_2 + b_2), \\ & \ldots\ldots\ldots\ldots\ldots\ldots\ldots\ldots, \\ & -\frac{M_{i-1}}{M_i} k_i b_i = k_{i-2} m_2 - k_{i-1}(m_{i-1} + b_{i-1}). \end{aligned} \right.$$

Les équations (3) deviennent alors

$$(5)\quad \begin{cases} M_1 \dfrac{d^2}{dt^2}(y_1 + \ldots + y_i) = -k_1 y_1, \\ M_2 \dfrac{d^2}{dt^2}(y_2 + \ldots + y_i) = k_1 y_1 - k_2 y_2, \\ \ldots\ldots\ldots\ldots\ldots\ldots\ldots\ldots, \\ M_{i-1} \dfrac{d^2}{dt^2}(y_{i-1} + y_i) = k_{i-2} y_{i-2} - k_{i-1} y_{i-1}, \\ M_i \dfrac{d^2}{dt^2} y_i = k_{i-1} y_{i-1}. \end{cases}$$

On satisfera à ces équations en posant

$$(6)\quad \begin{cases} y_1 = \alpha_1 A \cos n(t + \varepsilon), \\ y_2 = \alpha_2 A \cos n(t + \varepsilon), \\ \ldots\ldots\ldots\ldots\ldots\ldots, \\ y_{i-1} = \alpha_{i-1} A \cos n(t + \varepsilon), \\ y_i = A \cos n(t + \varepsilon), \end{cases}$$

$a_1, a_2, \ldots, a_{i-1}$, A, $n$, $\varepsilon$ étant des constantes, et, en substituant, on trouve

$$(7)\quad \begin{cases} -M_1 n^2(\alpha_1 + \alpha_2 + \ldots + \alpha_{i-1} + 1) = -k_1 \alpha_1, \\ -M_2 n^2(\alpha_2 + \alpha_3 + \ldots + \alpha_{i-1} + 1) = -k_2 \alpha_2, \\ \ldots\ldots\ldots\ldots\ldots\ldots\ldots\ldots\ldots\ldots, \\ -M_{i-1} n^2(\alpha_{1-i} + 1) = k_{i-2}\alpha_{i-2} - k_{i-1}\alpha_{i-1}, \\ -M_i n^2 = k_{i-1}\alpha_{i-1}. \end{cases}$$

En éliminant entre ces équations les $i-1$ coefficients $\alpha_1, \ldots, \alpha_{i-1}$, on obtiendra une équation du $i^{\text{ème}}$ degré en $n^2$, et qui admet nécessairement la racine $n^2 = 0$, comme on le reconnaît à l'inspection des équations (7), qui sont vérifiées par $n = 0$, $\alpha_1 = 0, \ldots, \alpha_{i-1} = 0$.

A chaque racine positive de cette équation correspondront un système d'intégrales de la forme (6) et des valeurs déterminées pour $\alpha_1, \ldots, \alpha_{i-1}$, et à une racine négative ou imaginaire la somme de deux exponentielles multipliées respectivement par des constantes.

Comme, dans tous les cas, l'équation finale en $n^2$ est du degré $i-1$, nous n'obtiendrons que $i-1$ intégrales particulières renfermant chacune deux arbitraires, soit en tout $2(i-1)$ arbitraires, de sorte qu'en faisant leurs sommes pour $y_1, y_2, \ldots, y_i$, nous n'obtiendrons pas les intégrales générales des équations (5).

Mais, si l'on observe que ces équations sont vérifiées par $y_1 = 0$,

$y_2 = 0, \ldots, \; y_{i-1} = 0, \; y_i = B + B't$, B et B′ étant deux nouvelles arbitraires, les intégrales cherchées seront

$$
\begin{aligned}
y_1 &= \Sigma \alpha_1 A \cos n(t+\varepsilon),\\
y_2 &= \Sigma \alpha_2 A \cos n(t+\varepsilon),\\
&\ldots\ldots\ldots\ldots\ldots\ldots,\\
y_{i-1} &= \Sigma \alpha_{i-1} A \cos n(t+\varepsilon),\\
y_i &= \Sigma A \cos n(t+\varepsilon) + B = B't,
\end{aligned}
$$

d'où

$$
\begin{aligned}
x_1 &= a_1 + a_2 + \ldots + a_{i-1} + m_1 + \ldots + m_{i-1} - \frac{k_i b_i}{2M_i} t^2\\
&\quad + \Sigma A(\alpha_1 + \alpha_2 + \ldots + \alpha_{i-1} + 1)\cos n(t+\varepsilon) + B + B't,\\
x_2 &= a_2 + a_3 + \ldots .
\end{aligned}
$$

On peut supposer $B = 0$ en choisissant en conséquence l'origine des $x$, qui est restée indéterminée jusqu'ici ; on peut faire aussi abstraction du terme $B't$, qui correspond à un mouvement de translation de tout le système ; de sorte que l'on a, en définitive,

$$
\begin{aligned}
x_1 &= a_1 + \ldots + a_{i-1} + m_1 + \ldots + m_{i-1} - \frac{k_i b_i}{2M_i} t^2\\
&\quad + \Sigma A(\alpha_1 + \ldots + \alpha_{i-1} + 1)\cos n(t+\varepsilon),\\
x_2 &= a_2 + \ldots .
\end{aligned}
$$

Dorénavant nous ferons abstraction des résistances, et nous poserons en conséquence

$$
(8) \quad \left\{
\begin{aligned}
x_1 &= a_1 + \ldots + a_{i-1} + \Sigma A(\alpha_1 + \ldots + \alpha_{i-1} + 1)\cos n(t+\varepsilon),\\
x_2 &= a_2 + \ldots,\\
&\ldots\ldots\ldots\ldots ;
\end{aligned}
\right.
$$

d'où

$$
(9) \quad \left\{
\begin{aligned}
\frac{dx_1}{dt} &= -\Sigma A n(\alpha_1 + \alpha_2 + \ldots + \alpha_{i-1} + 1)\sin n(t+\varepsilon),\\
\frac{dx_2}{dt} &= -\Sigma A n(\alpha_2 + \alpha_3 + \ldots + \alpha_{i-1} + 1)\sin n(t+\varepsilon),\\
&\ldots\ldots\ldots\ldots\ldots\ldots\ldots\ldots\ldots\ldots
\end{aligned}
\right.
$$

Les constantes $A$, $\varepsilon$ se détermineront par les conditions que $i-1$ des coordonnées $x_1, x_2, \ldots$ et leurs dérivées par rapport au temps aient des valeurs données à une époque déterminée.

Considérons en particulier une des oscillations ; nous pourrons supposer que $n\varepsilon$ est un multiple impair de $\frac{\pi}{2}$, en choisissant en conséquence l'origine du temps, et nous aurons, en appelant $U_i$ la vitesse initiale du $i^{ième}$ véhicule,

$$(10)\qquad \left\{\begin{aligned} &\frac{dx_1}{dt} = U_i(\alpha_1 + \ldots + \alpha_{i-1} + 1)\cos nt,\\ &\ldots\ldots\ldots\ldots\ldots\ldots\ldots\ldots,\\ &\frac{dx_{i-1}}{dt} = U_i(\alpha_{i-1} + 1)\cos nt,\\ &\frac{dx_i}{dt} = U_i \cos nt. \end{aligned}\right.$$

Admettons que le mouvement ondulatoire soit produit par un choc sur le $i^{ième}$ véhicule; les $i - 1^{ième}$, $i - 2^{ième}$,... véhicules posséderont la vitesse $U_i$ au bout des temps donnés respectivement par

$$\begin{aligned} &\cos nt_{i-1} = \frac{1}{\alpha_{i-1} + 1},\\ &\cos nt_{i-2} = \frac{1}{\alpha_{i-2} + \alpha_{i-1} + 1},\\ &\cos nt_{i-3} = \frac{1}{\alpha_{i-3} + \alpha_{i-2} + \alpha_{i-1} + 1},\\ &\ldots\ldots\ldots\ldots\ldots\ldots\ldots\ldots, \end{aligned}$$

et qui sont ceux au bout desquels le mouvement aura été communiqué à ces véhicules.

# CHAPITRE VI.

## DE LA MESURE DU TRAVAIL DÉVELOPPÉ PAR LES MOTEURS OU TRANSMIS AUX MACHINES.

135. D'après ce qui précède, on comprend tout l'intérêt que l'on doit avoir de pouvoir déterminer expérimentalement dans l'unité de temps ou la seconde : 1° le travail produit par un moteur; 2° le travail transmis à une machine par un moteur qui dessert à la fois plusieurs machines.

On se sert à cet effet d'instruments auxquels on a donné à juste titre le nom de *dynamomètre* et dont nous allons donner les types principaux.

126. *Frein dynamométrique de Prony.* — Cet appareil, qui a pour objet de permettre d'obtenir expérimentalement le travail produit par un moteur et transmis par un arbre, se compose en principe de deux mâchoires en bois enveloppant chacune un peu moins de la demi-circonférence d'une poulie montée sur l'arbre moteur débrayé de toutes les machines qu'il doit desservir.

L'une des mâchoires fait corps avec un levier dont l'extrémité libre est munie d'un crochet où l'on adapte un plateau destiné à recevoir des poids.

Deux boulons traversant les mâchoires se terminent à la partie supérieure par deux filets de vis qui reçoivent des écrous.

On remplace souvent la mâchoire indépendante du levier par une bande d'acier dont une extrémité est fixée à ce levier. L'autre extrémité se termine par un écrou; cette bande maintient des voussoirs en bois serrés contre l'arbre.

On a toujours quelques données sur la force de la machine

et la vitesse qu'elle doit avoir ; on calcule dès lors, comme on le verra ci-après, le poids approximatif que l'on doit mettre dans le plateau, puis on serre les boulons jusqu'à ce que le frottement des mâchoires contre la poulie fasse équilibre à ce poids ; au moyen d'un compteur, on détermine le nombre de tours exécutés par l'arbre et enfin le travail exact correspondant à la charge ci-dessus.

Pour éviter l'échauffement et les grippements, on lubréfie les surfaces frottantes avec de l'eau de savon ou du suif.

Fig. 167.

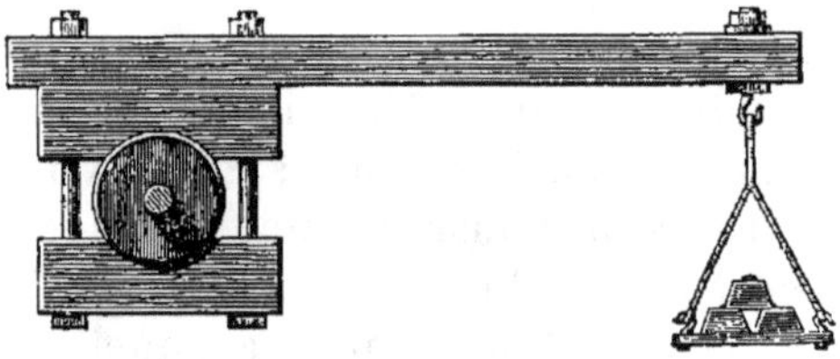

La *fig.* 167 représente le frein tel que Prony l'a installé. La *fig.* 168 représente la disposition adoptée par M. Kretz, qui

Fig. 168.

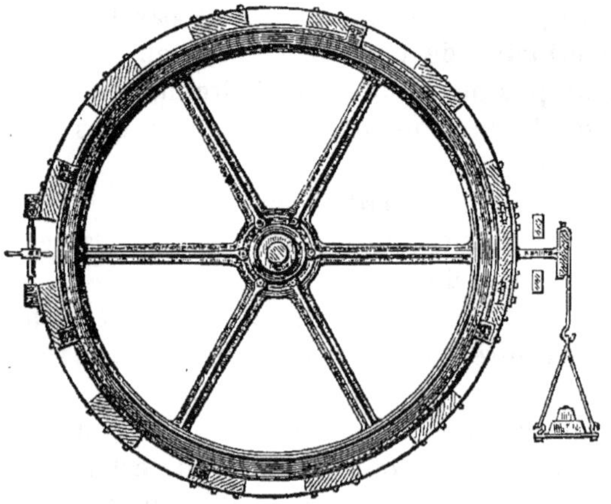

sera justifiée dans ce qui suit, et dans laquelle le frein est équilibré autour de l'axe.

Soient (*fig.* 169)

O l'axe de rotation;

Q le poids de la charge et du plateau, et A son point d'application;

Q′ le poids du frein dont le centre de gravité est en A′;

$a$, $a'$ les longueurs OA, O′A′;

$\alpha$, $\alpha'$ les inclinaisons de ces droites sur l'horizontale $Ox$;

$L = a\cos\alpha$ le bras de levier du frein;

$L' = a'\cos\alpha'$ celui de Q′;

$h$, $h'$ les hauteurs de A et A′ au-dessus de $Ox$;

$\mathfrak{M}$ le moment du frottement sur la poulie.

Fig. 169.

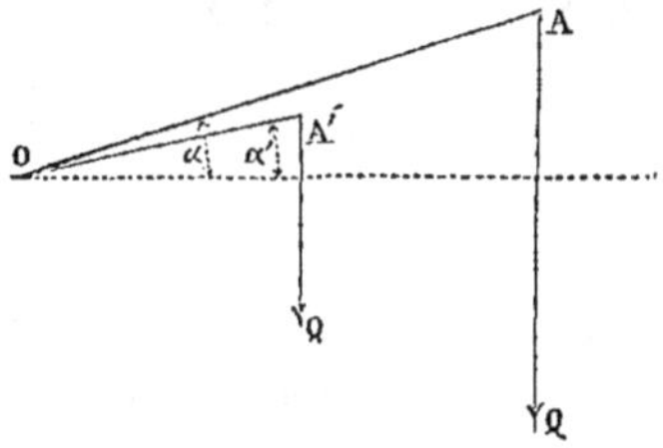


On a pour l'équilibre

$$Q\cos\alpha + Q'\cos\alpha' - \mathfrak{M} = 0 \tag{1}$$

ou

$$QL + Q'L' = \mathfrak{M}.$$

Si $n$ est le nombre de tours de l'arbre par minute constaté par l'observation, la vitesse angulaire est $\omega = \dfrac{2\pi n}{60}$, et comme le travail absorbé en une seconde par le frottement, égal à celui $\mathfrak{T}$ que développe le moteur, est $\mathfrak{M}\omega$, on a, en exprimant le travail en chevaux-vapeur,

$$\mathfrak{T} = (QL + Q'L)\frac{2\pi n}{60 \times 75} = \frac{2\pi n}{4500}(QL + Q'L'). \tag{2}$$

Pour obtenir pratiquement la valeur de Q′L′, on dispose le frein, débarrassé de son plateau et avant de l'avoir placé sur l'arbre, de manière que le sommet de sa mâchoire supérieure soit soutenu par un couteau, en faisant appuyer l'extrémité du levier sur le plateau d'une balance ou d'une bascule. Soit $q$ le poids nécessaire, indiqué par la balance, pour que l'équilibre ait lieu; on a

$$Q'L' = qL,$$

et par suite

$$(3) \qquad \mathfrak{T} = \frac{2\pi n L}{4500}(Q + q),$$

formule d'une très-facile application.

Le procédé ci-dessus indiqué peut servir à équilibrer un frein comme l'est celui de M. Kretz.

Si l'on fait varier Q on fera varier $n$ et $\mathfrak{T}$; en prenant $n$ pour abscisse et $\mathfrak{T}$ pour ordonnée, on fera passer un trait continu par les points obtenus; en menant une tangente à la courbe parallèle à l'axe des abscisses, on obtiendra la vitesse du récepteur qui rend maximum le travail transmis par le moteur ainsi que le maximum.

Occupons-nous maintenant de la sensibilité de l'appareil. Si l'on augmente Q de $\delta Q$, $\alpha$ et $\alpha'$ auront varié de $\delta\alpha$ et $\delta\alpha'$ lorsque l'équilibre sera de nouveau rétabli, et, comme $\alpha - \alpha'$ est constant, on a $\delta\alpha = \delta\alpha'$; la formule (1) donne par suite

$$(4) \qquad -Qa\sin\alpha.\delta\alpha - Q'a'\sin\alpha'.\delta\alpha' + Qa\cos\alpha.\delta\alpha = 0,$$

d'où

$$(5) \qquad \delta\alpha = \frac{L.\delta Q}{Qh + Q'h'}.$$

Le frein sera d'autant plus sensible que, pour une même valeur de $\delta Q$, $\delta\alpha$ sera plus grand; il y a donc sous ce rapport avantage à donner au levier une certaine longueur. On voit aussi qu'il y a intérêt à rendre $h'$ aussi petit que possible. Si $h' = 0$, comme dans le frein de M. Kretz, on a

$$\delta\alpha = \frac{L}{h}\frac{\delta Q}{Q},$$

et la sensibilité est indépendante du poids de l'appareil.

Pour que l'équilibre soit stable, il faut que la dérivée seconde par rapport à $\alpha$ du travail des forces qui sollicitent le frein soit négative, ou que la dérivée première du premier membre de la formule (1) soit plus petite que zéro, ou enfin que l'on ait

$$-Qa\sin\alpha - Qa'\sin\alpha' < 0 \quad \text{ou} \quad Qh + Q'h' > 0.$$

Un frein est d'autant plus facile à manier et donne des indications d'autant plus précises que la pression normale exercée par les mâchoires sur la poulie est plus faible ou que le rayon de la poulie est plus grand. Soient

N la valeur de la pression normale par mètre carré exercée par les mâchoires;
$e$, D la largeur et le rayon de la poulie;
$f$ le coefficient du frottement développé.

Il est facile de voir que l'on a

$$\mathfrak{T} = \frac{\pi^2 D^2 e f N n}{4500}.$$

Si $N_1$ est la limite supérieure des valeurs que l'on peut attribuer à $N_1$, $\mathfrak{T}_1$ la puissance maximum pour laquelle on se propose d'utiliser le frein et $n_2$ la vitesse minimum de $n$, il faut que l'on ait

$$\mathfrak{T}_1 \geqq \frac{\pi^2 D^2 e f N_1 n_1}{4500}, \quad \text{d'où} \quad D^2 e < \frac{4500}{\pi^2 f} \frac{\mathfrak{T}_1}{N_1 n_2}.$$

On peut appliquer la formule

$$\mathfrak{T} = 4,7 D^2 e n$$

lorsque $\mathfrak{T}$ ne dépasse pas 100 chevaux, ce qui correspond à

$$N = 3311,$$

en prenant $f = 0,65$ (fonte sur chêne mouillé). Cette formule permettra de calculer D et $e$ dans les limites assignées d'avance à leurs valeurs. La tension $\tau$ des boulons est donnée par

$$\tau = \frac{DNe}{2},$$

expression qu'il est facile d'exprimer en fonction de $\mathfrak{T}$ par l'élimination de N.

137. *Dynamomètre de traction.* — Cet appareil a pour objet de mesurer le travail produit dans un temps déterminé

par le moteur d'un véhicule. Il se compose de deux lames d'acier parallèles (*fig.* 170), réunies à leurs extrémités par des chapes en fer articulées au moyen de boulons. Au milieu de l'une des lames se trouve fixé l'anneau d'attache, tandis que l'effort de traction qu'il s'agit de mesurer est appliqué à un crochet fixé au milieu de l'autre lame. D'après ce que nous avons vu au Chapitre XI de la deuxième Partie de cet Ouvrage, la flèche des lames fléchies est proportionnelle

Fig. 170.

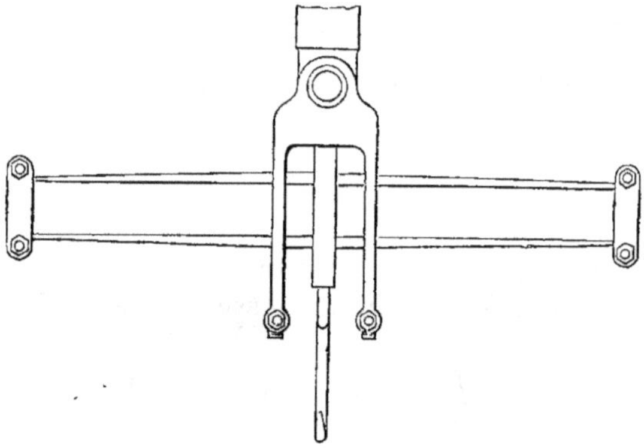

à cet effort, en tant que l'on ne dépasse pas la limite de l'élasticité, comme nous le supposerons; et il est facile, soit par le calcul, soit par l'expérience, de déterminer le coefficient de proportionnalité.

Une bande de papier, enroulée sur un rouleau dont l'axe est perpendiculaire à la direction des lames à l'état naturel, se déroule sous le dynamomètre en s'enroulant sur un autre rouleau dont l'axe est parallèle à celui du premier, et qui est mis en mouvement par une corde à boyaux adaptée à l'un des essieux. Un crayon ou un pinceau sortant d'un tube conique en cuivre contenant de l'encre de Chine trace une courbe sur le papier. Le travail produit dans un temps déterminé est, en tenant compte des échelles, mesuré par l'aire comprise entre la courbe décrite et la droite que l'on obtiendrait si l'effort de traction était nul. Cette aire peut s'évaluer par l'une des méthodes connues de quadrature par approximation ou mécaniquement au moyen d'un planimètre ([1]).

Un appareil compteur, sur la disposition duquel nous n'avons pas à insister, peut d'ailleurs être adapté à l'appareil pour faire connaître le nombre de tours de roues ou le chemin parcouru par le véhicule dans un temps donné.

138. *Dynamomètres de rotation.* — Les appareils de ce genre ont pour objet de mesurer la portion du travail transmise à une machine par un arbre moteur qui en dessert plusieurs autres.

1° *Dynamomètre de M. Morin.* — Cet appareil se compose en principe de deux poulies A et B (*fig.* 171 et 172) montées

Fig. 171.

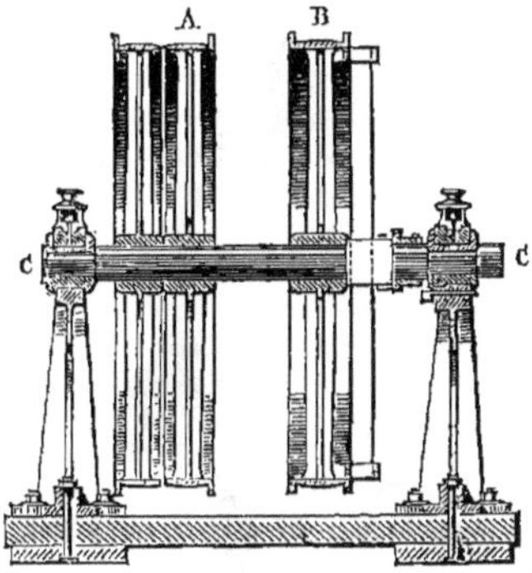


Fig. 172.

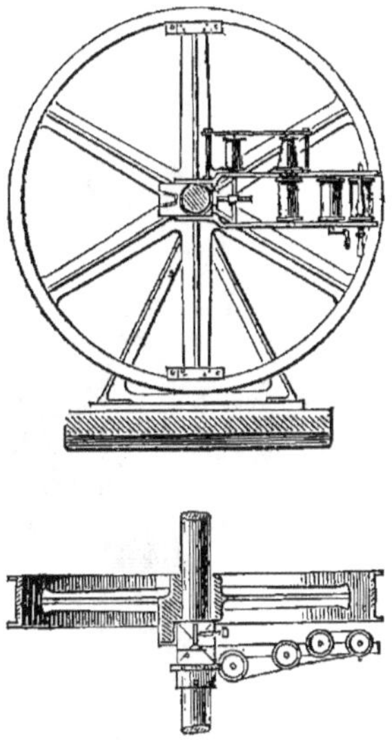

sur un même arbre CC; la première, fixe sur l'arbre, reçoit par une courroie le mouvement de rotation de l'arbre moteur; la seconde est folle sur l'arbre CC, mais lui est reliée par un

([1]) *Voir* la Note placée à la fin de ce Chapitre.

couple de lames élastiques dirigées, à l'état de repos, parallèlement au rayon moyen intermédiaire et encastrées dans l'arbre. L'autre extrémité de chacune des lames est engagée entre deux couteaux d'acier que porte la poulie B près de sa circonférence. Cette poulie transmet, par une courroie, le mouvement à la machine dont on veut mesurer le travail résistant utile. Un crayon ou un pinceau, adapté au milieu du système des lames élastiques, trace une courbe sur une bande de papier qui se développe, par suite d'une disposition analogue à celle du dynamomètre de traction disposé à côté de la poulie B, et dont le mouvement est proportionnel à celui de l'arbre.

L'ordonnée de cette courbe par rapport à la droite qui serait tracée dans l'état naturel de l'appareil étant proportionnelle à l'effort développé, l'aire comprise entre la droite et la courbe est aussi proportionnelle au travail transmis, que l'on peut ainsi évaluer.

2° *Dynamomètre de M. Bourdon.* — Cet appareil (*fig.* 173

Fig. 173.

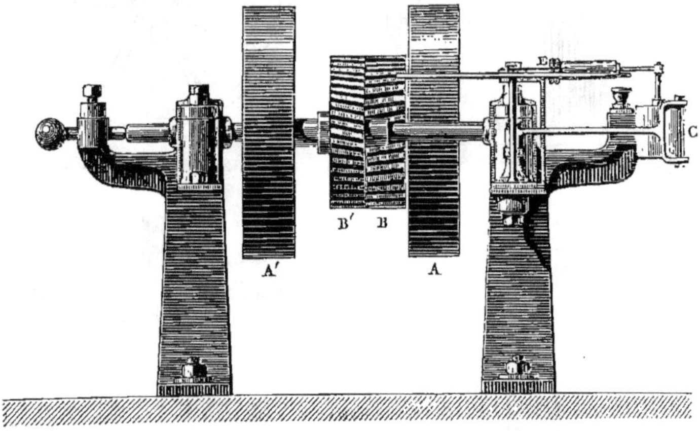


et 174) se compose de deux arbres parallèles sur lesquels sont montées les poulies A, A'; la première reçoit, par une courroie, le mouvement de rotation de l'arbre moteur. Le mouvement est communiqué à A' par un engrenage sans frottement

B, B′ ; une courroie passant sur A′ transmet le travail à la machine dont on veut déterminer le travail résistant utile. Les poulies, comme les roues dentées, ont le même diamètre.

Fig. 174.

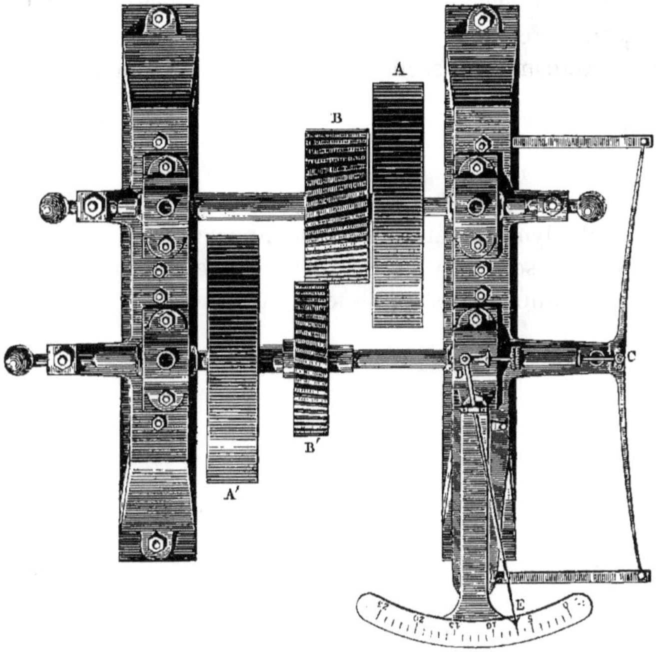


L'arbre de A′ et B′ a la faculté de glisser dans ses coussinets et vient buter contre le sommet C d'une lame élastique boulonnée à ses deux extrémités à un support fixe. La flexion de la lame est indiquée par une aiguille DE articulée en D à une pièce CD fixée au milieu de la lame.

Soient P l'effort mutuel normal aux dents en contact des roues B et B′ ; $i$ l'inclinaison de ces dents sur la direction des axes. L'effort P se décompose en deux autres : l'un $P \sin i$, parallèle à la direction ci-dessus, l'autre $P \cos i$, tangent aux circonférences primitives de l'engrenage.

La composante $P \sin i$ produit la flexion de la lame et est proportionnelle à la variation de la flèche indiquée par l'aiguille CO; on peut donc déterminer la valeur K de cette composante après avoir préalablement taré l'instrument. On a par suite

$$P \cos i = K \cot i$$

pour l'effort tangentiel; si R est le rayon des roues dentées, $n$ le nombre de tours par minute de chacun des arbres, le travail transmis par seconde, exprimé en chevaux, est

$$K \cot i \frac{n \pi R}{60 \times 75}.$$

L'indicateur de Watt rentre également dans la catégorie des appareils dynamométriques; mais nous croyons devoir en reporter la description à la Section relative aux machines à vapeur, auxquelles il s'applique exclusivement.

# NOTE.

## SUR L'ÉVALUATION APPROXIMATIVE DES AIRES PLANES.

*Formule de Simpson.* — Proposons-nous d'évaluer approximativement (*fig.* 175) l'aire comprise entre un arc de courbe $A_1 A_{2n+1}$, tracé par points ou défini par une équation, une droite $B_1 B_{2n+1}$ et les ordonnées $A_1 B_1$, $A_{n+1} B_{n+1}$ des extrémités de l'arc par rapport à cette droite.

Concevons que l'on divise la base $B_1 B_{2n+1}$ en $2n$ parties égales dont nous désignerons par $h$ la longueur commune. Soit $B_i$ le pied de l'ordonnée $y_i = A_i B_i$ correspondant à l'abscisse $(i-1)h$.

Fig. 175.

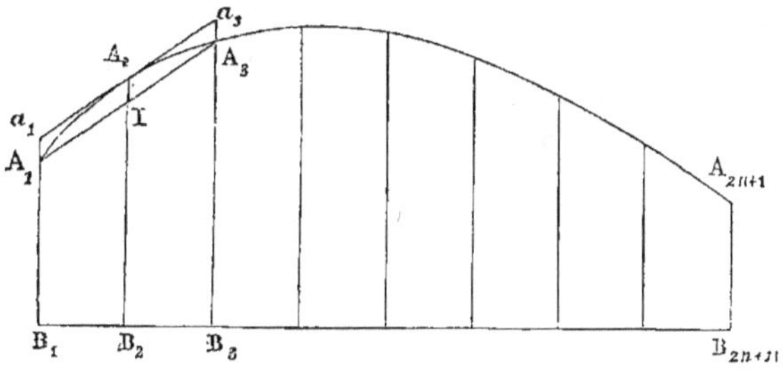


Si nous considérons, par exemple, l'aire mixtiligne $A_1 B_1 A_3 B_3$, nous pourrons, par approximation, remplacer l'arc $A_1 A_2 A_3$ par celui de la parabole passant par les trois points $A_1$, $A_2$, $A_3$, ayant $A_2 B_2$ pour diamètre; l'erreur commise sera d'autant plus faible que l'équidistance $h$ sera plus petite. Soient $a_1$, $a_2$ les intersections de la tangente en $A_2$ à la parabole avec la direction des ordonnées de $A_1$, $A_3$; I celle de $A_2 B_2$ avec la corde $A_1 A_3$, parallèle, comme on le sait, à $a_1 a_3$. On a, d'après un théorème connu,

$$\text{aire}\, A_1 A_2 A_3 = \tfrac{2}{3}\,\text{aire}\, A_1 a_1 a_3 A_3 = \tfrac{2}{3} A_2 I \times 2h$$
$$= \frac{4h}{3}\left(y_2 - \frac{y_1 + y_3}{2}\right) = \frac{h}{3}(4y_2 - 2y_1 - 2y_3);$$

d'ailleurs

$$\text{aire}\, B_1 A_1 A_3 B_3 = h(y_1 + y_3),$$

par suite

$$\text{aire}\, B_1 A_1 A_2 A_3 B_3 = \frac{h}{3}(y_1 + 4y_2 + y_3).$$

On a de même

$$\text{aire}\, B_3 A_3 A_4 A_5 B_5 = \frac{h}{3}(y_3 + 4y_4 + y_5),$$

$$\dots\dots\dots\dots\dots\dots\dots\dots,$$

$$\text{aire}\, B_{2n-1} A_{2n-1} A_{2n} A_{2n+1} B_{2n+1} = \frac{h}{3}(y_{2n-1} + 4y_{2n} + y_{2n+1});$$

d'où, pour l'aire totale,

$$A = \frac{h}{3}[y_1 + y_{2n+1} + 2(y_3 + y_5 + \dots + y_{2n-1}) + 4(y_2 + \dots + y_{2n})],$$

résultat qu'il est facile de traduire en langage ordinaire. Cette méthode offre l'inconvénient de ne pas donner une limite de l'erreur commise. Sous ce rapport et sous un autre que nous ferons connaître plus loin, la suivante lui paraît devoir être préférée.

II. *Formule de Poncelet*. — Quelle que soit la forme de la courbe qui limite l'aire, on peut toujours, par suite d'un mode convenable de décomposition de l'aire, être ramené à considérer le cas où le sens de la courbure par rapport à l'axe des abscisses reste constamment le même dans toute l'étendue de l'arc. Supposons, en particulier, que l'arc $A_1 A_{2n+1}$ présente sa convexité à l'axe des abscisses; conservons les notations et le mode de division de la base de l'article précédent, en prenant, pour fixer les idées, $n = 6$.

Menons par les points A (*fig.* 176), d'indice pair, les tangentes à la

Fig. 176.

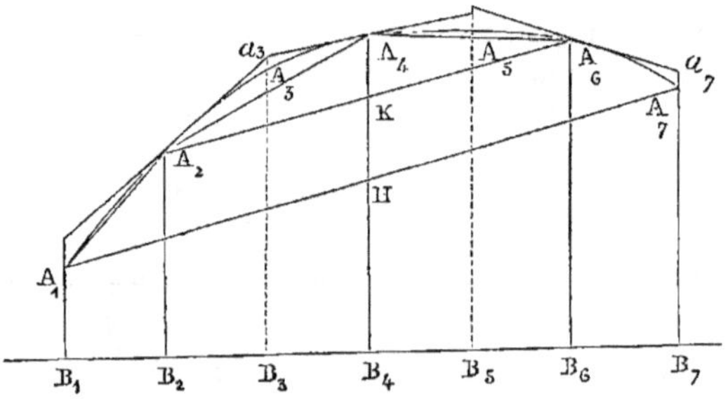


courbe, limitées aux ordonnées qui précèdent et suivent celle du point considéré; menons les cordes des portions extrêmes de l'arc, et de deux en deux, à partir de $A_2$, les droites qui joignent les autres points.

Les tangentes et les cordes détermineront respectivement une aire circonscrite et une aire inscrite entre lesquelles sera comprise l'aire cherchée.

On a évidemment

$$\text{aire inscrite} = \frac{y_1+y_2}{2}h + (y_2+y_4)h + (y_4+y_6)h + \frac{y_6+y_7}{2}h,$$

$$= h\left[\frac{y_1+y_7}{2} - \frac{y_2+y_6}{2} + 2(y_2+y_4+y_6)\right],$$

$$\text{aire circonscrite} = 2h(y_2+y_4+y_6).$$

En prenant approximativement pour l'aire cherchée la demi-somme de ces limites, on obtient

$$A = \left[\frac{y_1+y_7}{4} - \frac{y_2+y_6}{4} + 2(y_2+y_4+y_6)\right],$$

résultat qu'il est facile d'énoncer en langage ordinaire. L'erreur commise sera moindre que la demi-différence des limites ou que

$$\varepsilon = \frac{h}{4}[y_2+y_6-(y_1+y_7)] = h\frac{\text{HK}}{2},$$

H et K étant les points de rencontre des cordes $A_1A_7$, $A_2A_6$ avec l'ordonnée du milieu $A_4H_4$.

Cette méthode offre, en outre de l'avantage de donner une limite de l'erreur, celui de n'exiger que le calcul de $n+2$ ordonnées, au lieu de $2n+1$ comme l'exige celle de Simpson.

III. *Planimètre de M. Amsler.* — Les planimètres, comme l'indique leur nom, sont des instruments destinés à mesurer mécaniquement des aires planes.

Le plus simple et en même temps le plus commode des planimètres imaginés jusqu'à ce jour est celui de M. Amsler, professeur de Mathématiques à Schaffausen [1].

Cet instrument se compose de deux règles métalliques (*fig.* 177 et 178), représentées par leurs axes de figure OA, AB, et qui sont articulées en A; la tige OA est munie en O d'une pointe que l'on fixe sur le plan (en la surmontant d'une masse pesante pour bien assurer la fixité) en un point extérieur au périmètre de l'aire à mesurer et de manière que l'on puisse faire décrire ce périmètre par une pointe projetée en B. Sur le prolonge-

[1] Le premier planimètre susceptible d'application paraît être celui de Ernst, dont on trouvera la description dans les *Leçons de Mécanique pratique* de M. le général Morin.

ment de AB au delà de A, se trouve une roulette C dont l'axe est parallèle à AB et dont la jante, qui doit rouler sur le plan, est graduée; l'axe de la roulette est fileté et forme vis sans fin avec une roue dentée dont

Fig. 177.

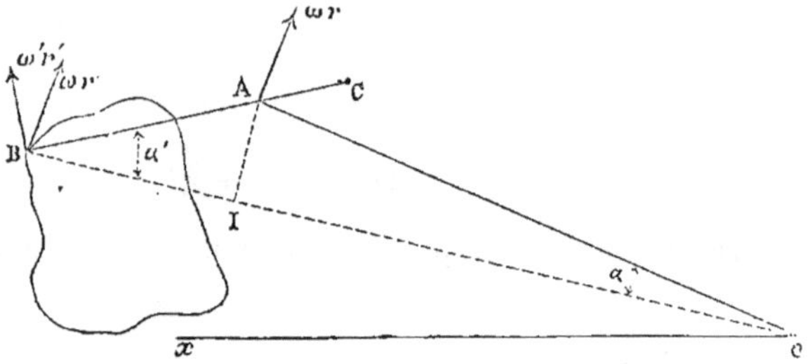


l'axe porte un plateau gradué; le déplacement du plateau fait connaître le nombre de tours effectués par la roulette dans son mouvement de roulement.

Fig. 178.

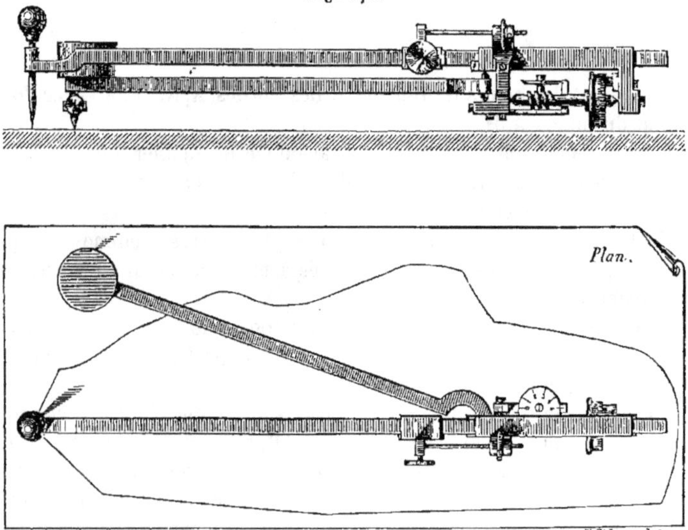


E.Chauvet.del. J.Blanadel sc

Cherchons maintenant à établir la théorie de l'instrument.

Soient

$r$, $r'$, $a$ les longueurs constantes OA, AB, AC;

R le rayon vecteur OB;

$\omega$, $\Omega$ les vitesses angulaires autour de O, de OA et de OB, lorsque B trace le périmètre de l'aire;

$\omega'$ la vitesse angulaire de AB autour de A.

Le mouvement de AB résulte de la rotation $\omega'$ et de la translation $\omega r$ perpendiculaire à OA ; de sorte que la vitesse U du point B est la résultante des deux vitesses $\omega' r'$, $\omega r$ respectivement perpendiculaires à AB et à OA; or les composantes de U suivant R et sa perpendiculaire étant $\frac{dR}{dt}$, $\Omega R$, on a, en appelant $\alpha$, $\alpha'$ les angles AOB, ABO,

$$\omega' r' \sin\alpha' - \omega r \sin\alpha = \frac{dR}{dt},$$

$$\omega' r' \cos\alpha' + \omega r \cos\alpha = \Omega R$$

ou, en abaissant la perpendiculaire AI sur OB,

$$\omega' - \omega = \frac{1}{AI}\frac{dR}{dt}, \quad \omega'.BI - \omega.OI = \Omega R;$$

d'où l'on tire

$$(1) \quad \begin{cases} \omega' = \Omega + \dfrac{OI}{AI}\dfrac{dR}{dt} = \Omega + \dfrac{1}{R}\dfrac{dR}{dt}\cot\alpha, \\ \omega = \Omega - \dfrac{1}{R}\dfrac{dR}{dt}\cot\alpha'. \end{cases}$$

La vitesse V du point C, estimée perpendiculairement à AB, égale à la vitesse de la roulette à sa circonférence, est la résultante de $-a\omega'$ et de la composante correspondante $-\omega r \cos\widehat{OAB}$ de la translation $\omega r$; la composante longitudinale de cette translation ne produit qu'un glissement de la roulette dont nous n'avons pas à nous occuper.

Or, dans le triangle AOB, on a

$$\cos\widehat{OAB} = -\frac{R^2 - r^2 - r'^2}{2rr'},$$

par suite

$$V = \omega\frac{R^2 - r^2 - r'^2}{2r'} - a\omega'$$

ou, en remplaçant $\omega$, $\omega'$ par leurs valeurs (1),

$$(2) \quad V = \frac{\Omega}{2}\frac{R^2 - r^2 - r'^2 - 2ar'}{r'} - \frac{1}{R}\frac{dR}{dt}\left(\frac{R^2 - r^2 - r'^2}{2r'}\cot\alpha' + a\cot\alpha\right).$$

Soient

$R_0$ le rayon vecteur correspondant au point de départ de la pointe B, et

$\theta_0$ l'angle qu'il forme avec l'axe fixe $Ox$;

A l'aire décrite par OB, lorsque le rayon vecteur et son inclinaison sont devenus R et $\theta$ ;

$\sigma$ le chemin parcouru par la circonférence de la roulette.

On a

$$V = \frac{d\sigma}{dt}, \quad \frac{\Omega R^2}{2} = \frac{dA}{dt}, \quad \Omega = \frac{d\theta}{dt},$$

et la relation (2) devient

$$dA = r'\,d\sigma + \frac{r^2 + r'^2 + 2ar'}{2}\,d\theta - \frac{1}{R}\,dR\left(\frac{R^2 - r^2 - r'^2}{2}\cot\alpha' + ar'\cot\alpha\right),$$

d'où

$$(3)\qquad \left\{\begin{aligned} A &= r'\sigma + \frac{r^2 + r'^2 + 2ar'}{2}(\theta - \theta_0) \\ &\quad - \int_{R_0}^{R}\left(\frac{R^2 - r^2 - r'^2}{2}\cot\alpha + ar'\cot\alpha\right)\frac{dR}{R}. \end{aligned}\right.$$

On déduit facilement du triangle AOB les valeurs de $\cot\alpha'$ et $\cot\alpha$ en fonctions de R ; mais, ces expressions renfermant en dénominateur des radicaux du second degré dans lesquels se trouve R au quatrième degré, l'intégrale du second membre de l'équation (3) dépend des transcendantes elliptiques ; l'essentiel pour nous est de reconnaître que cette intégrale est de la forme $f(R) - f(R_0)$, de sorte que l'on a

$$(4)\qquad A = r'\sigma + \frac{r^2 + r'^2 + 2ar'}{2}(\theta - \theta_0) - f(R) + f(R_0).$$

S'il s'agit de l'aire d'une courbe fermée, $\theta$ et R redevenant $\theta_0$ et $R_0$, on a

$$(5)\qquad A = r'\sigma \text{ (1)}.$$

Supposons que l'on veuille faire en sorte qu'à un tour de la roulette corresponde l'unité de surface, soit le centimètre carré, pour fixer les

---

(1) On peut arriver immédiatement à l'équation (5) par les considérations suivantes :

Soient (*fig.* 179)

OABC, O'A'B'C' deux positions infiniment voisines de la partie mobile de l'instrument ;

K le milieu de AB ;

I, L les points d'intersection des perpendiculaires élevées à AB aux points K et C avec la direction de A'B' ;

idées ; appelons $\rho$ le rayon de la roulette, nous aurons

$$1 = 2\pi r'\rho.$$

En se donnant le diamètre de la roulette, on déduira de cette relation la valeur de $\rho$. Chaque division de la jante divisée en 100 parties correspondra à 10 millimètres carrés.

Supposons maintenant que l'on veuille changer l'unité de surface en conservant la même unité de longueur pour $\rho$ et $r'$, et soient $m$ le rapport de la nouvelle unité à l'ancienne et $r'_1$ ce que doit devenir $r'$ ; nous aurons

$$m = 2\pi\rho r'_1, \quad \text{d'où} \quad r'_1 = mr'.$$

Pour que l'on puisse modifier la longueur de $r'$, on forme AB de deux parties, dont l'une mobile autour du point A sert de gaîne à l'autre, dont on fixe à volonté la longueur de la partie extérieure au moyen d'une vis de pression.

Nous ferons remarquer, pour terminer, que l'instrument peut aussi mesurer l'aire d'un secteur curviligne $B_0OB$ ayant son sommet en O. A cet

---

M l'intersection à IK avec la parallèle à B'C' menée par le point C; $d\alpha$ l'angle MCK.

Fig. 179.

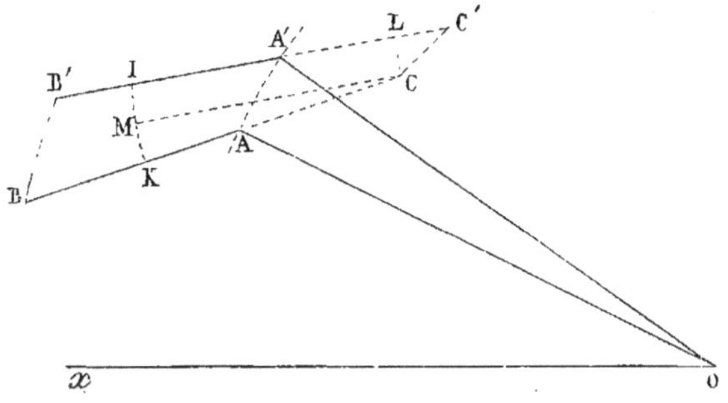


On a

$$dA = \text{aire } AA'BB' = AB \times IK = r'(CL + CK.d\alpha).$$

Or CL est l'arc $d\sigma$ dont la roulette a tourné ; on a donc

$$dA = r'\,d\sigma + CK.r'\,d\sigma,$$

d'où

$$A = r'\sigma + CK.r'(\alpha - \alpha_0).$$

Si la courbe est fermée, le second terme s'annule, et l'on retombe sur la formule (5).

effet, on fait parcourir l'arc $B_0B$ à la pointe de traçage, puis sur OB le chemin $BB_1$, le point $B_1$ se trouvant à la même distance de O que $B_0$ ; l'aire décrite n'est en définitive que celle du secteur ; mais, comme R est redevenu $R_0$, la formule (4) se réduit à la suivante :

$$A = r'\sigma + \frac{r^2 + r'^2 + 2ar'}{2}(\theta - \theta_0),$$

qui est d'une facile application.

# TROISIÈME SECTION.

## APPLICATION DE LA MÉCANIQUE A L'HORLOGERIE.

## CHAPITRE PREMIER.

### GÉNÉRALITÉS.

**139.** Les chronomètres sont de véritables machines, telles que nous les avons définies au n° 2, à cela près qu'ils ne comportent pas de résistance utile.

La force motrice est un poids, pour les horloges, et est emmagasinée dans un ressort emprisonné dans un barillet pour les pendules et les montres.

Le *régulateur* ou *balancier*, qui doit autant que possible être animé d'un mouvement alternatif isochrone, est le pendule pour les horloges et les pendules de salon, et le balancier avec son *ressort spiral* pour les montres; il y a de plus une pièce d'une nature particulière à laquelle on a donné le nom d'*échappement*. La transmission proprement dite consiste en un corps de rouages.

Dans les chronomètres, une roue dentée, mise directement en mouvement par la force motrice, engrène avec un pignon faisant corps avec la roue dite *roue du centre;* ce pignon est monté à frottement dur sur un arbre qu'il entraîne dans son mouvement de rotation. La roue du centre fait marcher un pignon ayant le même arbre qu'une roue (*première moyenne*), qui engrène elle-même avec un deuxième pignon dont l'arbre entraîne dans sa rotation une autre roue (*seconde moyenne*).

Enfin, cette dernière engrène avec le pignon de la *roue d'échappement* dont les dents sont successivement retenues et laissées libres par l'*échappement*; cet organe, qui est animé d'un mouvement circulaire alternatif, se trouve en relation immédiate avec le balancier qui est également animé d'un mouvement circulaire alternatif. L'échappement a pour effet de déterminer dans le corps de rouages un mouvement varié et intermittent tel, que la vitesse angulaire moyenne de la roue du centre reste constante dans les derniers éléments du temps que l'on se propose de mesurer.

La vitesse angulaire de l'arbre moteur ou du barillet doit être très-faible, afin que l'appareil puisse fonctionner un temps suffisant pour que le *remontage* (opération qui consiste à emmagasiner la force motrice) ne soit pas trop fréquent pour devenir une sujétion. D'autre part, pour que l'on puisse arriver à des intermittences bien régulières, il faut que l'échappement, dont nous étudierons ultérieurement les différents systèmes, ait un mouvement suffisamment rapide, ce qui explique la nécessité de multiplier les engrenages.

On s'arrange de telle manière que, en réglant convenablement le mouvement du balancier, la roue du centre fasse une révolution par heure, et que l'une des extrémités de son arbre puisse recevoir l'*aiguille des minutes* au delà du cadran; l'autre extrémité, dans les montres, est terminée par un carré destiné à pouvoir recevoir une clef pour la mise à l'heure. Au même arbre se trouve fixée une autre roue qui engrène avec une roue d'un même nombre de dents dont l'arbre est muni d'un pignon; ce pignon met en mouvement une troisième roue tournant autour du même axe que la roue du centre et qui a douze fois plus de dents que le pignon. Cette dernière roue fait corps avec un *canon* enveloppant sans frottement l'arbre des minutes et terminé par l'*aiguille des heures*. Il est aisé de voir que cette combinaison rend de même sens la rotation des deux aiguilles et qu'elles marchent sur le cadran dans le rapport voulu. En agissant sur le carré de l'aiguille des minutes, l'arbre tourne dans le même sens que la roue du centre qui, sans participer à ce mouvement, continue à se mouvoir sous l'action de la force motrice. On peut ainsi mettre le chronomètre à l'heure sans modifier d'une manière appréciable le mouvement permanent du mécanisme.

Les tourillons des arbres sont maintenus, d'une part, dans un disque appelé *platine*, auquel est fixé le cadran, et de l'autre soit au moyen d'une autre platine (*petite platine*), soit par des espèces de consoles appelées *ponts* et fixées, à l'une de leurs extrémités, sur la platine par des vis. Les platines et les ponts sont les équivalents des paliers des machines industrielles.

# CHAPITRE II.

## DU MOTEUR.

140. *Poids moteur des horloges.* — Ce poids est suspendu à l'extrémité d'une corde enroulée sur un arbre horizontal.

Pour entretenir constamment la marche d'une horloge, il faut remonter le poids lorsqu'il est au point le plus bas de sa course, en faisant subir à l'arbre un mouvement de rotation rétrograde à l'aide d'une manivelle ou d'une clef que l'on adapte sur l'extrémité à section carrée de son axe.

Si la première roue dentée était invariablement reliée à l'arbre, toute la transmission et les aiguilles participeraient lors du remontage à ce mouvement rétrograde; il résulterait de là la nécessité de régler de nouveau l'horloge après chaque opération semblable, ce qui serait un inconvénient capital dans bien des cas où les moyens de réglage manquent complétement. Pour éviter qu'il en soit ainsi, on rend la roue folle sur l'un des tourillons de l'arbre auquel elle se relie par un encliquetage dont la roue et le doigt sont respectivement adaptés sur la base et la face les plus voisines de l'arbre et de la roue dentée. Le centre de la roue à rochet coïncide avec celui de la roue ci-dessus, et ses dents sont tracées de manière que la solidarité entre l'arbre et la roue dentée ait lieu pour le mouvement de rotation dû au poids, et qu'elle cesse d'exister quand on imprime, lors du remontage, un mouvement rétrograde à l'arbre. Les aiguilles sont ainsi soustraites à ce mouvement rétrograde; mais, comme elles restent stationnaires pendant toute la durée du remontage, après lequel elles recommencent seulement à marcher, les indications de l'horloge pourraient être notablement altérées au bout d'une certaine période; on obvie à ce nouvel inconvénient en ayant recours à la disposition suivante.

L'arbre est remplacé (*fig.* 180) par une poulie A dont la gorge reçoit une corde sans fin qui soutient une poulie mobile B ; cette corde va passer ensuite dans la gorge d'une autre poulie fixe D parallèle à la première, soutient une seconde poulie mobile C, et enfin repasse sur la poulie A. Les chapes des poulies mobiles B et C reçoivent respectivement les poids P

Fig. 180.

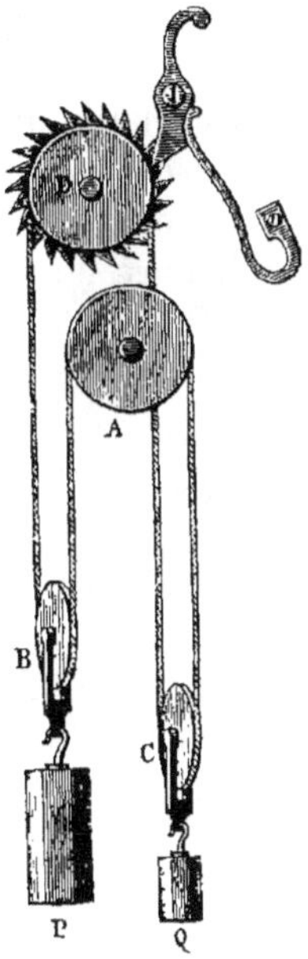


et Q dont le premier est le plus fort et détermine le mouvement en faisant remonter le second poids. Un encliquetage, dont la roue est solidaire avec la deuxième poulie fixe D, s'oppose à ce que cette dernière participe au mouvement ci-dessus, et comme on s'arrange de telle manière qu'il n'y ait pas de glissement de la corde sur la gorge des poulies, la poulie A tourne seule en entraînant avec elle la première roue de la transmission qui lui est invariablement fixée. Quand le poids moteur P est au bas de sa course, on le remonte en tirant de haut en bas la portion de la corde qui réunit la poulie à rochet à la poulie mobile C et pendant cette opération le poids moteur ne cesse pas d'agir de la même manière qu'auparavant, si toutefois le remontage a lieu d'un mouvement uniforme.

On emploie encore d'autres dispositions pour le remontage, dont la meilleure est empruntée aux montres à fusée dont nous nous occuperons ultérieurement; c'est pourquoi nous ne nous étendrons pas davantage sur ce sujet, en renvoyant pour plus de détails aux Traités spéciaux d'horlogerie.

141. *Du ressort moteur et de ses accessoires.* — Dans les pendules et les chronomètres portatifs, la puissance motrice est créée par la détente d'un ressort (*grand ressort*) dont les extrémités sont fixées respectivement à un noyau cylindrique (*la bonde*) et à la surface intérieure d'une enveloppe également cylindrique (*la virole du barillet*) de même axe que le noyau et d'un diamètre triple.

Le ressort, avant d'être placé dans le barillet, affecte une forme spiraloïde dont le rayon vecteur croît très-rapidement et devient bientôt égal à 8 ou 10 fois le rayon du barillet.

Cette forme s'obtient en appliquant le ressort, qui est rectiligne lorsque l'on a ramené sa trempe au bleu [1], contre un cylindre ou mandrin horizontal auquel on imprime un mouvement de rotation. La lame s'enroule en spires jointives sur le mandrin, en dépassant sa limite de l'élasticité, et ne peut plus reprendre sa forme primitive. Si cette opération, qu'on appelle l'*estrapade*, est nécessaire pour pouvoir enrouler sans rupture des lames de ressort sur des arbres de faibles diamètres et les emprisonner dans des barillets de dimensions restreintes, elle offre, telle qu'elle a lieu maintenant, le double inconvénient d'altérer l'énergie du ressort, de ne pas donner la même forme à deux lames estrapadées de la même manière et choisies dans un même ruban. En Autriche, l'estrapade se fait avant la trempe, ce qui paraît bien préférable.

Deux appendices triangulaires obtusangles, fixés à la bonde

---

[1] Nous rappellerons que le coefficient d'élasticité de l'acier est indépendant du degré de trempage [*Détermination par la flexion du coefficient d'élasticité de quelques séries de lames d'acier* (*Annales des Mines*, 1867)].

et à la surface interne de la virole, pénètrent chacun dans une ouverture correspondante ménagée dans le ressort pour en assujettir les extrémités. Ainsi placé, le ressort forme à partir de la virole, avec laquelle il se trouve en contact, une série de spires jointives terminées intérieurement par une petite portion de lame peu courbée qui les relie à l'arbre. La bonde fait corps avec un arbre qui traverse à frottement doux les rondelles (*couvercles*) qui forment les deux bases de la virole et qui complètent ainsi le barillet. Cet arbre se termine à une de ses extrémités par une partie à section carrée (*le carré*) destinée à recevoir une *clef*. Si par un moyen quelconque on rend fixe le barillet, et que l'on imprime à l'arbre, au moyen de la clef, une rotation de sens contraire à celui dans lequel les rayons vecteurs vont en croissant, on arrive à enrouler le ressort de la bonde en spires jointives reliées au barillet par une petite portion de lame peu courbe.

Supposons maintenant que l'on fixe l'arbre et qu'on rende la liberté au barillet, le ressort se détendra, les spires intérieures se sépareront successivement les unes des autres en s'éloignant de l'axe et mettront en mouvement le barillet et la transmission du chronomètre.

Pour réaliser les conceptions ci-dessus, on monte sur l'arbre, vers celle de ses extrémités qui est opposée au carré du remontage, une roue à rochet dont le cliquet est fixé sur la platine du cadran. Cet encliquetage permet seulement le mouvement de l'arbre dans le sens du remontage.

Lorsqu'on n'emploie pas la *fusée*, sur laquelle nous reviendrons plus loin, le couvercle du barillet voisin du carré est muni d'une denture qui engrène avec le pignon de la roue du centre. Il est clair que, par la disposition précédente, la force motrice, lors du remontage, ne cesse pas d'exercer son action sur le corps de rouages du chronomètre dont le fonctionnement n'est pas ainsi interrompu.

Les deux extrémités du ressort sont un peu détrempées sur une certaine longueur pour diminuer les chances de rupture en ces deux points où il fatigue le plus. Les deux crochets, surtout celui de la bonde, déterminent à très-peu près deux encastrements; toutefois, dans les pièces soignées, on renforce le crochet extérieur par une lame d'acier appelée *bride* ou *barrette,* fixée de part et d'autre aux couvercles du barillet et qui détermine plus complétement l'encastrement de l'extrémité extérieure du ressort.

Lorsque le ressort est complétement armé, il doit occuper $\frac{1}{3}$ du rayon du barillet, et, quand il est complétement enroulé, le vide à la circonférence du barillet est environ $\frac{1}{6}$ du rayon.

Il faut autant que possible que le ressort s'enroule et se déroule sans se jeter d'un côté ou de l'autre, et que, lorsque la dernière spire est détachée de la virole, il se replie autour de la bonde en se serrant en spires non contiguës jusqu'au moment où elles l'enveloppent complétement en se touchant. Pour être certain d'arriver à ce résultat, on donne au ressort, dans les pièces soignées, une épaisseur qui va en diminuant de la circonférence au centre en faisant en sorte qu'elle soit un peu plus forte au milieu qu'aux bords.

Nous citerons, comme exemple de ressort, celui qui correspond au calibre le plus usité, dit de *dix-huit lignes,* que l'on définit ainsi par le diamètre de la platine. Le diamètre intérieur du barillet est de 16 millimètres, la longueur du ressort de 580 millimètres, sa largeur de $1^{mm},82$ et son épaisseur de $0^{mm},15$.

Pour la longueur, on peut dire d'une manière générale qu'on la prend à peu près égale à 12 fois le diamètre de la platine, soit 24 fois le diamètre extérieur du barillet.

Les *fig.* 181, 182, 183, 184 donnent une idée des différentes phases de la détente d'un ressort.

Fig. 181.

Fig. 182.

Fig. 183.

Fig. 184.

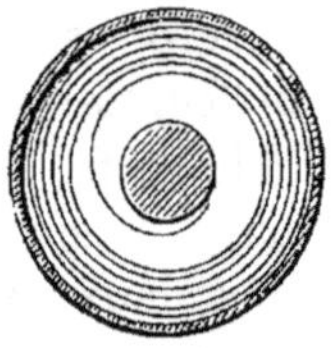

**142.** *Des arrêtages.* — Le nombre des tours du barillet ou de clef nécessaires pour armer complétement le ressort est compris entre 12 et 14.

Pour réduire, dans des limites suffisamment restreintes, les variations de la force motrice du commencement à la fin du remontage, de manière que ces variations puissent être compensées par l'échappement (condition nécessaire pour obtenir la régularité voulue dans la marche des chronomètres, comme nous le verrons ultérieurement), on n'utilise que trois ou quatre au plus des tours du milieu.

A cet effet, on emploie l'une ou l'autre de certaines dispositions appelées *arrêts de remontoirs* et dont la plus usitée est la *croix de Malte*. Une pièce, affectant la forme d'un double disque, est montée sur l'arbre du barillet (*fig.* 185) ; la face du disque, dont le rayon est le plus grand, est en contact avec la

Fig. 185.

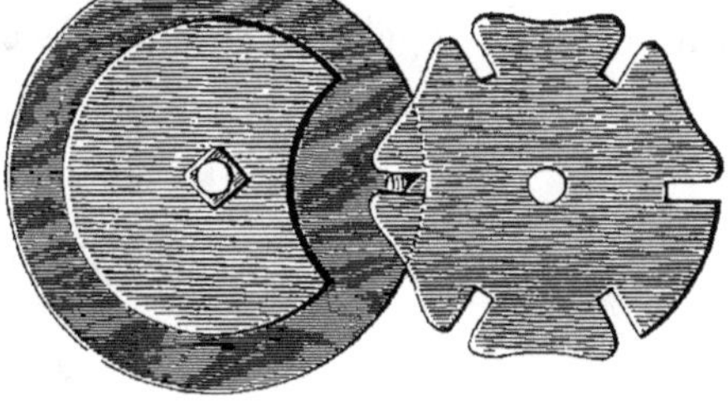

face extérieure du couvercle non denté du barillet ; ce disque est muni, vers sa circonférence, d'un appendice saillant (*doigt*). Dans le plan du disque extérieur, tourne autour d'un axe fixé sur le couvercle ci-dessus du barillet une sorte de croix généralement à six branches, dont quatre sont terminées en creux par des arcs de cercle de même rayon que le disque et la sixième par une convexité. A chaque tour du barillet, le doigt déplace une des branches creuses et amène la suivante au contact du disque, de manière à la rendre immobile tant que le doigt ne vient pas à agir sur elle pour la remplacer par la suivante ; mais, lorsque arrive la cinquième branche, sa convexité vient s'arc-bouter avec le disque qui ne peut plus passer, et le mouvement du barillet se trouve forcément arrêté. Le même arc-boutement se produit en sens inverse dans le remontage, lorsqu'on fait faire à la clef le nombre voulu de tours. On voit de suite que, si $n$ est le nombre de ces tours, fixé d'avance, le nombre des branches de la croix doit être $n+1$.

En vue de rendre l'arrêtage plus solide, plus facile à construire et à réparer, on substitue quelquefois au doigt une cheville fixée à la bonde (amenée à un diamètre plus faible dans le plan de la croix), de manière à remplacer le disque.

Il est facile de voir que la longueur du doigt, mesurée à partir de l'axe, le rayon ou cercle circonscrit à la croix et la ligne des centres forment un triangle rectangle dont l'angle compris entre les deux derniers côtés est $\frac{\pi}{n+1}$, ce qui permet de déterminer l'un quelconque des trois côtés connaissant les deux autres. Si, comme cela a lieu souvent, la longueur $x$ du doigt est égale au rayon du cercle circonscrit, on a, pour déterminer $x$, en appelant $d$ la ligne des centres,

$$x = 2d \sin \frac{\pi}{2(n+1)}.$$

Dans les montres marines où l'on fait faire six tours à la clef,

Fig. 186.

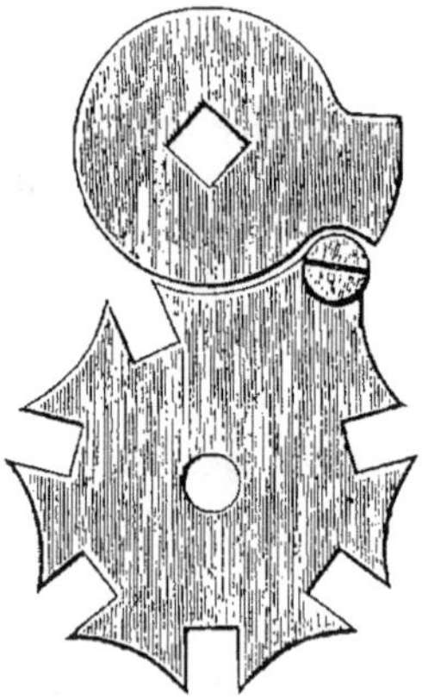

la croix (*fig.* 186) est formée de cinq branches creuses dont la distance angulaire du milieu de l'une à celle qui la suit est égale à $\frac{2\pi}{7}$; l'angle au centre non utilisé $\frac{4\pi}{7}$ correspond à un appendice convexe de forme symétrique à l'extrémité duquel est fixée une vis saillante. Le disque défini plus haut porte, dans un plan supérieur, un appendice dont le milieu correspond à celui du doigt et qui, agissant sur la vis, après les six tours, détermine l'arrêt. Cette disposition a, sur la précédente, l'avantage de produire une butée normale au contact des surfaces qui déterminent l'arrêt, d'où résulte une pression sur l'axe de la croix, ce qui donne une grande invariabilité à l'arrêtage. Mais elle ne peut s'employer pour les montres, en raison du surcroît d'épaisseur qu'on serait obligé de leur donner.

143. *De la fusée.* — Dans les montres dites à roue de rencontre, dont la fabrication est maintenant très-limitée, il est indispensable, pour obtenir une marche régulière, que la force motrice exerce une action bien uniforme sur le corps de rouages. Pour atteindre ce but on a imaginé la disposition suivante : sur le barillet dépourvu de denture et dont l'arbre ne sert plus au remontage, s'enroule une chaîne de Vaucanson en acier, qui passe d'autre part sur des retraites hélicoïdales ménagées dans une pièce appelée *fusée* (*fig.* 187). La forme générale de la fusée est celle d'une surface de révolution ne différant d'un cône que parce que les génératrices rectilignes sont remplacées par une courbe un peu convexe vers l'axe. La fusée, en un point de la base de laquelle est fixée l'autre extrémité de la chaîne, fait corps avec l'arbre qui sert au remontage. Lorsque le ressort est armé, la chaîne est enroulée suivant les spires successives de la fusée; à mesure que le barillet tourne, la chaîne s'enroule sur sa surface en se dégageant successivement des spires à partir de celle du plus petit rayon. Le bras de levier de la tension de la chaîne exercée sur la fusée va ainsi en augmentant à mesure que l'intensité de cette force décroît avec l'énergie du ressort. Les spires sont tracées de manière que le moment moteur de la fusée reste constant. Une roue dentée est établie à frottement doux sur la grande base de la fusée, au moyen d'une virole

faisant corps avec cette roue et pénétrant dans une cavité cylindrique centrale pratiquée dans la fusée. Cette roue, qui doit commander la roue du centre, porte le cliquet d'un rochet dont la roue est noyée dans la base de la fusée, et cet organe

Fig. 187.

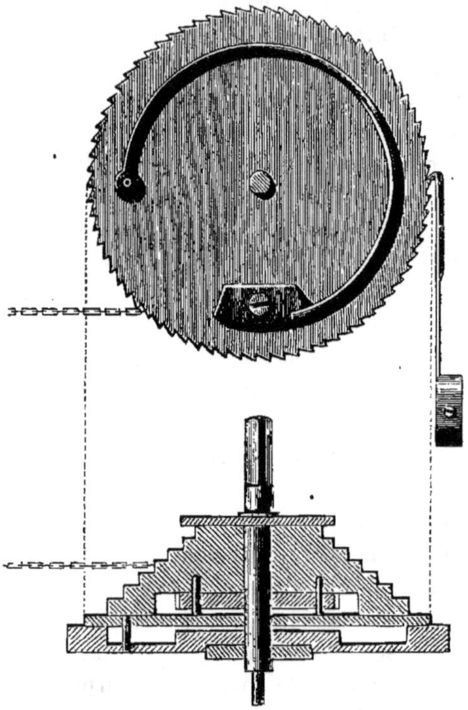

joue, pour le remontage, le même rôle que son similaire du barillet dans les montres. A la fin du remontage, lorsque la chaîne atteint les spires supérieures de la fusée, sa partie rectiligne soulève graduellement un levier appelé *garde-chaîne*, maintenu incliné vers la grande platine par une lame de ressort jusqu'au moment où, l'enroulement étant sur le point d'être complet, le levier arrive au niveau de la petite base de la fusée et vient buter contre un appendice dont elle est munie et qui produit l'arrêt.

L'emploi de la fusée rend superflue l'addition d'un arrêt de remontoir pour limiter le nombre de tours utiles du ressort; en effet, d'une part, le garde-chaîne empêche la fusée de remonter le barillet au delà du point voulu ; de l'autre, la tension du ressort est limitée à son minimum par la chaîne qui reste tendue sur la goupille de la fusée où elle s'accroche.

Les inconvénients résultant de l'emploi de la fusée sont les suivants : 1° les frottements sont augmentés par l'introduction d'un mobile de plus, ce qui nécessite l'emploi d'un ressort plus fort; 2° il faut rectifier le tracé des spires chaque fois qu'on change le ressort; 3° la fusée occupe un grand espace qu'on pourrait employer plus utilement; 4° le mouvement du mécanisme est suspendu pendant le remontage.

144. *Remontoir.* — On a cru pendant longtemps qu'il était indispensable d'adapter une fusée aux montres marines et ce n'est que dans ces dernières années que l'on a reconnu qu'elle pouvait être supprimée sans inconvénient; mais, en adoptant la fusée, il était surtout nécessaire de parer au dernier des inconvénients signalés ci-dessus, et l'on y est arrivé au moyen d'une disposition particulière à laquelle on a donné le nom de *remontoir*. A cet effet (*fig.* 187), on place entre la roue dentée et la fusée une roue à rochet dont le cliquet adapté à la grande platine empêche toute participation au mouvement du remontage. La roue à rochet est reliée à la roue dentée par un ressort presque circulaire dont les extrémités sont respectivement fixées à ces deux pièces. La chaîne, en agissant sur la fusée, a pour effet de bander le ressort; pendant le remontage il réagit sur la roue en se détendant et il entretient par suite le mouvement de la montre.

145. *Recherches sur la loi de la détente d'un ressort.* — Soient (*fig.* 188)

O le centre du barillet;

A l'encastrement intérieur de la lame ; nous prendrons la direction de OA pour axe des $x$ et sa perpendiculaire en O pour axe des $y$;

$R_0$ la distance OA ;

X, Y les résultantes élastiques parallèles à $Ox$, $Oy$ dans la section normale faite en un point M de la fibre moyenne dont les coordonnées sont $x'$ et $y'$;

U le moment du couple élastique développé dans la même section;

$x$, $y$ les coordonnées d'un point quelconque $m$ de l'arc AM;

$s$ la longueur de l'arc A$m$;

$\rho_0$, $\rho$ le rayon de courbure en $m$ du ressort à l'état naturel et dans l'état actuel;

$\theta$ l'angle que forme la direction de $\rho$ avec $Ox$;

$\mu$ le *moment d'élasticité* de la lame, c'est-à-dire le produit du moment d'inertie de sa section par son coefficient d'élasticité.

Fig. 188.

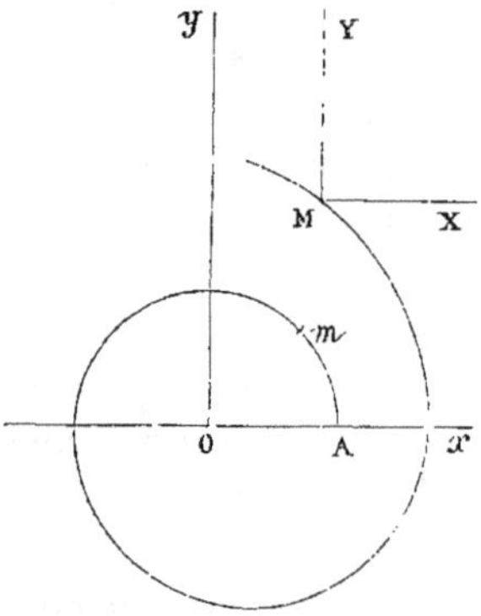


Nous supposerons qu'entre A et M la lame n'offre aucun point d'inflexion, de manière à éviter toutes difficultés relatives aux signes à donner à $\rho$ et $\theta$, variables que nous supposerons toujours positives.

Nous aurons

$$(1) \qquad \frac{dx}{ds} = -\sin\theta, \quad \frac{dy}{ds} = \cos\theta, \quad \frac{d\theta}{ds} = \frac{1}{\rho},$$

$$(2) \quad \mu\left(\frac{1}{\rho} - \frac{1}{\rho_0}\right) = -X(y'-y) + Y(x'-x) + U = \mathfrak{M} + Xy - Yx,$$

en appelant

$$(3) \qquad \mathfrak{M} = U - Xy' + Yx'$$

le moment des forces par rapport à l'origine des coordonnées.

Connaîtrions-nous la fonction de $s$ qui représente $\rho_0$ que la question n'en serait pas plus avancée, attendu que l'équation (2) ne peut s'intégrer que dans les cas où $\rho_0$ est constant et infini. Mais, comme le rapport $\frac{\rho}{\rho_0}$ est petit pour la plus grande partie de l'étendue du ressort, nous pourrons, sans grande erreur, remplacer $\rho_0$ par sa valeur moyenne $\rho'_0$ déduite de l'empreinte du ressort, avant son introduction dans le barillet, sur une feuille de papier noirci.

Nous substituerons ainsi à l'équation (2) la suivante :

$$(2') \qquad \frac{\mu}{\rho} = \mu \frac{d\theta}{ds} = \mathfrak{M}' + Xy - Yx,$$

en posant

$$(3') \qquad \mathfrak{M}' = \mathfrak{M} + \frac{\mu}{\rho'_0}.$$

Si l'on différentie l'équation (2') par rapport à $s$, en ayant égard aux deux premières des relations, puis que l'on intègre après avoir multiplié par $\frac{d\theta}{ds}$, on trouve successivement

$$(4) \qquad \mu \frac{d^2\theta}{ds^2} = X\cos\theta + Y\sin\theta,$$

$$(5) \qquad \frac{\mu}{2}\frac{d\theta^2}{ds^2} = \frac{\mu}{2\rho^2} = X\sin\theta - Y\cos\theta + D,$$

D étant une constante que l'on déterminera en exprimant que l'on obtient la même valeur de $\rho$ pour $x = R_0$, $y = 0$ au moyen de l'équation (2') et pour $\theta = 0$, en se servant de l'équation (5), ce qui donne

$$(6) \qquad \sqrt{\frac{2}{\mu}(D - Y)} = \frac{\mathfrak{M}' - YR_0}{\mu}.$$

Posons maintenant

$$\frac{2D}{\mu} = c, \quad -\frac{2Y}{\mu c} = \alpha, \quad \frac{2X}{\mu c} = \beta;$$

l'équation (5) nous donnera

$$ds = \frac{1}{\sqrt{c}} \frac{d\theta}{\sqrt{1 + \alpha \cos\theta + \beta \sin\theta}};$$

par suite, en vertu des deux premières des relations (1),

$$(7)\quad \begin{cases} s = \dfrac{1}{\sqrt{c}} \displaystyle\int_0^\theta \frac{d\theta}{\sqrt{1 + \alpha \cos\theta + \beta \sin\theta}}, \\ x - R_0 = -\dfrac{1}{\sqrt{c}} \displaystyle\int_0^\theta \frac{\sin\theta\, d\theta}{\sqrt{1 + \alpha \cos\theta + \beta \sin\theta}}, \\ y = \dfrac{1}{\sqrt{c}} \displaystyle\int_0^\theta \frac{\cos\theta\, d\theta}{\sqrt{1 + \alpha \cos\theta + \beta \sin\theta}}. \end{cases}$$

On peut supposer que $\sqrt{c}\,\dfrac{ds}{d\theta}$ soit développé en une série indéfinie de sinus et cosinus d'arcs multiples de $\theta$, et poser

$$(8)\qquad (1 + \alpha \cos\theta + \beta \sin\theta)^{-\frac{1}{2}} = \sum_0^\infty (A_n \cos n\theta + B_n \sin n\theta),$$

$A_n$, $B_n$ étant des fonctions de $\alpha$, $\beta$, $n$ que nous déterminerons ultérieurement ; nous aurons alors

$$(9)\quad \begin{cases} s = \dfrac{1}{\sqrt{c}} \left[ A_0 \theta + \displaystyle\sum_1^\infty \frac{1}{n} (A_n \sin n\theta - B_n \cos n\theta + B_n) \right], \\ x - R_0 = -\dfrac{1}{\sqrt{c}} \left( A_0 (1 - \cos\theta) + \dfrac{A_1}{2} \sin^2\theta + \dfrac{B_1}{2} \left( \theta - \dfrac{\sin 2\theta}{2} \right) \right. \\ \qquad + \dfrac{1}{2} \displaystyle\sum_2^\infty \left\{ \frac{1}{n-1} [A_n \cos(n-1)\theta + B_n \sin(n-1)\theta - A_n] \right. \\ \qquad\qquad \left.\left. - \dfrac{1}{n+1} [A_n \cos(n+1)\theta + B_n \sin(n+1)\theta - A_n] \right\} \right), \\ y = \dfrac{1}{\sqrt{c}} \left( A_0 \sin\theta + \dfrac{A_1}{2} \left( \theta + \dfrac{\sin 2\theta}{2} \right) + \dfrac{B_1}{2} \sin^2\theta \right. \\ \qquad + \dfrac{1}{2} \displaystyle\sum_2^\infty \left\{ \frac{1}{n-1} [A_n \sin(n-1)\theta + B_n \cos(n-1)\theta - B_n] \right. \\ \qquad\qquad \left.\left. + \dfrac{1}{n+1} [A_n \sin(n+1)\theta - B_n \cos(n+1)\theta + B_n] \right\} \right). \end{cases}$$

Pour déterminer les $A_n$ et $B_n$, nous remarquerons d'abord que l'on a

$$(10)\quad \begin{cases} (1+\alpha\cos\theta+\beta\sin\theta)^{-\frac{1}{2}} \\ \displaystyle =\sum_{m=0}^{m=\infty}\left(-\frac{1}{2}\right)^m \frac{3.5.7\ldots(2m-1)}{1.2.3\ldots m}(\alpha\cos\theta+\beta\sin\theta)^m; \end{cases}$$

mais, en représentant $\sqrt{-1}$ par $i$, on a

$$(11)\quad \begin{cases} \cos m\theta = \dfrac{e^{mi\theta}+e^{-mi\theta}}{2}, \\ \sin m\theta = \dfrac{e^{mi\theta}-e^{-mi\theta}}{2i}; \end{cases}$$

par suite,

$$(12)\quad \begin{cases} (\alpha\cos\theta+\beta\sin\theta)^m \\ \displaystyle =\frac{1}{2^m}\sum_{p=0}^{p=m}\frac{m(m-1)\ldots(m-p+1)}{1.2.3\ldots p}(\alpha-\beta i)^{m-p}(\alpha+\beta i)^p e^{i(m-2p)\theta}. \end{cases}$$

Dans cette formule il conviendra de grouper les termes également distants des extrêmes avant de remplacer les exponentielles imaginaires par leurs valeurs en sinus et cosinus, et distinguer, par conséquent, chacun des cas où $m$ est pair ou impair; les $A_n$, $B_n$ se déduiront ensuite d'un calcul plus ou moins laborieux; mais, comme il nous suffit d'avoir le moment moteur, nous laisserons de côté la recherche précédente considérée dans toute sa généralité.

Admettons donc maintenant que le point M correspond à un encastrement perpendiculaire au rayon OM, que l'on peut faire tourner à volonté autour du point O; soient $l$ la longueur de la lame et R le rayon OM, qui sont des données de la question; $\varphi$ la valeur de $\theta$ correspondant au point M; nous aurons pour ce point

$$x = R\cos\varphi,$$
$$y = R\sin\varphi;$$

par suite,

$$(13)\quad \begin{cases} l = \dfrac{1}{\sqrt{c}}\left[A_0\varphi + \sum_1^\infty \dfrac{1}{n}(A_n \sin n\varphi - B_n \cos n\varphi + B_n)\right], \\ R\cos\varphi - R_0 = -\dfrac{1}{\sqrt{c}}\left(A_0(1-\cos\varphi) + \dfrac{A_1}{2}\sin^2\varphi + \dfrac{B_1}{2}\left(\varphi - \dfrac{\sin 2\varphi}{2}\right)\right. \\ \qquad + \dfrac{1}{2}\sum_2^\infty \left\{ \dfrac{1}{n-1}[A_n\cos(n-1)\varphi + B_n \sin(n-1)\varphi - A_n] \right. \\ \qquad\qquad \left.\left. - \dfrac{1}{n+1}[A_n \cos(n+1)\varphi + B_n\sin(n+1)\varphi - A_n]\right\}\right), \\ R\sin\varphi = \dfrac{1}{\sqrt{c}}\left(A_0\sin\varphi + \dfrac{A_1}{2}\left(\varphi + \dfrac{\sin 2\varphi}{2}\right) + \dfrac{B_1}{2}\sin^2\varphi\right. \\ \qquad + \dfrac{1}{2}\sum_2^\infty \left\{\dfrac{1}{n-1}[A_n \sin(n-1)\varphi + B_n\cos(n-1)\varphi - B_n]\right. \\ \qquad\qquad \left.\left. + \dfrac{1}{n+1}[A_n\sin(n+1)\varphi - B_n\cos(n+1)\varphi + B_n]\right\}\right), \end{cases}$$

conditions auxquelles correspondent, en fonction de $\varphi$, des valeurs de $\alpha$, $\beta$, $c$ qu'il s'agirait maintenant de trouver; mais, considéré à ce point de vue général, le problème paraît présenter des difficultés insurmontables : c'est pourquoi nous nous bornerons à calculer ces quantités dans le cas où $\varphi$ est un multiple de $2\pi$, ce qui nous suffira pour nous rendre compte de la manière dont varie le moment moteur avec le nombre de tours du barillet.

Dans cette hypothèse, les formules (13) se réduisent aux suivantes :

$$(14)\quad \begin{cases} l = \dfrac{1}{\sqrt{c}}A_0\varphi, \\ R - R_0 = -\dfrac{1}{2}\dfrac{1}{\sqrt{c}}B_1\varphi, \\ A_1 = 0. \end{cases}$$

La formule (12) ne donne un terme indépendant des imaginaires ou de sin et $\cos\theta$ que si $m$ est pair; et, en posant $m = 2q$, ce terme est

$$\left(\frac{1}{2}\right)^{2q}\frac{2q(2q-1)\ldots(q+1)}{1.2.3\ldots q}(\alpha^2+\beta^2)^q,$$

d'où

$$(15)\qquad A_0 = 1 + \sum_1^\infty \left(\frac{1}{2}\right)^{4q}\frac{3.5.7\ldots(4q-1)}{(1.2.3\ldots q)^2}(\alpha^2+\beta^2)^q.$$

Le développement (12) ne renfermera des termes en $e^{i\theta}$ et $e^{-i\theta}$ qu'autant que $m$ sera impair, et ces deux termes seront ceux du milieu. Supposons donc

$$m = 2q + 1$$

et successivement $p = q$, $p = q + 1$; nous obtiendrons, pour l'ensemble des deux termes ci-dessus,

$$\left(\frac{1}{2}\right)^{2q+1} \frac{(2q+1)\ldots(q+2)}{1.2.3\ldots q} [(\alpha - \beta i)^{q+1}(\alpha + \beta i)^q e^{i\theta} + (\alpha - \beta i)^q(\alpha + \beta i)^{q+1} e^{-i\theta}]$$

ou, en faisant disparaître les exponentielles au moyen des valeurs de $\sin\theta$ et $\cos\theta$,

$$\left(\frac{1}{2}\right)^{2q} \frac{(2q+1)\ldots(q+2)}{1.2.3\ldots q} (\alpha^2 + \beta^2)^q (\alpha\cos\theta + \beta\sin\theta),$$

d'où l'on déduit, en se reportant au développement (10) et effectuant les réductions,

$$(16)\quad \begin{cases} A_1 = -\alpha\left\{\frac{1}{2} + \sum_1^\infty \left(\frac{1}{2}\right)^{4q+1} \frac{3.5\ldots(4q+1)}{(1.2.3\ldots q)[1.2.3\ldots(q+1)]}(\alpha^2+\beta^2)^q\right\}, \\ B_1 = -\beta\left\{\frac{1}{2} + \sum_1^\infty \left(\frac{1}{2}\right)^{4q+1} \frac{3.5\ldots(4q+1)}{(1.2.3\ldots q)[1.2.3\ldots(q+1)]}(\alpha^2+\beta^2)^q\right\}. \end{cases}$$

Comme $A_1$ est le produit de $-\alpha$ par une somme de termes positifs, on ne peut satisfaire à la troisième des conditions (14) qu'en supposant $\alpha = 0$ ou $Y = 0$. Les deux premières des mêmes conditions donnent

$$(17)\qquad \frac{B_1}{A_0} = -\frac{2(R - R_0)}{l};$$

comme on a ordinairement

$$R_0 = \frac{R}{3}, \quad \frac{l}{4R} = 12,$$

on voit que ce rapport est très-petit. Nous pouvons conclure de là que $\beta$ est une petite fraction.

En négligeant d'abord la seconde puissance de $\beta$, on a

$$A_0 = 1, \quad \beta = -2B_1 = \frac{4(R - R_0)}{l}.$$

En portant cette valeur de $\beta$ dans les termes du second ordre, on trouve

$$A_0 = 1 + 3\left(\frac{R - R_0}{l}\right)^2 \quad B_1 = -\frac{\beta}{2}\left[1 + \frac{15}{2}\left(\frac{R - R_0}{l}\right)^2\right],$$

d'où

$$\beta = 4\,\frac{R - R_0}{l}\left[1 - \frac{9}{2}\left(\frac{R - R_0}{l}\right)^2\right]$$

et enfin

$$\sqrt{c} = \frac{\varphi}{l}\left[1 + \frac{1}{3}\left(\frac{R - R_0}{l}\right)^2\right].$$

L'équation (6) donne maintenant

$$\mathfrak{M}' = \sqrt{2D\mu} = \mu\sqrt{c} = \mu\,\frac{\varphi}{l}\left[1 + \frac{1}{3}\left(\frac{R - R_0}{l}\right)^2\right],$$

et enfin l'équation (3′)

$$\mathfrak{M} = \mu\left\{\frac{\varphi}{l}\left[1 + \frac{1}{3}\left(\frac{R - R_0}{l}\right)^2\right] - \frac{1}{\rho'_0}\right\}. \tag{18}$$

Soit $\varphi_0$ la valeur de $\varphi$ lorsque le ressort est complétement désarmé. Posons

$$\varphi = \varphi_0 + \psi;$$

le moment $\mathfrak{M}$ pourra se mettre sous la forme

$$\mathfrak{M} = R(A\psi + B); \tag{19}$$

A et B étant des quantités censées connues.

On voit que le moment moteur croît à peu près proportionnellement au nombre de tours du barillet, ce qui est conforme aux résultats de l'observation avec lesquels la formule précédente cadre on ne peut mieux.

La pression sur l'axe du barillet, qui se réduit à Y, étant de l'ordre $\beta$, ne peut donner lieu qu'à un frottement insignifiant.

**146.** *Du profil de la fusée.* — Dans ce qui suit, nous conserverons les notations du numéro précédent.

Soient en projection sur le plan de la grande base de la fusée

O l'axe de la fusée;
$Ox$ une droite fixe tracée dans le plan ci-dessus;

$Oy$ sa perpendiculaire dans le même plan;

$r$ le rayon vecteur de la courbe formée par la retraite hélicoïdale de la fusée;

$\omega$ l'angle qu'il forme avec la droite fixe $Ox$.

Nous supposerons que la position de l'axe $Ox$ correspond à $\omega = 0$ pour $\psi = 0$.

La condition qui doit être remplie est la suivante :

$$\left(\frac{A}{2\pi}\psi + B\right) r = BR,$$

en admettant que le rayon de la grande base de la fusée soit égal au rayon du barillet; mais on a aussi la relation

$$r\,d\omega = R\,d\psi,$$

et, en éliminant $\psi$ entre cette équation et la précédente, intégrant ensuite et posant $k = \frac{A}{B\pi}$, on trouve

$$(1) \qquad r = \frac{R}{\sqrt{1 + k\omega}},$$

ce qui est l'équation d'une spirale dont le rayon vecteur va en décroissant indéfiniment jusqu'à zéro lorsque $\omega$ croît de zéro jusqu'à l'infini.

Pour déterminer la forme de la méridienne de la surface de révolution qui doit limiter la fusée avant qu'elle ne soit entaillée, nous nous placerons dans les conditions les plus simples qui sont celles qui se prêtent le mieux au tracé pratique de la retraite, et nous poserons, comme pour l'hélice,

$$(2) \qquad z = \varepsilon\omega,$$

en désignant par $\varepsilon$ une constante, et prenant l'axe de la fusée pour axe des $z$.

La constante $\varepsilon$ se déterminera par l'épaisseur de la chaîne ou par la hauteur supposée donnée de la fusée.

En éliminant $\omega$ entre les équations (1) et (2) et remarquant que $r = \sqrt{x^2 + y^2}$, on trouve, pour l'équation de la surface,

$$(3) \qquad (x^2 + y^2)\left(1 + \frac{k}{\varepsilon} z\right) = R^2,$$

et, pour celle de la méridienne,

$$(4) \qquad z = \frac{\frac{R^2}{x^2} - 1}{\frac{k}{\varepsilon}},$$

qui représente une courbe convexe vers l'axe des $z$, qu'elle a pour asymptote.

Si l'on se donne la hauteur $\delta$ de la chaîne, il suffira de prendre $\varepsilon$ un peu supérieur à $\frac{\delta}{2\pi}$, et l'on devra pouvoir en déduire la hauteur $\eta$ de la fusée et inversement. A cet effet, appelons $\lambda$ la longueur utilisée de la chaîne, qui se déduit du diamètre extérieur du barillet et du nombre $n$ de tours qu'il doit faire entre les deux arrêts. On a, en remarquant que, en vertu de l'équation (2), $\frac{\eta}{\varepsilon}$ est l'angle total que décrit la fusée,

$$\lambda = R\int_0^{\frac{\eta}{\varepsilon}} \sqrt{\frac{1}{1+k\omega} + \frac{k^2}{4(1+k\omega)^3} + \frac{\varepsilon^2}{R^2}}\, d\omega;$$

mais $\frac{\varepsilon^2}{R^2}$ est une petite fraction qui est négligeable; de plus, $\frac{A}{B}$ est généralement inférieur à $\frac{1}{4}$; par suite, $\frac{k^2}{4}$ n'atteint pas $\frac{1}{64}$; de sorte que l'on peut négliger la seconde puissance du second terme sous le radical, ce qui donne

$$(5) \qquad \left\{ \begin{aligned} \frac{\lambda}{R} &= \int_0^{\frac{\eta}{\varepsilon}} \frac{1}{\sqrt{1+k\omega}}\left[1 + \frac{k^2}{8(1+k\omega)^2}\right] d\omega \\ &= \frac{2}{k}\left(\sqrt{1+k\frac{\eta}{\varepsilon}} - 1\right) - \frac{k}{12}\left[\frac{1}{\sqrt{\left(1+k\frac{\eta}{\varepsilon}\right)^3}} - 1\right]. \end{aligned} \right.$$

Telle est la relation qu'il fallait établir.

# CHAPITRE III.

## DU MÉCANISME DE TRANSMISSION.

147. *Des pivots.* — Les extrémités de l'arbre d'un mobile d'un chronomètre qui pénètrent dans les guides du mouvement ne sont pas, à proprement parler, des *pivots*, comme les appellent les horlogers; car chacune d'elles est formée d'une partie cylindrique frottant, par sa surface latérale, sur le guide correspondant, sous l'action de la force motrice, et ce n'est que dans les montres, lorsqu'elles sont posées à plat, qu'un frottement dépendant uniquement du poids de l'organe se développe sur une surface perpendiculaire à l'axe de rotation. Ainsi donc le rôle principal des extrémités d'un arbre est celui d'un tourillon; néanmoins nous maintiendrons l'expression de *pivot*.

Pour les rouages, le pivot se compose généralement (*fig.* 190) d'un tourillon (*tige* des horlogers) dont l'épaulement (la *por-*

Fig. 190.

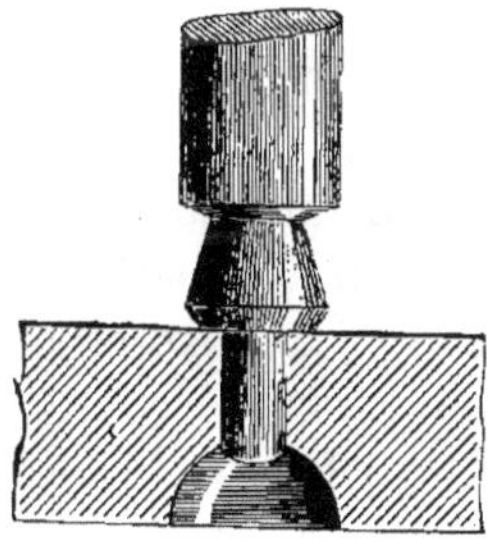

Fig. 191.

*tée*) est formé, soit par une zone annulaire, soit par un tronc de cône qui se raccorde suivant sa grande base avec l'arbre;

l'œil (*trou*) est évasé sur une certaine profondeur, de manière à former un petit godet destiné à recevoir l'huile.

Comme le graissage des organes ou le *renouvellement* des huiles ne doit se faire qu'à de longs intervalles, il importe de réduire autant que possible la masse des particules matérielles que le frottement détache du pivot et du coussinet, et qui ont pour effet d'épaissir et d'altérer les huiles, et par suite d'augmenter l'importance de cette résistance. C'est pourquoi on n'emploie que des trous en acier trempé très-dur, et le plus souvent en rubis; les trous en cuivre ne sont employés que dans les montres d'une certaine valeur que pour l'arbre et la roue du centre.

Pour obtenir une bonne marche, il est nécessaire que les frottements de la denture, qui sont de beaucoup les plus considérables, soient uniformes : c'est pourquoi on ne lubrifie pas les engrenages. D'ailleurs, si l'on faisait le contraire, on ne remplirait pas les conditions de propreté que l'on exige de ces organes. Il est donc indispensable de prendre les mesures nécessaires pour que l'huile d'un pivot ne puisse pas pénétrer dans l'intervalle des dents du pignon; pour atteindre ce but, on se contente, dans les montres, de creuser une petite rigole ou *piqûre* dans le pignon, suivant la circonférence de jonction avec l'arbre, et qui forme un réservoir destiné à emmagasiner l'huile qui peut sortir du pivot.

La piqûre circulaire est très-souvent remplacée par un tronc de cône renversé de même base que l'épaulement, ménagé à l'extrémité de l'arbre.

Lorsque le pignon est très-voisin de l'arbre, pour plus de sécurité, on emploie simultanément la piqûre et le tronc de cône.

Le frottement a une plus grande influence sur le mouvement du balancier des montres, en raison de la faible énergie du spiral, que sur le jeu de la transmission mise en mouvement par une force motrice plus que suffisante; c'est pourquoi on cherche à donner au tourillon du balancier le plus petit diamètre possible; comme, pour le moindre choc, il pourrait se briser à sa naissance, on a soin de le renforcer (*fig.* 191) en le raccordant par un profil continu avec le cône renversé qui termine l'arbre; mais, l'épaulement de l'arbre se trouvant ainsi supprimé, on est obligé de le remplacer par un épaulement extérieur appelé *contre-pivot*, contre lequel l'extrémité du tourillon vient s'appuyer; l'huile se loge entre le contre-pivot et le trou qui ne se touchent pas, et l'évasement que l'on observe dans ce dernier n'a pour objet que d'empêcher tout frottement de la part de la naissance courbe du tourillon et de faciliter la mise en place du pivot.

En représentant par l'unité le diamètre des pivots [1] de la première et de la deuxième moyenne, on admet souvent les rapports suivants :

| | | |
|---|---|---|
| Diamètre du pivot | de la roue d'échappement...... | $\frac{1}{2}$ |
| » | de la roue du centre......... | 5 |
| » | du barillet.................. | 8 |

Le diamètre de l'arbre de la roue d'échappement, de la première et de la deuxième moyenne, est à très-peu près le triple de celui du pivot.

148. *Choix du système d'engrenages.* — On n'emploie en horlogerie que l'engrenage à flancs, dont l'un des inconvénients (15) est supprimé, puisque chaque roue ne conduit qu'un pignon; celui qui est relatif au déplacement des axes est peu à redouter, parce que, d'après la nature des pivots, le jeu des axes ne peut devenir appréciable qu'au bout d'une période considérable. Mais, comme dans les montres on est obligé d'employer des pignons d'un petit nombre de dents (*ailes*), on est conduit à des arcs de retraite très-étendus; d'où, comme conséquence, une augmentation graduelle, à partir du contact sur la ligne des centres, des actions mutuelles entre un couple de dents et par suite une usure inégale que l'on est obligé d'accepter. L'engrenage à développante de cercle ne serait pas admissible, à cause de la convergence trop rapide des profils. Quant à l'engrenage à lanterne, il est évident qu'il ne doit figurer nulle part, même dans les grands chronomètres fixes.

Revenons donc à l'engrenage à flancs rectilignes.

Les flancs des ailes des pignons sont raccordés (*fig.* 192) à

---

[1] Soit $\frac{1}{12}$ de ligne pour les montres.

leurs extrémités par des demi-circonférences, ce qui est défectueux lorsque, par suite de l'emploi d'un pignon d'un trop petit nombre d'ailes, on est obligé, pour assurer la continuité

Fig. 192.

du mouvement, de faire commencer le contact entre un couple de dents avant la ligne des centres. Le nombre des ailes a six et douze pour limites. La faible valeur de ce nombre ne peut se justifier que par des difficultés d'exécution, eu égard au faible diamètre des pignons, et par l'épaisseur que l'on est obligé de donner aux ailes pour résister aux efforts qu'elles supportent, en raison de ce que le plus souvent, comme dans les montres, la largeur des rouages dans le sens de l'axe est forcément minime.

L'épaisseur des ailes est prise égale au tiers du pas, et celle des dents des roues est par suite égale aux $\frac{2}{3}$ du pas, moins le jeu qui varie entre $\frac{1}{5}$ et $\frac{1}{10}$ du vide.

Certains horlogers font commencer le contact entre deux dents un peu après qu'il a cessé entre le couple précédent, de manière à créer des chocs ou *chutes* qu'ils considèrent comme indispensables pour éviter les arrêts pouvant résulter de l'interposition de matières étrangères dans les engrenages; mais nous pensons qu'il est toujours possible de donner un jeu suffisant, pour éviter les causes d'arrêts, sans être obligé d'avoir recours au choc qui est une cause de destruction.

**149.** *De la composition des rouages d'une montre.* — Soient $\mu_2$, $\mu_3$, $\mu_4$ les rapports respectifs des rayons des pignons de la première moyenne, de la deuxième moyenne et de la roue d'échappement à ceux de la roue du centre, de la première et de la deuxième moyenne;

$n$ le nombre des dents de la roue d'échappement;

N le nombre de demi-oscillations ou *vibrations*, dans le langage des horlogers, exécutées dans une heure par le balancier.

Comme nous le verrons plus loin, le passage d'une roue de la dent d'échappement correspond à chaque oscillation du balancier, la roue d'échappement faisant $\frac{N}{2n}$ tours par heure, tandis que la roue du centre n'en fait qu'un; on a la relation

$$\frac{N}{2n}\mu_4\mu_3\mu_2 = 1, \quad \text{d'où} \quad \frac{N}{2} = \frac{n}{\mu_2\mu_3\mu_4}.$$

Si l'on se donne *à priori* N et $n$, on déterminera les systèmes de valeurs qui conviennent à la question comme on l'a indiqué au n° **18**, en s'imposant les conditions que les rapports $\mu$ soient compris entre $\frac{1}{7}$ et $\frac{1}{10}$; et réciproquement, si l'on se donne $n$, $\mu_2$, $\mu_3$, $\mu_4$, on déterminera la valeur correspondante de N qui servira de base à l'établissement du balancier.

Dans les montres ordinaires [1], $n$ est généralement égal à 15, et il paraît convenable de n'accepter pour N qu'une valeur comprise entre 16200 et 20400. Dans les montres marines, ce nombre atteint souvent 22000.

---

[1] Nous donnerons comme exemples les diagrammes suivants :

| | | $n = 15$ | $n = 14$ |
|---|---|---|---|
| (a) | Barillet | 80 — 10 | |
| | Roue du centre | 80 — 10 | 50 — 6 |
| | Première moyenne | 75 — 10 | 50 — 6 |
| | Deuxième moyenne | 70 — 7 | 50 — 6 |
| | | N = 18000, | N = 19850; |
| (b) | Roue du centre | 80 — 10 | 56 — 6 |
| | Première moyenne | 60 — 8 | 52 — 6 |
| | Deuxième moyenne | 54 — 6 | 52 — 6 |
| | | N = 18200, | N = 19628; |
| (c) | Roue du centre | 76 — 10 | 58 — 6 |
| | Première moyenne | 64 — 8 | 52 — 6 |
| | Deuxième moyenne | 54 — 6 | 52 — 6 |
| | | N = 16416, | N = 20330; |

On reconnaît sans peine que si une montre ne se règle pas bien, par suite de ce que le balancier n'exécute pas un nombre suffisant d'oscillations, il faut remplacer une des roues par une autre d'un plus grand diamètre ou, s'il est possible, un pignon par un plus petit.

La denture du barillet doit être calculée en raison du nombre de tours qu'on doit lui faire faire dans le remontage, pour que le fonctionnement du chronomètre corresponde à un nombre de tours déterminé. Généralement, dans les montres, le pignon avec lequel engrène le barillet a dix ailes, le remontage est de quatre tours et correspond à une marche de trente-deux heures. Le nombre de tours que doit faire le barillet en une heure étant $\frac{4}{32} = \frac{1}{8}$, il devra être muni de $\frac{10}{\frac{1}{8}} = 80$ dents.

Généralement le diamètre de la denture est égal à $1\frac{1}{2}$ fois celui de la roue du centre et le nombre des dents de ces deux organes est le même.

**150.** *Des angles d'approche et de retraite dans les pignons.* Si nous nous reportons aux notations du n° 15 et à la *fig.* 38,

---

| | | | | |
|---|---|---|---|---|
| (*d*) | Roue du centre .......... | 78 — 10 | | |
| | Première moyenne ....... | | 64 — 8 | |
| | Deuxième moyenne....... | | | 60 — 6 |
| | | | N = 19304; | |

| | | | | |
|---|---|---|---|---|
| (*e*) | Roue du centre.......... ....................... | 60 — 8 | | |
| | Première moyenne........ ......... ........... | | 60 — 8 | |
| | Deuxième moyenne........................ ....... | | | 58 — 6 |
| | | | N = 18490; | |

| | | | | |
|---|---|---|---|---|
| (*f*) | Roue du centre........ ................. ........ | 64 — 8 | | |
| | Première moyenne................................ | | 60 — 8 | |
| | Deuxième moyenne............................... | | | 60 — 6 |
| | | | N = 18000; | |

| | | | | |
|---|---|---|---|---|
| (*g*) | Roue du centre.................................. | 64 — 8 | | |
| | Première moyenne.............................. . | | 60 — 8 | |
| | Deuxième moyenne ............................... | | | 56 |
| | | | N = 17850. | |

nous avons

$$\tang \widehat{mO'A} = \frac{\mu}{2} \frac{\sin 2\varphi}{1+\mu \sin^2\varphi}$$

ou, en négligeant les puissances de $\mu$ supérieures à la troisième,

$$\tang \widehat{mO'A} = \frac{\mu}{2}(1-\mu\sin^2\varphi)\sin 2\varphi.$$

En désignant par $\gamma$ l'angle au centre du pignon correspondant au pas, et par $iR\gamma$ le jeu, l'épaisseur des ailes sera $\frac{R}{3}\gamma$, et celle des dents de la roue,

$$R\left(\tfrac{2}{3}-i\right)\gamma.$$

Si donc le point $m$ est la limite du contact, on a

$$\widehat{mO'A'_1} = \frac{1}{2}\frac{R'}{R}\left(\tfrac{2}{3}-i\right)\gamma = \frac{\mu}{2}\left(\tfrac{2}{3}-i\right)\gamma.$$

En exprimant que l'angle $\widehat{mO'A}$ est égal à $\widehat{AO'A'_1} = \mu\varphi$ diminué du précédent, puis estimant $\varphi$ et $\gamma$ en degrés, on trouve

$$2\varphi = 57,2957\sin 2\varphi\left(1-\frac{\mu}{2}-\frac{\mu}{2}\cos 2\varphi\right)+\left(\tfrac{2}{3}-i\right)\gamma.$$

Désignons par $\varphi_0$ la valeur de $\varphi$ obtenue en négligeant les termes en $\mu$ et $i$, ou qui vérifie l'équation

(1) $$2\varphi_0 = 57,2957\sin 2\varphi_0 + \tfrac{2}{3}\gamma.$$

Si $\delta\varphi$ est la correction qu'il faut faire subir à cette valeur pour tenir compte des termes négligés, on trouve

(2) $$\delta 2\varphi = -\frac{\mu}{2}57,2957\sin 2\varphi_0 - \frac{\gamma i}{1-\cos 2\varphi_0}.$$

On voit ainsi que $\varphi = \varphi_0 + \delta\varphi$ sera de la forme

(3) $$\varphi = A - B\mu - Ci,$$

A, B, C ne dépendant que de l'angle $\gamma$ qui est égal à $\frac{2\pi}{n}$,

$n$ étant le nombre des ailes. En effectuant les calculs, on arrive aux résultats suivants :

| $n$ | A | B | C |
|---|---|---|---|
| | ° | ° | ° |
| 6 | 48,5 | 14,3 | 24,6 |
| 7 | 45,7 | 14,3 | 24,9 |
| 8 | 43,55 | 14,3 | 29,9 |
| 9 | 41,80 | 14,3 | 22,3 |
| 10 | 43,3 | 14,23 | 21,1 |
| 12 | 38,57 | 14,23 | 19,6 |

et l'on voit ainsi qu'entre $n=6$ et $n=12$ on a à très-peu près

$$\varphi = (57^\circ,55 - 1,7n) - 14^\circ,3\mu - 22^\circ i. \tag{4}$$

Lorsque $n < 9$, l'angle $\gamma - \varphi$ étant positif, la prise devra commencer avant la ligne des centres, et les ailes devront, par suite, être munies de têtes épicycloïdales; il en sera encore ainsi pour $n=9$, même en admettant $\mu = \frac{1}{10}$, $i = \frac{1}{20}$ comme valeurs minima.

Au delà, ou pour $n \geqq 10$, il suffira de faire commencer la prise à la ligne des centres et de limiter le contact à une distance de cette ligne égale au pas pour donner une plus grande épaisseur à l'extrémité des dents de la roue, et rien ne s'oppose alors à ce que les ailes soient terminées par des demi-circonférences.

Nous calculerons plus loin les saillies des dents et les effets du frottement pour les pignons de moins de dix ailes, en prenant pour arcs d'approche et de retraite ceux qui correspondent aux valeurs moyennes $\mu = \frac{1}{5}$, $i = \frac{1}{10}$, ce qui conduira à des résultats peu différents de ceux auxquels on arriverait dans les cas extrêmes; on trouve ainsi

(5)

| $n$. | $\varphi = \frac{2\pi}{n} v$. | $\gamma - \varphi = \frac{2\pi\alpha}{n}$. | $\alpha$. |
|---|---|---|---|
| | ° | ° | ° |
| 6 | 44,3 | 15,7 | 0,260 |
| 7 | 41,4 | 10,0 | 0,198 |
| 8 | 39,4 | 5,6 | 0,125 |
| 9 | 37,8 | 1,2 | 0,030 |

**151.** *Saillies des dents.* — Reportons-nous au n° **15** (p. 47) dont nous conserverons les notations, en y supposant $\mu = \frac{1}{8}$ et $i = \frac{1}{10}$; nous aurons

$$(6) \qquad \begin{cases} l'_1 = \lambda' a, & e' = 0,567 a, \\ l_1 = \lambda a, & e = 0,333 a, \end{cases}$$

en posant

$$\lambda' = 0,084\, n \left(1 - \cos \frac{4\pi\iota}{n}\right), \quad \lambda = 3,84 \frac{\alpha^2}{n}.$$

En ayant égard à ce qui précède et en se rappelant que l'on a $\alpha = 0$, $\iota = 1$ pour $n \geqq 0$, nous avons formé le tableau suivant :

| $n$ | $\lambda'$ | $\lambda$ |
|---|---|---|
| 6 | 0,504 | 0,042 |
| 7 | 0,516 | 0,021 |
| 8 | 0,545 | 0,007 |
| 9 | 0,573 | 0,0008 |
| 10 | 0,580 | |
| 12 | 0,504 | |
| 14 | 0,436 | |

On voit ainsi que la portion utile des saillies des pignons est une fraction assez sensible du pas pour qu'il soit nécessaire de donner à leur profil, sinon la forme épicycloïdale, du moins approximativement celle de deux arcs de cercles tangents aux flancs. La tête, dans les pignons de huit et neuf ailes, ne jouant qu'un rôle secondaire, rien ne s'oppose à ce qu'on la repré sente par une demi-circonférence.

Pour trouver le rayon du noyau du pignon, il suffira, dans l'expression de $(R - l')$, de remplacer $a$ par sa valeur $\frac{2\pi R}{n}$.

**152.** *Épaisseur des dents de la roue à leurs extrémités.* — Dans le cas actuel, l'équation (9) du n° **15** (p. 50) prend la forme

$$\frac{e' - e'_1}{a} = 2 - \frac{n\pi \sin \frac{4\pi}{n}}{12,5664}\left[2 - \frac{1}{9}\left(2 - \cos\frac{4\pi}{n} + \frac{1}{2}\sin\frac{2\pi}{n}\right)\right].$$

Il est inutile de l'appliquer pour $n = 6, 7, 8, 9$, puisque les angles de retraite ont été calculés dans ces hypothèses en supposant $e'_1 = 0$. Pour $n = 10$ elle ne donne pour $e' - e'_1$ qu'une valeur ne différant de $e' = 0,567a$ que d'une quantité de l'ordre de l'approximation que suppose cette même formule, ce qui revient encore à considérer $e'_1$ comme nul ou négligeable.

Pour $n = 12$, on a

$$e' - e'_1 = 0,415a,$$

d'où

$$e'_1 = 0,09e'.$$

Pour $n = 15$, on a

$$e' - e'_1 = 0,367a,$$

d'où

$$e'_1 = 0,545e'.$$

**153.** *De l'influence du frottement dans les trains d'engrenages.* — Nous allons traiter cette question d'une manière générale pour arriver ensuite aux applications que l'on en peut faire à l'horlogerie. Nous supposerons que dans le train il n'y a jamais à la fois qu'un couple de dents en prise entre un pignon et une roue.

Soient

$R_u$, $r_u$ les rayons respectifs de la $u^{ième}$ roue et du $u^{ième}$ pignon;
$p_u$ la normale commune aux dents de ces deux organes;
$N_u$ leur réaction normale;
$\theta_u$ l'angle formé par cette normale avec la ligne des centres;
$Q_u R_u$ le moment des forces qui agissent sur le $u^{ième}$ rouage;
$f$ le coefficient de frottement des dents en contact, supposé le même pour tous les organes;

$$\mu_u = \frac{r_u}{R_u}.$$

Si l'on applique ici la méthode exposée au n° 97, on trouve, les signes supérieurs et inférieurs étant respectivement relatifs au cas où le contact a lieu après ou avant la ligne des centres :

$$
(1)\quad \left\{
\begin{aligned}
&Q_1 \;\;- N_1\left[\sin\theta_1 \pm f\left(\cos\theta_1 \pm \frac{p_1}{R_1}\right)\right] = 0,\\
&Q_2 \;\;+ N_1\frac{r_1}{R_2}\left[\sin\theta_1 \pm f\left(\cos\theta_1 \mp \frac{p_1}{r_1}\right)\right]\\
&\qquad - N_2\left[\sin\theta_2 \pm f\left(\cos\theta_2 \pm \frac{p_2}{R_2}\right)\right] = 0,\\
&Q_3 \;\;+ N_2\frac{r_2}{R_3}\left[\sin\theta_2 \pm f\left(\cos\theta_2 \mp \frac{p_2}{r_2}\right)\right]\\
&\qquad - N_3\left[\sin\theta_3 \pm f\left(\cos\theta_3 \pm \frac{p_3}{R_3}\right)\right] = 0,\\
&\dots\dots\dots\dots\dots\dots\dots\dots\dots\dots\dots\dots,\\
&Q_{s-1} + N_{s-2}\frac{r_{s-2}}{R_{s-1}}\left[\sin\theta_{s-2} \pm f\left(\cos\theta_{s-2} \mp \frac{p_{s-2}}{r_{s-1}}\right)\right]\\
&\qquad - N_{s-1}\left[\sin\theta_{s-1} \pm f\left(\cos\theta_{s-1} \pm \frac{p_{s-1}}{R_{s-1}}\right)\right] = 0,\\
&Q_s \;\;+ N_{s-1}\frac{r_{s-1}}{R_s}\left[\sin\theta_{s-1} \pm f\left(\cos\theta_{s-1} \mp \frac{p_{s-1}}{r_{s-1}}\right)\right] = 0.
\end{aligned}
\right.
$$

Si l'on pose

$$
(a)\quad \left\{
\begin{aligned}
\alpha'_u &= \pm f\left(1 \pm \frac{p_u}{R_u\cos\theta_u}\right),\\
\beta'_u &= \pm f\left(1 \mp \frac{p_u}{r_u\cos\theta_u}\right),
\end{aligned}
\right.
$$

$$
(b)\quad \left\{
\begin{aligned}
\alpha_u &= \sin\theta_u + \alpha'_u\cos\theta_u,\\
\beta_u &= \frac{r_u}{R_{u+1}}\left(\sin\theta_u + \beta'_u\cos\theta_u\right),
\end{aligned}
\right.
$$

les formules précédentes deviennent

$$
(1')\quad \left\{
\begin{aligned}
&Q_1 \;\;- \alpha_1 N_1 = 0,\\
&Q_2 \;\;+ \beta_1 N_1 - \alpha_2 N_2 = 0,\\
&Q_3 \;\;+ \beta_2 N_2 - \alpha_3 N_3 = 0,\\
&\dots\dots\dots\dots\dots\dots,\\
&Q_{s-1} + \beta_{s-2} N_{s-2} - \alpha_{s-1} N_{s-1} = 0,\\
&Q_s \;\;+ \beta_{s-1} N_{s-1} = 0;
\end{aligned}
\right.
$$

d'où l'on tire

$$(c)\quad \left\{\begin{aligned} N_1 &= \frac{Q_1}{\alpha_1}, \\ N_2 &= \frac{Q_2\alpha_1 + Q_1\beta_1}{\alpha_1\alpha_2}, \\ N_3 &= \frac{Q_3\alpha_1\alpha_2 + Q_2\alpha_1\beta_2 + Q_1\beta_1\beta_2}{\alpha_1\alpha_2\alpha_3}, \\ N_4 &= \frac{Q_4\alpha_1\alpha_2\alpha_3 + Q_3\alpha_1\alpha_2\beta_3 + Q_2\alpha_1\beta_2\beta_3 + Q_1\beta_1\beta_2\beta_3}{\alpha_1\alpha_2\alpha_3\alpha_4}, \\ &\dots\dots\dots\dots\dots\dots, \end{aligned}\right.$$

valeurs dont la loi de succession est facile à saisir. Les $s-1$ premières équations (1′) suffisent pour déterminer $N_1, \dots, N_{s-1}$; et, en substituant ces valeurs dans la dernière des équations précitées, on trouve la relation

$$(2)\quad \left\{\begin{aligned} &Q_s\alpha_1\dots\alpha_{s-1} + Q_{s-1}\alpha_1\dots\alpha_{s-2}\beta_{s-1} \\ &\quad + Q_{s-2}\alpha_1\dots\alpha_{s-3}\beta_{s-2}\beta_{s-1} + \dots + Q_1\beta_1\beta_2\dots\beta_{s-1} = 0, \end{aligned}\right.$$

dont le terme général du premier membre peut être représenté par

$$(3)\qquad Q_u\alpha_1\dots\alpha_{u-1}\beta_u\dots\beta_{s-1}.$$

Si maintenant on néglige le carré du coefficient de frottement, on a

$$\alpha_1\alpha_2\dots\alpha_{u-1} = \sin\theta_1\sin\theta_2\dots\sin\theta_{u-1}\left(1 + \sum_1^{u-1}\alpha'_u\cot\theta_u\right),$$

$$\begin{aligned} \beta_u\beta_{u+1}\dots\beta_{s-1} &= \sin\theta_u\sin\theta_{u+1}\dots\sin\theta_s \\ &\quad\times\left(1 + \sum_u^{s-1}\beta'_u\cot\theta_u\right)\mu_u\mu_{u+1}\dots\mu_{s-1}\frac{R_u}{R_s}, \end{aligned}$$

et l'équation (2) peut se mettre sous la forme suivante :

$$(4)\quad \left\{\begin{aligned} &\Sigma Q_u\mu_u\dots\mu_{s-1}R_u(1 + \alpha'_1\cot\theta_1 + \dots + \alpha'_{u-1}\cot\theta_{u-1} \\ &\qquad + \beta'_u\cot\theta_u + \dots + \beta'_{s-2}\cot\beta_{s-1}) = 0. \end{aligned}\right.$$

Nous n'insisterons pas davantage sur ces généralités, et nous allons immédiatement étudier le seul cas particulier dont nous ayons à nous occuper dans ce qui suit.

Supposons que le mouvement soit varié, et soient $A_u$ et $\varphi_u$ le moment d'inertie du $u^{\text{ième}}$ rouage et l'angle dont il a tourné à partir d'un instant quelconque pris pour origine. On a

$$\frac{d\varphi_1}{dt} = \mu_1 \frac{d\varphi_2}{dt}, \ldots, \quad \frac{d\varphi_{s-1}}{dt} = \mu_{s-1} \frac{d\varphi_s}{dt};$$

d'où

$$(5) \quad \begin{cases} \dfrac{d\varphi_u}{dt} = \mu_u \ldots \mu_{s-1} \dfrac{d\varphi_s}{dt}, \\ \varphi_u + \eta_u = \mu_u \ldots \mu_{s-1} (\varphi_s + \eta_s), \end{cases}$$

$\eta_u$, $\eta_s$ étant deux constantes arbitraires. D'autre part on peut écrire

$$(6) \qquad Q_u R_u = Q'_u R_u + q_u R_u - A_u \frac{d^2\varphi_u}{dt^2},$$

$Q'_u R_u$ étant le moment des forces extérieures agissant sur le $u^{\text{ième}}$ rouage, et $q_u R_u$ celui du frottement développé sur son axe.

L'équation (4) devient par suite

$$(7) \quad \begin{cases} \dfrac{d^2\varphi_s}{dt} \Sigma A_u (\mu_u \ldots \mu_{s-1})^2 \\ \quad \times (1 + \alpha'_1 \cot\theta_1 + \ldots + \alpha'_{u-1} \cot\theta_{u-1} + \beta'_u \cot\theta_u + \ldots + \beta'_{s-1} \cot\theta_{s-1}) \\ = \Sigma (Q'_u + q_u) R_u \mu_u \ldots \mu_{s-1} \\ \quad \times (1 + \alpha'_1 \cot\theta_1 + \ldots + \alpha'_{u-1} \cot\theta_{u-1} + \beta'_u \cot\theta_u + \ldots + \beta'_{s-1} \cot\theta_{s-1}). \end{cases}$$

Si les pivots ou tourillons sont d'un diamètre suffisamment petit, on peut, comme première approximation, négliger d'abord $q_u$ devant $Q'_u$, ce qui donne

$$(8) \quad \frac{d^2\varphi_s}{dt^2} = \frac{\Sigma Q'_u R_u (\mu_u \ldots \mu_{s-1}) \begin{pmatrix} 1 + \alpha'_1 \cot\theta_1 + \ldots + \alpha'_{u-1} \cot\theta_{u-1} \\ + \beta'_u \cot\theta_u + \ldots + \beta'_{s-1} \cot\theta_{s-1} \end{pmatrix}}{\Sigma A_u (\mu_u \ldots \mu_{s-1})^2 \begin{pmatrix} 1 + \alpha'_1 \cot\theta_1 + \ldots + \alpha'_{u-1} \cot\theta_{u-1} \\ + \beta'_u \cot\theta_u + \ldots + \beta'_{s-1} \cot\theta_{s-1} \end{pmatrix}}.$$

Les actions mutuelles normales seront données par les formules ($c$), dans lesquelles on remplacera

$$Q_u \quad \text{par} \quad Q'_u - \frac{A_u}{R_u} \mu_u \ldots \mu_{s-1} \frac{d^2\varphi_s}{dt^2},$$

puis

$$\frac{d^2\varphi_s}{dt^2}$$

par sa valeur (8), de sorte que finalement elles seront exprimées en fonction des forces équivalentes aux forces extérieures agissant sur ce système et des éléments géométriques de ce système.

On peut supposer la force $Q'_u$ parallèle à la résultante des forces extérieures agissant sur le $u^{ième}$ rouage, à laquelle elle est équivalente, et représenter par suite cette résultante par $\lambda'_u Q'_u$, $\lambda'_u$ désignant une constante.

Si, pour éviter toute ambiguïté, on désigne par $+N_u$, $+fN_u$ l'action normale et le frottement résultant du $u^{ième}$ système sur le $(u+1)^{ième}$ système, par $-N_u$, $-fN_u$ les réactions correspondantes du second système sur le premier, on voit de suite, en employant la notation connue des sommes géométriques, que la pression exercée sur le $u^{ième}$ axe sera

$$(9) \qquad \overline{Q'_u} + \overline{N_{u-1}} + \overline{fN_{u-1}} - \overline{N_u} - \overline{fN_u},$$

expression dans laquelle on éliminera $\frac{d^2\varphi_s}{dt^2}$ au moyen de la formule (8).

En négligeant le cube du coefficient de frottement, le produit de la pression précédente par ce coefficient représentera le frottement sur le pivot, et l'on obtiendra $q_u$ en le multipliant par le rapport du rayon du pivot à $R_u$. En portant cette valeur de $q_u$ dans l'équation (7), il en résultera une équation différentielle du second ordre en $\varphi_s$, qui ne dépendra que des forces extérieures $Q_u$ et des éléments géométriques de l'équipage.

154. *Des chocs dans un équipage de roues dentées.* — Supposons que le système tournant $O_s$ reçoive un choc de la part d'un autre système tournant, étranger à l'équipage considéré. Pendant la durée du choc, $\theta_u$ ne variera pas d'une manière appréciable; les forces continues seront négligeables; on ne devra tenir compte que de la force $Q'_s$ équivalente à l'action normale au contact et des frottements $q_u$ sur les axes résultant de la percussion. Or, si l'on ne considère que le cas de chocs peu violents, on pourra calculer $q_u$ sans tenir compte de l'inertie, et, d'après ce que l'on a vu précédemment, $\frac{q_v}{Q_s}$

sera une constante pendant toute la durée du choc. Si donc on désigne par $\omega_s$, $\omega'_s$ les vitesses angulaires $\frac{d\varphi_s}{dt}$, avant et après le choc, l'équation (7) donne, en intégrant pour toute la durée de la percussion,

$$(\omega'_s - \omega_s)\,\Sigma(\mu_u \ldots \mu_{s-1})^2 A_u (1 + \alpha'_1 \cot\theta_1 + \ldots + \alpha'_{u-1} \cot\theta_{u-1} + \beta'_u \cot\theta_u + \ldots + \beta'_{s-1} \cot\theta_{s-1})$$
$$= \left[1 + \Sigma \frac{q_u}{Q'_s}\right] \mu_u \ldots \mu_{s-1}$$
$$\times (1 + \alpha'_1 \cot\theta_1 + \ldots + \alpha'_{u-1} \cot\theta_{u-1} + \beta'_u \cot\theta_u + \ldots + \beta_{s-1} \cot\theta_{s-1}) \int Q'_s R_s dt.$$

On voit ainsi que l'effet du choc sur l'équipage est le même que si le $s^{\text{ième}}$ engrenage, étant supposé complétement libre, avait pour moment d'inertie

$$(10) \qquad \frac{\Sigma(\mu_u \ldots \mu_{s-1})^2 A_u (1 + \alpha'_1 \cot\theta_1 + \ldots + \beta'_u \cot\theta_u \ldots)}{\left\{ \begin{array}{l} \left[1 + \Sigma \frac{q_u}{Q'_s}\right] \mu_u \ldots \mu_{s-1} \\ \times (1 + \alpha'_1 \cot\theta_1 + \ldots + \alpha'_{u-1} \cot\theta_{u-1} + \beta'_u \cot\theta_u + \ldots + \beta'_{s-1} \cot\theta_{s-1}) \end{array} \right\}},$$

expression que l'on pourra simplifier dans un grand nombre de cas, lorsque les pivots auront un diamètre assez petit pour que l'on puisse négliger les rapports $\frac{q_u}{Q'_s}$.

155. *Application aux engrenages à flancs.* — Soient $\psi_u$, $\chi_u$ les angles respectifs que forme le flanc d'un pignon avec la ligne qui joint son centre à celui de la $u^{\text{ième}}$ roue, selon que le contact se trouve au delà ou en deçà de cette ligne; $\psi'_u$, $\chi'_u$ les limites maximum de ces angles qui correspondent aussi aux arcs de retraite et d'approche. Le dernier de ces angles sera seul supposé suffisamment petit pour qu'on puisse, sans erreur sensible, le considérer comme égal à son sinus ou à sa tangente.

On a, selon l'un ou l'autre cas,

$$\theta_u = 90^\circ - \psi_u, \quad \theta_u = 90^\circ - \mu_u \chi_u.$$

On reconnaît facilement que, au delà de la ligne des centres, on a

$$\alpha'_u = f(1 + \mu_u), \quad \beta'_u = 0,$$

et que, en deçà de la même ligne,

$$\alpha'_u = 0, \quad \beta'_u = -f\frac{(1+\mu_u)}{\mu_u}.$$

On peut donc écrire

$$\alpha'_u \cot\theta_u = (1+\mu_u)\tang\psi_u,$$

$$\beta'_u \cot\theta_u = -f\left(\frac{1+\mu_u}{\mu_u}\right)\tang\mu_u\chi_u = -f(1+\mu_u)\chi_u = -f(1+\mu_u)\tang\chi_u,$$

et l'équation (8) devient par suite

$$(11)\quad \left\{\begin{aligned} &\frac{d^2\varphi_s}{dt^2}\Sigma A_u(\mu_u\ldots\mu_{s-1})^2 \\ &\qquad\times[1+f(1+\mu_1)\tang\psi_1+\ldots+f(1+\mu_{u-1})\tang\psi_{u-1} \\ &\qquad\qquad -f(1+\mu_u)\tang\chi_u-\ldots-f(1+\mu_{s-1})\tang\chi_{s-1}] \\ &\quad=\Sigma(Q'_u+q_u)R_u\mu_u\ldots\mu_{s-1} \\ &\qquad\times[1+f(1+\mu_1)\tang\psi_1+\ldots+f(1+\mu_{u-1})\tang\psi_{u-1} \\ &\qquad\qquad -f(1+\mu_u)\tang\chi_u-\ldots-f(1+\mu_{s-1})\tang\chi_{s-1}]. \end{aligned}\right.$$

Nous supposerons dorénavant que $q_u$ a été calculé comme on l'a indiqué plus haut, mais en négligeant le frottement $f$ et en supposant que le contact a constamment lieu sur la ligne des centres, hypothèse plausible, en raison de la petitesse de $q_u$ que l'on rend ainsi indépendant des arcs d'approche et de retraite.

Si l'on remarque que $\psi'_u$ ne dépasse généralement pas 47 ou 48 degrés, on peut sans grande erreur remplacer $\tang\psi_u$ par $\frac{\tang\psi'_u}{\psi'_u}\psi_u$; en posant

$$\xi = \frac{1}{2}\frac{\tang\psi'_u}{\psi'_u},$$

et remarquant que, par hypothèse, on peut écrire $\chi_u = \tang\chi_u$, il vient

$$(12)\quad \left\{\begin{aligned} &\frac{d^2\varphi_s}{dt^2}\Sigma A_u(\mu_u\ldots\mu_{s-1})^2 \\ &\qquad\times[1+f(1+\mu_1)\tang\psi_1+\ldots+f(1+\mu_{u-1})\tang\psi_{u-1} \\ &\qquad\qquad -f(1+\mu_u)\tang\chi_u-\ldots-f(1+\mu_{s-1})\chi_{s-1}] \\ &\quad=\Sigma(Q'_u+q'_u)R_u\mu_u\ldots\mu_{s-1} \\ &\qquad\times[1+f(1+\mu_1)\xi_1\psi_1+\ldots+f(1+\mu_u)\chi_u+\ldots]. \end{aligned}\right.$$

Si l'on remplace $q_u$ par sa valeur calculée ainsi qu'on l'a dit plus haut, que l'on continue à négliger le carré du frottement, cette équation se met sous la forme

$$(13) \qquad \frac{d^2\varphi_s}{dt} = \Sigma(H_u\psi_u + K_u\chi_u).$$

$H_u$, $K_u$ étant des fonctions des forces extérieures.

**156.** *Discontinuité dans la loi du mouvement.* — Supposons que l'angle $\varphi_u$ soit mesuré à partir de l'instant où la prise a lieu sur la ligne des centres entre le $u^{ième}$ pignon et la $u^{ième}$ roue, et soit $m_u$ le nombre de dents qui se sont succédé depuis cet instant sur la ligne des centres jusqu'au contact que nous considérons actuellement. On a

$$(c) \qquad \psi_u = \varphi_{u+1} - m_u(\psi'_u + \chi'_u)$$

pour

$$\varphi_{u+1} - m_u(\psi'_u + \chi'_u) \leqq \psi'_u,$$

ou

$$\varphi_{u+1} \leqq (1 + m_u)\psi'_u + m_u\psi'_u.$$

Au delà de cette limite, $\psi_u$ s'annule et $\chi_u$, qui était nul, prend brusquement la valeur $\chi'_u$ et suit la loi exprimée par

$$(d) \qquad \chi_u = (1 + m_u)(\psi'_u + \chi'_u) - \varphi_{u+1};$$

cet angle devient nul pour

$$\varphi_{u+1} = (1 + m_u)(\psi'_u + \chi'_u),$$

et alors on a

$$\psi_u = \varphi_{u+1} - (1 + m_u)(\psi'_u + \chi'_u),$$

pour

$$\varphi_{u+1} \leqq (2 + m_u)\psi'_u + (1 + m_u)\chi'_u,$$

et ainsi de suite.

Le second membre de l'équation (8) est donc essentiellement discontinu, et si les forces $Q'_u$ sont continues, les accélérations angulaires $\frac{d^2\varphi_s}{dt^2}$ et $\frac{d^2\varphi_u}{dt^2}$ passeront brusquement d'une valeur à une autre lorsque le contact cessera entre un couple de dents pour être remplacé par la prise entre les dents du couple suivant.

La différence entre ces deux valeurs successives d'une même accélération angulaire pourra, dans certains moments, devenir comparable à chacune d'elles, dans un train composé d'un nombre suffisant de rouages, lorsque les arcs de retraite et d'approche auront des valeurs notables. On conçoit, en effet, qu'il puisse arriver que, à des époques périodiques, les arcs de retraite atteignent simultanément leur maximum; les termes en $\alpha'_u$, qui seuls existaient, s'annulent subitement et sont remplacés par des termes en $\beta'_u$, de signes contraires aux précédents, dont la valeur absolue atteint son maximum lorsque l'approche commence. On atténuera cette discontinuité en réduisant les arcs de retraite et d'approche, et même en supprimant ces derniers lorsque l'on pourra se contenter de faire commencer la prise à partir de la ligne des centres.

La vitesse angulaire $\frac{d\varphi_s}{dt}$, par suite $\frac{d\varphi_u}{dt}$, restera continue, mais suivra une loi différente, lorsqu'un couple de dents passera de la retraite à l'approche et inversement.

Si les $Q_u$ sont constants en grandeur et en direction, les coefficients $H_u$ et $K_u$ seront constants, et l'on pourra, après avoir remplacé $\psi_u$ et $\chi_u$ par leurs valeurs ($a$) et ($b$), intégrer l'équation (8) en la multipliant par $d\varphi_s$, ce qui donnera la vitesse angulaire $\frac{d\varphi_s}{dt}$, et l'on en déduira la valeur du temps par une quadrature. Mais il ne faudra appliquer la valeur finale ainsi obtenue qu'à des déplacements angulaires suffisamment petits pour que, dans leur intervalle, le contact d'un couple de dents, à l'approche ou à la retraite, ne vienne pas à cesser. On pourra ainsi obtenir les valeurs successives de $t$ de proche en proche, et par suite celles de $\varphi_u$ en fonction de $t$ au moyen d'une Table résultant du calcul précédent.

157. *De l'influence du frottement sur le mécanisme d'une montre.* — Proposons-nous de déterminer l'accélération que prend la roue d'échappement, par suite de la détente du ressort moteur, lorsque, après être partie du repos ou du léger recul qu'on lui fait subir, elle vient rencontrer l'échappe-

ment. Nous nous reporterons pour cet objet au n° **146**, dont nous conserverons les notations en y supposant $s = 5$.

Les engrenages n'étant jamais lubrifiés, nous pourrons prendre $f = 0{,}20$ pour les coefficients du frottement qu'ils développent entre eux.

Le coefficient de frottement $f_1$ des pivots en acier sur des trous en rubis n'ayant pas été déterminé, nous le prendrons égal à 0,16, chiffre un peu supérieur à celui qui s'applique au cas d'un graissage peu entretenu, afin de tenir approximativement compte de la résistance due à la viscosité des huiles, et qui augmente à mesure qu'elles vieillissent, résistance sur laquelle on n'a aucune donnée expérimentale.

Pour ne pas compliquer inutilement nos calculs : 1° nous ferons abstraction de l'inertie, du barillet et du ressort moteur, en raison de leur très-faible vitesse par rapport à celle de la roue d'échappement; 2° nous négligerons de la même manière l'inertie du système des minutes et des heures; 3° nous devrons tenir compte de l'inertie de la première et de la seconde moyenne, qui, malgré une vitesse de rotation bien moins rapide, donne des termes du même ordre de grandeur que l'inertie de la roue d'échappement, dont la masse cependant est très-faible; 4° nous considérerons comme négligeable le frottement du canon de l'aiguille des heures, attendu qu'il est réduit à peu près à son minimum, et, comme nous avons fait la même hypothèse relativement à l'inertie du système des aiguilles, il s'ensuit que la quote-part de la force motrice qui met en mouvement leur système peut sans inconvénient être supposée nulle ; 5° pour nous affranchir des irrégularités brusques signalées au n° **147**, et qui sont d'ailleurs atténuées notablement, relativement à l'unité, par le facteur $f$ dont elles sont affectées, nous remplacerons chaque groupe de termes, fonctions des arcs d'approche et de retraite, par la demi-somme des valeurs extrêmes. Nous supposerons de plus, dans les mêmes termes, les coefficients $(1 + \mu_u)$ égaux à $\frac{10}{9}$, ce qui revient à faire abstraction de chacun de ces coefficients en augmentant de $\frac{1}{9}$ la valeur de $f$ qui sera ainsi portée à 0,22. En opérant ainsi, on n'altérera pas d'une manière appréciable le résultat final.

Cela posé, la formule (12) du n° 155 donne

$$(1)\quad \left\{\begin{aligned} &\frac{d^2\varphi}{dt^2}\left[A_5(1+k_5)+A_4\mu_4^2(1+k_4)+A_3\mu_3^2\mu_4^2(1+k_3)\right]\\ &\quad = q_5R_5(1+k_5)+\mu_4 q_4 R_4(1+k_4)+\mu_3\mu_4 q_3 R_3(1+k_3)\\ &\qquad +\mu_2\mu_3\mu_4 q_2 R_2(1+k_2)+\mu_1\mu_2\mu_3\mu_4(Q'+q_1)R_1(1+k_1).\end{aligned}\right.$$

En posant

$$\begin{aligned} k_5 &= \phantom{-}0,11(\operatorname{tang}\psi'_1+\operatorname{tang}\psi'_2+\operatorname{tang}\psi'_3+\operatorname{tang}\psi'_4),\\ k_4 &= \phantom{-}0,11(\operatorname{tang}\psi'_1+\operatorname{tang}\psi'_2+\operatorname{tang}\psi'_3-\operatorname{tang}\chi'_4),\\ k_3 &= \phantom{-}0,11(\operatorname{tang}\psi'_1+\operatorname{tang}\psi'_3-\operatorname{tang}\chi'_3-\operatorname{tang}\chi'_4),\\ k_2 &= \phantom{-}0,11(\operatorname{tang}\psi'_1-\operatorname{tang}\chi'_2-\operatorname{tang}\chi'_3-\operatorname{tang}\chi'_4),\\ k_1 &= -0,11(\operatorname{tang}\chi'_1+\operatorname{tang}\chi'_2+\operatorname{tang}\chi'_3+\operatorname{tang}\chi'_4). \end{aligned}$$

La valeur de chacun de ces coefficients sera comprise entre celles qui correspondent aux cas extrêmes dans lesquels les pignons ont six et douze ailes, ce qui suppose d'une part $\psi'=45°$, $\chi'=15°$, et de l'autre $\psi'=30°$, $\chi'=0$. On trouve ainsi que

| | | | | |
|---|---|---|---|---|
| $k_5$ | est compris entre | 0,484 et 0,254 | moyenne | 0,364 |
| $k_4$ | » | 0,300 et 0,190 | » | 0,245 |
| $k_3$ | » | 0,161 et 0,128 | » | 0,145 |
| $k_2$ | » | 0,022 et 0,064 | » | 0,043 |
| $k_1$ | » | −0,088 et 0,000 | » | −0,044 |

On voit que, si l'on substitue aux valeurs exactes de ces coefficients leurs valeurs moyennes, on ne commettra que des erreurs dans les centièmes, et nous ne nous proposons pas d'obtenir une plus grande approximation.

La formule (1) devient par suite, en supprimant dorénavant l'accent de la lettre $q$ pour plus de simplicité,

$$(2)\quad \left\{\begin{aligned} &\frac{d^2\varphi_5}{dt^2}(1,4A_5+1,2\mu_4^2A_4+1,1\mu_3^2\mu_4^2A_3)\\ &\quad = 1,4q_5R_5+1,2\mu_4q_4R_4+1,1\mu_4\mu_3q_3R_3\\ &\qquad +1,03\mu_4\mu_3\mu_2q_2R_2+0,95\mu_4\mu_3\mu_2\mu_1R_1(Q'_1+q_1).\end{aligned}\right.$$

Pour calculer les $q_n$, qui sont de très-petites quantités, nous négligerons, dans l'évaluation des pressions sur les axes, les frottements, nous supposerons que le contact des dents a lieu constamment sur la ligne des centres, ce qui n'altérera dans les résultats que les décimales que l'on néglige, et nous ferons abstraction de l'inertie des pièces. Nous obtiendrons ainsi

$$N_1 = Q'_1, \qquad N_2 = \frac{r_1}{R_2} N_1 = Q'_1 \frac{r_1}{R_2},$$

$$N_3 = \frac{r_2}{R_2} N_2 = Q'_1 \frac{r_1 r_2}{R_2 R_3}, \quad N_4 = \frac{r_3}{R_4} N_3 = Q'_1 \frac{r_1 r_2 r_3}{R_2 R_3 R_4}.$$

Les pressions sur les axes $O_1, \ldots, O_5$ seront par suite, en négligeant devant l'unité le rapport du rayon d'un pignon à celui de la roue,

$$P_1 = -\overline{N_1} + \overline{Q'_1}, \quad P_2 = \overline{N_1} - \overline{N_2} = N_1 = Q'_1, \quad P_2 = \overline{N_2} - \overline{N_1} = N_2 = \frac{R_2}{r_2} Q'_1,$$

$$P_4 = \overline{N_3} - \overline{N_2} = N_3 = \frac{r_1 r_2}{R_2 R_3} Q'_1, \quad P_5 = \overline{N_4} - \overline{N_5} = \overline{N_4} = \frac{r_1 r_2 r_3}{R_2 R_3 R_4} Q'_1.$$

Soit $\rho_u$ le rayon des tourillons de l'axe $O_u$, on aura, en négligeant le cube du coefficient de frottement $f_1$ et en ne considérant que le cas où, par suite de la position verticale du chronomètre, il n'y a pas de frottement contre les épaulements,

$$q_u R_u = -f_1 \rho_u P_u = -0{,}16 \rho_u P_u.$$

Pour donner plus de symétrie à notre formule finale et en rendre l'application plus facile, nous rappellerons que le rapport du diamètre d'un pignon à celui d'une roue quelconque de l'engrenage varie entre des limites très-restreintes; et, comme il s'agit ici de très-petites quantités, nous pourrons remplacer, dans les trois dernières des expressions précédentes, les coefficients de $Q'_1$ par $\mu_2$, $\mu_2 \mu_3$, $\mu_2 \mu_3 \mu_4$; l'équation (2) devient par suite

$$\begin{aligned} &\frac{d^2 \varphi_5}{dt^2} (1{,}4 A_5 + 1{,}2 \mu_4^2 A_4 + 1{,}1 \mu_3^2 \mu_4^2 A_3) \\ &\quad = \mu_1 \mu_2 \mu_3 \mu_4 Q'_1 R_1 \\ &\qquad \times \left[0{,}95 - \frac{0{,}16}{\mu_1 R_1} \left(0{,}95 \frac{\mu_1 P_1}{Q'_1} \rho_1 + 1{,}3 \rho_2 + 1{,}1 \rho_3 + 1{,}2 \rho_4 + 1{,}3 \rho_5\right)\right]. \end{aligned}$$

Le rapport $\frac{P_1}{Q'_1}$ étant compris entre 0 et 2, nous pourrons, par approximation, le remplacer par sa valeur moyenne. De plus, nous pourrons, sans erreur appréciable, supposer $\mu_1 = \frac{1}{9}$ dans les termes dépendant du frottement des pivots. Enfin, dans le premier membre, nous admettrons, de la même manière, que les deux derniers coefficients numériques sont égaux au premier. On arrive ainsi à la formule

$$(3)\quad \left\{ \begin{aligned} \frac{d^2\varphi_5}{dt^2} &= 0,68\,\frac{\mu_1\mu_2\mu_3\mu_4 Q'_1 R_1}{A_5 + \mu_1^2 A_4 + \mu_1^2\mu_2^2 A_5} \\ &\quad \times \left[1 - 1,5\left(\frac{\rho_1}{8R_1} + \frac{\rho_2}{R_1} + 1,1\,\frac{\rho_3}{R_1} + 1,2\,\frac{\rho_4}{R_1} + 1,3\,\frac{\rho_5}{R_1}\right)\right]. \end{aligned} \right.$$

Si l'on suppose

$$\frac{\rho_1}{R_1} = 0,08,\quad \frac{\rho_2}{R_1} = 0,05,\quad \frac{\rho_3}{R_1} = \frac{\rho_4}{R_1} = 0,01,\quad \frac{\rho_5}{R_1} = 0,005,$$

ce qui est un cas usuel, on trouve

$$\frac{d^2\varphi_5}{dt^2} = 0,59\,\frac{\mu_1\mu_2\mu_3\mu_4 Q'_1 R_1}{A_3 + \mu_4^2 A_4 + \mu_4^2\mu_3^2 A_3};$$

d'où, pour le rapport du travail produit au travail moteur,

$$\frac{\frac{1}{2}(A_5 + \mu_4^2 A_4 + \mu_4^2\mu_3^2 A_3)\left(\frac{d\varphi_5}{dt}\right)^2}{\mu_1\mu_2\mu_3\mu_4 \int Q'_1 R_1\, d\varphi_5} = 0,59,$$

de sorte que le frottement absorbe 41 pour 100 du travail moteur.

Dans les montres marines, $R_1$ doit représenter le bras de levier variable de la traction exercée par la chaîne sur la fusée; mais il faut tenir compte du frottement du pivot du barillet dont nous désignerons par $\rho'_1$ le rayon, et que nous calculerons en admettant que la pression moyenne soit la même sur son axe et celui de la fusée; le rapport moyen de $R_1$ au rayon du barillet étant pris égal à $\frac{1}{2}$, le terme relatif au frottement dont il est question se déduira du terme semblable qui se rapporte à la fusée en y changeant $\mu_1\rho_1$ en $\frac{1}{2}\mu_1\rho'_1$. D'autre part, les pignons ayant tous douze ailes, au lieu des moyennes valeurs de $k_a$, il convient de prendre les valeurs inférieures;

on obtient ainsi

$$1,2\frac{d^2\varphi}{dt^2}(A_5+\mu_4^2A_4+\mu_4^2\mu_3^2A_3)$$
$$=\mu_1\mu_2\mu_3\mu_4Q_1R_1$$
$$\times\left[1-1,3\left(\frac{1}{16}\frac{\rho'_1}{R_1}+\frac{1}{8}\frac{\rho_1}{R_1}+1,06\frac{\rho_2}{R_1}+1,1\frac{\rho_3}{R_1}+1,2\frac{\rho_4}{R_1}+1,2\frac{\rho_5}{R_1}\right)\right].$$

Si nous admettons les données ci-dessus, en remplaçant $R_1$ par la moitié du rayon du barillet, ce qui doublera les valeurs des rapports $\frac{\rho_u}{R_1}$ donnés plus haut, en prenant $\rho'_1=\rho_1$, on trouve également que le frottement absorbe 41 pour 100 du travail moteur.

158. *Du choc de la roue d'échappement et de l'échappement.* — Si nous représentons par $Q'_5$ la force tangentielle à la circonférence de rayon $R_5$ équivalant à la réaction de l'échappement sur sa roue, la formule (2) sera remplacée par la suivante :

$$\frac{d^2\varphi_5}{dt^2}(1,4A_5+1,2\mu_4^2A_4+1,1\mu_3^2\mu_4^2A_3)$$
$$=1,4(-Q'_5+q_5)R_5+1,2\mu_4q_4R_4$$
$$+1,1\mu_4\mu_3q_3R_3+1,03\mu_4\mu_3\mu_2q_2R_2+0,96\mu_4\mu_3\mu_2\mu_1q_1R_5.$$

On trouverait, comme plus haut et dans la même hypothèse de simplification,

$$N_4=Q'_5\frac{R_5}{r_5},\quad N_3=Q'_5\frac{R_4R_5}{r_3r_4},\quad N_2=Q'_5\frac{R_3R_4R_5}{r_2r_3r_4},\quad N_1=Q'_1\frac{R_2R_3R_4}{r_1r_2r_3},$$

et, en opérant comme au numéro précédent, on reconnaît que l'on a

$$q_5R_5=-0,115Q'_5,\quad q_4R_4=-0,115\frac{Q'_5}{\mu_4},\quad q_3R_3=-0,115\frac{Q'_5}{\mu_3\mu_4},$$
$$q_2R_2=-0,115\frac{Q'_5}{\mu_3\mu_4\mu_5},\quad q_1R_1=-0,115\frac{Q'_5}{\mu_2\mu_3\mu_4\mu_5}.$$

Enfin, si l'on donne le même coefficient numérique 1,4 à $A_1$

et $A_3$, on aura

$$1.4\,\frac{d^2\varphi_5}{dt^2}\,(A_5+\mu_1^2 A_3+\mu_4^2\mu_3^2 A_3)$$

$$=-Q'_5 R_5\left(1,4+1,4\,\frac{\rho_4}{R_5}+1,2\,\frac{\rho_4}{R_4}+1,1\,\frac{\rho_3}{R_3}+1,03\,\frac{\rho_2}{R_2}+0,95\,\frac{\rho_1}{R_1}\right).$$

Dans le cas particulier examiné plus haut, cette formule devient

$$0,80(A_5+\mu_4^2 A_4+\mu_4^2\mu_3^2 A_3)\,\frac{d^2\varphi_3}{dt^2}=-Q'_5 R_5;$$

d'où, en désignant par $\omega$ et $\omega'$ les vitesses angulaires de la roue d'échappement avant et après le choc

$$0,80(A_5+\mu_4^2 A_4+\mu_4^2\mu_3^2 A_3)(\omega'-\omega)=-\int Q'_5 R_5\,dt.$$

On voit ainsi que l'effet du choc sur le corps de rouages est le même que si la roue d'échappement, considérée comme libre autour de son axe, avait pour moment d'inertie

$$I=0,80(A_5+\mu_4^4 A_5+\mu_3^2\mu_4^2 A_3),$$

qui n'est que les $\frac{4}{5}$ de ce qu'il serait s'il n'y avait pas de frottement.

# CHAPITRE IV.

## DES RÉGULATEURS.

159. *Généralités.* — A une ou deux exceptions près, le régulateur d'un chronomètre est en principe un solide animé, autour d'un axe fixe, d'un mouvement oscillatoire *isochrone*. Si, par des dispositions spéciales sur lesquelles nous reviendrons plus loin, le régulateur, dans chaque oscillation et pendant un temps plus ou moins long, arrête soit une fois, soit deux fois le dernier organe de la transmission pour le rendre libre ensuite, que les arrêts aient toujours lieu pour les mêmes positions du régulateur, le mouvement des aiguilles sera intermittent; mais, leurs périodes de repos et de mouvement étant respectivement égales, leur mouvement moyen sera uniforme, et le chronomètre atteindra le but proposé.

La condition de l'isochronisme doit être remplie, ou du moins à très-peu près, selon la régularité que l'on veut obtenir dans les indications; car l'amplitude des oscillations éprouve des variations par suite des inégalités de la force motrice, des frottements, de la résistance de l'air et des chocs que l'on doit faire recevoir au régulateur de la part du dernier organe de la transmission, pour compenser plus ou moins les effets des résistances ci-dessus et empêcher qu'au bout d'un certain temps le mouvement oscillatoire soit anéanti.

Le pendule à faibles écarts remplit d'une manière très-satisfaisante, comme régulateur, les conditions ci-dessus; mais il ne peut être appliqué qu'aux chronomètres fixes.

Dans les chronomètres portatifs ou pouvant occuper diverses positions par rapport à la verticale, on est obligé d'avoir recours à un véritable volant, obéissant à l'action d'un ressort dit *spiral réglant*, dont les deux extrémités sont respectivement encastrées dans la platine et le régulateur, ressort qui doit être établi de manière que, abstraction faite des résistances passives, il produise l'isochronisme.

Dans les montres ordinaires on emploie un balancier en laiton, d'un diamètre généralement égal à celui du barillet, et le réglage s'obtient en essayant plusieurs spiraux plus ou moins longs, jusqu'au moment où l'on arrive au résultat voulu.

Dans les montres marines, au contraire, on se donne le spiral. Pour régler le moment d'inertie du balancier, on enfonce des vis à têtes massives dans l'anneau du balancier, qui est également une donnée [1].

Qu'il s'agisse d'un pendule ou d'un balancier de chronomètres portatifs ou amovibles, la loi du mouvement du régulateur, toujours abstraction faite des résistances passives, satisfaisant à la condition de l'isochronisme, sera déterminée par une équation de la forme

$$(a) \qquad \frac{d^2\theta}{dt^2} = -k^2\theta,$$

$k$ étant une constante connue, $\theta$ l'angle que forme la distance à l'axe de rotation d'un point de la masse avec la position de ce rayon correspondant au maximum de la vitesse angulaire.

On déduit de là

$$(b) \qquad \theta = \mathrm{M}\cos kt + \mathrm{N}\sin kt,$$

$$(c) \qquad \frac{d\theta}{dt} = -k(\mathrm{M}\sin kt - \mathrm{N}\cos kt),$$

M et N étant deux constantes arbitraires que l'on déterminera d'après les conditions initiales du mouvement.

Ce que nous avons dit pour le pendule simple ou composé (nos 24 et 102 de la deuxième Partie), au point de vue des résistances du frottement sur les axes et de l'air, est appli-

(1) Pour la compensation des pendules, nous renverrons aux Traités de Physique, et, pour celle des balanciers des montres marines, au Mémoire de M. Yvon Villarceau, inséré au tome VII des *Annales de l'Observatoire*.

cable aux régulateurs des montres marines et ordinaires, et nous nous bornerons à rappeler que, si elles réduisent les amplitudes, elles n'atteignent pas l'isochronisme.

160. *Des différents modes de suspension adoptés pour le pendule.* — 1° *Suspension à couteau.* — Cette suspension, semblable à celle des fléaux de balances, qui a été très-employée autrefois, est maintenant presque abandonnée à cause des difficultés d'exécution et de conservation, et parce que, la position du couteau dans la *gouttière* n'étant pas rigoureusement invariable, le pendule n'oscille pas réellement autour d'un axe fixe. En raison des faibles écarts du pendule de part et d'autre de la verticale, le moment du frottement du couteau doit être considéré comme constant, et, d'après ce que l'on a dit ci-dessus, il n'y a pas lieu de s'en occuper.

Pour régler le pendule ou pour faire subir à son moment d'inertie les petites variations nécessaires en vue d'arriver à une bonne marche, on emploie une masse additionnelle ou *curseur*, que l'on peut fixer par une vis aux différents points du prolongement de la tige au-dessus de la masse principale ou *lentille*.

2° *Suspension par un fil de soie.* — Cette suspension ne s'applique qu'à quelques pendules d'appartement. Le réglage s'obtient en modifiant en conséquence la longueur du fil de soie au moyen d'un mécanisme très-simple à concevoir.

3° *Suspension à lames, et de son influence sur le mouvement du pendule.* — Cette suspension, qui est la plus usitée, consiste en deux lames élastiques identiques, parallèles, dont les fibres moyennes sont situées dans le plan d'oscillation, encastrées d'une part dans la partie supérieure de la masse oscillante, et de l'autre dans une *chape* ou *monture*. Chacune des lames traverse, entre la chape et le pendule, une rainure dont la largeur est, autant que possible, strictement égale à leur épaisseur. Cette rainure détermine, dans le mouvement oscillatoire, un encastrement des lames qui sont placées à une faible distance l'une de l'autre en vue d'éviter les effets de torsion. On emploie diverses dispositions, sur lesquelles nous n'insisterons pas, pour faire varier la longueur de la portion des lames comprise entre la rainure et le pendule que l'on règle par ce moyen.

Pour éviter des effets permanents de flexion qui seraient préjudiciables à la marche et à la solidité du pendule, on fait en sorte que, lorsqu'il est au repos, le plan moyen des deux lames passe par le centre de gravité de la masse. On peut aussi supposer que les deux lames font l'effet d'une seule dont le plan moyen coïncide avec le précédent.

Soient (*fig.* 193)

Fig. 193.

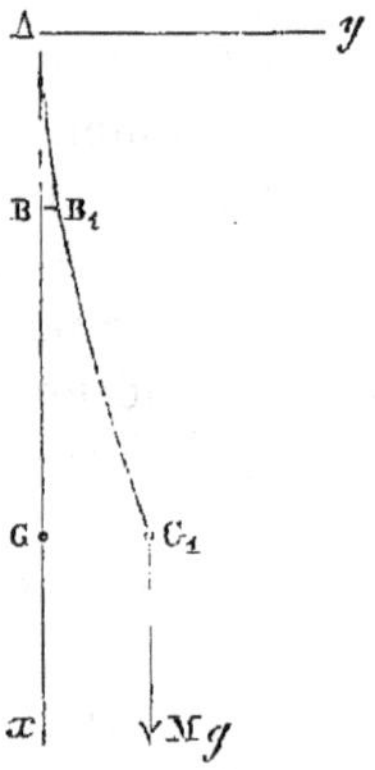


A l'encastrement de suspension;

AB la forme rectiligne de la lame fictive quand elle est au repos, B étant l'encastrement dans la masse du régulateur;

$AB_1$ la forme infléchie de la fibre moyenne correspondant à une position quelconque du pendule, $B_1$ étant la position que prend le point B;

$\theta$ l'inclinaison de la tangente au point $B_1$ de $AB_1$ sur la direction $Ax$ de AB;

$Ay$ la perpendiculaire en A à $Ax$;

$x$, $y$ les coordonnées d'un point $m$ de $AB_1$;

$\mu$ le moment d'élasticité de la lame;

M la masse du corps suspendu à la lame;

I son moment d'inertie par rapport à l'axe horizontal projeté en $B_1$ ou B;

$l$ la distance de cet axe au centre de gravité G de M;

$\varepsilon$ la longueur de la lame dont le rapport à $l$ est une petite fraction.

Nous négligerons : 1° les termes d'ordres supérieurs au troisième en $\theta$ et $\varepsilon$; 2° l'allongement de la lame, en supposant $AB = AB_1$, de sorte que $BB_1$, que nous désignerons par $f$, sera considéré comme perpendiculaire à $Ax$, et que la vitesse du point $B_1$ aura pour valeur $\frac{df}{dt}$; 3° la masse, relativement très-faible, de la lame.

Le mouvement du corps peut être considéré comme se composant d'une translation $\frac{df}{dt}$ parallèle à $Ay$ et d'une rotation autour de l'axe projeté en $B_1$.

Le moment du poids $\mathbf{M}g$ par rapport au point $m$ est

$$-\mathrm{M}g(l\sin\theta + f - y) = -\mathrm{M}g(l\theta + f - y).$$

Le moment de la force d'inertie, due au mouvement de translation par rapport au même point, est

$$-\mathrm{M}\frac{d^2f}{dt^2}(l\cos\theta + \varepsilon - x),$$

ou tout simplement

$$-\mathrm{M}l\frac{d^2f}{dt^2}.$$

Le moment des quantités de mouvement dues à la rotation par rapport au point $m$, étant du premier ordre, peut être considéré comme égal au même moment par rapport au point B; ce qui donne pour le terme correspondant dû à l'inertie

$$-\mathrm{I}\frac{d^2\theta}{dt^2}.$$

D'autre part, le moment des forces élastiques développées en $m$ est $\mu\frac{d^2y}{dx^2}$, en négligeant $\frac{dy^2}{dx^2}$ devant l'unité. Il vient donc

$$\mu\frac{d^2y}{dx^2} = -\mathrm{M}g(l\theta + f - y) - \mathrm{M}l\frac{d^2f}{dt^2} - \mathrm{I}\frac{d^2\theta}{dt^2},$$

ou, en remarquant que $\frac{f-y}{l}$ est toujours une petite fraction,

$$\mu\frac{d^2y}{dx^2} = -Mgl\theta - I\frac{d^2\theta}{dt^2} - Ml\frac{d^2f}{dt^2}.$$

En intégrant cette équation par rapport à $x$, en se rappelant que $\frac{dy}{dx} = 0$ et $y = 0$ pour $x = 0$, on trouve

$$\mu\frac{dy}{dx} = -x\left(Mgl\theta + Ml\frac{d^2f}{dt^2} + I\frac{d^2\theta}{dt^2}\right),$$

$$\mu y = -\frac{x^2}{2}\left(Mgl\theta + Ml\frac{d^2f}{dt^2} + I\frac{d^2\theta}{dt^2}\right).$$

Comme on doit avoir $\frac{dy}{dx} = \theta$, $y = f$ pour $x = \varepsilon$, on trouve

$$\mu\theta = -\varepsilon\left(Mgl\theta + Ml\frac{d^2f}{dt^2} + I\frac{d^2\theta}{dt^2}\right),$$

$$\mu f = -\frac{\varepsilon^2}{2}\left(Mgl\theta + Ml\frac{d^2f}{dt^2} + I\frac{d^2\theta}{dt^2}\right),$$

d'où

$$f = \frac{\theta\varepsilon}{2},$$

et la première de ces équations devient

$$\frac{d^2\theta}{dt^2} = -\theta\,\frac{Mgl + \frac{\mu}{\varepsilon}}{I + \frac{Ml\varepsilon}{2}}.$$

On voit ainsi que l'isochronisme subsiste toujours, mais que la durée des oscillations est modifiée par l'élasticité de la lame.

Si l'on considère le pendule comme tournant effectivement autour d'un axe projeté au milieu de AB, l'influence de l'élasticité sera représentée par le terme en $\mu$ de l'expression précédente.

La longueur du pendule synchrone sera

$$\lambda = \frac{I + \frac{Ml\varepsilon}{2}}{Ml + \frac{\mu}{\varepsilon g}}$$

et variera plus rapidement avec $\varepsilon$ que si, la lame étant rigide, le pendule oscillait autour de l'axe projeté en A ; de sorte que l'on doit arriver au réglage par des variations de longueur du pendule, moindres que lors des suspensions par couteau et fil de soie.

Si $\varepsilon = 0$, $\lambda$ est nul ainsi que la durée des oscillations, ce qui devait être, puisque la masse M est invariablement encastrée et qu'elle n'est plus susceptible d'aucun mouvement.

**161.** *De l'influence des chocs dans le mouvement d'un régulateur.* — Comme nous l'avons déjà dit, on s'arrange de manière que, pendant une oscillation du régulateur, le dernier organe du corps de rouages, c'est-à-dire la roue d'échappement, obéissant à l'action de la force motrice, produise une percussion sur un appendice faisant corps avec le régulateur, pour venir en compensation des effets du frottement et de la résistance de l'air; ce qui nous conduit à étudier les effets d'un choc sur le mouvement oscillatoire du balancier.

*a. Hypothèse d'une percussion pendant une oscillation, abstraction faite des résistances passives.* — Il nous suffira évidemment de considérer l'oscillation dont l'origine correspond à celle du temps.

Soient

$-\alpha$ la valeur initiale de l'angle d'écart $\theta$;
$t'$ le temps au bout duquel le choc a lieu;
$\theta'$, $\omega'$ les valeurs correspondantes de $\theta$ et $\dfrac{d\theta}{dt}$.

On a, en vertu des équations ($b$) et ($c$) du n° 160,

$$(1) \qquad \theta' = -\alpha \cos kt', \quad \omega' = \alpha k \sin kt'.$$

Nous rappellerons que, pendant le choc, la position des éléments matériels des corps qui se rencontrent ne change pas d'une manière appréciable; que, après une percussion, la vitesse angulaire du corps choqué supposé mobile autour d'un axe est égale à celle qu'il avait avant le choc, multipliée par un coefficient plus grand que l'unité, qui ne dépend que de la position relative des corps lors du choc, et que nous déterminerons plus loin, en nous occupant des échappements. Or on s'arrange toujours de manière que la position relative des corps reste constamment ou à très-peu près la même. D'autre part la fusée élimine les variations de la force motrice, ou, quand on ne l'emploie pas, l'intensité de cette force varie entre des limites assez restreintes pour que, dans le calcul du coefficient dont il s'agit, elle puisse être considérée comme constante et égale à sa valeur moyenne; enfin, par la force des choses, la vitesse angulaire du régulateur ne peut éprouver que de faibles variations; de sorte qu'on peut, sans grande erreur, considérer ce coefficient comme constant.

Nous devons donc supposer, dans les deux équations ($b$) et ($c$) du n° **160**,

$$\theta = \theta', \quad \frac{d\theta}{dt} = (1 + \varepsilon)\,\omega', \quad \text{pour} \quad t = t',$$

$\varepsilon$ étant une constante que nous supposerons très-petite. Ces deux conditions permettent de déterminer M et N, et l'équation ($b$) devient

$$(2) \qquad \theta = -\alpha(1 + \varepsilon \sin^2 kt') \cos kt + \frac{\varepsilon\alpha}{2} \sin 2kt' \sin kt.$$

Soient T le temps qu'emploierait le balancier à exécuter une oscillation s'il n'y avait pas de choc; $T_1$ la durée réelle de l'oscillation que nous considérons, ou la première valeur qui annule la valeur de $\frac{d\theta}{dt}$ donnée par l'équation précédente; nous aurons

$$(3) \qquad \operatorname{tang} kT_1 = -\frac{\varepsilon\theta' \sin kt'}{\alpha(1 + \varepsilon \sin^2 kt')}.$$

Si $\theta' < 0$, on a

$$kT_1 < \pi \quad \text{ou} \quad T_1 < T;$$

si $\theta' = 0$, on a

$$kT_1 = \pi \quad \text{ou} \quad T_1 = T;$$

si $\theta' > 0$, on a

$$kT_1 > \pi \quad \text{ou} \quad T_1 > T;$$

en d'autres termes, *le choc diminue ou augmente ou n'altère pas la durée de l'oscillation selon qu'il se produit avant ou après le milieu de l'oscillation ou en ce milieu lui-même.*

Pour mieux voir de quelle manière $T_1$ varie avec $\theta'$, nous négligerons le carré de $\varepsilon$, et nous obtiendrons, en ayant égard à la première des équations (1),

$$(4) \qquad T_1 = T\left(1 + \frac{\varepsilon\theta' \sin kt'}{\alpha\pi}\right) = T\left(1 + \frac{\varepsilon}{\pi}\,\frac{\theta'}{\alpha}\sqrt{1 - \frac{\theta'^2}{\alpha^2}}\right).$$

Il suit de là que le maximum et le minimum de $T_1$ correspondent respectivement à $\theta' = \frac{\alpha}{2}\sqrt{2}$ et à $\theta' = -\frac{\alpha}{2}\sqrt{2}$, c'est-à-dire à deux positions du régulateur symétriques par rapport à sa position moyenne, et qu'ils sont compris dans la formule

$$T_1 = T\left(1 \pm \frac{\varepsilon}{2\pi}\right).$$

Pour trouver l'amplitude $\alpha_1$ de la demi-oscillation descendante qui suit celle que nous considérons, il suffit de poser $t = T_1$ et $\theta = \alpha_1$, dans l'équation (2), ce qui donne, en ayant égard à la relation (3), et continuant à négliger le carré de $\varepsilon$,

$$\alpha_1 = \alpha(1 + \varepsilon \sin^2 kt').$$

Si l'oscillation suivante ne comporte pas de choc (comme dans l'échappement libre à ressort), sa durée sera T, et la différence $T - T_1$ entre les durées de deux oscillations successives ou de deux *battements* consécutifs [1] sera du premier ordre; si, au contraire, elle est accompagnée d'un choc (échappements à ancre et à cylindre) correspondant très-sensiblement aux mêmes valeurs de $\theta'$ et $\varepsilon$, la durée $T_2$ de cette oscillation, qui se déduira de la formule (4), en y remplaçant $\alpha$ par $\alpha_1$, ne différera de $T_1$ que d'une quantité du second ordre, puisque $\alpha - \alpha_1$ est du premier ordre, et la différence entre

[1] Le bruit sec ou *battement* qui se produit à intervalles égaux dans les chronomètres n'est pas dû aux chocs que nous étudions, mais à celui de la roue d'échappement, lorsque, après avoir choqué le régulateur, elle perd sa force vive, ainsi que celle de tout le corps de rouages, en butant contre l'arrêt que l'on appelle *repos*.

les durées de deux battements consécutifs sera du second ordre [1].

*b. Hypothèse d'un choc et d'une résistance constante.* — Au lieu de l'équation ($a$) du n° 159, nous aurons une équation de

$$\frac{d^2\theta}{dt^2} = -k^2(\theta + \beta);$$

$\beta$ étant une constante; mais on voit alors que les formules relatives au cas actuel se déduisent de celles du précédent, en ajoutant $\beta$ à $\theta'$, $-\alpha$, $\alpha_1$; on obtient ainsi

$$(5)\qquad \begin{cases} \theta' + \beta = -(\alpha - \beta)\cos kt', \\ T_1 = T\left[1 + \dfrac{\varepsilon(\theta' + \beta)}{\pi(\alpha - \beta)}\sin kt'\right], \\ \alpha_1 = (\alpha - \beta)(1 + \sin^2 kt') - \beta. \end{cases}$$

Si l'on s'arrange de manière que l'on ait

$$\sin^2 kt' = \frac{2\beta}{(\alpha - \beta)\varepsilon},$$

---

(1) Il nous a paru intéressant d'examiner l'hypothèse de deux chocs pendant une même oscillation, quoiqu'elle ne se présente pas en horlogerie. Soient $t''$ le temps au bout duquel se produit le nouveau choc; $M''$, $N''$ ce que deviennent M et N après ce choc, et admettons que le coefficient $\varepsilon$ ait la même valeur pour les deux chocs.

En faisant le même raisonnement que dans le texte, nous aurons

$$M\cos kt'' + N\sin kt'' = M''\cos kt'' + N''\cos kt'',$$
$$(1+\varepsilon)[-M\sin kt'' + N\cos kt''] = -M''\sin kt'' + N''\cos kt''.$$

Si nous désignons par $T''$ la durée de l'oscillation, nous aurons, en ayant égard aux valeurs de M et N, à celles que l'on déduit pour $M''$ et $N''$ et négligeant le carré en $\varepsilon$,

$$\operatorname{tang} kT'' = \frac{N''}{M''} = -\frac{\varepsilon}{2}(\sin 2kt' + \sin 2kt''),$$

d'où

$$T'' = T\left[1 - \frac{\varepsilon}{2\pi}(\sin 2kt' + \sin 2kt'')\right].$$

On voit, d'après cela, que par le second choc on peut atténuer l'influence du premier ou la rendre du second ordre. Il suffit pour cela que les deux chocs aient lieu symétriquement par rapport au milieu de l'oscillation; car alors $kt' + kt''$ ne différera de $\pi$ que d'une quantité de l'ordre $\varepsilon$, et par suite $T'' - T$ sera du second ordre.

l'amplitude des oscillations ne variera pas, et, si les oscillations successives sont accompagnées chacune d'un choc d'un côté ou de l'autre, mais à égale distance du milieu, leurs durées seront toutes égales, et le chronomètre atteindra très-sensiblement son but.

*c. Hypothèse d'un choc et d'une résistance proportionnelle au carré de la vitesse.* — Reportons-nous aux considérations du n° 24 (IIe Partie, t. I), et conservons les mêmes notations. Nous aurons

$$(6)\quad \left\{\begin{aligned} \theta' &= -\frac{\alpha^2 k^2 \gamma}{2} - (\alpha - \tfrac{2}{3}\alpha^2 k^2 \gamma)\cos kt' - \frac{\alpha^2 k^2 \gamma}{6}\cos 2kt', \\ \frac{\omega'}{k} &= -\tfrac{2}{3}\alpha^2 k^2 \gamma \sin kt' + \frac{\alpha^2 k^2 \gamma}{3}\sin 2kt' + \alpha \sin kt'. \end{aligned}\right.$$

Un écart quelconque après le choc étant désigné par $\theta$, il faut que l'on ait pour $t = t'$

$$\theta = \theta', \quad \frac{d\theta}{dt} = \omega'(1 + \varepsilon).$$

Si nous posons, comme au numéro précité,

$$\theta = \theta_0 + \gamma\theta_1 + \gamma^2\theta_2,$$

nous aurons, en substituant dans les formules précédentes, et identifiant les termes semblables en $\gamma$, et faisant $t = t'$,

$$(\alpha)\qquad \theta_0 = -\alpha\cos kt', \quad \frac{1}{k}\frac{d\theta_0}{dt} = \alpha(1 + \varepsilon)\sin kt',$$

$$(\beta)\qquad \left\{\begin{aligned} \theta_1 &= \alpha^2 k^2(-\tfrac{1}{2} + \tfrac{2}{3}\cos kt' - \tfrac{1}{6}\cos 2kt'), \\ \frac{1}{k}\frac{d\theta_1}{dt} &= (1 + \varepsilon)\frac{\alpha^2 k^2}{3}(-2\sin kt' + \sin 2kt'), \end{aligned}\right.$$

$$(\gamma)\qquad \theta_2 = 0, \quad \frac{d\theta_2}{dt} = 0.$$

Il est évident que $\theta_0$ n'est autre chose que la valeur de $\theta$ dans l'hypothèse $\gamma = 0$, et que sa valeur est fournie par l'équation (2), soit

$$(7)\qquad \theta_0 = -\alpha(1 + \varepsilon\sin^2 kt')\cos kt + \frac{\varepsilon\alpha}{2}\sin 2kt' \sin kt.$$

Les conditions, $(\gamma)$ jointes à la troisième des équations (8) du n° 24 de la première Partie, donnent $\theta_2 = 0$; il ne nous reste donc qu'à déterminer $\theta_1$ au moyen de la deuxième de ces mêmes équations, qui devient, en vertu de la formule (7) et de l'approximation adoptée,

$$\frac{d^2\theta_1}{dt^2} = -k^2\left\{\theta_1 + \frac{\alpha^2 k^2}{2}\left[(1+2\varepsilon\sin^2 kt') - (1+2\varepsilon\sin^2 kt')\cos 2kt + \varepsilon\sin 2kt'\sin 2kt\right]\right\},$$

équation dont l'intégrale générale est

$$\theta_1 = \mathrm{M}'\cos kt + \mathrm{N}'\sin kt + \frac{\alpha^2 k^2}{2}\left[-(1+2\varepsilon\sin^2 kt') - \frac{1+2\varepsilon\sin^2 kt'}{3}\cos 2kt + \frac{\varepsilon\sin 2kt'}{3}\sin 2kt\right],$$

M′ et N′ étant des constantes déterminées par les conditions (β) qui donnent

$$\mathrm{M}' = \tfrac{2}{3}\alpha^2 k^2(1+\varepsilon\sin^2 kt'), \quad \mathrm{N}' = \tfrac{4}{3}\alpha^2 k^2 \sin kt' \sin^2\frac{kt'}{2}.$$

Il vient donc

$$(8)\quad \left\{\begin{aligned} \frac{\theta}{\alpha} = {} & \cos kt(-1+\varepsilon\sin^2 kt' + \tfrac{2}{3}\alpha k^2\gamma + \tfrac{2}{3}\alpha k^2\gamma\varepsilon\sin^2 kt') \\ & + \varepsilon\sin kt\left(\frac{\sin 2kt'}{2} + \tfrac{4}{3}\alpha k^2\gamma\sin kt'\sin^2\frac{kt'}{2}\right) - \tfrac{1}{2}\gamma(1+2\varepsilon\sin^2 kt') \\ & - \frac{\alpha k^2\gamma}{6}(1+2\varepsilon\sin kt')\cos 2kt' + \frac{\varepsilon\alpha k^2\gamma}{6}\sin 2kt'\sin 2kt, \end{aligned}\right.$$

d'où

$$(9)\quad \left\{\begin{aligned} \frac{1}{\alpha k}\frac{d\theta}{dt} = {} & -\sin kt(-1-\varepsilon\sin^2 kt' + \tfrac{2}{3}\alpha k^2\gamma + \tfrac{2}{3}\alpha k^2\gamma\varepsilon\sin^2 kt') \\ & + \varepsilon\cos kt\left(\frac{\sin^2 kt'}{2} + \tfrac{4}{3}\alpha k^2\gamma\sin kt'\sin^2\frac{kt'}{2}\right) \\ & - \tfrac{1}{3}\alpha k^2\gamma(1+2\varepsilon\sin^2 kt')\sin 2kt + \tfrac{1}{3}\varepsilon\gamma\alpha k^2\sin 2kt'\cos 2kt. \end{aligned}\right.$$

Pour trouver la durée $\mathrm{T}_1$ de l'oscillation, ou la première des valeurs de $t$ qui annule $\frac{d\theta}{dt}$, il suffit de poser

$$t = \mathrm{T}_1, \quad k\mathrm{T}_1 = k\mathrm{T} + x = \pi + x,$$

$x$ étant une quantité du premier ordre, et en opérant ainsi on trouve

$$(10) \qquad T_1 = T\left\{1 + \frac{\varepsilon}{\pi}\left[(1 - \varepsilon\sin^2 kt')\sin 2kt' + \tfrac{2}{3}\alpha k^2\gamma\sin kt'\right]\right\}.$$

A l'examen de cette formule, on reconnaît que la résistance de l'air ne modifie pas les conclusions du premier cas examiné.

Enfin les formules (8) et (10) donnent pour la valeur de la demi-oscillation suivante $\alpha_1$

$$\alpha_1 = \alpha(1 + \varepsilon\sin^2 kt' - \tfrac{4}{3}\alpha k^2\gamma - \tfrac{2}{3}\alpha k^2\gamma\varepsilon).$$

Si l'on fait intervenir le choc dans des conditions telles que l'on ait

$$\varepsilon\sin^2 kt' = \tfrac{4}{3}\alpha k^2\gamma,$$

ce qui sera toujours possible lorsque $\varepsilon$ sera supérieur à $\frac{4}{3}\alpha k^2\gamma$, les amplitudes successives n'éprouveront que des variations du second ordre et par conséquent très-petites.

*d. De l'influence du choc en tenant compte simultanément des deux résistances.* — Les formules relatives au cas général s'obtiendront en retranchant $\beta$ de $\theta$ et $-\alpha$, et comme dans la formule (10) $\alpha$ n'entre que dans un terme du second ordre, il s'ensuit que la résistance constante ne modifie pas la durée de l'oscillation résultant de l'hypothèse d'un choc et de la résistance proportionnelle au carré de la vitesse, aux termes du troisième ordre près.

En résumé : 1° lorsqu'un choc intervient pendant une oscillation, la durée de l'amplitude du balancier éprouve des variations du premier et du second ordre, et la variation du premier ordre de l'amplitude vient plus ou moins en compensation des effets des résistances passives.

2° Si chaque oscillation est accompagnée d'un choc, la différence entre deux battements consécutifs est du second ordre.

3° La suspension à lames du pendule n'altère pas l'isochronisme, mais modifie la longueur du pendule synchrone.

162. *Du pendule conique.*

Lemme. — *Un pendule conique formé d'un corps homogène*

*de révolution dont le point fixe se trouve sur l'axe se meut suivant la même loi que le pendule synchrone.*

Il est clair que la solution du problème du pendule conique composé se trouve dans les formules (3) et (4) du n° **110** de la deuxième Partie (t. **1**, p. 357) en y supposant $n = 0$, ce qui donne

$$(1) \qquad s = s_0 \frac{\sin\theta_0}{\sin\theta},$$

$$(2) \qquad r = \sqrt{\frac{2Mgl}{B}(\cos\theta_0 - \cos\theta) + r_0^2 + s_0^2 + s_0^2 \frac{\sin^2\theta_0}{\sin^2\theta}}.$$

Si l'on désigne par $\lambda$ la longueur du pendule synchrone déterminée par la relation

$$(3) \qquad \lambda = \frac{B}{Ml},$$

l'équation (2) devient

$$(2') \qquad r = \sqrt{\frac{2g}{\lambda}(\cos\theta_0 - \cos\theta) + r_0^2 + s_0^2 + s_0^2 \frac{\sin^2\theta_0}{\sin^2\theta}}.$$

Les équations (1) et (2′) ne sont autre chose que celles qui caractérisent le mouvement du pendule synchrone, ce qu'il fallait établir.

Si donc l'axe d'un pendule composé reste peu incliné sur la verticale de suspension, son extrémité décrit (n° 27 de la deuxième Partie) en projection horizontale une ellipse dont le centre est la trace de la verticale ci-dessus et dont le plan est animé d'une rotation uniforme dans le sens du mouvement, et de plus la durée du retour à un sommet est indépendante des écarts maximum et minimum, aux termes du second ordre près.

Faisons d'abord abstraction du mouvement tournant de l'ellipse; le pendule pourra régler un chronomètre fixe sans échappement, en engageant son extrémité dans une coulisse horizontale mobile autour de la verticale de suspension et mise en mouvement par le corps de rouages; car l'axe de figure du pendule mettra un temps très-sensiblement indépendant des écarts maximum et minimum pour revenir dans le même plan azimutal, et la coulisse sera animée d'un mouvement de rotation périodique.

Mais les choses ne peuvent se passer ainsi, en raison de la rotation de l'ellipse qui dépend d'ailleurs des écarts maximum et minimum; le mouvement de la coulisse n'est pas par suite rigoureusement périodique, d'où une cause d'inégalités dans la marche du chronomètre.

On doit donc rejeter l'emploi du pendule conique pour les chronomètres qui doivent avoir un certain caractère de précision.

163. *Influence de la suspension à lames sur le pendule conique.* — Le mode de suspension des balanciers coniques des pendules consiste en deux systèmes rectangulaires verticaux, et identiques aux appareils de suspension à lames employés pour les balanciers oscillatoires (161), c'est-à-dire qu'ils sont formés chacun de deux lames flexibles en acier de même longueur, maintenues parallèlement et invariablement dans leur plan par leurs extrémités.

La monture supérieure de l'un des systèmes est fixe; la monture inférieure supporte la monture supérieure du second, qui est disposée de telle sorte que les extrémités supérieures, comme les extrémités inférieures, des quatre lames soient situées dans un même plan horizontal; lorsque le pendule est au repos, la monture inférieure du deuxième système fait corps avec la tige du balancier, dont la partie essentielle est une sphère pesante qui termine cette tige.

Si nous laissons de côté les impossibilités physiques du mouvement et si nous supposons que ces lames sont immatérielles, tout en leur conservant leurs propriétés élastiques, nous pourrons dire que la suspension produit le même effet que si elle était composée de deux lames identiques, d'une largeur double des lames réelles, mais de même longueur et de même épaisseur, disposées rectangulairement l'une dans l'axe de figure de l'autre. L'une de ces lames fictives est encastrée invariablement à sa partie supérieure; l'encastrement de l'autre se trouve sur la tangente à l'extrémité de la précédente, à une distance du point de contact égale à la longueur des lames. L'axe de figure du balancier sera ainsi supposé tangent à l'extrémité supérieure de la deuxième lame. Nous supposerons de plus (*fig.* 194) que les lames sont réduites à leurs axes de symétrie.

Soient

Fig. 194.

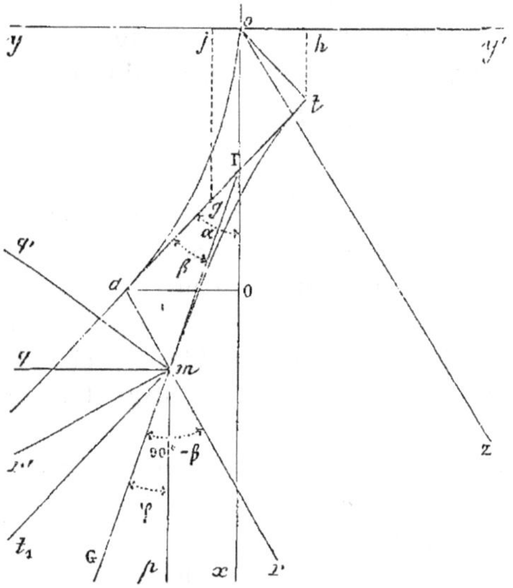


$o$ le point d'encastrement de la première lame;

$ox$ sa verticale;

$yoy'$ l'horizontale menée par le point $o$ dans le plan d'oscillation de la lame;

$oz$ la perpendiculaire en $o$ au plan $xoy$, déterminant avec $ox$ le plan d'oscillation de la deuxième lame;

$\lambda$ la longueur des lames, censée très-petite par rapport à la longueur du balancier;

$oa$ la forme que prend à un instant quelconque la lame encastrée en $o$;

$\alpha$ l'angle formé par la tangente $at$ en $a$ supposé assez petit pour qu'on puisse en négliger les puissances supérieures à la première;

$at$ la perpendiculaire abaissée du point $o$ sur $ot$; on pourra supposer $oa = at = \lambda$; le point $t$ devra alors être considéré comme étant l'extrémité supérieure de la deuxième lame qui affecte une forme $tm$ tangente en $t$ à $at$, dans un plan mené suivant cette dernière direction perpendiculairement au plan $yox$;

$\beta$ l'angle formé par la tangente en $m$, ou par la direction $m$G de la tige du pendule, avec $at$;

O la projection du point $a$ sur $ox$;

$\eta = a\mathrm{O}$, $z = ma$ les coordonnées du point $m$ respectivement parallèles à $oy$ et $oz$;

$l$ la distance du centre de gravité G du pendule au point $m$;

M la masse du pendule;

A son moment d'inertie par rapport à l'un quelconque des axes principaux perpendiculaires en $m$ à $m$G;

E le coefficient d'élasticité des lames;

I le moment d'inertie de leur section par rapport à la parallèle au long côté menée par son centre de gravité;

$\mu$ la masse du système rigide formé par la monture inférieure de la lame encastrée en $o$ et la monture supérieure de la deuxième lame;

$g$ le centre de gravité de ce système que l'on peut supposer placé au milieu de $at$;

$\varphi$ l'angle formé par la tige $m$G du pendule avec la verticale;

$\theta$ l'angle compris sous le plan vertical passant par $o$G et le plan $zox$.

Les angles $\alpha$ et $\beta$ sont évidemment du même ordre de grandeur que $\varphi$. L'ordonnée $th = ot.\sin\alpha$ du point $t$ parallèle à $ox$ est négligeable. Quant à son ordonnée $-oh$ parallèle à $oy$, elle est donnée par

$$(1) \qquad -oh = -(at\sin\alpha - a\mathrm{O}) = \eta - \lambda\alpha,$$

et celle $oj$ de $g$ par

$$(2) \qquad \chi = \eta - \frac{\lambda\alpha}{2}.$$

Menons par le point $m$ la verticale $mp$, la parallèle $mt_1$ à $at$, et soit $mr$ le prolongement de $am$, que l'on peut considérer comme parallèle à $oz$. Les angles $t_1mr$, $pmr$ étant droits, l'angle dièdre $mr$ de l'angle trièdre formé par les droites $m$G, $mp$, $mr$ est égal à $\alpha$; et l'on a dans ce même angle trièdre

$$\cos\varphi = \cos\beta\cos\alpha, \quad \text{d'où} \quad \varphi^2 = \alpha^2 + \beta^2,$$
$$\sin\beta = \sin\varphi\cos\theta \quad \text{ou} \quad \beta = \varphi\cos\theta;$$

on tire de là

$$(3) \qquad \beta = \varphi\cos\theta, \quad \alpha = \varphi\sin\theta.$$

Comme $\frac{\lambda}{l}$ est une petite fraction, nous pourrons négliger le terme de l'ordre des quantités $\frac{\varphi\lambda}{l}$, $\frac{\lambda^2}{l^2}$.

Soient $\mathfrak{M}_x$, $\mathfrak{M}_y$, $\mathfrak{M}_z$ les moments, par rapport aux parallèles aux axes $ox$, $oy$, $oz$, menées par le point $m$, du poids et de la force d'inertie du pendule; X, Y, Z les composantes des mêmes forces parallèles à ces axes.

Le moment, par rapport au point $(x, y)$ de la lame $oa$, du poids et de l'inertie du pendule est

$$\mathfrak{M}_z + \text{Y}(\lambda - x) - \text{X}(\eta - y);$$

mais on peut négliger dans X la composante de la force d'inertie qui est de l'ordre $\varphi$ et supposer $\text{X} = \text{M}g$. La masse $\mu$ ne donnera aussi que le moment

$$-\mu g(\chi - y),$$

car sa force d'inertie est du second ordre en $\alpha$ et $\lambda$. On a donc

$$(4) \qquad \text{EI}\frac{d^2y}{dx^2} = \mathfrak{M}_z + (\lambda - x)\text{Y} - \text{M}g(\eta - y) - \mu g(\chi - y),$$

avec les conditions $y = 0$, $\frac{dy}{dx} = 0$ pour $x = 0$.

Si l'on néglige d'abord les termes en $\lambda$, on a

$$\text{EI}\frac{dy}{dx} = \mathfrak{M}_z x, \quad \text{EI}y = \mathfrak{M}_z\frac{x^2}{2},$$

et pour $x = \lambda$, eu égard à la seconde des relations (3),

$$\text{EI}\eta = \frac{\lambda^2}{2}\mathfrak{M}_z, \quad \text{EI}\alpha = \text{EI}\varphi\sin\theta = \lambda\mathfrak{M}_z;$$

d'où, par l'élimination de $\mathfrak{M}_z$ au moyen de la seconde de ces dernières formules

$$\eta = \frac{\lambda}{2}\varphi\sin\theta,\quad y = \frac{x^2}{2\lambda}\varphi\sin\theta,$$

et enfin

$$\chi = 0.$$

En portant ces valeurs dans l'équation (4), nous ne ferons que nous conformer au mode d'approximation adopté et nous aurons

$$\mathrm{EI}\frac{d^2y}{dx^2} = \mathfrak{M}_z + \mathrm{Y}(\lambda - x) + \frac{g\varphi\sin\theta}{2}\left[\frac{x^2}{\lambda}(\mathrm{M}+\mu) - \mathrm{M}\lambda\right].$$

En intégrant successivement entre les limites $x = 0$ et $x = \lambda$, on trouve

$$(5)\quad \begin{cases} \varphi\sin\theta\left(\dfrac{\mathrm{EI}}{\lambda} + \dfrac{\mathrm{M}g\lambda}{3} - \dfrac{\mu g\lambda}{6}\right) = \mathfrak{M}_z + \dfrac{\lambda}{2}\mathrm{Y}, \\ \mathrm{EI}\eta = \mathfrak{M}_z\dfrac{\lambda^2}{2} + \dfrac{\lambda^3\mathrm{Y}}{3} + g\varphi\sin\theta\dfrac{\lambda^3}{24}(\mu - 5\mathrm{M}). \end{cases}$$

Pour l'autre lame, nous aurons

$$\mathrm{EI}\frac{d^2z}{dx^2} = -\mathfrak{M}_y + \mathrm{Z}(\lambda - x) - \mathrm{M}g(\zeta - z),$$

avec les conditions $z = 0$, $\dfrac{dz}{dx} = 0$ pour $x = 0$, et avec les valeurs $z = \zeta$, $\dfrac{dz}{dx} = \beta$ pour $x = \lambda$. En opérant de la même manière que plus haut, on trouve

$$(6)\quad \begin{cases} \varphi\cos\theta\left(\dfrac{\mathrm{EI}}{\lambda} + \dfrac{\mathrm{M}g\lambda}{3}\right) = -\mathfrak{M}_y + \dfrac{\lambda\mathrm{Z}}{2}, \\ \mathrm{EI}\zeta = -\mathfrak{M}_y\dfrac{\lambda^2}{2} + \dfrac{\mathrm{Z}\lambda^3}{3} - \dfrac{5\mathrm{M}g\lambda^4\varphi\cos\theta}{24}. \end{cases}$$

Des deux premières des équations (5) et (6) on tire

$$\varphi\left(\frac{\mathrm{EI}}{\lambda} + \frac{\mathrm{M}g\lambda}{3} - \frac{\mu g\lambda}{6}\sin^2\theta\right)$$
$$= \mathfrak{M}_z\sin\theta - \mathfrak{M}_y\cos\theta + \frac{\lambda^2}{2}(\mathrm{Y}\sin\theta + \mathrm{Z}\cos\theta),$$

$$-\frac{\mu}{6}g\lambda\varphi\sin\theta\cos\theta = \mathfrak{M}_z\cos\theta + \mathfrak{M}_y\sin\theta + \frac{\lambda}{2}(\mathrm{Y}\cos\theta - \mathrm{Z}\sin\theta).$$

Cela posé, soient

*mq* la parallèle à *oy*, menée par le point *m*;

*mr'* la trace du plan vertical G*mp* qui renferme l'axe du pendule, sur le plan *qmr*;

*mq'* la perpendiculaire en *m* au plan G*mp*;

$\mathfrak{M}_{q'}$, $\mathfrak{M}_{r'}$ les moments par rapport à *mq'*, *mr'* des forces d'inertie du pendule;

Y', Z' les composantes de ces forces suivant ces deux directions.

Le moment du poids du pendule par rapport à *mq'* étant $-\mathrm{M}gl\varphi$, les formules ci-dessus deviennent

$$(7)\quad \begin{cases} \varphi\left(\dfrac{\mathrm{EI}}{\lambda}+\mathrm{M}gl+\dfrac{\mathrm{M}g\lambda}{3}-\dfrac{\mu g\lambda}{6}\sin^2\theta\right)=\mathfrak{M}_{q'}+\dfrac{\lambda}{2}\mathrm{Z}',\\ -\dfrac{\mu g\lambda\varphi}{6}\sin\theta\cos\theta=\mathfrak{M}_{r'}-\dfrac{\lambda}{2}\mathrm{Y}'. \end{cases}$$

Si nous négligeons les termes en $\lambda$ et $\mu$, les équations (7) deviennent

$$\mathfrak{M}_{q'}=l\left(\mathrm{M}g+\frac{\mathrm{EI}}{\lambda l}\right)\varphi,\quad \mathfrak{M}_{r'}=0,$$

et sont les mêmes que si le pendule tournait librement autour du point *m* considéré comme fixe, en supposant que son poids se trouve augmenté de $\dfrac{\mathrm{EI}}{\lambda l}$; la suspension n'altère donc pas l'isochronisme des révolutions et l'on a pour la durée de chacune d'elles

$$\mathrm{T}=2\pi\sqrt{\frac{\mathrm{A}}{\mathrm{M}gl+\dfrac{\mathrm{EI}}{\lambda}}},$$

d'où l'on déduit les mêmes conséquences que pour le pendule ordinaire. Les formules (5) et (6) donnent, au degré d'approximation convenu, par l'élimination de $\mathfrak{M}_z$ et $\mathfrak{M}_y$,

$$\eta=\frac{\lambda}{2}\varphi\sin\theta,\quad \zeta=\frac{\lambda}{2}\varphi\cos\theta;$$

d'où l'on déduit facilement que *la direction de la tige rencontre la verticale du point fixe en un point situé à la dis-*

*tance $\frac{\lambda}{2}$ de ce dernier, et qui est par conséquent le centre de gravité du système des quatre lames.*

Nous nous arrêterons à cette approximation; si l'on voulait la pousser plus loin il faudrait remplacer $\mathfrak{M}_{q'}$, $\mathfrak{M}_{r'}$, Y', Z' par leurs valeurs en fonction de $\varphi$ et $\theta$, et de leurs dérivées premières et secondes par rapport au temps.

164. *Modérateur à ailettes.* — Nous ne ferons que mentionner le modérateur à ailettes, exclusivement employé dans les sonneries des chronomètres et dont il a été question au n° 125. Comme nous l'avons déjà fait remarquer, ce régulateur offre l'inconvénient d'absorber un travail moteur considérable, comparativement au résultat que l'on veut obtenir, et d'acquérir une vitesse qui dépend de l'intensité de la force motrice; mais cet inconvénient n'est pas sérieux pour les sonneries qui ne fonctionnent en totalité, dans une journée, que pendant un temps très-restreint et pour lesquelles une grande régularité de mouvement n'est pas de première nécessité.

# CHAPITRE V.

## DU RESSORT SPIRAL.

165. Le ressort spiral est une lame d'acier à section rectangulaire, encastrée d'une part dans la *virole* du balancier et de l'autre à la platine.

Dans les montres ordinaires, la fibre moyenne, qui a une forme spiraloïde, est comprise dans un plan parallèle à la platine à laquelle le ressort est fixé par son extrémité extérieure. Les ressorts de cette forme ont reçu le nom de *spiral plat*. Il va sans dire que le long côté de la section du spiral est perpendiculaire à la platine.

Dans les montres soignées (*fig.* 195) le système de spires

Fig. 195.

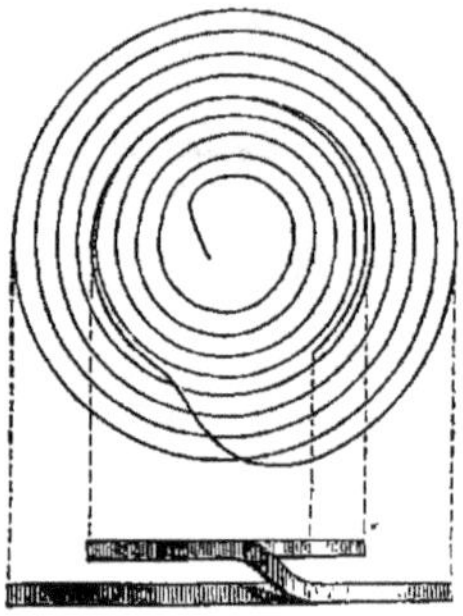

se raccorde avec une courbe qui ramène l'encastrement dans la région diamétralement opposée à celle du point de raccordement.

Le ressort réglant des montres marines, appelé *spiral cylin-*

*drique*, est formé (*fig.* 196), à l'état naturel, de spires hélicoïdales se raccordant avec deux courbes qui ramènent les extré-

Fig. 196.

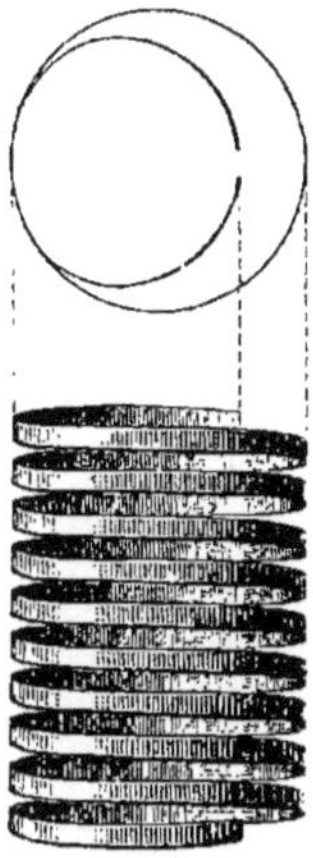

mités de la lame vers l'axe pour s'encastrer respectivement dans la platine et le balancier. Le pas de l'hélice est très-faible et le long côté de la section normale de la lame est normal à la courbe. Les deux encastrements se trouvent à égale distance de l'axe du balancier qui est en même temps celui de l'hélice; les deux courbes de raccordement, qui peuvent être considérées comme situées dans des plans parallèles à celui de la platine, font des angles égaux, mais en sens contraire, avec les rayons menés à leurs extrémités; de plus, en projection sur le plan de la platine, ces lames sont symétriques par rapport à la bissectrice de l'angle des deux rayons ci-dessus.

En raison du faible pas de l'hélice, nous pourrons considérer chaque spire comme un cercle dont le plan est parallèle à celui de la platine.

Le spiral cylindrique est le seul que l'on puisse rendre isochrone dans des limites très-étendues de l'amplitude des oscillations ou *vibrations* du balancier. Nous nous en occuperons en premier lieu en reproduisant en substance les belles recherches de M. Phillips sur ce sujet.

166. *Spiral cylindrique.* — Proposons-nous de déterminer les conditions auxquelles doivent satisfaire les courbes de raccordement pour que, dans une position quelconque du balancier : 1° les réactions de chacun des encastrements sur la lame se réduisent à un couple ; 2° les parties primitivement hélicoïdales de la fibre moyenne restent sur un cylindre ayant pour axe celui du balancier, ce qui a pour conséquence de rendre constamment symétriques les deux courbes de raccordement par rapport à la bissectrice de l'angle des rayons menés aux encastrements.

Soient (*fig.* 197)

Fig. 197.

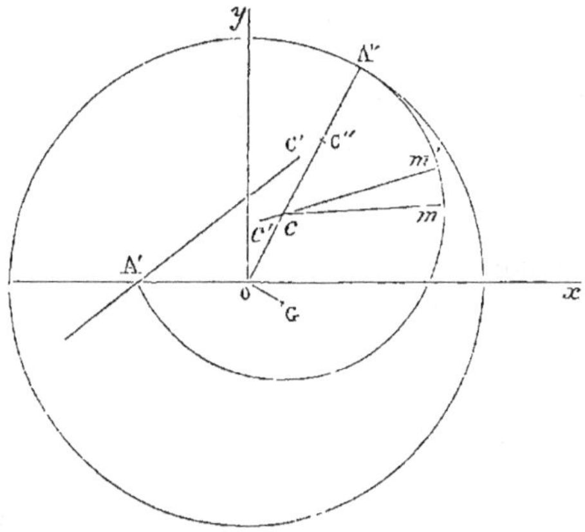


$\mathfrak{M}$ le moment du couple produit par chacun des encastrements;

$\mu$ le moment d'élasticité de la lame;

L la longueur totale du ressort;

$l$ celle de chacune des courbes de raccordement;

$o$ la trace de l'axe du balancier;

A' l'encastrement fixe;

A'' le point où, à un instant quelconque, la courbe partant de A' se raccorde avec les spires.

$s$ une longueur d'arc quelconque du ressort mesuré à partir du point A';

$\rho_0$, $\rho$ les rayons de courbure au point de la fibre invariable correspondant à cet arc lorsque le ressort est à l'état naturel et qu'il est déformé;

$a$ la distance $A'o$.

Nous prendrons la direction de $A'o$ pour celle de l'axe des $x$, $A'$ étant censé situé sur la partie négative de cet axe, et nous désignerons par $\theta_0$, $\theta$ les inclinaisons de $\rho_0$, $\rho$ sur $ox$.

Nous aurons

$$\mu\left(\frac{1}{\rho}-\frac{1}{\rho_0}\right)=\mathfrak{M}. \tag{a}$$

Comme $\rho_0$ est constant pour l'hélice, il en est de même de $\rho$ et la courbe reste ainsi une hélice en se déformant. Cette équation peut se mettre sous la forme suivante:

$$\mu\left(\frac{d\theta}{ds}-\frac{d\theta_0}{ds}\right)=\mathfrak{M}, \tag{b}$$

d'où

$$\theta-\theta_0=\frac{\mathfrak{M}}{\mu}s. \tag{c}$$

Si $\alpha$ est l'écart du balancier ou la valeur de $\theta-\theta_0$ pour $s=L$, nous aurons

$$\mathfrak{M}=\frac{\mu\alpha}{L}. \tag{d}$$

Le moment du couple qui sollicite le balancier étant proportionnel à l'angle d'écart, le mouvement de cette pièce sera isochrone et, en appelant A son moment d'inertie, la durée d'une oscillation sera

$$T=\pi\sqrt{\frac{AL}{\mu}}.$$

Nous supposerons dorénavant que les lettres $\rho$, $\theta$, $s$ se rapportent uniquement à un point quelconque $m$ de la courbe $A'A''$, en employant la lettre $r$ pour désigner le rayon de courbure de la partie hélicoïdale.

Les équations ($a$), ($b$) donnent, en ayant égard à la valeur ($d$) de $\mathfrak{M}$,

$$r=\frac{r_0}{1+\frac{\alpha r_0}{L}},\quad \rho=\frac{\rho_0}{1+\frac{\alpha\rho_0}{L}},\quad \theta-\theta_0=\frac{\alpha s}{L}.$$

Comme les rapports $\frac{r_0}{L}$, $\frac{\rho_0}{L}$, $\frac{s}{L}$ sont toujours très-petits, il en est de même de leurs produits par $\alpha$, quand même cet angle est supérieur à $\pi$, et nous pouvons ainsi, sans inconvénient, négliger, devant l'unité, les secondes puissances de ces produits, ce qui nous donne

$$(1) \qquad r = r_0\left(1 - \frac{\alpha r_0}{L}\right),$$

$$(2) \qquad \rho = \rho_0\left(1 - \frac{\alpha \rho_0}{L}\right)$$

et

$$(3) \qquad \begin{cases} \sin\theta = \sin\theta_0 + \cos\theta_0 \dfrac{\alpha s}{L}; \\ \cos\theta = \cos\theta_0 - \sin\theta_0 \dfrac{\alpha s}{L}. \end{cases}$$

Soient maintenant $c$, $c'$ les centres de courbure aux points $m$, $m'$ infiniment voisins de la courbe $A'A''$; $\xi$, $\eta$ et $\xi + d\xi$, $\eta + d\eta$ les coordonnées de ces points parallèles à $Ox$ et à sa perpendiculaire $Oy$. Nous avons $cc' = d\rho$, et la figure donne

$$d\xi = -d\rho\cos\theta, \quad d\eta = -d\rho\sin\theta.$$

Si nous affectons respectivement d'un accent et de deux accents les lettres qui se rapportent aux points A' et A'', nous aurons, en intégrant,

$$\xi'' - \xi' = -\int_0^l \frac{d\rho}{ds}\cos\theta\, ds, \quad \eta'' - \eta' = -\int_0^l \frac{d\rho}{ds}\sin\theta\, ds.$$

Si l'on intègre par parties en se rappelant que $\frac{1}{\rho} = \frac{d\theta}{ds}$, on trouve

$$(4) \qquad \begin{cases} \xi'' = \xi' - \rho''\cos\theta'' + \rho'\cos\theta' - \displaystyle\int_0^l \sin\theta\, ds. \\ \eta'' = \eta' - \rho''\sin\theta'' + \rho'\sin\theta' + \displaystyle\int_0^l \cos\theta\, ds. \end{cases}$$

Soient C' et C'' les centres de courbure de la courbe en A', A'', le second de ces points devant se trouver sur $oA''$, en vertu de la seconde des conditions que nous nous sommes imposées. En supposant que le point $m$ se déplace sur la courbe en se rapprochant du point A′, on reconnaît que l'angle $\theta'$ est l'angle négatif formé avec $Ox$ par le prolongement A′C′ au delà du point A′, et la figure donne

$$(e) \qquad \xi' = -\rho'\cos\theta' - a, \quad \eta' = -\rho'\sin\theta',$$

$$(f) \qquad \xi'' = (r - \rho'')\cos\theta'', \quad \eta'' = (r - \rho'')\sin\theta''.$$

Les équations (4) deviennent, par la substitution de ces valeurs,

$$(5) \qquad \begin{cases} r\cos\theta'' + a = -\displaystyle\int_0^l \sin\theta\,ds, \\ r\sin\theta'' = \displaystyle\int_0^l \cos\theta\,ds. \end{cases}$$

Telles sont les conditions qui doivent être satisfaites, quel que soit l'angle $\alpha$; si l'on y substitue les valeurs données par les formules (1) et (3) en continuant l'approximation adoptée, puis que l'on égale à zéro le terme constant et le coefficient de $\alpha$, on trouve

$$(6) \qquad \int_0^l \sin\theta_0\,ds = -r_0\cos\theta''_0 - a,$$

$$(7) \qquad \int_0^l \cos\theta_0\,ds = r_0\sin''\theta''_0,$$

$$(8) \qquad \int_0^l \cos\theta_0\,s\,ds = r_0^2\cos\theta''_0 + r_0 l\sin\theta''_0,$$

$$(9) \qquad \int_0^l \sin\theta_0\,s\,ds = r_0^2\sin\theta''_0 - lr_0\cos\theta''_0.$$

Si l'on désigne par $x$ et $y$ les coordonnées du point $m$, et si l'on remarque que l'on a

$$dx = -ds\sin\theta_0, \quad dy = ds\cos\theta_0,$$

on reconnaît que les équations (6) et (7) se réduisent à des identités.

Nous avons maintenant, en intégrant par parties,

$$\int s\cos\theta\,ds = \int s\,dy = sy - \int y\,ds,$$
$$\int s\sin\theta\,ds = -\int s\,dx = -sx + \int x\,ds.$$

Si donc on appelle $x_1$ et $y_1$ les coordonnées du centre de gravité G de la courbe A′mA″, les équations (8) et (9) deviennent

$$y_1 = -\frac{r^2\cos\theta''}{l}, \quad x_1 = \frac{r_0^2\sin\theta''}{l}.$$

De ces deux équations on déduit

$$\frac{y_1}{x_1} = -\cot\theta'', \quad \sqrt{x_1^2 + y_1^2} = \mathrm{OG} = \frac{r_0^2}{l},$$

et l'on peut énoncer ainsi les deux conditions auxquelles doit satisfaire chaque courbe de raccordement non déformée :

1° *Le centre de gravité de la courbe doit se trouver sur la perpendiculaire au rayon mené au point de raccordement avec les spires.*

2° *La distance de ce centre de gravité au centre des spires doit être une troisième proportionnelle à la longueur de la courbe et au rayon des spires.*

Pour faire passer par les points A′ et A″, supposés donnés, une courbe satisfaisant à ces conditions, on procédera par tâtonnements géométriques en modifiant successivement une courbe tracée au jugé et normale au rayon OA″.

La *fig.* 198 représente l'ensemble des deux courbes; à l'état naturel, les points semblables sont indiqués par la même lettre affectée de l'indice 1 pour l'une des courbes. Soit H le centre de gravité des deux courbes situé sur la bissectrice de l'angle $A''_1OA'' = 2\varphi$; on a

$$\widehat{G_1OG} = 180° - 2\varphi, \quad \mathrm{OH} = \mathrm{OG}\sin\varphi = \frac{r_0^2}{l}\sin\varphi,$$

d'où

$$2l.\mathrm{OH} = 2r_0^2\sin\varphi.$$

On peut considérer le ressort comme composé d'un nombre

entier de spires, commençant et finissant en des points projetés en A″, dont le centre de gravité se trouve sur l'axe *o*, des deux courbes et de l'arc $A''A''_1$. Or le moment de cet arc

Fig. 198.

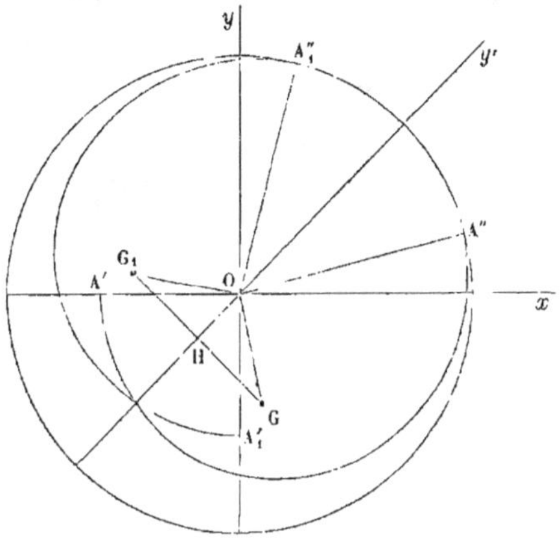


par rapport au point O est égal à $2r_0^2\sin\varphi$; d'où il suit que *le centre de gravité du ressort entier à l'état naturel doit se trouver sur l'axe du balancier.*

167. *Spiral plat.* — Nous admettrons, comme cela a lieu dans la réalité, que le ressort se raccorde tangentiellement avec la virole du balancier.

En considérant A′ et A″ comme étant les extrémités fixe et mobile du ressort, tout ce que nous avons dit sur les courbes de raccordement s'applique ici à l'ensemble des spires, en supposant que $L = l$, et que *o* est le centre de courbure en A″.

Nous devrons donc faire $\xi'' = 0$, $\eta'' = 0$ dans les équations (4) et y remplacer $\rho''$ par le rayon donné $r$; il vient ainsi, en ayant égard aux formules (*e*),

$$r\cos\theta'' + a = -\int_0^l \sin\theta\,ds,\quad r\sin\theta'' = \int_0^l \cos\theta\,ds.$$

Comme $\frac{s}{l}$ a pour limites zéro et l'unité, nous ne pourrons négliger le carré de $\frac{\alpha s}{l}$ que si $\alpha$ est suffisamment petit. C'est le seul cas dans lequel on puisse arriver à quelques résultats et où, comme paraît l'indiquer l'expérience, la condition de l'isochronisme soit remplie d'une manière satisfaisante. On trouve, en opérant comme plus haut,

$$\iota \cos\theta''_0 + a = -\int_0^l \sin\theta_0\, ds,$$

$$\iota \sin\theta''_0 = \int_0^l \cos\theta_0\, ds,$$

$$\iota \sin\theta''_0 = \frac{1}{l}\int_0^l s\cos\theta_0\, ds,$$

$$\iota \cos\theta''_0 = -\frac{1}{l}\int_0^l s\sin\theta_0\, ds.$$

Il est facile de reconnaître que, comme pour le spiral cylindrique, les deux premières de ces conditions sont des identités, et, en intégrant par parties, que les deux autres expriment que *le centre de gravité du spiral à l'état naturel doit se trouver sur l'axe du balancier.*

On comprend maintenant l'emploi du spiral *ramené*, la courbe ayant pour objet de placer autant que possible le centre de gravité du ressort sur l'axe.

**168.** *De l'influence de la température sur le spiral cylindrique.* — Supposons que, par suite d'une variation de température, tous les éléments linéaires éprouvent une dilatation relative $\varepsilon$, positive ou négative; les rayons de courbure seront respectivement égaux à leurs valeurs primitives multipliées par $(1 + \varepsilon)$; mais les angles polaires $\theta$ ne subissent aucune modification; de sorte que toutes les longueurs dans les conditions (7), (8), (9), à l'exception de $a$, doivent être multipliées par $(1 + \varepsilon)$, ce qui ne change pas les trois dernières;

mais la première devient

$$\int_0^l \sin\theta_0 \, ds = -r_0 \cos\theta''_0 - \frac{a}{1+\varepsilon},$$

et, pour que cette relation fût admissible avec elle, il faudrait que $a = 0$, ce qui exigerait que *les deux encastrements fussent placés sur l'axe du balancier pour que le fonctionnement du spiral fût à l'abri des variations de température.*

# CHAPITRE VI.

## DES ÉCHAPPEMENTS.

### § I. — *Généralités.*

**169.** L'*échappement*, quel que soit le système auquel il appartient ([1]), est une pièce animée d'un mouvement circulaire oscillatoire qui lui a été communiqué par le balancier.

Les parties de l'échappement qui arrêtent les dents de la roue ou qui correspondent aux intermittences portent le nom de *repos*. Toutefois, dans certains échappements, la période du repos est remplacée, par suite d'une forme spéciale de la pièce, par un petit déplacement rétrograde de la roue, dans un but que nous ferons connaître plus loin, d'où la distinction entre un *échappement à repos* et un *échappement à recul.*

Le frottement, la résistance de l'air, etc., auraient bientôt anéanti le mouvement du régulateur, si ce mouvement n'était pas entretenu par la force motrice à l'aide de certaines dispositions. A cet effet, avant qu'un second repos ou recul commence, la dent qui vient de s'échapper va frapper, après que la roue a tourné d'un petit angle, une autre partie de l'échappement que l'on désigne sous le nom de *lèvre* ou d'*incliné,* et communique à cette pièce une petite impulsion dans le sens de son mouvement actuel, impulsion qui est transmise au régulateur.

---

([1]) Nous ne nous occuperons pas ici de l'échappement dit *à roue de rencontre,* qui par ses défauts est généralement proscrit, même dans les montres communes.

En principe, l'action du moteur sur le régulateur devrait se borner à cette impulsion et cesser immédiatement, et, comme nous l'avons vu, l'isochronisme ne serait pas sensiblement modifié par cette impulsion.

Mais, si la force motrice continue encore à agir sur le régulateur pendant un instant, quelque court qu'il soit, comme son action peut être comparable à celle de la force qui produit l'isochronisme, et qu'elle suit une autre loi, il pourrait arriver que les durées des oscillations successives du régulateur fussent assez différentes les unes des autres pour altérer notablement la marche du chronomètre.

Les échappements qui se trouvent dans les conditions les plus rationnelles peuvent donc se diviser en deux catégories :

1° Les échappements dans lesquels le dégagement entre une dent de la roue et la lèvre correspondante a lieu presque instantanément après l'impulsion communiquée à cette pièce. Dans ce cas, l'échappement peut être monté sur le même axe que le régulateur. Telles sont les différentes variétés de l'*échappement à détente*, appliqué aux chronomètres de la marine et aux montres de prix, et qui rentrent dans la catégorie des *échappements libres* ou soustraits à l'action continue de la force motrice.

2° Les échappements dans lesquels le contact a encore lieu entre une lèvre et une dent pendant l'impulsion, et qui sont montés sur un axe parallèle à celui du régulateur. L'impulsion est communiquée par l'échappement au régulateur, au moyen d'une disposition qui permet, presque instantanément, le dégagement de cette dernière pièce, devenue libre, pour toute l'étendue du contact de la lèvre et de la dent. Cette condition est remplie par l'*échappement à ancre* des montres, échappement qui, quoique libre, est moins sensible que le précédent, en raison de l'inertie des pièces mises en mouvement et des frottements qu'elles développent.

Il y a en outre les échappements montés sur l'arbre du balancier, dont le mouvement se trouve influencé par la force motrice pendant toute la durée du contact de la roue d'échappement et d'une lèvre : tel est l'*échappement à cylindre*, qui n'est libre sous aucun rapport; ce qui explique pourquoi, malgré la facilité avec laquelle on l'exécute, il n'est appliqué qu'aux montres ordinaires.

Les *échappements à ancre de Graham* pour les pendules et l'*échappement à chevilles des horloges* sont soumis aux mêmes irrégularités que le précédent; mais ces irrégularités peuvent être notablement amoindries en donnant au balancier une masse convenable, ce que permet d'ailleurs le dispositif de l'appareil.

Chaque demi-oscillation, à partir du moment où le balancier est arrivé dans sa position moyenne, se décompose en deux parties. Dans la première, la force motrice, par l'intermédiaire de la roue d'échappement et de l'échappement, agit sur le balancier, dont le déplacement angulaire est l'*arc de levée;* dans la seconde, le balancier se meut librement sous l'influence du spiral ou du poids du pendule, et décrit, jusqu'au moment où la vitesse angulaire s'annule, l'*angle* ou *arc* complémentaire, c'est-à-dire la différence entre la demi-amplitude et l'arc de levée. Le balancier revient ensuite sur ses pas en décrivant librement l'arc complémentaire ou la demi-oscillation selon les cas. Dans le premier cas, l'arc de levée suivant est parcouru sous l'action du rouage; la demi-oscillation suivante se reproduit de la même manière que la première, et ainsi de suite.

Avant d'étudier les propriétés des principaux types d'échappements, nous croyons devoir résoudre le problème suivant, dont la solution nous sera très-utile dans ce qui suit.

170. Lemme. — *Déterminer le temps au bout duquel viennent se rencontrer, après avoir été en contact, deux corps tournant autour d'axes parallèles, lorsque le corps choquant part du repos.*

Nous supposerons que les deux corps sont de forme cylindrique, et que les génératrices de leurs surfaces sont parallèles à la direction des axes; le tout revient, par suite, à raisonner sur la figure résultant d'une section faite par un plan perpendiculaire aux axes.

Soient (*fig.* 199)

(S), (S′) les deux corps tournant autour des axes projetés en O et O′;

*ac* et *ab* les surfaces de ces corps à un instant tel que (S) est en repos et s'appuie en *a* contre (S′), sans qu'il y ait en ce point un plan tangent commun aux deux surfaces;

ω′ la vitesse de (S′) supposée constante, ayant lieu de la droite vers la gauche;

φ l'accélération angulaire de (S) également supposée constante, mais ayant lieu en sens inverse de ω′, c'est-à-dire de la gauche vers la droite.

Fig. 199.

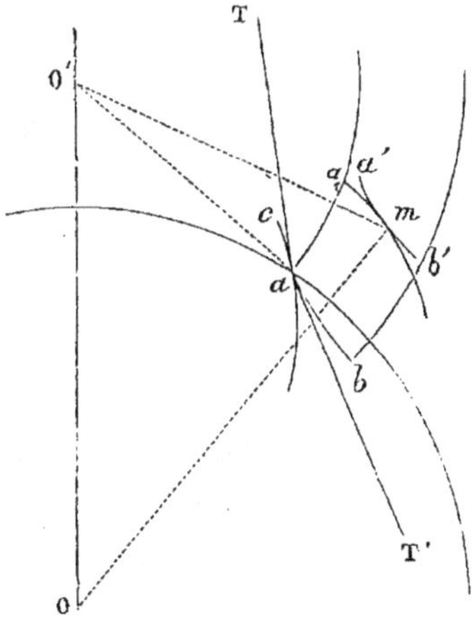


A l'instant qui suit celui que nous considérons, le corps (S′), en vertu de la rotation ω′, se sépare du corps (S), qui lui-même prend un mouvement accéléré; mais, au bout d'un temps qui sera très-petit, si, comme nous le supposerons, φ est très-grand par rapport à ω′, les deux corps se rencontreront en ayant, en leur point de contact, le même plan tangent.

Soient

*a′b′* la nouvelle position de *ab*;

*m* le point de contact;

$a_1$ la nouvelle position du point de *ac* primitivement en *a*.

Posons

$$r = \mathrm{O}a = \mathrm{O}a_1, \quad \mathrm{O}m = r + \delta r,$$
$$r' = \mathrm{O}'a, \quad \mathrm{O}'m = r' + \delta r',$$
$$\widehat{\mathrm{O}'\mathrm{O}a} = \alpha, \quad \widehat{\mathrm{O}'\mathrm{O}m} = \alpha + \delta\alpha,$$
$$\widehat{\mathrm{O}\mathrm{O}'a} = \alpha', \quad \widehat{\mathrm{O}\mathrm{O}'m} = \alpha' + \delta\alpha'.$$

Désignons respectivement par

$$\delta n = \frac{\varphi t^2}{2} = a\mathrm{O}a_1, \quad \delta n' = \omega' t = \widehat{a'\mathrm{O}'a_1}$$

les déplacements angulaires de (S), (S′) au bout du temps qui s'est écoulé jusqu'au moment du choc.

Soient enfin

$d$ la distance des centres O, O′;
$a$T, $a$T′ les tangentes en $a$ aux courbes $ac$ et $ab$;
V, V′ les angles qu'elles font respectivement avec O$a$, O′$a$.

Nous ne conserverons que les premières puissances des quantités affectées de la caractéristique $\delta$.

On a évidemment

$$(1) \qquad r'\cos\alpha' + r\cos\alpha = d, \quad r'\sin\alpha' - r\sin\alpha = 0,$$

d'où

$$(2) \qquad \begin{cases} \cos\alpha'\,\delta r' + \cos\alpha\,\delta r - r'\sin\alpha'\,\delta\alpha' - r\sin\alpha\,\delta\alpha = 0, \\ \sin\alpha'\,\delta r' - \sin\alpha\,\delta r + r'\cos\alpha'\,\delta\alpha' - r\cos\alpha\,\delta\alpha = 0. \end{cases}$$

Nous rapporterons respectivement les deux courbes $ab$ et $ac$ aux centres O, O′ et à l'axe polaire OO′.

Si l'on conçoit que l'on ramène, par une rotation autour de O′, la courbe $a'b'$ en $ab$, on voit que l'angle polaire de $m$, dans sa nouvelle position, sera égal à $\alpha'$ diminué de l'angle

$$\widehat{m\mathrm{O}'a'} = \widehat{a\mathrm{O}'a'} - \widehat{m\mathrm{O}'a} = \delta n' - \delta\alpha';$$

on a, par suite,

$$(a) \qquad \delta r' = \frac{dr'}{d\alpha}(\delta\alpha' - \delta n') = r'(\delta\alpha' - \delta n')\cot\mathrm{V}',$$

et de même

$$(a') \qquad \delta r = (\delta\alpha - \delta n)\, r\cot\mathrm{V}.$$

Si l'on substitue ces valeurs dans les formules (2) et que l'on pose, pour abréger,

$$(b) \qquad \frac{r'\sin V}{r\sin V'} = m,$$

on trouve, en résolvant,

$$(3) \qquad \begin{cases} \delta\alpha = \dfrac{m\sin V'\cos V'\delta n' + \cos V\sin(\alpha+\alpha'+V')\,\delta n}{\sin(\alpha+\alpha'+V+V')}, \\[2ex] \delta\alpha' = \dfrac{m\cos V'\sin(\alpha+\alpha'+V)\,\delta n' + \sin V\cos V\,\delta n}{m\sin(\alpha+\alpha'+V+V')}. \end{cases}$$

Soient maintenant (*fig.* 200)

Fig. 200.

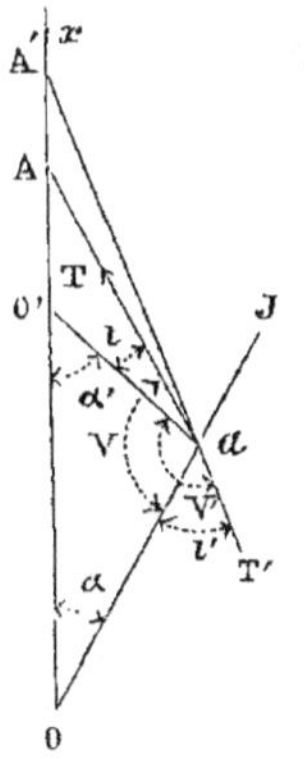


A, A' les points où les directions des tangentes $a$T, $a$T' rencontrent le prolongement O'$x$ de OO';

ε l'angle formé par $a$T avec le prolongement de $a$T';

$i$, $i'$ les angles respectifs que font $a$T avec $a$O' et $a$T' avec O$a$.

La figure donne

$$x\widehat{\mathrm{A}a} = \mathrm{V} + \alpha, \quad \widehat{\mathrm{O'A'}a} = \mathrm{V'} + \alpha' - \pi,$$

d'où

$$x\widehat{\mathrm{A'}a} = 2\pi - \mathrm{V'} - \alpha',$$

par suite

$$(c) \qquad \varepsilon = 2\pi - (\mathrm{V} + \alpha + \mathrm{V'} + \alpha').$$

Pour que le point de contact $m$ se trouve à droite du point $a_1$, comme le suppose la *fig.* 199, il faut évidemment que le point A soit situé entre A′ et O′; dans le cas contraire, il suffirait de changer le signe de $\varepsilon$.

Si $a$J est le prolongement de O$a$ au delà de $a$, on voit que

$$\alpha + \alpha' + V = \widehat{O'aJ} + \widehat{OaT} = \widehat{O'aJ} + 2\pi - \widehat{TaJ} = 2\pi + i,$$

d'où

$$(d) \qquad \sin(\alpha + \alpha' + V) = -\sin i;$$

on trouverait de même

$$(d') \qquad \sin(\alpha + \alpha' + V') = -\sin i'.$$

Les formules (3) deviennent, en ayant égard à ces valeurs et remplaçant $m$ par son expression ($b$),

$$(4) \qquad \begin{cases} \delta\alpha = \dfrac{r\sin i'\cos V.\delta n - r'\sin V\cos V'.\delta n'}{r\sin\varepsilon}, \\ \delta\alpha' = \dfrac{r'\sin i\cos V'.\delta n' - r\sin V'\cos V.\delta n}{r'\sin\varepsilon}. \end{cases}$$

Ces deux déplacements étant exprimés en fonction de $\delta n$, $\delta n'$ ou du temps $t$ qui est une inconnue de la question, il nous faut une nouvelle relation que nous obtiendrons en établissant la condition que les tangentes aux deux courbes coïncident au point $m$.

De la formule

$$(e) \qquad \cot V = \frac{1}{r}\frac{dr}{d\alpha}$$

on tire

$$\delta V = -\sin^2 V\left[-\frac{dr}{d\alpha}\frac{\delta r}{r^2} + \frac{1}{r}\frac{d^2 r}{d\alpha^2}(\delta\alpha - \delta n)\right],$$

pour la variation de V correspondant à celle $(\delta\alpha - \delta n)$ de $\alpha$, lorsque l'on va du point $a$ de $ac$ au point de cette courbe correspondant à sa position $ma_1$. Au moyen des valeurs ($a$) et ($e$), la formule précédente se met facilement sous la forme

$$(5) \qquad \delta V = \left(\cos^2 V - \frac{\sin^2 V}{r}\frac{d^2 r}{d\alpha^2}\right)(\delta\alpha - \delta n).$$

On peut simplifier cette expression en remarquant que, si $\rho$ est le rayon de courbure de $ac$ en $a$, $d(\mathrm{V}+\alpha)$ est l'angle de contingence, et $\frac{dr}{\cos\mathrm{V}}$ l'élément d'arc correspondant; de sorte que l'on a

$$(f)\qquad \frac{1}{\rho}=-\left(\frac{d\mathrm{V}}{dr}+\frac{d\alpha}{dr}\right)\cos\mathrm{V}=-\left(\frac{d\mathrm{V}}{dr}\cos\mathrm{V}+\frac{1}{r}\sin\mathrm{V}\right),$$

d'où, en éliminant $\frac{d\mathrm{V}}{dr}$ au moyen de la formule $(e)$,

$$(6)\qquad \delta\mathrm{V}=\left(1+2\cos^2\mathrm{V}-\frac{r}{\rho\sin\mathrm{V}}\right)(\delta\alpha-\delta n)$$

et de même

$$(6')\qquad \delta\mathrm{V}'=\left(1+2\cos^2\mathrm{V}'-\frac{r'}{\rho'\sin\mathrm{V}'}\right)(\delta\alpha'-\delta n'),$$

$\rho'$ étant l'équivalent de $\rho$ pour la courbe $ab$.

L'angle des deux tangentes en $m$ n'est autre chose que ce que devient l'expression de $\varepsilon$ lorsqu'on augmente respectivement V, V', $\alpha$, $\alpha'$ de $\delta\mathrm{V}$, $\delta\mathrm{V}'$, $\delta\alpha-\delta n$, $\delta\alpha'-\delta n'$. En exprimant que cet angle est nul, on obtient la relation

$$(7)\qquad \begin{cases}\varepsilon=(\delta\alpha-\delta n)\left[2(1+\cos^2\mathrm{V})-\dfrac{r}{\rho\sin\mathrm{V}}\right]\\ \qquad+(\delta\alpha'-\delta n')\left[2(1+\cos^2\mathrm{V}')-\dfrac{r'}{\rho'\sin\mathrm{V}'}\right].\end{cases}$$

On voit ainsi que, pour que la collision ait lieu comme nous l'avons supposé, il faut que l'angle $\varepsilon$ soit très-petit, ce qui est visible *a priori*, et l'on peut alors, dans les valeurs (4), remplacer $\varepsilon$ par $\sin\varepsilon$ avant d'en faire la substitution dans la formule (7). En remplaçant dans le résultat ainsi obtenu $\delta n$ et $\delta n'$ par leurs valeurs, on obtiendra une équation du second degré qui permettra de calculer le temps $t$. Mais nous ne résoudrons complétement le problème que dans le cas où l'angle O'$a$O est égal à 90 degrés, le seul qui puisse nous intéresser dans la suite.

Soient $\gamma$, $\gamma'$ les angles aigus que forment les directions des tangentes $a$T, $a$T' avec la perpendiculaire au rayon O$a$, au point $a$, menée dans le sens du mouvement de ce rayon. Nous avons

$$\alpha' + \alpha' = 90^\circ, \quad V = \frac{\pi}{2} + \gamma, \quad V' = \pi - \gamma',$$

$$i = V - \frac{\pi}{2} = \gamma, \quad i' = V' - \frac{\pi}{2} = \frac{\pi}{2} - \gamma';$$

par suite, en vertu de la formule ($c$),

$$\varepsilon = \gamma' - \gamma, \quad V' = \pi - \gamma - \varepsilon, \quad i' = \frac{\pi}{2} - \gamma - \varepsilon.$$

Si nous désignons par $\eta$ l'angle que forme O$a$ avec OO′, qui est défini par la relation

$$\tang \eta = \frac{r}{r'},$$

et si nous substituons dans les équations (4) et (5) les valeurs, en fonction de $\gamma$, déduites des relations précédentes, des angles qui y entrent, nous trouvons, en ne conservant que la première puissance de $\varepsilon$,

$$(8)\quad \left\{\begin{aligned} \delta\alpha - \delta n &= -\frac{\cos\gamma(\sin\gamma - \varepsilon\cos\gamma)\,\delta n - \tang\eta\sin\gamma(\cos\gamma + \varepsilon\sin\gamma)\,\delta n'}{\varepsilon}, \\ \delta\alpha' - \delta n' &= -\frac{\cos\gamma(\sin\gamma - \varepsilon\cos\gamma)\,\delta n' - \cot\eta\sin\gamma(\cos\gamma + \varepsilon\sin\gamma)\,\delta n}{\varepsilon}, \\ \varepsilon &= (\delta\alpha - \delta n)\left[2(1 + \sin^2\gamma) - \frac{r}{\rho\cos\gamma}\right] \\ &\quad + (\delta\alpha' - \delta n')\left[2(1 + \cos^2\gamma) - \frac{r'}{\rho'\sin\gamma} - \varepsilon\left(2\sin 2\gamma - \frac{r'}{\rho'}\frac{\cot\gamma}{\sin\gamma}\right)\right]. \end{aligned}\right.$$

Si l'on élimine $\delta\alpha$ et $\delta\alpha'$ entre ces équations, puis que l'on fasse $\delta n = \frac{\varphi t^2}{2}$, $\delta n' = \omega' t$, on obtiendra une équation du second degré en $t$ dont la plus petite des racines, dans le cas où elles seraient toutes deux positives, sera celle qui correspond au choc.

### Cas particuliers.

1° *La partie du corps choquant qui vient frapper l'autre corps est une pointe aiguë.* — Cette hypothèse revient à supposer que la courbe $ac$ se réduit au point qui termine le rayon O$a$. Dans les formules (2) il faut supposer $\delta r = 0$,

$\delta\alpha = \delta n$, et en ayant égard à la valeur $(a')$, on trouve

$$(9)\quad \begin{cases} r'\cos(V'+\alpha')\delta\alpha' - r'\cos V'\cos\alpha'\delta n' - r\sin\alpha\sin V'\delta n = 0, \\ r'\sin(V'+\alpha')\delta\alpha' - r'\cos V'\sin\alpha'\delta n' - r\cos\alpha\sin V'\delta n = 0; \end{cases}$$

d'où, par l'élimination de $\delta\alpha'$,

$$(9')\qquad r'\cos V'\delta n' = r\cos(V'+\alpha'+\alpha)\delta n = -r\cos i'\delta n$$

et enfin

$$t = -\frac{2r'}{r}\frac{\omega'}{\varphi}\frac{\cos V'}{\cos i'}.$$

Si les deux rayons O$a$, O$'a$ sont perpendiculaires entre eux, on a, en appelant $\gamma'$ l'inclinaison sur O$'a$ de la tangente au point de contact,

$$V' = \pi - \gamma', \quad i' = \frac{\pi}{2} - \gamma',$$

et par suite, pour le rapport des vitesses normales au point de contact,

$$(10)\qquad \frac{r\varphi t}{r'\omega'}\frac{\sin\gamma'}{\cos\gamma'} = 2,$$

résultat qui est indépendant de la forme de la surface du corps (S').

Si dans l'hypothèse actuelle on divise les équations (9) l'une par l'autre, après avoir fait passer les termes en $\delta n$ dans le second membre, on trouve, en remarquant que $\tang\alpha = \frac{r'}{r}$,

$$(10')\qquad \delta\alpha' = \frac{\delta n'\left(1 - \frac{r'}{r}\tang\alpha'\right)}{1 + \tang\alpha'\tang\gamma' - \frac{r'}{r}(\tang\alpha' - \tang\gamma')}.$$

2° *La partie du corps choqué qui vient en contact avec le corps choquant est une pointe aiguë.* — Pour obtenir l'équivalent de l'équation (9'), il suffit de changer l'accentuation des lettres, ce qui donne

$$r\cos V.\delta n = -r'\cos i\delta n',$$

$$t = -2\frac{r'\omega'\cos i}{r\varphi\cos V},$$

et enfin, dans le cas où l'angle O$'a$O est droit, on obtient également pour le rapport des vitesses normales au contact

$$(11)\qquad \frac{r\varphi t \sin\gamma}{\omega' r' \cos\gamma} = 2.$$

Revenons au cas général, en supposant que les rayons de courbure soient assez grands pour que l'on puisse négliger les rapports $\frac{r}{\rho}$, $\frac{r'}{\rho'}$ devant l'unité. Si l'on élimine $\delta\alpha$, $\delta\alpha'$ entre les équations (8), que l'on néglige les termes en $\varepsilon$ dans les coefficients de $\delta n = \frac{\varphi t^2}{2}$, $\delta n' = \omega' t$, on obtient un résultat que l'on peut mettre sous la forme

$$\frac{\varphi t \sin\gamma}{\omega' \cos\gamma \operatorname{tang}\eta} = 2 + \frac{\varepsilon^2}{[(1+\sin^2\gamma)\cos\gamma \operatorname{tang}\eta + (1+\cos^2\gamma)\sin\gamma]t}.$$

Si l'on remplace dans le second membre $t$ par la valeur

$$t = \frac{2\omega \cos\gamma \operatorname{tang}\eta}{\varphi \sin\gamma},$$

résultant d'une première approximation, on trouve

$$\frac{\varphi t \sin\gamma}{\omega' \cos\gamma \operatorname{tang}\eta}$$
$$= 2 + \frac{\varepsilon^2 \varphi \sin\gamma}{\omega' \cos\gamma \operatorname{tang}\eta[(1+\sin^2\gamma)\cos\gamma \operatorname{tang}\eta + (1+\cos^2\gamma)\sin\gamma]}$$

Mais on pourra, en général, se contenter de la formule approximative

$$\frac{\varphi t \sin\gamma}{\omega' \cos\gamma \operatorname{tang}\eta} = 2,$$

formule qui est celle que nous avons obtenue dans les cas particuliers étudiés plus haut.

## § II. — Échappement a ancre.

**171.** Cette dénomination est due à la forme, se rapprochant de celle d'une ancre marine, affectée par la pièce oscillante qui arrête et laisse échapper successivement les dents de la roue d'échappement. Il existe, pour les chronomètres fixes et portatifs, plusieurs variétés d'échappements à ancre. Nous nous bornerons à en indiquer les principaux types.

**172.** *Échappements des pendules.* — 1° *Échappement à repos.* — Soient (*fig.* 201)

Fig. 201.

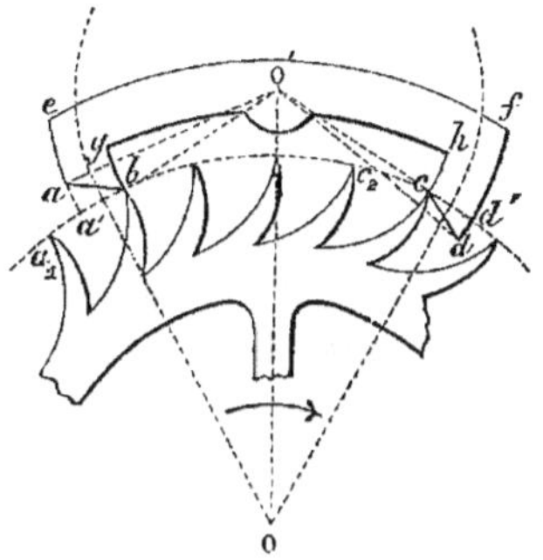


O l'axe de rotation de la roue d'échappement dont les dents sont pointues et qui est censée se mouvoir de la gauche vers la droite;

O' celui de l'ancre;

*b*, *a'* deux points de la circonférence décrite par les extrémités des dents, pris à égale distance et de part et d'autre du point de contact de l'une des tangentes menées du point O' à cette circonférence.

Nous supposerons que l'arc *a' b* est assez petit pour qu'on puisse le considérer comme se confondant avec la tangente ci-dessus.

Les circonférences de centre O', passant par les points *b* et *a'*, rencontreront la circonférence O en deux autres points *c* et *d'*, équidistants du point de contact de la seconde tangente menée du point O'.

Faisons les angles *b*O'*a* au-dessus de O'*b* et *c*O'*d'* au-dessous de O'*c* égaux à l'angle de levée qui est au plus égal à 5 degrés.

Soient *a* et *d* les points des droites O'*a* et O'*c* déterminés par les circonférences de centre O', passant par les points *a'* et *d'*. Les *lèvres* de l'échappement seront formées par les droites *ab* et *cd*. Deux arcs de cercle *ef*, *gh* de centre O, comprenant entre eux le point O′ et limités respectivement aux deux circonférences ci-dessus, compléteront l'échappement dont *ae* et *ch* seront les repos *extérieur* et *intérieur*.

La *fourchette* qui établit entre l'échappement et le balancier la relation voulue est une tige légère fixée à l'arbre de l'ancre, parallèlement à la ligne des centres OO′, et portant à son autre extrémité une pièce fendue dans laquelle s'engage, sans jeu ni frottement, la tige du balancier.

La *fig.* 201 représente la position qu'occupe l'ancre lorsque le balancier, arrivé dans sa position naturelle ou verticale, est sur le point de commencer sa demi-oscillation ascendante de droite; la dent dont la pointe est en $c$, arrêtée en ce point, se dégage, puis vient frapper la lèvre en communiquant une impulsion à l'ancre, et par suite au balancier; elle exerce ensuite une pression sur cette lèvre, et se dégage en $d'$ : tout le corps de rouages se meut alors librement sous l'action de la force motrice, mais pour un très-petit déplacement angulaire de la roue O, limité par la rencontre de la dent $a_1$ qui précède $a'$ avec le repos *ae* sur lequel elle s'appuie pendant tout le temps que s'achève la demi-oscillation ascendante. Lorsque commence la demi-oscillation descendante suivante, le repos *ae* glisse sur la pointe $a_1$, puis bientôt $a$ et $a_1$ coïncident, et enfin la dent $a_1$ se dégage et vient frapper *ab*, etc.

Soient

$r'$ le rayon $bO'$ de la circonférence extérieure de l'ancre;
$\lambda$ l'angle de levée supposé très-petit;
$e$ l'épaisseur de l'ancre;
$\gamma'$, $\gamma'_1$ les inclinaisons des lèvres d'entrée *ab* et de sortie *cd* sur les rayons $O'a$ et $O'c$.

On voit facilement que

$$\operatorname{tang}\gamma'_1 = \lambda\frac{r'+e}{e}, \quad \operatorname{tang}\gamma' = \lambda\frac{r'}{e}.$$

Dans le cas usuel où

$$\frac{e}{r'} = \frac{22}{81}, \quad \lambda = 5^\circ,$$

on trouve

$$\gamma' = 25^\circ 50', \quad \gamma'_1 = 32^\circ 30'.$$

Nous allons nous proposer maintenant de déterminer l'influence que peut avoir l'échappement sur l'isochronisme du pendule, en examinant, comme si elle était seule, chacune des causes qui peut apporter une perturbation dans la loi du mouvement du pendule.

En premier lieu, occupons-nous du choc qui termine la période de la *chute*. La vitesse angulaire du pendule ou de l'ancre peut être considérée, à peu de chose près, comme étant la même au moment où le choc a lieu et lorsque la levée commence, puisqu'à ce dernier instant elle atteint son maximum et que, pendant la chute, l'angle décrit par l'échappement est très-petit.

Reportons-nous à la formule (10) du n° **170**, dont nous conserverons les notations à quelques variantes près.

Soient $\omega_0 = \varphi t$, $\omega'_0$ les vitesses angulaires de la roue et de l'ancre au moment où le choc commence; $r$ le rayon de la circonférence formée par l'extrémité des dents. Nous pourrons, sans erreur sensible, supposer que le point de la lèvre où le choc a lieu se trouve à la même distance du point O' que son extrémité intérieure ou extérieure, selon qu'il s'agit de la lèvre de sortie ou d'entrée. Considérons le premier cas, le second pouvant s'en déduire en changeant $r'$ en $r' + \varepsilon$ et attribuant une autre valeur à $\gamma'$. En vertu de la formule précitée, on a

$$(1) \qquad \frac{\omega_0}{\omega'_0} = \frac{2r'}{r} \cot\gamma'.$$

Les déplacements que nous avons supposés très-petits pendant la chute sont respectivement pour l'ancre et la roue

$$\delta n' = \omega'_0 t = \frac{2r'}{r} \cot\gamma' \frac{\omega_0^2}{\varphi},$$

$$\delta n = \frac{\varphi t^2}{2} = \frac{2r'^2}{r^2} \cot^2\gamma \frac{\omega_0^2}{\varphi};$$

d'où

$$(2) \qquad \frac{\delta n}{\delta n'} = \frac{r'}{r} \cot\gamma'.$$

Désignons par $\alpha'$ l'angle OO'$c$ et par $\delta\alpha'$ l'angle que forme

$Oc$ avec le rayon qui joint O′ au point de la lèvre où le choc a lieu, angle que l'on déterminera au moyen de la formule (10′) du n° **171**, après y avoir remplacé $\delta n'$ par la valeur trouvée plus haut.

Soient maintenant

$\omega$, $\omega'$, après le choc, les vitesses angulaires de la roue d'échappement et de l'ancre;

I′ le moment d'inertie par rapport à O′ du système formé par l'échappement et le régulateur;

I le moment d'inertie, par rapport à l'axe O, que l'on doit attribuer à la roue d'échappement pour qu'il soit permis de faire abstraction du corps de rouages;

$p = r\sin\gamma'$, $p' = r'\cos\gamma'$ les distances des points O et O′ de la normale à la lèvre;

$q = r\cos\gamma'$, $q' = r'\sin\gamma'$ celles des mêmes points à la direction de la lèvre;

$f$ le coefficient du frottement développé pendant le choc entre la lèvre et la dent de la roue d'échappement.

La seconde des formules (4) du n° **151** (première Partie, t. II) s'applique ici et donne, après la substitution de la valeur de $\omega_0$ déduite de l'équation (1) et de celles de $p$, $q$, $p'$, $q'$,

$$\omega' = \omega'_0 \left[ 1 + \frac{1 + f \operatorname{tang}\gamma'}{1 + f \operatorname{tang}\gamma' + \frac{I'}{I}\frac{r^2}{r'^2}(\operatorname{tang}\gamma' + f)\operatorname{tang}\gamma'} \right].$$

Comme le rapport $\frac{I'}{I}$ a une valeur très-notable, à plus forte raison lorsqu'il est multiplié par $\frac{r^2}{r'^2}$, on voit que le rapport $\frac{\omega'}{\omega'_0}$ ne diffère de l'unité que d'une petite fraction, comme nous l'avons supposé au n° **162**.

Nous allons maintenant chercher à nous rendre compte de l'influence que peut avoir, sur l'isochronisme, la pression continue exercée sur les lèvres de l'échappement par les dents de la roue.

Pour simplifier, nous négligerons le frottement, et cela avec d'autant plus de raison qu'il n'est que de $\frac{1}{10}$ environ de la pression normale, et que, d'après le tracé adopté en général, son bras de levier par rapport à O′ est inférieur à celui de cette presion.

Soient (*fig.* 202)

Fig. 202.

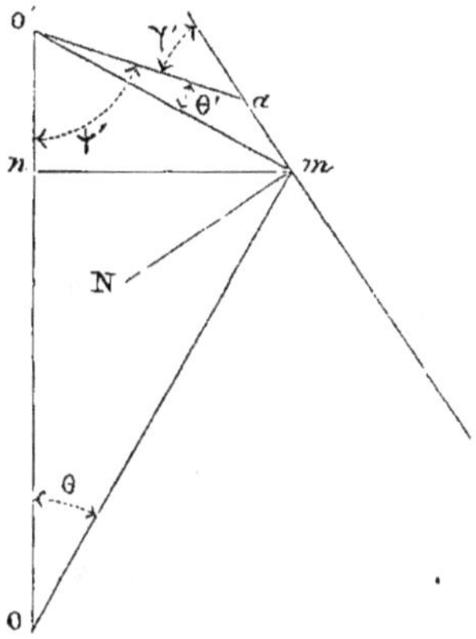


O′, O les axes de l'ancre et de la roue;
$a$ la naissance intérieure de la lèvre de sortie;
$m$ le point de contact, à un instant quelconque, de cette lèvre et d'une dent;
$n$ le pied de la perpendiculaire abaissée de ce point sur OO′;
$d$ la distance OO′;
$\theta$, $\psi'$ les angles $O'Om$ et $OO'a$;
$\rho'$ le rayon vecteur $O'm$;
$\theta'$ l'angle polaire $mO'a$;
$m$N la portion de la normale à la lèvre, comprise dans l'angle $O'mO$;

Nous rappellerons que l'angle $O'am$ est égal à $\pi - \gamma'$, et nous désignerons par $\theta_0$, $\psi'_0$ les valeurs de $\theta$ et de $\psi'$ qui se rapportent à la position verticale du pendule. La force motrice, qui varie relativement avec une grande lenteur, peut être considérée comme constante dans une période assez longue. Il en est de même, par suite, du moment de la force tangente à la roue qui lui ferait équilibre ainsi qu'au frottement dans la transmission. Nous désignerons ce moment par $\mu$.

Le moment du poids du pendule par rapport au point O', en négligeant l'angle de chute, peut être représenté par $\mu'(\psi' - \psi'_0)$, $\mu'$ étant une constante.

Le principe des forces vives donne la relation

$$(1)\quad \left\{ \begin{aligned} \frac{\mathrm{I}'(\omega'^2 - \omega_0'^2) + \mathrm{I}(\omega^2 - \omega_0^2)}{2} &= -\mu' \int_{\psi'_0}^{\psi'} (\psi' - \psi'_0)\, d\psi' + \mu(\theta - \theta_0) \\ &= -\frac{\mu'}{2}(\psi' - \psi'_0)^2 + \mu(\theta - \theta_0). \end{aligned} \right.$$

On a

$$\widehat{\mathrm{O}'m\mathrm{N}} = \frac{\pi}{2} - \widehat{am\mathrm{O}'} = \frac{\pi}{2} - \gamma' + \theta',$$

$$\widehat{\mathrm{O}'m\mathrm{O}} = \pi - \theta - \widehat{m\mathrm{O}'\mathrm{O}} = \pi - \theta - \psi' + \theta',$$

$$\widehat{\mathrm{O}m\mathrm{N}} = \widehat{\mathrm{O}'m\mathrm{O}} - \widehat{\mathrm{O}'m\mathrm{N}} = \frac{\pi}{2} - \theta - \psi' + \gamma'.$$

Si l'on exprime que les composantes des vitesses normales en $m$ sont égales pour la roue et l'ancre, on a

$$(2)\qquad \omega' r' \cos(\gamma' - \theta') = \omega r \cos(\theta + \psi' - \gamma')$$

et de même

$$(2')\qquad \omega'_0 r' \cos\gamma' = \omega_0 r \cos(\theta_0 + \psi'_0 - \gamma').$$

L'équation (1) devient ainsi, par l'élimination de $\omega$, $\omega_0$,

$$(3)\quad \left\{ \begin{aligned} &\frac{\omega'^2}{2}\left[\mathrm{I}' + \mathrm{I}\,\frac{r'^2}{r^2}\,\frac{\cos^2(\gamma' - \theta')}{\cos^2(\theta + \psi' - \gamma')}\right] \\ &\qquad - \frac{\omega_0'^2}{2}\left[\mathrm{I}' + \mathrm{I}\,\frac{r'^2}{r^2}\,\frac{\cos^2\gamma'}{\cos^2(\theta_0 + \psi'_0 - \gamma')}\right] \\ &\qquad = -\frac{\mu'}{2}(\psi' - \psi'_0) + \mu(\theta - \theta_0). \end{aligned} \right.$$

A l'équation de la lèvre

$$(4)\qquad \rho' = \frac{r' \sin\gamma'}{\sin(\gamma' - \theta')},$$

nous joindrons les relations

$$(5)\quad \left\{ \begin{aligned} &\rho' \sin(\psi' - \theta') = r \sin\theta, \\ &\rho' \cos(\psi' - \theta') + r\cos\theta = d, \end{aligned} \right.$$

pour déterminer les valeurs de $\theta$ et de $\theta'$ en fonction de $\psi'$ et substituer ensuite ces valeurs dans l'équation (1). Ce calcul qui, dans toute sa généralité, présente des difficultés insurmontables, se simplifie considérablement si l'on remarque que les angles $\psi' - \psi'_0 = \delta\psi$, $\theta - \theta_0 = \delta\theta$ et $\theta'$ sont toujours assez petits pour que l'on puisse sans grande erreur en négliger les puissances supérieures à la première. L'équation (4) se réduit alors à la suivante :

(4') $$\rho' = r'(1 + \theta' \cot\gamma');$$

les équations (5), en se rappelant que $\psi'_0 + \theta_0 = \frac{\pi}{2}$, donnent

$$\theta' = \delta\psi', \quad \delta\theta = \frac{r'}{r} \cot\gamma' \delta\psi'.$$

Comme le rapport $\frac{I\, r'^2}{I'\, r^2}$ est toujours une petite fraction, on peut négliger $\theta'$ et $\delta\psi'$ dans le coefficient du terme en $\omega'^2$ de l'équation (3). Cette équation devient ainsi

$$\left(I' + I \frac{r'^2}{r^2} \cot^2\gamma'\right) \frac{\omega'^2 - \omega'^2_0}{2} = -\frac{\mu'}{2} \delta\psi'^2 + \mu \frac{r'}{r} \cot\gamma' \delta\psi';$$

d'où, en différentiant par rapport au temps,

(5') $$\left(I' + I \frac{r'^2}{r^2} \cot^2\gamma'\right) \frac{d^2\delta\psi'}{dt^2} = -\mu . \delta\psi' + \mu \frac{r'}{r} \cot\gamma'.$$

Si nous posons

(6) $$\frac{\mu'}{I' + I \frac{r'^2}{r^2}} = k'^2, \quad \mu \frac{r'}{r} \frac{\mu \frac{r'}{r} \cot\gamma'}{I' + I \frac{r'^2}{r^2}} = \beta' k'^2,$$

nous aurons

(7) $$\frac{d^2\delta\psi'}{dt^2} = -k'^2(\delta\psi' - \beta').$$

Comme nous analysons séparément, ainsi que nous l'avons dit plus haut, les effets des causes perturbatrices, nous ferons abstraction de la chute, et en plaçant l'origine du temps à l'instant où le pendule se trouve dans sa position moyenne, nous aurons

$$\delta\psi' = 0, \quad \frac{d\,\delta\psi'}{dt} = \omega'_0 \quad \text{pour } t = 0;$$

par suite

$$\delta\psi' = \beta' + \frac{\omega'_0}{k'}\sin k't - \beta'\cos k't,$$

$$\omega' = \frac{d\psi'}{dt} = \omega'_0\cos k't + k'\beta'\sin k't.$$

Lorsque la dent est sur le point de quitter la lèvre, $\psi' - \psi'_0$ est égal à l'angle de levée $\lambda$, et si $t_1$, $\omega'_1$ sont à cet instant les valeurs de $t$ et $\omega'$, nous avons pour les déterminer

$$(8)\qquad \begin{cases} \lambda = \beta' + \dfrac{\omega'_0}{k'}\sin k't_1 - \beta'\cos k't_1, \\ \omega'_1 = \omega'_0\cos k't_1 + k'\beta'\sin k't_1. \end{cases}$$

Si nous posons maintenant $k^2 = \frac{\mu'}{I'}$, nous aurons pour l'arc complémentaire

$$(9)\qquad \frac{d^2\delta\psi'}{dt^2} = -k^2\delta\psi',$$

en négligeant le frottement sur le repos, qui, à la période de levée près, n'altère pas l'isochronisme. En plaçant l'origine du temps à l'instant où cette période commence, on a

$$\delta\psi' = \lambda,\quad \frac{d\delta\psi'}{dt} = \omega'_1 \text{ pour } t = 0,$$

d'où

$$\delta\psi' = \lambda\cos kt + \frac{1}{k}(\omega'_0\cos k't_1 + k'\beta'\sin k't_1)\sin kt,$$

$$\frac{1}{k}\frac{d\delta\psi'}{dt} = -\lambda\sin kt + \frac{1}{k}(\omega'_0\cos k't_1 + k'\beta'\sin k't_1)\cos kt.$$

Si l'on désigne par $t_2$ la valeur de $t$ pour laquelle la vitesse angulaire $\frac{d\delta\psi'}{dt}$ est nulle, la durée de la demi-oscillation sera

$$\tau = t_1 + t_2;$$

mais comme, en restant dans ces généralités, on ne voit pas nettement l'influence de la force motrice, nous allons procéder par approximation, en négligeant les termes du second ordre en $\beta'$ et $\varepsilon = \frac{k' - k}{k}$.

En posant

$$\sin k' t'_1 = \frac{k'\lambda}{\omega'_0},$$

la première des équations (8) donne

$$t_1 = t'_1 + \frac{\beta'(\cos k' t' - 1)}{\omega'_0 \cos k' t'_1}.$$

Si la force motrice n'agissait pas sur l'échappement, $k\tau$ serait égal à $\frac{\pi}{2}$. Posons donc

$$kt_2 = \frac{\pi}{2} - kt'_1 - kx,$$

$x$ étant de l'ordre de $\varepsilon$ et $\beta'$; nous aurons

$$x = -\frac{\varepsilon\lambda\sqrt{1 - \frac{k^2\lambda^2}{\omega'^2_0}} + \beta'\frac{k^2\lambda^2}{\omega'^2_0}}{\omega'_0}$$

et par suite

$$\tau = \frac{\pi}{2k} - \varepsilon \arcsin\frac{k\lambda}{\omega'_0} + \frac{\varepsilon\lambda\sqrt{1 - \frac{k^2\lambda^2}{\omega'^2_0}} + \beta'\frac{k^2\lambda^2}{\omega'^2_0}}{\omega'_0} - \frac{\beta'}{\omega'_0}\left(\frac{1}{\sqrt{1 - \frac{k^2\lambda^2}{\omega'^2_0}}} - 1\right).$$

On voit ainsi que l'influence de la force motrice sur le mou-

Fig. 203.

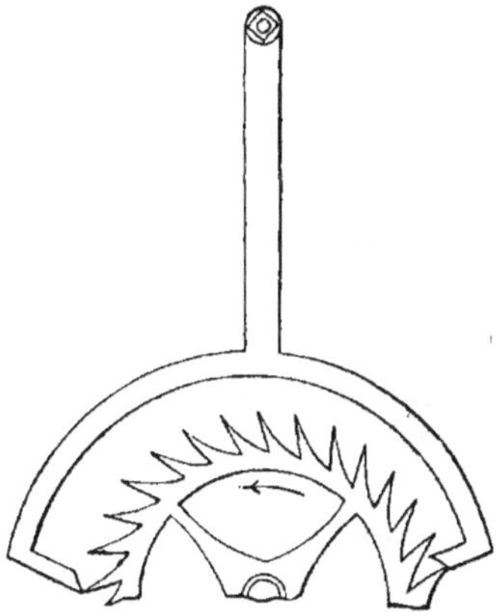

vement du pendule sera d'autant plus grande que la vitesse $\omega'_0$, et par suite l'amplitude, sera plus faible.

Tout ce qui précède s'applique, moyennant quelques modifications, à l'échappement de Graham appliqué aux horloges et dans lequel les repos se trouvent sur une même circonférence passant par le centre de la roue d'échappement (*fig.* 203).

173. *Échappement à recul de Berthoud.* — Dans cet échappement les repos sont remplacés par des arcs de cercle ou *reculs* tracés de telle manière qu'ils déterminent un déplacement rétrograde plus ou moins sensible de la roue d'échappement et par suite de tout le mécanisme. Comme le recul n'a pour objet que d'empêcher le pendule de s'arrêter, par suite d'arc-boutements dans les rouages, l'application de cet échappement n'a sa raison que dans les pièces d'un travail peu soigné.

La construction à laquelle Berthoud a été conduit par la pratique est la suivante :

Traçons en pointillé (*fig.* 204) les repos auxquels on doit

Fig. 204.

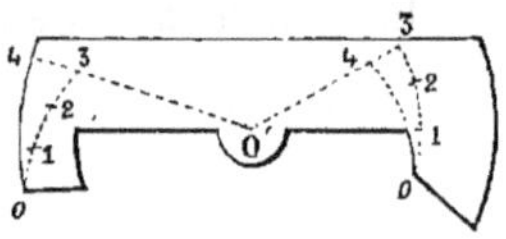

substituer les reculs; à partir de l'extrémité n° o de chacun d'eux portons trois ouvertures de compas successives (o,1), (1,2), (2,3) égales à l'épaisseur *e* de l'ancre mesurée sur le rayon qui joint le point O′ au n° o. Au delà ou en deçà du point n° 3, selon qu'il s'agit de l'entrée ou de la sortie, portons sur le rayon (O′,3) une longueur égale à *e*. Nous obtiendrons ainsi deux points n° 4 par chacun desquels et par le point correspondant n° o nous ferons passer un arc de cercle d'un rayon égal à celui du repos, et le tracé des reculs se trouvera effectué. La seule condition imposée dans ce tracé est d'avoir un angle de levée égal à 5 degrés.

Berthoud a donné à cet échappement le nom d'*isochrone,* sans s'expliquer sur les causes perturbatrices qu'il a eu en vue de faire disparaître. Il semble qu'il a supposé qu'en créant sur le balancier, par le recul, un moment résistant, il devait éliminer l'influence de la pression continue des dents sur la roue, et compenser le défaut d'isochronisme résultant d'un trop grand écart du pendule. La question ainsi posée pourrait se résoudre en déterminant la forme qu'il convient de donner aux reculs pour qu'ils satisfassent aux conditions exigées. On n'aurait pour cela qu'à suivre une marche analogue à celle du numéro précédent; mais, comme nous n'avons pas ici d'angles qu'il soit permis de considérer comme très-petits, on serait arrêté par l'élimination des angles auxiliaires que l'on devrait faire entrer dans les formules. Dans tous les cas, il y a tout lieu de croire que la règle de Berthoud est trop absolue pour satisfaire aux conditions que nous venons d'énoncer.

174. *Échappement libre des montres.* — Les échappements à ancre des montres offrent la plus grande analogie avec ceux des pendules. La seule différence essentielle consiste en ce que la fourchette se trouve dans le même plan que l'ancre. On s'arrange de manière que le centre de gravité de l'ancre se trouve sur l'axe de rotation.

La longue branche de la fourchette est terminée par des cornes, à la naissance desquelles est ménagée une encoche destinée à recevoir un doigt fixé à un plateau faisant corps avec l'arbre du balancier. Immédiatement après la chute, le doigt reçoit une impulsion par contre-coup, se dégage presque instantanément de la fourchette, et le balancier, soustrait à l'action de la force motrice, continue sa demi-oscillation uniquement sous l'action du spiral. A la fin de la demi-oscillation suivante, le doigt s'engage de nouveau dans l'encoche, entraîne avec lui la fourchette qui reçoit une nouvelle impulsion, et ainsi de suite. Les dents de la roue d'échappement sont pointues ou ont la forme indiquée dans les *fig.* 205 et 206, qui représentent les dispositions le plus fréquemment adoptées. Deux goupilles limitent latéralement la course de la fourchette. Il y a aussi le *coin de renversement* et autres détails dont il nous paraît inutile de parler.

Chaque repos est remplacé par un recul rectiligne qui a pour objet de donner de la stabilité à l'ancre, c'est-à-dire de ne pas lui permettre de se déplacer, sous l'influence de certaines secousses, par suite de l'obliquité de l'action de la roue

Fig. 205.

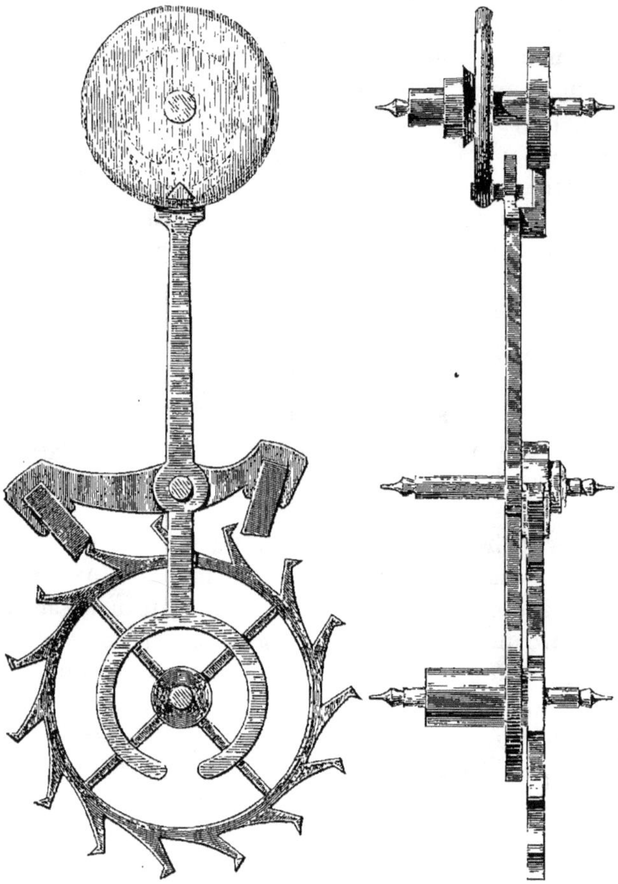

sur les plans inclinés ainsi déterminés : c'est ce qui donne lieu à ce que les horlogers appellent du *tirage*.

Il existe une seule différence entre la théorie de cet échappement et celle de l'échappement des pendules, c'est dans le calcul de la vitesse angulaire de la roue et du balancier après le choc ; car nous avons ici deux chocs simultanés, l'un entre la roue d'échappement et l'ancre, l'autre entre la fourchette qui termine l'ancre avec le balancier.

Fig. 206.

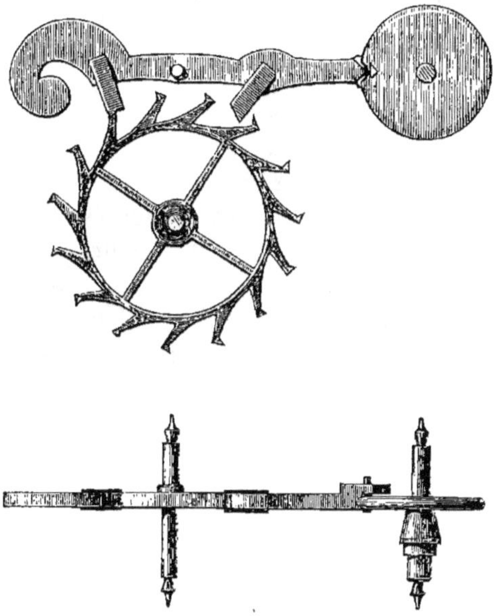

Reprenons les notations du n° 173, en supposant que les lettres affectées d'un seul accent se rapportent uniquement à l'ancre; soient

$O''$ le centre du balancier ;
$I''$ son moment d'inertie ;
$\omega''_1$, $\omega'_1$ sa vitesse angulaire avant et après le choc ;
$a$, $p''$ les distances du point de contact de l'ancre et du balancier aux centres O, $O''$ ;
N' la réaction du balancier sur la fourchette.

Il est facile de voir que l'on a

$$(1) \qquad \left\{ \begin{aligned} I'(\omega'_1 - \omega'_0) &= (p + fq) \int N\,dt - a \int N'\,dt, \\ I\,(\omega_1 - \omega_0) &= -(p' + f_1 q') \int N\,dt, \\ I''(\omega''_1 - \omega''_0) &= p'' \int N'\,dt. \end{aligned} \right.$$

En exprimant que les composantes normales des vitesses au point de contact sont les mêmes après le choc pour les deux couples de corps choquants, on a

$$(2) \qquad \omega''_1 p'' = \omega'_1 a, \quad \omega'_1 p' = \omega_1 p.$$

En éliminant les impulsions entre les équations (1), il nous restera trois relations entre les inconnues $\omega''_1$, $\omega'_1$, $\omega_1$ qui seront par suite déterminées.

Nous n'avons plus à nous occuper maintenant que du tirage. Pour qu'il fût le même à l'entrée et à la sortie, il suffirait que les inclinaisons des reculs sur les rayons de la roue, menés au point de contact des tangentes, passent par le point O'; mais on peut se demander quelle est la relation qui doit exister entre ces deux inclinaisons pour que le recul soit le même de part et d'autre, en prenant pour la plus faible une valeur reconnue suffisante par la pratique.

Soient (*fig.* 207)

Fig. 207.

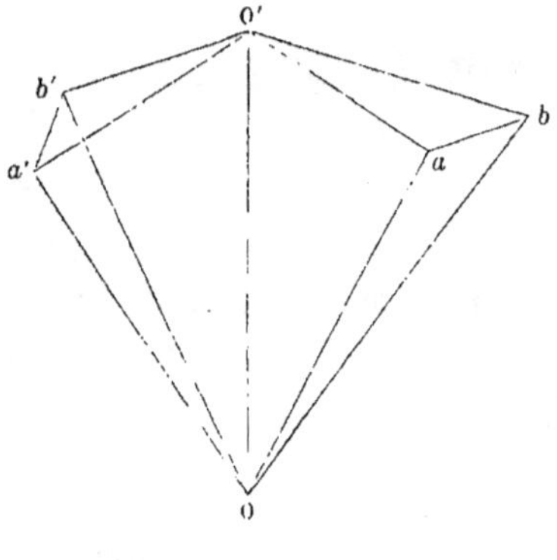


$a$, $a'$ les naissances des reculs de sortie et d'entrée;

$ab$, $a'b'$ leur partie utile correspondant à l'angle au centre $\alpha = \widehat{bO'a} = \widehat{b'O'a'}$;

$i$, $i'$ les inclinaisons respectives de $ab$, $a'b'$ sur les prolongements des rayons correspondants de la roue;

$\varepsilon$ l'angle de recul $\widehat{aOb} = \widehat{a'Ob'}$;

$r = Oa = Oa'$, $r' = O'a = O'a'$.

Les triangles $aO'b$, $aOb$ donnent

$$ab = \frac{r' \sin\alpha}{\cos(i+\alpha)}, \quad ab = \frac{r \sin\varepsilon}{\sin(i-\varepsilon)},$$

d'où

$$\operatorname{tang}\varepsilon = \frac{\frac{r'}{r}\operatorname{tang}\alpha \operatorname{tang} i}{1 - \operatorname{tang}\alpha \operatorname{tang} i + \frac{r'}{r}\operatorname{tang}\alpha}.$$

On trouverait de même

$$\operatorname{tang}\varepsilon = \frac{\frac{r'}{r}\operatorname{tang}\alpha \operatorname{tang} i'}{1 + \operatorname{tang}\alpha \operatorname{tang} i' + \frac{r'}{r}\operatorname{tang}\alpha},$$

d'où

$$\operatorname{tang} i'' = \frac{\operatorname{tang} i\left(1 + \frac{r'}{r}\operatorname{tang}\alpha\right)}{1 - 2\operatorname{tang}\alpha \operatorname{tang} i + \frac{r'}{r}\operatorname{tang}\alpha}.$$

Dans le cas usuel où $\frac{r'}{r} = \frac{35}{62}$, $i = 12^\circ$, $\alpha = 6^\circ$, on trouve

$$i' = 12^\circ 12', \quad \varepsilon = 42'.$$

## § III. — *Échappement à cylindre.*

**175.** Cet échappement, qui est le plus généralement adopté pour les montres, n'est au fond que l'échappement à repos des pendules dont il dérive, par suite des modifications suivantes :

1° La traverse de l'ancre est remplacée par les surfaces des repos prolongés en conséquence. Il résulte de là une portion de cylindre annulaire à laquelle on donne le nom d'*écorce*.

2° L'écorce est montée directement sur l'arbre du balancier dont l'axe coïncide avec celui des surfaces cylindriques, ce qui supprime la fourchette.

3° Les dents de la roue d'échappement sont déterminées de manière que chacune d'elles occupe seule et complétement, à un faible jeu près, l'intervalle cylindrique intérieur.

L'écorce se compose d'un demi-cylindre augmenté de part et d'autre d'une partie correspondant à 10 degrés. Cet angle complémentaire détermine complétement la lèvre de sortie qui est droite ou légèrement convexe (*fig.* 208). La lèvre

Fig. 208.

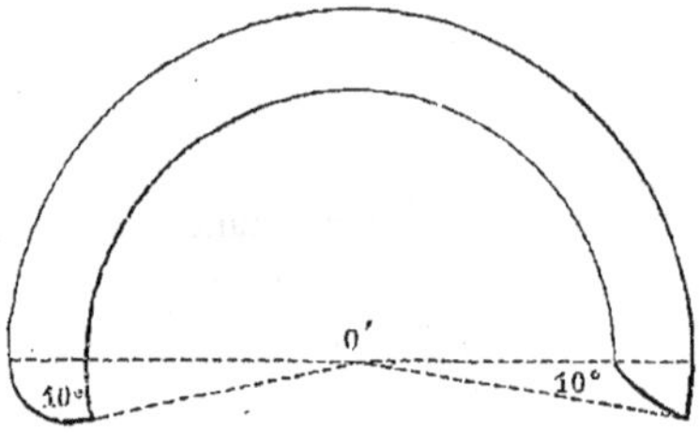


d'entrée ne résulte que du raccordement des surfaces interne et externe de l'écorce par une surface cylindrique plus ou moins convexe.

Nous n'insisterons pas sur le jeu de l'échappement, qui est pour ainsi dire identique, au point de vue descriptif, à celui de l'échappement à ancre des pendules, et que la *fig.* 209 fera

Fig. 209.

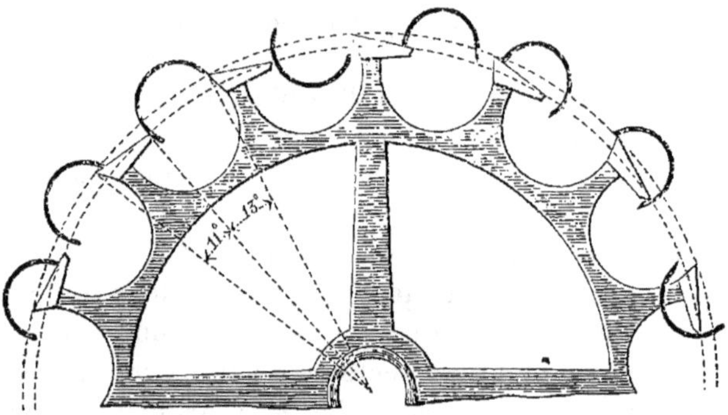


mieux comprendre que toute explication. La portion du profil des dents qui agit sur les lèvres est rectiligne ou légèrement convexe.

L'épaisseur de l'écorce étant assez faible pour qu'on puisse en faire abstraction, on calculera la vitesse angulaire de la roue au moment où le choc a lieu, par la formule (11) du n° **171**.

La vitesse angulaire du balancier, après le choc, se calculera de la même manière que pour l'échappement des pendules.

Dans le cas d'un profil rectiligne pour les dents, on déterminera l'influence de la force motrice en suivant une marche à peu près identique à celle du n° **173**. Si le profil est légèrement convexe, on peut le supposer circulaire sans grand inconvénient, mais alors la solution du problème se complique notablement.

Les horlogers auteurs ne sont pas bien d'accord sur les conditions que doit remplir le profil des dents. D'après Bodin, il devrait être tel :

1° *Ou qu'il fasse parcourir au cylindre des angles égaux pour des parties égales de son arc* (1);

2° *Ou qu'il éprouve toujours la même résistance de la part du spiral.*

Moinet ne se prononce pas catégoriquement à ce sujet, et nous avons autant de raisons que lui d'user de la même circonspection.

Nous ne nous occuperons pas des échappements à *virgule*, de *Dupleix*, à *chevilles*, etc., qui sont plus ou moins employés et dont les théories respectives rentrent dans les principes que nous avons exposés.

## § IV. — *Échappements à détente.*

**176.** *De l'échappement à bascule.* — Il existe plusieurs types d'échappement à bascule, pour la description desquels nous renverrons aux Traités spéciaux d'horlogerie. Nous ne

---

(1) Il est hors de doute que cet auteur a voulu dire que les angles décrits par la roue et par l'ancre doivent être proportionnels. Alors le profil de la dent serait un arc d'épicycloïde intérieure, et il serait concave au lieu d'être convexe. Parmi tous les profils admissibles, ce serait donc la ligne droite qui satisferait le plus approximativement à la condition énoncée. M. Saunier, en partant d'autres considérations, arrive au même résultat.

considérerons que le suivant. Il se compose (*fig.* 210) : 1° d'une pièce appelée *bascule*, mobile autour d'un pivot, et bien équilibrée, afin d'éliminer les effets de la pesanteur sur sa masse, quelle que soit la position que l'on donne au chronomètre; 2° d'une lame flexible et rectiligne encastrée dans cette pièce à une petite distance de son pivot, et établie

Fig. 210.

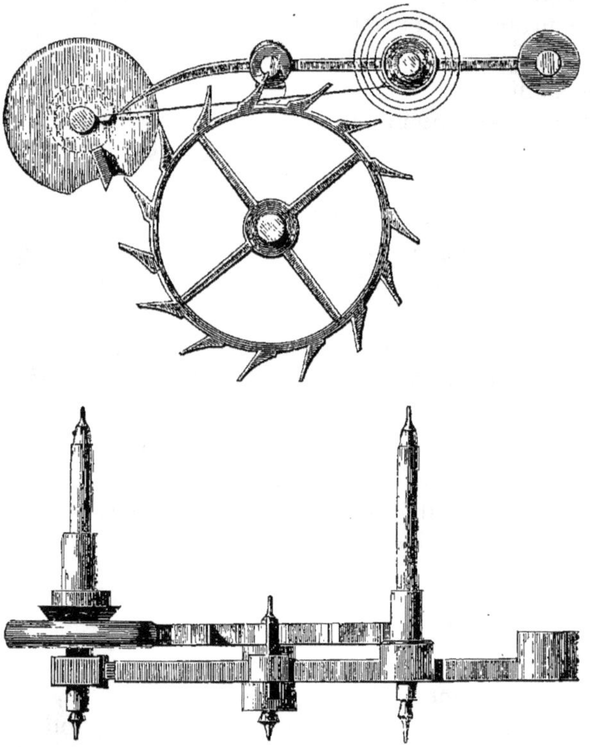

de manière à toucher l'extrémité de la même pièce en exerçant en ce point une faible pression ; cette lame se prolonge très-peu au delà de l'extrémité ci-dessus; 3° d'une roue d'échappement, dont les dents sont pointues et inclinées d'un petit angle sur le rayon partant du centre précédent et aboutissant à leur extrémité ; 4° d'un ressort spiral plat dont le centre se trouve sur l'axe du pivot, qui a pour effet de ramener contre un obstacle disposé à cet effet la bascule dans son état naturel ou de repos, lorsque, après l'avoir fait tourner, on vient à l'abandonner à elle-même; 5° d'un *repos* en rubis implanté dans la bascule et taillé de manière à présenter un plan incliné qui fasse avec le rayon mené au centre de la roue le même angle que les dents de la roue avec les rayons semblables.

L'axe du balancier est muni de deux doigts rectilignes dont nous ferons connaître l'objet un peu plus loin.

Lorsque la roue d'échappement est immobile, une de ses dents vient s'appuyer contre le repos; mais, quand le balancier tourne de la droite vers la gauche, un des doigts du balancier finit par rencontrer l'extrémité de la lame, la soulève en entraînant avec elle la bascule dans un mouvement de gauche à droite autour de son pivot; bientôt la dent considérée se dégage du repos, et pour que le doigt abandonne la lame élastique, on s'arrange de manière que, avant que la bascule ne soit revenue dans sa position naturelle sous l'action du spiral, l'une des dents de la roue d'échappement vienne choquer le second doigt du balancier pour s'en dégager presque immédiatement. Il résulte de ce choc une communication de force vive au balancier pour neutraliser, ou à très-peu près, les effets des résistances passives. Il faut que la bascule arrive à son état de repos en temps voulu pour arrêter au passage de la dent qui précède immédiatement celle qui vient de passer. Lorsque le balancier revient sur lui-même ou de la gauche vers la droite, le premier doigt abaisse légèrement la lame, et s'en dégage ensuite, sans modifier l'état de repos de la bascule. On voit ainsi que la roue d'échappement ne tourne que de l'intervalle d'une dent pour chaque oscillation complète du balancier.

L'échappement est *libre*, parce que la dent qui a frappé le second doigt s'en dégage immédiatement, et que l'action de la force motrice ne peut, dans un temps aussi court, modifier la loi du mouvement du balancier.

Si un chronomètre muni d'un pareil échappement s'est arrêté, il ne peut de lui-même se remettre en marche après le remontage : il faut lui imprimer une secousse capable de dégager la dent du repos contre lequel elle s'appuie.

177. *Du tirage.* — Mais cette faculté, que possède l'échappement, peut devenir un inconvénient et engendrer des irrégularités dans la marche du chronomètre à la suite de secousses accidentelles que l'on ne peut pas toujours éviter : c'est pourquoi l'on a donné une inclinaison du repos sur le rayon de la roue pour produire du *tirage*, et c'est ce dont nous allons maintenant chercher à nous rendre compte.

Soient (*fig.* 211)

Fig. 211.

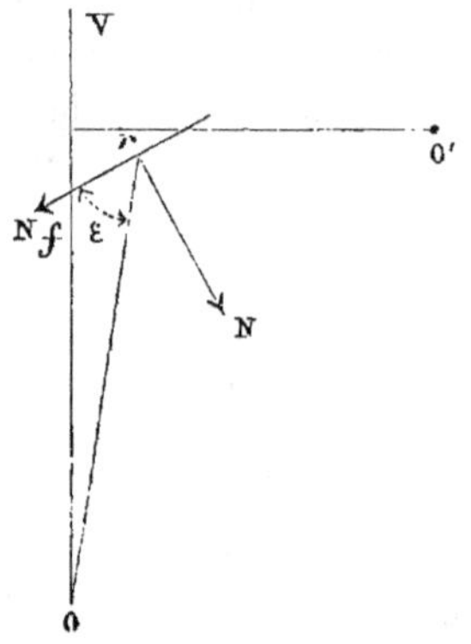


O, O′ les pivots de la roue d'échappement et de la bascule;
$r$ le repos;
$\varepsilon$ l'inclinaison dont il s'agit;
$\mu$ le moment par rapport au point O de la force équivalente à la force motrice et aux frottements, tangente à la circonférence de la roue d'échappement;
N la pression normale exercée sur le repos par la dent $g$;
$f$ le coefficient de frottement qui en résulte lorsque le dégagement de la dent se produit ou tend à se produire;
R le rayon $r$O.

Le moment des forces N et N$f$ par rapport à O devant être égal à $\mu$, on a

$$N = \frac{\mu}{R(\cos\varepsilon - f\sin\varepsilon)}.$$

Les composantes de ces mêmes forces suivant la direction de R et celle qui lui est perpendiculaire ont respectivement pour valeurs

$$N \sin \varepsilon + Nf \cos \varepsilon = \frac{\mu}{R} \frac{\tang \varepsilon + f}{1 - f \tang \varepsilon},$$

$$N \cos \varepsilon - Nf \sin \varepsilon = \frac{\mu}{R}.$$

La distance $d$ du point O′ à la première de ces composantes ne variera pas d'une manière appréciable pendant toute la durée du dégagement de la dent; il n'en sera pas de même des distances des points d'application de N et $Nf$ à la perpendiculaire abaissée du point O′ sur R, au-dessus de laquelle est situé ce point; cette distance, quoique toujours très-petite, peut varier relativement d'une manière appréciable, suivant les relations des positions adoptées, et nous y substituerons sa valeur moyenne $d'$. Les forces N et $Nf$ donneront donc lieu, par rapport au point O′, à un moment résistant ou qui s'opposera au seul déplacement possible de la bascule, ayant pour expression

$$\frac{\mu d}{R} \frac{\tang \varepsilon + f + \frac{d'}{d}}{1 - f \tang \varepsilon}$$

ou approximativement, en remarquant que $f$, $\varepsilon$ $\frac{d'}{d}$ sont de petites fractions,

$$\frac{\mu d}{R}\left(\tang \varepsilon + f + \frac{d'}{d}\right).$$

Si l'on fait abstraction du terme en $\frac{d'}{d}$ qui est indépendant de l'angle $\varepsilon$, l'expression ci-dessus devient

$$\frac{\mu}{R}(\tang \varepsilon + f),$$

et son rapport à ce qu'il serait si $\varepsilon$ était nul

$$\frac{\tang \varepsilon}{f} + 1.$$

Ce rapport ayant pour valeur 3,23 dans le cas usuel de $\varepsilon = 12°$,

$f = 0,1$, on voit l'influence que peut avoir une faible inclinaison de douze des dents, relativement à la stabilité de l'échappement.

178. *Du tracé de l'échappement et des relations entre ses éléments linéaires et angulaires.* — Supposons (*fig.* 212) que l'on se donne la position des centres O et O″ de la roue

Fig. 212.

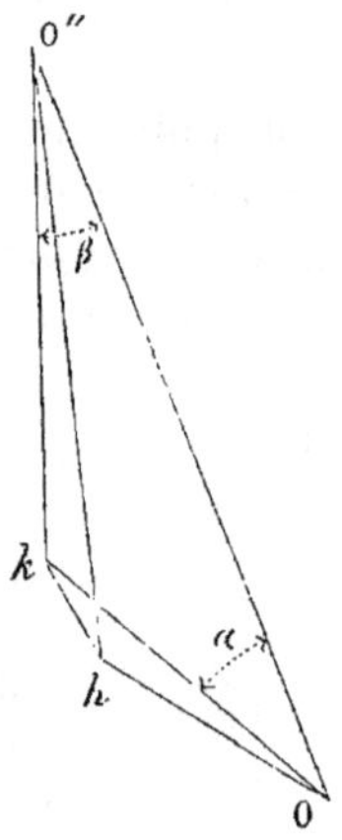


d'échappement et du balancier, dont nous prendrons la distance pour unité, et que la bascule soit au repos; on détermine l'extrémité $k$ de la dent qui doit frapper le second doigt du balancier par l'intersection de deux droites O$k$, O″$k$ partant des points O et O″ et faisant respectivement avec O″O les angles donnés $\alpha$ et $\beta$. La naissance $h$ de la même dent résultera de la rencontre de deux droites, l'une O″$h$ faisant avec O″$k$ l'angle $\gamma$, l'autre $kh$ faisant avec O$k$ l'angle $\varepsilon$.

On reconnaît très-facilement que l'on a

$$Ok = \frac{\sin\beta}{\sin(\alpha+\beta)}, \quad O''k = \frac{\sin\alpha}{\sin(\alpha+\beta)},$$

$$kh = \frac{O''k \sin\gamma}{\sin(\alpha+\beta-\varepsilon-\gamma)} = \frac{\sin\alpha\sin\gamma}{\sin(\alpha+\beta-\varepsilon-\gamma)\sin(\alpha+\beta)}.$$

Pour trouver le rayon O$h$ de la circonférence intérieure de la roue, il suffit de résoudre le triangle O$kh$, dont on connaît deux côtés $Ok$ et $kh$ et l'angle compris $\varepsilon$; mais, comme cet angle est généralement petit, on peut prendre tout simplement

$$Oh = Ok - kh\cos\varepsilon.$$

M. Martens suppose douze dents à la roue; il s'arrange de manière que les dents soient symétriquement situées par rapport à $O''O$ lors du repos, et l'on a par suite $\alpha = 12°$. Il prend en outre $\beta = \delta = 25'$, $\varepsilon = 12°$, $\gamma = 5°$, et en vertu des formules ci-dessus on trouve

$$Ok = 0{,}7019,\quad O''k = 0{,}3452,\quad kh = 0{,}0880,\quad Oh = 0{,}6156.$$

On choisit la troisième des dents qui suit la dent $kh$, de manière qu'elle s'appuie sur le repos; l'angle formé par $OO''$ avec le rayon mené à la naissance de cette dent est égal à 60 degrés. Le repos se trouve à peu près à égale distance du pivot et de l'extrémité libre de la bascule. L'étendue du repos correspond à un angle de 3 degrés, ayant son sommet au point $O'$.

**179.** *Du jeu de l'échappement en ayant égard à l'élasticité de la lame de levée.* — L'encastrement de la lame étant très-voisin de l'axe de rotation de la bascule, on peut, sans erreur appréciable et en vue de simplifier les formules, supposer qu'il coïncide avec le point $O'$; d'ailleurs, la fibre moyenne de la lame à l'état naturel peut être considérée comme se confondant avec la direction de $O'O''$.

Soient (*fig.* 213)

Fig. 213.

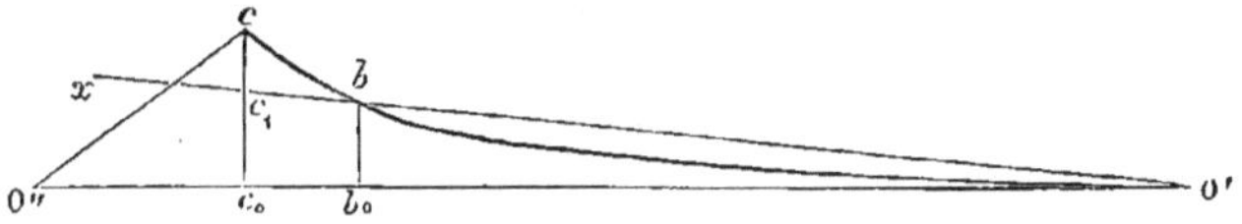


$b_0$ le point d'appui de la bascule sur la lame à l'état naturel;

$O'bx$ la position de la tangente à l'encastrement lorsque la bascule tourne d'un petit angle $xO'O'' = \theta$ dont nous ne conserverons que la première puissance, $b$ étant la nouvelle position du point de la bascule primitivement en $b_0$, qui en est la projection sur $Ox$;

$c$ le point de contact du doigt de détente avec la lame, dont la position sur la lame varie très-peu avec $\theta$, de sorte que l'on peut considérer la distance $cb = \lambda$ comme constante;

$c_1$, $c_0$ les projections de $c$ sur $O'x$ et $O'O''$;

$l$ la longueur $O'c = O'c_0 = O'c_1$;

$p$, $q$ les réactions, très-sensiblement perpendiculaires à $O'x$, du doigt de détente et de la bascule sur la lame;

$c$ la longueur $cc_1$;

$\mu$ le moment d'élasticité de la lame;

$y$ l'ordonnée par rapport à l'axe $O'x$ d'un point quelconque de la lame dont l'abscisse est $x$.

On a, pour l'équation différentielle de la courbe $bc$,

$$\mu \frac{d^2y}{dx^2} = p(l - x).$$

On intégrera cette équation en exprimant que la courbe passe par les points $c$ et $b$, et négligeant le carré de la petite fraction $\frac{\lambda}{l}$; puis on déterminera l'inclinaison de la tangente en $q$ sur $O'x$, qui sera donnée par

$$(a) \qquad \operatorname{tang} \alpha = \frac{c}{\lambda}.$$

Pour la courbe $O'b$, on a

$$\mu \frac{d^2y}{dx^2} = p(l - x) - q(l - \lambda - x).$$

Si l'on intègre cette équation, que l'on exprime que la courbe passe par le point $O'$, qu'elle est tangente en ce point à $O'x$, et enfin qu'elle passe par le point $b$, on trouve les deux relations

$$(b) \qquad \mu \operatorname{tang} \alpha = \frac{l^2}{2}\left[p - q\left(1 - \frac{2\lambda}{l}\right)\right],$$

$$(c) \qquad p = q\left(1 - \frac{3}{2}\frac{\lambda}{l}\right);$$

enfin des équations $(a)$, $(b)$, $(c)$ on tire

$$q = \frac{4\mu c}{\lambda^2 l}, \quad p = \frac{4\mu c}{\lambda^2 l}\left(1 - \frac{3}{2}\frac{\lambda}{l}\right).$$

Mais, comme $\frac{3}{2}\frac{\lambda}{l}$ est encore une très-petite fraction, nous pourrons nous borner à prendre

$$(d) \qquad p = q = \frac{4\mu}{\lambda^2 l'} c.$$

Soient maintenant

$r''$ le rayon $O''c_0$ que nous pouvons considérer comme égal à $O''c$;

$z$, $z_1$ les ordonnées des points $c$, $c_1$ par rapport à $O'O''$;

I, I'' les moments d'inertie de la bascule et du balancier par rapport à leurs axes respectifs;

$\tau$ le moment résistant par rapport au point O' dû au tirage;

$\theta''$ l'angle supposé très-petit que forme $O''c$ avec $O''O'$;

$k''\theta''$ le moment dû à l'action du spiral réglant sur le balancier.

Le déplacement de l'extrémité intérieure du ressort spiral plat placé en O' étant très-petit, le moment du couple auquel il donne lieu est de la forme $k\theta$, quoique le spiral ne soit pas isochrone.

Si nous remarquons que l'on a $c = z - z_1$, et si nous posons

$$(e) \qquad h = \frac{4\mu}{\lambda l},$$

nous aurons

$$p = q = \frac{h}{\lambda}(z - z_1);$$

puis, pour les équations du mouvement de l'échappement et du balancier,

$$\mathrm{I}\frac{d^2\theta}{dt^2} = h(z - z_1) - k\theta - \tau,$$

$$\mathrm{I}''\frac{d^2\theta''}{dt^2} = \frac{h}{\lambda}(z - z_1)r'' - k''\theta'';$$

mais nous avons

$$z_1 = l\theta, \quad z = r''\theta'',$$

et par suite

$$\frac{\mathrm{I}}{l}\frac{d^2 z_1}{dt^2} = h(z - z_1) - \frac{k}{l}\theta - \tau,$$

$$\frac{\mathrm{I}''}{r''}\frac{d^2 z}{dt^2} = \frac{h}{\lambda}(z - z_1) - \frac{k''}{r''}\theta''.$$

On intégrera facilement ces deux équations en déterminant les constantes par les conditions que, pour $t = 0$, on a $z = 0$, $z_1 = 0$, et que $\frac{dz}{dt}$, $\frac{dz_1}{dt}$ ont des valeurs données $\omega$, $\omega_1$; mais nous ne croyons pas devoir nous arrêter à ce calcul, qui ne conduit pas à des résultats bien saillants.



FIN DU TOME TROISIÈME.

Paris. — Imprimerie de GAUTHIER-VILLARS, quai des Augustins 55

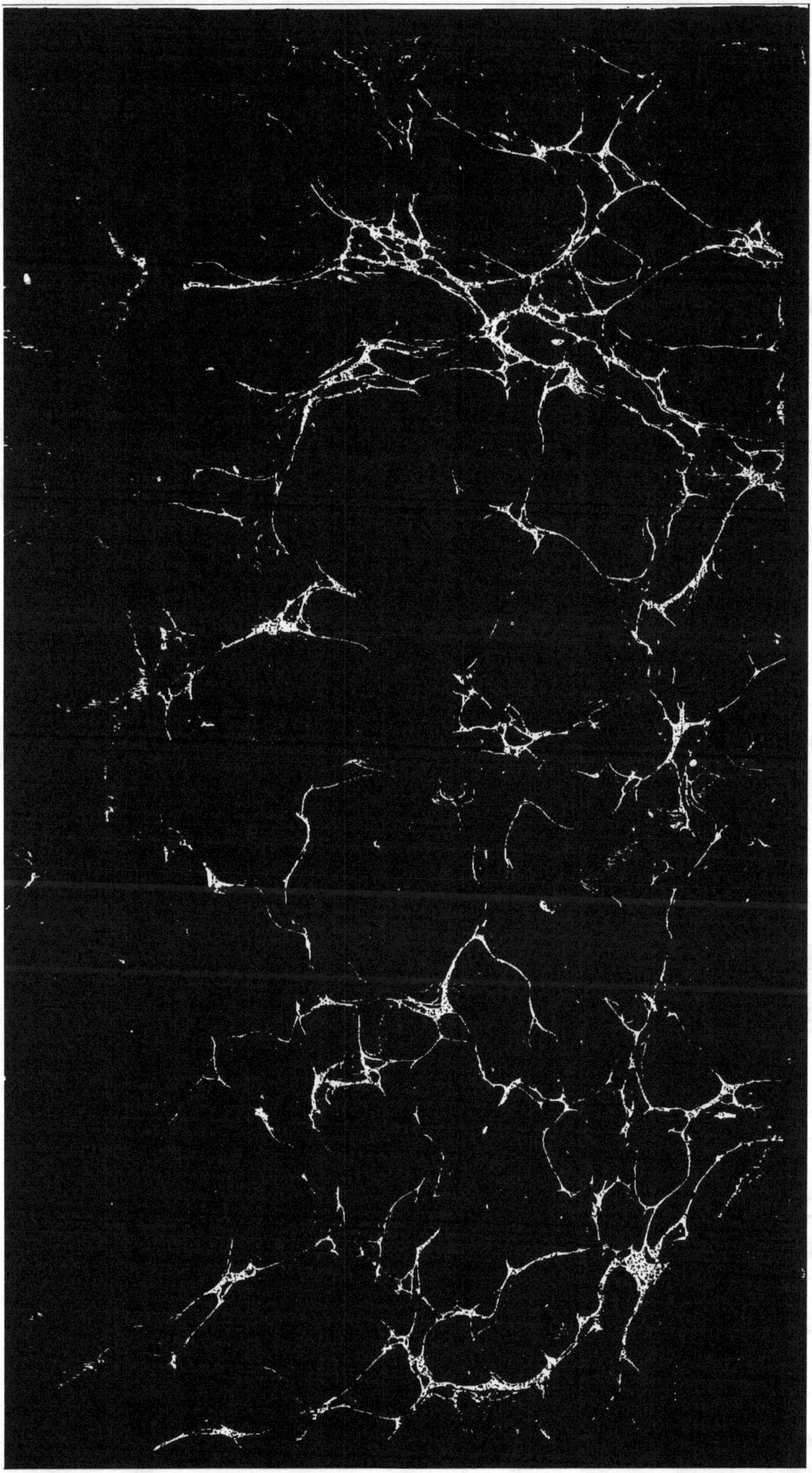

www.ingramcontent.com/pod-product-compliance
Lightning Source LLC
Chambersburg PA
CBHW060914220326
41599CB00020B/2956
* 9 7 8 2 0 1 1 2 8 3 4 5 0 *